国家出版基金项目
NATIONAL PUBLICATION FOUNDATION

涡轮机械与推进系统出版项目
航空发动机技术出版工程

航空发动机风扇压气机设计

程荣辉 桂幸民 等 编著

科 学 出 版 社
北 京

内 容 简 介

本书基于航空发动机风扇压气机设计技术发展现状,按照系统工程的方法,总结并给出了风扇压气机设计流程。书中完整展现了风扇压气机的设计过程,分析并提出了航空发动机整机对风扇压气机部件的需求;详细描述了一维设计与分析、S2 流面设计与分析、叶片造型、S1 流场和三维流场计算、气动稳定性等关键气动设计/分析过程,以及部件结构布局、转子/静子、选材、六性等结构设计内容,并给出了具体设计案例;介绍了风扇压气机相关的试验验证方法和技术。

本书从风扇压气机的设计实践出发,力求系统性、先进性及实用性,可作为航空发动机风扇压气机的专业技术人员的参考书,也可作为相关专业的硕士研究生、博士研究生和初入工程领域的技术人员的入门指南。

图书在版编目(CIP)数据

航空发动机风扇压气机设计/程荣辉等编著. —北京:科学出版社,2022.10
(航空发动机技术出版工程)
国家出版基金项目 涡轮机械与推进系统出版项目
ISBN 978-7-03-073110-4

Ⅰ.①航… Ⅱ.①程… Ⅲ.①航空发动机－风扇－压缩机－设计 Ⅳ.①V235.3

中国版本图书馆 CIP 数据核字(2022)第 166646 号

责任编辑:徐杨峰/责任校对:谭宏宇
责任印制:黄晓鸣/封面设计:殷 靓

科学出版社 出版
北京东黄城根北街 16 号
邮政编码:100717
http://www.sciencep.com
南京展望文化发展有限公司排版
广东虎彩云印刷有限公司印刷
科学出版社发行 各地新华书店经销

*

2022 年 10 月第 一 版 开本:B5(720×1000)
2025 年 2 月第六次印刷 印张:31 1/2
字数:610 000
定价:240.00 元
(如有印装质量问题,我社负责调换)

航空发动机技术出版工程

专家委员会

航空发动机技术出版工程
编写委员会

航空发动机风扇压气机设计
编写委员会

主 编
程荣辉

副主编
桂幸民

委 员
（以姓名笔画为序）

丁 拳	王丁喜	王咏梅	尹红顺	叶 巍
田 静	丛佩红	印雪梅	宁方飞	刘 冬
刘 波	刘宝杰	安利平	孙大坤	孙晓峰
严冬梅	杜 辉	李 坚	李清华	杨 琳
杨治中	余华蔚	张 军	陈仲光	罗秋生
金东海	单玉姣	孟德君	赵 勇	胡 骏
姚利盼	桂幸民	徐朋飞	黄 萍	曹传军
韩方军	程荣辉	蔡留成	裴会平	潘若痴

涡轮机械与推进系统出版项目

序

涡轮机械与推进系统涉及航空发动机、航天推进系统、燃气轮机等高端装备。其中每一种装备技术的突破都令国人激动、振奋,但是由于技术上的鸿沟,使得国人一直为之魂牵梦绕。对于所有从事该领域的工作者,如何跨越技术鸿沟,这是历史赋予的使命和挑战。

动力系统作为航空、航天、舰船和能源工业的"心脏",是一个国家科技、工业和国防实力的重要标志。我国也从最初的跟随仿制,向着独立设计制造发展。其中有些技术已与国外先进水平相当,但由于受到基础研究和条件等种种限制,在某些领域与世界先进水平仍有一定的差距。在此背景下,出版一套反映国际先进水平、体现国内最新研究成果的丛书,既切合国家发展战略,又有益于我国涡轮机械与推进系统基础研究和学术水平的提升。"涡轮机械与推进系统出版项目"主要涉及航空发动机、航天推进系统、燃气轮机以及相应的基础研究。图书种类分为专著、译著、教材和工具书等,内容包括领域内专家目前所应用的理论方法和取得的技术成果,也包括来自一线设计人员的实践成果。

"涡轮机械与推进系统出版项目"分为四个方向:航空发动机技术、航天推进技术、燃气轮机技术和基础研究。出版项目分别由科学出版社和浙江大学出版社出版。

出版项目凝结了国内外该领域科研与教学人员的智慧和成果,具有较强的系统性、实用性、前沿性,既可作为实际工作的指导用书,也可作为相关专业人员的参考用书。希望出版项目能够促进该领域的人才培养和技术发展,特别是为航空发动机及燃气轮机的研究提供借鉴。

张彦仲

2019 年 3 月

航空发动机技术出版工程

序

航空发动机被誉称为工业皇冠之明珠,实乃科技强国之重器。

几十年来,我国航空发动机技术、产品及产业经历了从无到有、从小到大的艰难发展历程,取得了显著成绩。在世界新一轮科技革命、产业变革同我国转变发展方式的历史交汇期,国家决策进一步大力加强航空发动机事业发展,产学研用各界无不为之振奋。

迄今,科学出版社于 2019 年、2024 年两次申请国家出版基金,安排了"航空发动机技术出版工程",确为明智之举。

本出版工程旨在总结、推广近期及之前工作中工程、科研、教学的优秀成果,侧重于满足航空发动机工程技术人员的需求,尤其是从学生到工程师过渡阶段的需求,借此也为扩大我国航空发动机卓越工程师队伍略尽绵力。本出版工程包括设计、试验、基础与综合、前沿技术、制造、运营及服务保障六个系列,2019 年启动的前三个系列近五十册任务已完成;后三个系列近三十册任务则于 2024 年启动。对于本出版工程,各级领导十分关注,专家委员会不时指导,编委会成员尽心尽力,出版社诸君敬业把关,各位作者更是日无暇晷、研教著述。同道中人共同努力,方使本出版工程得以顺利开展、如期完成。

希望本出版工程对我国航空发动机自主创新发展有所裨益。受能力及时间所限,当有疏误,恭请斧正。

2024 年 10 月修订

前　言

风扇压气机作为航空发动机的关键部件,技术含量高,研制难度大,这不仅表现在对发动机单位推力、耗油率等重要性能参数有决定性作用,而且对发动机的稳定性、结构强度、寿命及可靠性等也有重大影响。我国从 20 世纪 80 年代开始系统研究风扇压气机设计技术,40 多年来通过预先研究、型号研制,突破了大量设计技术,完成了多型风扇压气机设计及验证,初步形成了风扇压气机设计、制造及试验体系。在技术研究和研制实践成果的基础上,编写并出版一本关于风扇压气机设计方面的专著,对于从事自主研制风扇压气机的技术人员系统掌握设计技术具有重要意义。

本书隶属于"航空发动机技术出版工程"。本书在内容选取和编排方面,特别注重从风扇压气机的设计实践角度出发,吸取技术研究和产品研制中积累的丰富的工程设计经验和科研成果,力求系统性、先进性及实用性,可作为从事航空发动机风扇压气机设计的专业技术人员的参考用书,也可作为航空发动机相关专业的硕士研究生、博士研究生的教材。

本书采用系统工程的方法,从航空发动机对风扇、压气机的需求出发,分析和描述了风扇压气机端到端的研制流程,基于研制流程中的主要设计验证工作展开编写。书中内容以气动和结构设计为主,对强度设计仅做简单介绍,同时描述了风扇压气机的主要试验验证方法;书中内容较为系统完整,涵盖大、小涵道比发动机的风扇压气机,包括基本原理、设计方法、参数选择等方面,并且介绍了设计实例。

本书共 10 章。第 1 章为航空发动机风扇压气机设计技术发展,主要概述风扇压气机发展历史和现状,并介绍本领域的主要先进技术,本章由程荣辉统稿,余华蔚、桂幸民参与编写;第 2 章为风扇压气机设计流程,本章基于航空发动机各研制阶段,介绍风扇压气机完整的设计流程及各阶段的主要设计,本章由徐朋飞统稿,赵勇、杨琳参与编写;第 3 章为航空发动机对风扇压气机的设计要求,按照航空发动机需求管理的思路,系统提出发动机整机对风扇压气机在性能功能、结构、强度、可靠性等方面的要求,本章由程荣辉统稿,陈仲光、田静、杜辉、曹传军参与编写;第 4 章为一维气动设计及主要参数选择,主要阐述一维设计方法和主要参数选择原则,并介绍一维特性分析方法,本章由尹红顺统稿,张军、李清华、蔡留成参与编写;第 5 章为 S2 流面气动设计与分析,系统介绍 S2 流面设计方法,研究并提出 S2 流面设计主要参数选择准则,论述 S2 流面分析方法和应用,本章由桂幸民统稿,金东海、李坚、李清华参与编写;第 6 章为叶片造型及 S1 流场分析,主要论述叶片造型技术发展及各种造型方法,总结典型叶片设计及参数选择,研究并阐述 S1 流面分析技术及在叶片设计中的应用,本章由程荣辉统稿,安利平、刘波、潘若痴、黄萍参与编写;第 7 章为三维流场分析,主要论述三维流场分析方法,重点研究影响三维流场分析准确度的因素、计算结果的分析及如何在设计中应用,本章由桂幸民统稿,宁方飞参与编写;第 8 章为风扇压气机结构设计,从工程设计的角度,对结构布局设计、转静子关键结构设计、选材设计、六性设计等方面进行系统分析和阐述,本章由丁拳统稿,印雪梅、刘冬、韩方军、罗秋生、杨治中、严冬梅、姚利盼、裴会平参与编写;第 9 章为气动稳定性分析方法和扩稳技术,主要介绍气动稳定性设计方法及影响稳定性的主要因素,研究进气畸变条件下的稳定性分析和扩稳措施,还简单介绍颤振的机理及分析技术,本章由胡骏统稿,孙晓峰、孙大坤、王丁喜、叶巍参与编写;第 10 章为风扇压气机试验验证,主要阐述风扇压气机主要的试验验证技术,包括叶栅试验、低速模拟试验、部件性能试验、各种强度试验等,本章由孟德君统稿,刘波、刘宝杰、丛佩红、王咏梅参与编写。

程荣辉和桂幸民负责确定编写大纲并对全书把关审查。参加本书编写的人员由来自高等学校、科研院所的教师和技术专家组成,他们都有很高的学术造诣、丰富的工程设计经验,既了解需求,又掌握国内外先进的风扇压气机设计技术,且立足实践,保障了本书内容的完整性和实用性。

本书的编写得到了中国航发沈阳发动机研究所、中国航发商用航空发动机有限责任公司、中国航发燃气涡轮研究院、北京航空航天大学、南京航空航天大学、西北工业大学等单位的同事和老师的支持与帮助,审读专家周拜豪、兰发祥、胡国荣对本书提供了宝贵的意见,单玉姣高工负责本书编写的协调工作,在此一并表示衷心感谢!

限于编者水平和经验,书中可能存在不妥之处,敬请读者谅解并批评指正。

程荣辉

2022 年 3 月

目　录

第 3 章　航空发动机对风扇压气机的设计要求

第4章　一维气动设计及主要参数选择

第7章 三维流场分析

第8章 风扇压气机结构设计

第9章 气动稳定性分析方法和扩稳技术

第 10 章　风扇压气机试验验证

第1章
航空发动机风扇压气机设计技术发展

航空燃气涡轮发动机是飞机的"心脏",是在高温、高压、高速旋转等恶劣环境条件下长期可靠工作的复杂热力机械,是知识和技术高度密集的高科技典型产品,被誉为"工业皇冠上的明珠",其研制水平体现了一个国家的综合国力。目前世界上只有中国和美、俄、法、英等少数几个国家能独立制造拥有全部自主知识产权的航空涡轮发动机。

在燃气涡轮发动机的研制中,高压压气机是核心关键部件,堪称明珠上的"钻石"。压气机是提高流经燃气涡轮发动机空气压力的装置,即利用高速旋转的叶片对空气做功,将机械能转变为压力能,将空气压缩,并提高空气压力,为燃气膨胀做功创造条件。

压气机由转子、静子和一系列功能性系统(如叶片调节、引气、防冰等)组成。转子由转子叶片、盘、轴颈及连接件等构成。静子由导向叶片和静子(或整流)叶片、机匣、内环和封严环等组成。压气机按照气流流动的方向,可以划分为轴流式、离心式、斜流式和混合式[1],如图1.1所示。简单说明如下。

(1)轴流式压气机。气流轴向流入和流出,气流的静压增加是通过叶片通道实现的。目前在大中型航空燃气涡轮发动机中,主要采用轴流式压气机。其主要优点是迎风面积小、流通能力强、效率高,适用于大流量、高性能的航空发动机。

(2)离心式压气机。气流经导风轮后,轴向流入、径向流出,受强大的离心力作用使静压上升。因此,其主要特点是离心增压。其叶轮出口半径比进口半径大得多,因此单级压缩功可以很大,单级压比较高,是早期喷气式发动机使用的压缩部件。目前离心式压气机一般应用于小型航空发动机,其优点是结构简单、特性宽广,缺点是径向尺寸大、迎风面积大。

(3)斜流式压气机。气流轴向流入、斜向流出。静压上升一部分来自叶片扩压,一部分源自离心增压。它比离心式压气机的迎风面积小,气流方向改变较小,因此介于轴流式压气机和离心式压气机之间,在工业压缩机上得到广泛应用。

(4)组合式压气机。它由轴流式压气机或斜流式压气机与离心式压气机串联组合形成,通常根据发动机总压比需求而确定,广泛应用于小型航空燃气涡轮发动机中。

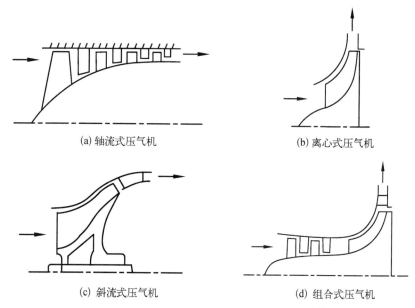

(a) 轴流式压气机　　　　　　　　(b) 离心式压气机

(c) 斜流式压气机　　　　　　　　(d) 组合式压气机

图 1.1　压气机按内部流动的不同方向分类[1]

本书主要介绍轴流式压气机的设计。轴流式压气机具有迎风面积小、流通能力强、高压比、高效率等优点,广泛应用于军、民用大中型航空燃气涡轮发动机,以及地面大型燃气轮机。

以涡扇发动机为例,说明风扇压气机的工作原理,如图 1.2 所示[2],进入发动机的气流首先经风扇增压,然后一部分进入高压压气机,进一步提高压气机的出口压力和发动机增压比;另一部分进入外涵道,并通过外涵道对外做功,提高发动机的推力。

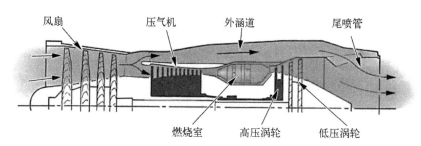

风扇　　　压气机　　　外涵道　　　　尾喷管

燃烧室　　高压涡轮　　低压涡轮

图 1.2　风扇压气机的工作原理示意图

航空发动机中用于增压的部件组合称为压缩系统,其组成示意如图 1.3 所示,本书统称为压气机。在单轴涡喷发动机中,压缩部件为多级压气机;在双轴涡喷发动机中,压缩部件为低压压气机和高压压气机。涡扇发动机一般为双轴,军用小涵道比涡扇发动机的压缩部件为风扇和高压压气机,民用大涵道比涡扇发动机的压缩部件为风扇、低压压气机(又称增压级或中压压气机)和高压压气机。罗·罗公司的民用涡扇发动机一般为三轴,分别带动风扇、中压压气机和高压压气机。

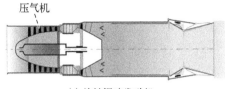

(a) 单轴涡喷发动机

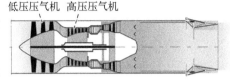

(b) 双轴涡喷发动机

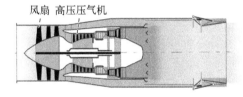

(c) 军用小涵道比涡扇发动机

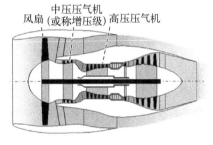

(d) 民用大涵道比涡扇发动机

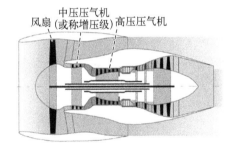

(e) 民用大涵道比涡扇发动机 (三轴)

图 1.3　航空发动机中的压缩系统[3]

风扇压气机技术涉及气动热力、结构强度、材料、制造工艺和试验测试等众多学科,是技术密集的多学科综合,因其具有全转速工况最狭窄的安全可用范围,故决定着发动机研制的成败。压气机研制技术水平的高低极大地影响着燃气涡轮发动机产品性能的优劣,是航空发动机研制的瓶颈技术。高压压气机的主要设计难点是:压气机级数多,气流流动在强逆压压力梯度下进行,存在着复杂的全转速多级匹配和喘振问题,使其高效、稳定工作极其困难,进而决定了压气机的工作范围和可用性;另外,压气机叶片薄,在全飞行包线内存在各种各样的振动,特别是当气流品质难以受控时,其带来的高低周疲劳问题往往困扰发动机全寿命周期及全过程的使用。军用航空发动机的飞行包线远比民用发动机宽广,因此工作环境更为恶劣,设计难度更高。

在各类风扇压气机设计中,多级高压压气机的设计难度最大,这主要是因为多级高压压气机的总压比高、级数多,既要保证设计状态下能够高效地工作,又要实现在宽广的工作范围内各级良好匹配,以保证整个压气机稳定、高效地工作。著名航空发动机专家陈懋章院士曾指出,在压气机气动力学、计算流体力学和计算结构力学都取得了很大进展的今天,高压压气机的研制依然是高风险、高难度的工作,高压压气机的设计至今依然是发动机研制中的技术瓶颈之一。国际上不乏高压压气机研制出现挫折的例子,例如,普惠公司 PW6000 发动机研制中,高压压气机性能未能达到设计要求,最终改用 MTU 公司设计的六级高压压气机[4]。

1.1　风扇压气机的发展历程和趋势

1853 年,法国科学院的 Tournaire 提出了多级轴流压气机的概念,时隔 30 余年的 1884 年,Parsons 进行了世界上第一次轴流压气机试验,但只是简单地将多级涡轮反转,效率极低。直至 1904 年,Parsons 研制了真正意义上的轴流压气机,这台压气机没有达到预定的压比,在设计点附近失速,效率仅为 50% ~ 60%,但这是一个具有重要意义的起步[4]。

20 世纪 30 年代,美国 NACA(NASA 前身)和英国皇家航空研究院(Royal Aircraft Establishment, RAE)开展了大量的轴流压气机研究工作,研制了多种轴流压气机。其中,1938 年 RAE 研制成功了 8 级轴流压气机(Anne),其压比为 2.4。50 年代末,GE 公司 J79 发动机的 17 级压气机,其压比为 12.5[4]。

20 世纪七八十年代,第三代战斗机动力上采用的压气机全面研制成功,F100 发动机的 10 级压气机总压比为 7.8[4],RD33 发动机的 9 级压气机压比为 6.6[5],F110 发动机的 9 级压气机压比达到 9.7[4],这些压气机采用的很多设计技术,如弓形静子叶片、掠型转子叶片、黏性三维气动设计、小展弦比叶片设计等技术,在今天仍然非常实用。1982 年,GE 公司 E3 发动机的 10 级压气机压比达到 23[4]。

美国从 1988 年起 15 年内投入 50 亿美元,实施了“综合高性能涡轮发动机技术”(Integrated High-Performance Turbine Engine Technology, IHPTET)计划,目的是跨越技术上的障碍,使推进系统性能提高 1 倍。20 世纪 90 年代末,GE 公司与艾利逊预研公司联合研制的 4 级压气机达到了 F100 发动机 10 级压气机同样的总压比,该压气机通过 IHPTET 计划得到了验证[4]。21 世纪初,MTU 公司成功地研制了 6 级高压压气机,其总压比约为 11,已被选为 PW6000 发动机的高压压气机,这是这一量级的高负荷压气机首次在发动机上得到应用,该项目还获得 2002 年德国工业创新奖[4]。

20 世纪末,一些新的气动设计概念逐步应用于压气机设计,1998 年麻省理工学院(Massachusetts Institute of Technology, MIT)的 Kerrebrock 提出的 3 级吸附式压气机方案达到压比为 27;2000 年,北京航空航天大学的陈懋章院士设计了 2 级大小叶片压气机实现压比为 6 的方案[4]。

进入 21 世纪,作为航空发动机的核心部件——风扇压气机,级负荷在不断增大,性能也在不断提高,而且近年来由于先进技术的应用,风扇压气机的技术水平进入了跨越式迅猛发展时期。美国 IHPTET 计划的后续计划通用可承受先进涡轮发动机项目(Versatile Affordable Advanced Turbine Engines,VAATE),其派生子计划之一自适应通用发动机技术(Adaptive Versatile Engine Technology,ADVENT)项目针对自适应变循环发动机技术进行研究,而另一子计划高效嵌入式涡轮发动机(Highly Efficient Embedded Turbine Engine,HEETE)中,GE 公司提出了 70∶1 的超高总压比目标[6]。

总之,近半个世纪,风扇压气机设计技术迅猛发展,性能水平大幅提高,其级平均压比、总压比和效率都有了很大提升,虽然一些级负荷过高的压气机并没有得到工程应用,但是以三维叶片几何结构实现压气机流量、压比、效率和稳定裕度在全转速范围内的协调增长,显著地提升了现代航空发动机的整体水平。

1.1.1　军用压缩系统

军用小涵道比涡扇发动机的压缩系统一般包括风扇和高压压气机,如图 1.3 所示。航空发动机的发展方向为高推重比和低油耗,这就要求发动机的关键部件——风扇压气机具有高负荷、高通流和高效率的综合能力。军用小涵道比涡扇发动机的压缩系统总增压比一般为 20~30,但为了减轻重量、提高发动机推重比,压气机级数减少,平均级压比越来越高。

20 世纪 40 年代初以来,战斗机已研制发展了四代(俄系分为五代),相应的发动机也分为四代,详细比较和说明见表 1.1。

表 1.1　军用涡轮发动机的发展

	发　动　机	主要特点	装备的飞机	装备时间
第 1 代	涡轮喷气发动机,如 J57、BK-1、RD-9B	推重比为 3~4,涡轮前温度为 1 200~1 300 K	F-86、F-100、米格-15、米格-19	20 世纪 40 年代末
第 2 代	加力涡轮喷气发动机和涡轮风扇发动机,如 J79、TF30、M53-P2、P11Φ-300、P29-300	推重比为 5~6,涡轮前温度为 1 400~1 500 K	F-4、F-104、米格-21、米格-23、幻影-F1	20 世纪 60 年代初
第 3 代	加力涡轮风扇发动机,如 F100、F110、F404、RB199、RD-33、AL-31F、M88-2	推重比为 7.5~8,涡轮前温度为 1 600~1 750 K,涵道比为 0.3~1.1	F-15、F-16、F-18、米格-29、苏-27、幻影-2000	20 世纪 70 年代中期
第 4 代	高推重比涡轮风扇发动机,如 F119、F135、30 号机	推重比为 8~10,涡轮前温度为 1 850~2 000 K,涵道比为 0.2~0.5,高隐身性,高单位推力,全权限数控系统	F-22、F-35、T50	21 世纪初

1. 级压比越来越高

表 1.2 列出了现役的第 3 代和第 4 代(含 3 代半)典型军用涡扇发动机的风扇、压气机的参数比较[5-11]。从参数对比可以看出,第 4 代军用发动机 F119 以及 3 代半的 EJ200 和 M88-3 发动机的压气机的级压比水平大于 1.3,而第 3 代不到 1.29。这一进步获益于现代计算机技术与调节技术的迅猛发展,逐步建立了基于传统基元流动设计与现代三维流动控制设计相结合的、较为先进的设计方案。

表 1.2　小涵道比涡扇发动机压缩系统级数发展趋势

代　数	型　号	总级数	风扇			压气机		
			级数	压比	平均级压比	级数	压　比	平均级压比
第 2 代	斯贝 MK-511W	17	5	2.76	1.225	12	6.92	1.175
第 3 代	RD-33	13	4	3.15	1.332	9	6.6	1.233
	AL-31F	13	4	3.62	1.379	9	6.6	1.233
	F110	12	3	3.2	1.474	9	9.7	1.287
第 4 代 (含 3 代半)	F119	9	3	4.8	1.687	6	5.6~5.8	1.333~1.340
	M88-3	9	3	4.5	1.651	6	6.18	1.355
	EJ200	8	3	4.2	1.613	5	6.19	1.440

2. 叶尖切线速度越来越高

轴流压气机发展初期,对跨声速基元级流动规律的认识不足,转子叶尖切线速度控制在 300 m/s 甚至更低。直到 20 世纪 70 年代,逐步明确了超声基元的流动机理和损失特征,才将轴流压气机带入"跨声速"时代,激波增压使压气机的单级压比得到大幅提高。表 1.3 为风扇和高压压气机的平均级压比、叶尖切线速度的比较[5]。由表可见,随风扇、压气机平均级压比不断提高的同时,叶尖切线速度也在不断提高,四代机 F119 风扇的叶尖切线速度已经提高到了 500 m/s,这是由于风扇的总压比、轮毂比、进气温度和喘振裕度均低于高压压气机,因此平均级压比可以设计得更高一些。

表 1.3　风扇压气机性能对比

	型　号	级　数	总压比	平均级压比	叶尖切线速度/(m/s)
风　扇	F110	3	3.2	1.474	440
	RD-33	4	3.15	1.332	430
	AL-31F	4	3.62	1.379	470
	F119	3	4.8	1.687	500
高压压气机	J79	17	12.5	1.162	291
	RD-33	9	6.6	1.233	320~370
	F101/CFM56	9	12	1.318	400

1.1.2　民用压缩系统

1965 年,GE 公司 TF39 首次引入大涵道比设计的概念。此前,涵道比都在 2 以下,TF39 的涵道比达到了 8,使得单位推力的油耗降低 25%。20 世纪 70 年代后期,普惠公司推出 JT9D 发动机,这是第一种民用大涵道比涡轮风扇发动机,它采用了三大新技术:宽弦风扇、单晶涡轮叶片和发动机电子调节装置,使得油耗降低 8%。CF6 发动机为降低风扇叶片通道的堵塞,对叶片进行了优化设计,同时减小叶尖间隙 1.5 mm,以提高风扇效率,使得巡航耗油率下降 1.8%。JT9D 发动机和 CF6 发动机的涡轮采用主动间隙控制技术,并取得了很好的效果,后来在压气机设计中也得到了推广应用。PW4000 发动机的外形尺寸和 JT9D 发动机相同,但采用了许多先进技术,叶片采用可控扩散叶型,高压压气机采用主动间隙控制技术,提高了效率,推力和推重比均有提高,耗油率进一步下降[12]。

IAE(国际航空发动机公司)的 V2500 发动机风扇采用宽弦无减振凸台设计,风扇与核心机之间的轴向距离的选取可有效防止外物打伤高压压气机,10 级高压压气机,压比 16,采用全三维正问题气动设计,多变效率达 0.91,喘振裕度为 30%,从而使发动机的性能优良,耗油率和噪声都较低。

20 世纪 60 年代以后,涡扇发动机成为民用客机的主要动力装置,随着军用航空发动机的快速发展,民用飞机发动机也在不断地进步。

为了提高市场竞争力,民用涡扇发动机经历了多次更新换代。虽然不像军用发动机那样具有明显的划代特征,但以经济性提高为标志,可以将已经进入市场的涡扇发动机划分为四代:以 JT8D 为代表的第 1 代,以 CFM56、PW2037、V2500、CF6 为代表的第 2 代,以 PW4084、GE90 为代表的第 3 代和以 GP7000、Trent900 为代表的第 4 代(图 1.4)[3]。其最具换代特征的明显发展趋势是:涵道比(by pass ratio, BPR)由 2 提高到 8 以上,巡航状态下($Ma=0.8$, $H=11$ km)耗油率下降约 40%,噪声下降约 20 dB。

军用发动机风扇压气机的大部分关键设计技术可转化为民用发动机的研制基础,但民机压缩部件的设计还有其特殊的关键技术要求。

1. 高总压比、高效率

从设计指标来看,与军机相比,民机的主要特点是高涵道比、高总压比和高效率。目前,军用发动机的高压压气机总压比一般为 6~8,而民机的高压压气机一般为 12~25,如 GE90 高压压气机 10 级压比达到 23,平均级压比为 1.37;PW6000 高压压气机 6 级达到 11,平均级压比近 1.5[13]。民机压缩系统总压比呈现不断提高的趋势,目前已超过 50,今后将进一步提高到 70 以上[14,15]。

从使用角度来看,民机压缩部件的设计理念也与军机有所不同。军机主要关注级负荷的提升、稳定工作边界的拓展,而民机则更为关注总压比和效率的提高,如图 1.5 所示[3]。因此,与军机相比,民机设计中还需考虑高效率、低油耗、长寿命的相关

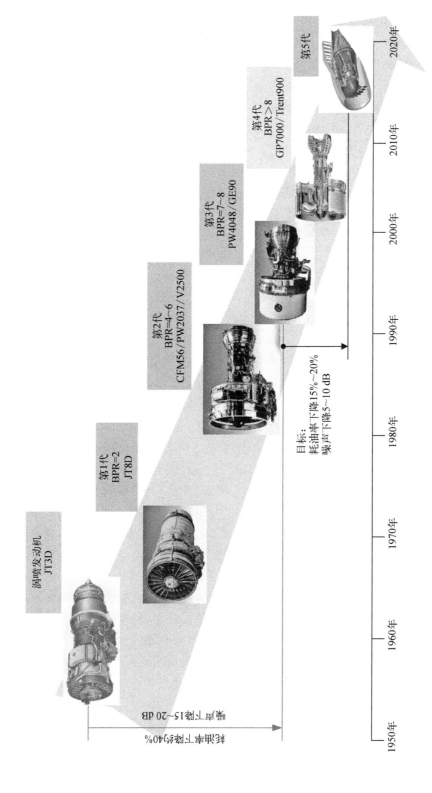

图 1.4　民用航空发动机的发展

关键设计技术,如全三维气动造型、多排可调静叶以及多级优化匹配等技术,20 世纪 80 年代初采用这些技术后使得压气机效率大幅提升,如图 1.6 所示的罗·罗公司高压压气机多变效率的发展趋势[5]。在民机压缩部件设计过程中,也发展了多项关键技术,如大尺寸风扇设计技术、叶尖间隙主动控制技术、风扇降噪技术、三维弯掠叶片设计技术、宽弦空心叶片设计技术等,其中有些技术目前在军机中也得到应用。

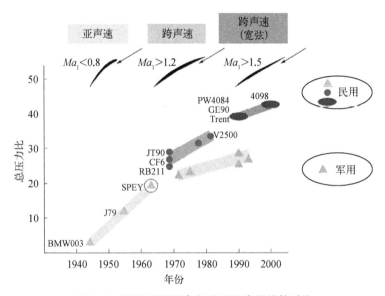

图 1.5　军用/民用压气机总压比发展趋势对比

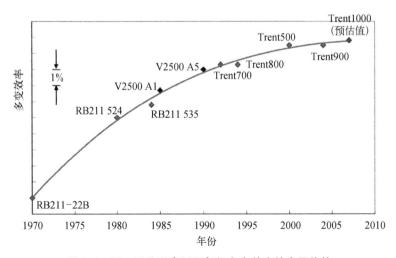

图 1.6　罗·罗公司高压压气机多变效率的发展趋势

2. 低噪声

与军机相比,民机格外关注噪声水平。为达到适航要求,我国开展了很多降噪关键技术研究。

适航条件对民机噪声级的限制要求越来越严苛,如图 1.7 所示,为了能够拿到适航证、进入国际航线运营,20 世纪 60 年代以来,世界几个著名的航空发动机设计与制造商一直致力于降低噪声技术的开发和验证[16]。

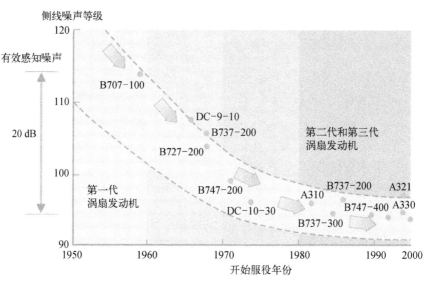

图 1.7　噪声要求发展趋势

发动机的主要噪声源主要来自风扇噪声,其次是燃烧噪声、喷流噪声和压气机噪声,如图 1.8 所示。风扇的主要降噪措施是采用大尺寸风扇设计、降低风扇叶尖切线速度等。

采用大尺寸风扇设计,可增大涵道比、降低发动机平均排气速度,从而降低喷流噪声,因此民机发动机的涵道比越来越高。图 1.8 为增大涵道比与降噪的关系,但是这会带来风扇叶尖切线速度越来越高的问题。

降低风扇转子叶尖切线速度,可降低叶片表面的流动损失和流动噪声。图 1.9 为近 40 年来大涵道比风扇叶尖切线速度的变化趋势,可见对于涵道比在 10 左右的发动机,其叶尖切线速度已经降到声速左右,未来涵道比在 12 以上的风扇的叶尖切线速度还会下降到声速以下[16]。

以上两个风扇降噪措施对于传统大涵道比发动机而言相互矛盾,降低噪声技术与提高效率技术相互牵制,将风扇设计技术越来越局限于瓶颈之中,并限制了风扇性能的进一步提升。普惠公司独辟蹊径地研发了被称为“能改变行业游戏规则”的齿轮传动涡轮风扇发动机 GTF(geared turbofan),很好地解决了提高涵道比的同时降低风扇叶尖切线速度的矛盾。GTF 发动机是在风扇转子和低压压气机之间安装一套减速齿轮箱(图 1.10[17,3]),使风扇转速降低 30%,实现风扇和低压涡

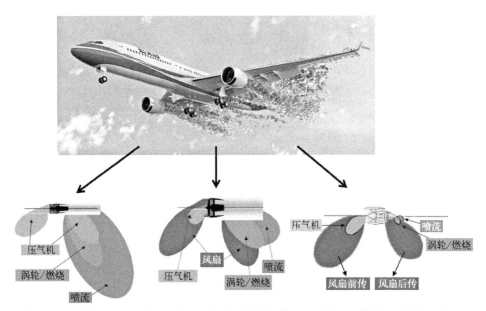

(a) 60年代涡喷发动机　　(b) 90年代大涵道比(≈7)涡喷发动机　　(c) 超高涵道比(＞10)涡扇发动机

图 1.8　民机发动机噪声源随涵道比的变化

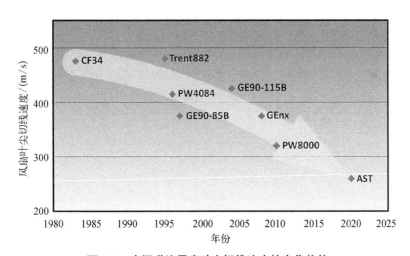

图 1.9　大涵道比风扇叶尖切线速度的变化趋势

轮各自的最优转速,从而达到降低风扇叶尖切线速度、降低噪声、提高风扇效率的目的,同时通过增大涵道比可降低油耗和噪声,提高发动机的可靠性。2008 年 7月,范堡罗航展期间,普惠公司将 GTF 命名为"静洁动力 $PW1000G^{TM}$"(pure power $PW1000G^{TM}$),其耗油量比现役主流发动机降低 12% 以上,氮氧化物(NO_x)的排放减少 50%,噪声比国际民航组织(International Civil Aviation Organization,ICAO)规定的第四阶段的要求低 20 dB 等[18]。

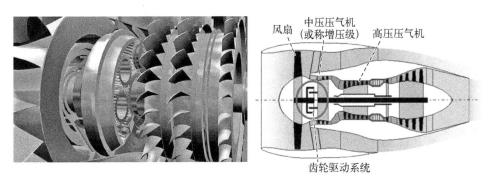

风扇　中压压气机　高压压气机
（或称增压级）

齿轮驱动系统

图 1.10　GTF 发动机的结构局部图

1.2　风扇压气机设计体系的发展

风扇压气机设计体系集聚了全体设计人员的设计经验和教训,是长期实践的定量化结果,具有严谨的技术传承特征,也是研制风扇压气机的核心技术,其完善程度和水平标志着发动机行业的技术实力,反映了产品的技术水平和管理水平。

自第一台轴流式压气机诞生以来的一个世纪里,随着气动热力学、计算流体力学和固体力学的发展,压缩系统在设计理论、设计工具和设计方法方面得以逐步提高,相应的设计水平也有了长足的进步。轴流式压气机的设计由最初借鉴螺旋桨和飞机外流理论,凭借模型试验数据进行设计,逐步发展成为具有相对独立的理论体系、设计方法以及经验公式和准则的一个轴流式压气机设计体系。图 1.11 为一个典型的轴流式压气机设计系统的组成。

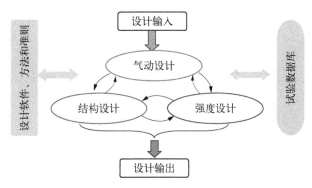

图 1.11　轴流式压气机设计系统

第一次世界大战之后,流体力学和空气动力学迅速发展,各国对空中优势的争夺,促进了轴流式压气机的研究。那时压气机设计压比较低,采用孤立叶型理论即可设计出可用的压气机[19],如 1941 年英国制造的 F.2 轴流式喷气发动机[20]。这个时期的理论尚不完备,设计体系更是无从谈起。

随着气动力学理论基础的进一步发展,压气机设计中开始采用大弯度叶型设计技术和小轴向间隙设计技术,提高压气机压比,压气机内部流场开始变得复杂,此时还采用孤立叶型理论进行叶型设计显得力不从心,捉襟见肘。20 世纪 40~50年代,叶栅空气动力学理论的发展,使得叶栅性能在实验室中得以系统研究,获取了如 BC-6、NACA65 系列及 C4 叶型等原始叶型。压气机设计以此为基础,依靠一维流量连续、欧拉方程,即只计算流道平均半径处的叶片排进、出口速度三角形,而不考虑叶片展向参数的变化,这个初步建立的以叶栅试验性能和平均中径设计为基础的一维设计体系,虽然研制出的压气机平均级压比低、绝热效率低,但却完全支撑了第一代航空发动机的应用,为压气机设计体系的形成打下了坚实基础,这一基础迄今没有被淘汰。

20 世纪 50 年代初期,压气机设计开始考虑叶片展向参数变化,并配合经验数据,形成基于简单二维径向平衡方程和标准叶型的二维设计体系,成功设计了 GE公司 J79 压气机(17 级,压比约为 13,级压比为 1.163[21])。

1952 年,我国吴仲华教授在美国提出了 S1-S2 流面理论(图 1.12)[22],对叶轮机内部三维复杂流动开展了原创性定量化描述,并试图计算叶片通道内部的三维流场。由于计算机技术的发展,这一贡献逐步形成了现代压气机准三维设计工具,比西方利用轴对称或周向平均方法建立的相应工具早 10 年以上。基于 S1-S2 交互迭代求解三维流场的设计技术,直至目前仍是国内外压气机设计体系的核心,将压气机设计代入准三维设计阶段,并随着大量试验数据库的形成和设计准则的建立逐渐趋于成熟。准三维设计系统中主要包括一维平均流线计算程序、S2 流面设计程序、叶片造型程序、S1 流面分析程序和 S2 流面分析程序。依靠压气机准三维设计体系可以实现较为复杂的叶片几何型面设计,能够比较好地控制流动、降低损失,成功研发了

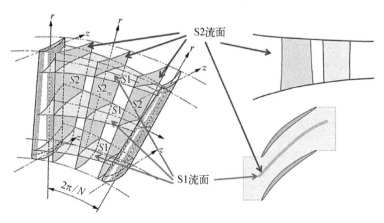

图 1.12　吴仲华教授提出的 S1-S2 流面理论

F100、F110、F404 等三代发动机风扇和压气机,但其设计在很大程度上仍依赖设计者的经验、分析工具的工程实用性等,被称为建立在经验基础上的设计系统[4]。

20 世纪 80 年代以来,随着计算机技术的飞速发展和对相关基础理论的大量研究,计算流体力学(computational fluid dynamics,CFD)技术极大地推进了压气机全三维流场的数值模拟,促进了压气机设计体系的进步。1990 年以后,世界各发动机公司和研究机构逐渐将全三维 CFD 技术融于设计体系,并投入较多的人力和物力进行研究开发。这种由计算机进步和叶轮机性能追求发展起来的全三维 CFD 技术无疑是近 20 年得到最广泛应用的风扇压气机设计分析技术。在这个发展过程中,风扇压气机全三维 CFD 技术使人们的设计认知也逐渐地由定常深化到非定常领域,从以提高压气机气动性能为主,发展到预报叶片颤振稳定性和叶片强迫响应高周疲劳问题的解决,进而更加精确地认知气固耦合问题。得益于全三维 CFD 技术的发展,风扇压气机设计领域的大量试错(trial and error)调试试验可以取消,逐步形成以试验调试为主、以数值模拟为辅的综合工具利用,产生概念全新的设计体系。

以美国普惠公司为例,普惠公司从 20 世纪 40 年代开始建立压缩系统设计体系,至今可分为五个阶段(表 1.4)[23],其中第三阶段和第四阶段的流程对比见图 1.13,可见主要变化就是增加了全三维 CFD 流场分析模块。

表 1.4　普惠公司压缩系统设计体系的发展

阶 段	年 代	设 计 体 系
第一阶段	20 世纪 50 年代	基于一维模型建立压气机设计系统
第二阶段	20 世纪 60 年代	二维、无黏定常流阶段:采用沿流线的通流计算,在平面叶栅试验结果的基础上进行叶型设计
第三阶段	20 世纪 70~80 年代	准三维设计阶段:20 世纪 70 年代,引入叶栅位流解和简单边界层模型,优化叶片设计;20 世纪 70 年代后期,Euler 解用于叶栅流场分析;20 世纪 80 年代,二维 N-S 解进入设计系统,用于优化叶片中间截面叶型设计,在靠近端壁附近采用经验修正,并且在叶型设计中采用可控扩散叶型
第四阶段	20 世纪 90 年代	全三维设计阶段:20 世纪 90 年代,随着多级黏性全三维压气机流场分析技术的发展与提高,对压气机内各种流动现象的模拟越来越准确,逐步被引入压气机设计系统,1993 年,普惠公司首次将三维 CFD 程序 NASTAR 用于压气机产品设计,取得了很大的成功,使压气机性能得到提升,设计周期大大缩短,设计费用大幅度降低,这一设计系统称为建立在 N-S 解基础上的设计系统
第五阶段	21 世纪	发展非定常全三维流场数值仿真技术,有力支持了美国"综合高性能涡轮发动机技术"(IHPTET)计划中风扇压气机的高通流设计、弯掠叶片和大小叶片等的课题研究

美国 GE 公司航空发动机轴流风扇压气机气动设计体系的演变见图 1.14[5],可以看出和普惠公司的发展历程基本一致,也已经从简单的二维设计发展到目前的以三维 CFD 为核心的多级三维定常/非定常设计。

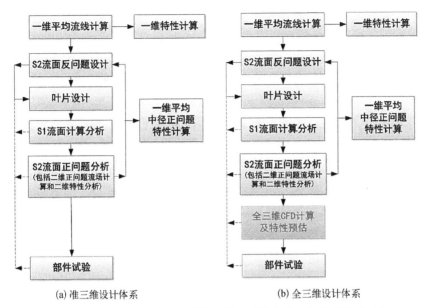

(a) 准三维设计体系 (b) 全三维设计体系

图 1.13 普惠公司压气机设计体系第三阶段和第四阶段的流程对比

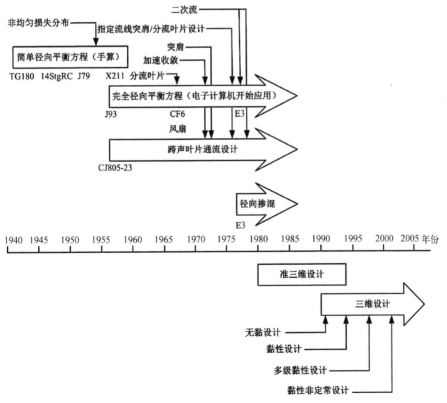

图 1.14 GE 公司风扇压气机气动设计体系的演变

21 世纪以来,随着高算、超算计算技术的飞速发展、计算存储能力的大幅提高,压气机设计体系更多地考虑多学科交叉、优化和融合的数值模拟仿真技术,如转静干涉影响、叶片周向布局影响、转子叶片气动弹性设计、进口流场周向畸变等,甚至可以涉及气-固-热耦合或气-固-声耦合等多场复杂耦合问题。这使得全三维数值仿真能够逐步逼近复杂真实几何和真实环境,但是目前在湍流模型、网格技术和转静界面处理等基础性问题仍未突破的条件下,建立摆脱试验调试、试验数据库和经验公式而完全依赖三维数值仿真设计体系仍然无法实现。

虽然全三维数值模拟技术已经广泛应用于风扇压气机设计,但是目前各大航空发动机公司所采用的风扇、压气机气动设计体系,仍采用基于 S1 - S2 流面的准三维设计技术为核心框架,以全三维流场仿真分析为验算的设计系统,主要软件包括一维平均流线(meanline)计算软件、准三维(或 S2 流面)设计计算软件、叶片造型软件、S1流面流场分析软件、S2 流面性能特性分析软件和全三维流场仿真分析软件,用以在设计的不同阶段完成满足设计需求的几何结构,并能进行反复迭代,形成经得起试验考核和调试的设计图纸。这些软件的设计理论已经比较成熟,设计系统水平的差异主要体现在正问题分析工具的工程实用性、软件的使用规范和准则以及设计参数选择的经验等方面。压气机准三维设计在很大程度上仍依赖经验公式,正如三维数值模拟强烈地依赖于湍流模型一样,流场的设计计算结果并不完全代表精确的真实结果。只有与先验性经验公式高度结合,通过大量试验数据的支持和设计准则的建立,才能获得高精度的设计工具,并为新设计的压气机提供进步的方向。

应该注意的是,对于最先进的压气机设计,也需要利用一维设计来获得基本的流道结构,以确保气动性能和应力结构的交替进行,进而逐步细化其气动结构和机械结构。但所有新开发的复杂软件系统均需在设计过程中介入体系,以得到充分的验证及与传统体系的融合。

我国从 20 世纪 80 年代通过部件试验件的设计与试验研究,初步建立起比较完整的风扇压气机设计方法和软件体系;90 年代初通过预研核心机的研制工作,进一步验证了这些软件;90 年代中期开始自行研制了一些专用设计软件,也相继引进了一些专用软件和通用商业软件,如 CFX - TASCflow、FLUENT、ANSYS、NASTRAN、NUMECA 等,并补充和完善了设计规范,开展了设计/试验数据库的应用研究,实现了风扇压气机设计系统的集成建设,最终完成了整个风扇压气机设计体系的建立,为多学科、多专业的综合优化设计奠定基础。风扇压气机设计流程详见图 2.2。

1.3　风扇压气机设计技术的发展

1.3.1　提高级压比设计技术

航空发动机技术的发展方向是更高推重比、更高可靠性、更低油耗和更长寿命,这就要求压缩系统的平均级压比不断提高,以减少压气机的级数,达到减轻质量的目的。

如图 1.15 所示,从 20 世纪 50 年代到 21 世纪,压气机平均级压比从 1.1~1.2 提高到了 1.5[24],增长趋势几乎呈线性。目前使用中和正在研制的航空发动机风扇的平均级压比已达 1.5~1.7,预先研究中的达 2.2~3.2。影响压气机平均级压比的因素比较多,本书就主要因素进行介绍。

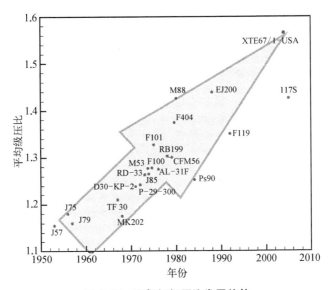

图 1.15　压气机级压比发展趋势

1. 叶尖切线速度

转子叶尖切线速度,是综合体现风扇压气机加功能力和叶片应力水平的重要参数。第一代涡轮发动机压气机的叶尖切线速度为 200~300 m/s,到第四代发动机风扇的叶尖切线速度已经接近或达到 500 m/s。

但叶尖切线速度并不是越高越好,因为过高的切线速度不仅会带来离心负荷增大的强度振动问题,还会使转子进口相对马赫数过高,流场激波强、损失大,给气动设计带来极大的难度;其次,过高的叶尖切线速度会使非设计转速的流动特征变化过大,易引发流场分离带来的流固耦合问题,从而导致叶片高周疲劳问题,严重时还会发生叶片疲劳断裂。此外,高切线速度的叶片材料必须采用高强度抗疲劳的轻质材料;工艺上还需解决整体叶盘、复合材料叶片、空心叶片乃至整体叶环的制造及修复工艺。因此,叶尖切线速度的提高受气动、结构强度、材料、制造和工艺等因素的综合限制。

民用大涵道比涡扇发动机风扇的叶尖切线速度及其发展趋势与军机不同,为了降低风扇噪声,风扇通常会选用较低的叶尖切线速度,参见表 1.3 和图 1.9。

2. 负荷水平

风扇压气机的负荷水平以负荷系数(轮缘功和叶尖/平均半径切线速度平方的比值)进行定量描述。当切线速度一定时,压比的大小直接取决于负荷系数。压气机负荷系数与效率指标密切相关,如图 1.16 所示[5]。如 1.1 节所述,军机和民机在使用用途和目标上的差异导致其压缩部件在设计理念上对负荷水平和效率要求也是有差异的。军机追求负荷水平的不断提高,而民机则追求效率的不断提升。

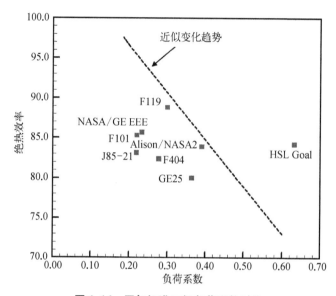

图 1.16　压气机进口级负荷系数对比

3. 展弦比

展弦比选择是由设计师主导的一种设计思想,它涉及气动性能和应力振动的综合结果,与设计体系的发展水平相关,更取决于设计师的认知进步。

20 世纪 40~50 年代,设计人员对三维复杂流动一无所知,因此为了保证叶片的安全性,通常选择小展弦比设计理念。这一点可以在早期的压气机叶片中直接观察得到。

20 世纪 60~70 年代,随着叶栅实验数据的大量积累,以扭向规律控制下的基元积叠成为典型的设计手段。这时,将叶栅实验数据正确应用于叶片积叠的一个设计思想就是尽可能减小三维流动的影响。因此,以更多级数实现总压比的低负荷、大展弦比设计思想在工程上显现出来,并主导了第三代航空发动机的设计实践。

美国 GE 公司在研制 J85、X211 和 J93 发动机的高压压气机时,发现了展弦比对压气机存在明确的影响。图 1.17 给出了在相同的稠度和叶尖间隙时,不同展弦比对压气机试验性能的影响[5]。结果表明,展弦比从 5 减小到 1.96 时,效率略有下降,而失速裕度显著提高。非常可惜的是,这一结果因效率偏低而没有引发关注,大展弦比设计因其高效率而成为设计主流。本质上,大展弦比的致命问题并不来自气动,而是叶片结构稳定性不足,需要增加部分展高的阻尼凸台。这一点在第三代发动机上处处可见,但却是一个错误思想指导下的技术路线。

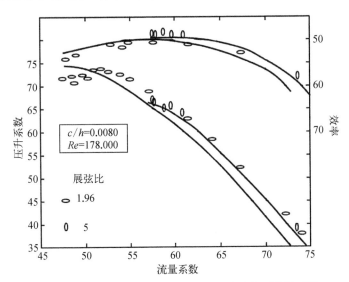

图 1.17　美国 GE 公司在低速压气机试验台测量得到的
叶片展弦比对压气机性能的影响

小展弦比设计给裕度带来好处的同时,也使得端壁区二次流损失加剧、过渡态叶尖间隙变大导致叶尖泄漏流损失增大,这些都带来了效率的下降。因效率低而放弃的小展弦比设计应用,带偏了一代发动机的研制。直到 Wennerstrom 率先质疑,获得了负荷高、效率高、裕度高的小展弦比设计与验证,并引导出美国 E3 计划回归小展弦比而取消凸台的努力,并在三维复杂流动机理认知的基础上走向现代高负荷三维叶片几何结构设计。

目前,高负荷风扇、压气机叶片的展弦比已经下降到 1 左右,而民机为追求高的级效率,一般采用中等展弦比设计。

1.3.2　叶片设计技术

1. 基元叶型设计

基元叶型设计是实现压气机叶片高增压能力、低流动损失的关键,是轴流压气机设计的基础。20 世纪 60 年代以来,为适应压气机性能指标逐步提高的需求,压气机叶型设计技术不断进步,从最初采用窄弦直叶片满足亚声叶型的设计目的,发展为宽弦直叶片、掠形叶片实现更高马赫数、更高气动载荷、减小二次流损失的设计目的,当前对于超声叶型,工程上已经多采用复合弯掠叶片来实现更为灵活的叶型型面设计与气流流动控制,如图 1.18 所示。以叶型进口马赫数、级负荷水平的需求发展为轴心,以低损失、高效率为目的,叶型设计经历了四个时期的不断进步和完善,如图 1.19 所示[3]。

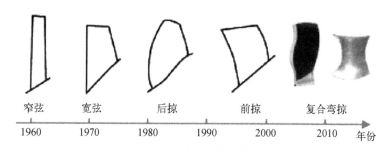

窄弦　　宽弦　　后掠　　前掠　　复合弯掠
1960　1970　1980　1990　2000　2010　年份

图 1.18　叶型设计技术的发展

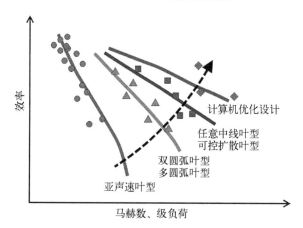

图 1.19　叶型方法/效率随级负荷/马赫数发展趋势

在最开始设计压气机时,叶型设计理论是机翼的升力理论,自然叶片的设计都采用修改的翼型。飞机采用的翼型对于压气机根部来讲一般都太薄,而且其前后缘也难以满足结构强度和加工工艺的要求,为此各个国家开始系统研究压气机适用的叶型系列[25]。英国的研究是由 Howell 等于 1942 年展开的,美国的研究则由 Herrig 等在 1957 年开始系列叶型的研究,逐步发展出了一系列专为压气机使用的叶型,如 C 系列和 NACA-65 系列等。这类叶型,人们称之为原始叶型,适用于较低的进口马赫数叶片,目前多用于中介机匣支板或燃烧室扩压器支板的设计,因为这类叶型只有厚度分布而没有中弧线几何描述,不能直接作为实际叶型使用。

20 世纪 60 年代,随着压气机转速和负荷的提高,设计人员开始尝试跨声叶型的设计。随着对跨声速叶栅内部流动、激波形成规律的深入认识而发展的双圆弧叶型、多圆弧叶型,突破了亚声速压气机的限制,从而跨越到超跨声速压气机的技术时代,并形成了中线叠加厚度形成叶型型线的设计方法,这对于以后的大幅度提高性能具有极其重要的意义。

随着对压气机内部流动认识的深入，根据飞机超临界翼型的设计原则而发展起来的可控扩散叶型（controlled diffusion airfoil blade，CDA 叶型），可以通过预期的表面压力或近表面马赫数（图 1.20）[5] 定制叶型的几何坐标，大量实践证明，可控扩散叶型不但损失较小，而且攻角范围更宽（图 1.21）[5]。可控扩散叶型从 20 世纪 70 年代应用于压气机叶片设计以来，其带来的性能收益超过了改变流道、转速和结构所带来的收益，到 80 年代初期使用 CDA 叶型的压气机多变效率提高了 2%，叶型增压能力提高了 60%[26]。

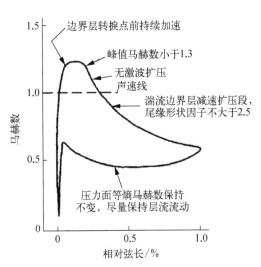

图 1.20　可控扩散（超临界）叶型表面设计马赫数分布示意图

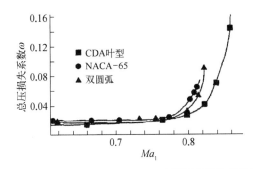
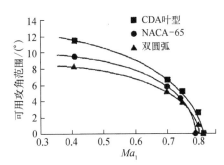

图 1.21　CDA 叶型的损失和可用攻角范围随来流马赫数的变化

针对超声叶型设计，欧美各国开展了大量的研究。20 世纪 70 年代，美国 Wennerstorm 发展了任意中线叶型，通过控制中弧线沿程弯角，可以有效地调节叶型槽道进口激波系、控制激波强度、降低激波损失和二次流损失，从而保证超声速叶型在较高压比下获得较高的效率。90 年代，随着计算机技术的飞速发展，叶型设计与应用数学的结合更加紧密，基函数（贝塞尔基、B-样条以及 NURBS 样条）引入了中弧线的设计，对中弧线特征点的自由控制实现了真正意义上的任意中线设计，使得叶片造型更加灵活、高效和智能。

目前，计算流体力学的飞速发展，对跨超声速和亚声速叶型内部流动有了更加深入的认识，同时计算机技术、应用数学以及计算机图形学的迅猛发展，为压气机叶型设计提供了更加灵活、有效的实现途径。通过计算机 CFD 优化叶型型面，借助计算机自动优化软件，可进一步推动压气机气动性能的提高。

2. 三维叶片设计技术

在压气机设计全流程中,叶片是表征性能设计最后应用的三维单元实体,是气动设计的最终体现,它的加功能力、效率、气动稳定性和抗疲劳特性,直接决定了压气机的使用性能,进而影响到整机的性能,决定了发动机是否可用。

随着气动设计技术、结构技术和材料技术的不断发展,世界著名的航空发动机设计与制造公司开发和验证了多种先进的三维叶片设计技术,如掠形转子叶片、弓形静子叶片、吹吸叶片、分流小叶片等,有些已经应用到现役或在研的航空发动机风扇和压气机上,并取得了很好的效果。这些先进叶片技术的不断成熟和应用,将给未来高性能、高推重比航空发动机的风扇和压气机带来一系列好处,包括级增压比将更高、结构将更紧凑、气动稳定性将更好。

1) 掠形转子叶片设计技术

掠形转子叶片是现代航空发动机广泛采用的风扇、压气机设计技术,其实质是基于气动机理,通过叶型弦向位置改变,实现全工况、全三维流动控制,使流量、负荷、效率和裕度等性能特性参数趋于工程环境下的最佳适用效果。

鉴于转子叶片承受着离心力和气动力的共同作用和交变影响,叶弦的法向几何结构通常由应力分析决定。因此,转子叶片只能通过弦向的位置变化,即掠形,来实现流动控制,而不能采用弯掠组合方式进行。根据掠形的方向不同,可以分为前掠叶片(图1.22[27])、后掠叶片和复合弯掠叶片。

大量研究表明,后掠叶片有利于流量系数的增加,而前掠叶片则更体现为使局部区域的来流呈现负攻角特征。因此,综合利用掠形特征可以使进口级风扇压气机产生高通流、高负荷和高效率的特征,并具有局部改变攻角进而扩展失速裕度、对进口畸变敏感度低的能力。美国 GE 公司和艾利逊公司研制的前掠风扇试验结果证明可提高效率 4%、抗流场畸变能力提高 8%[28]。罗·罗公司在遄达发动机风扇上采用了前掠叶片(图1.23 和图1.24),并取得了显著成效[12]。

图 1.22 前掠叶片(左)与常规直叶片(右)的对比

前掠叶片能提高风扇性能已经得到大量验证,但前掠叶片的强度振动问题比较突出,尤其是易于发生颤振,GE 公司的一台研究用前掠风扇在 80% 转速附近发生失速颤振。IHPTET 计划中采用了碳纤维缠绕带冠结构,可以避免前掠风扇叶片颤振,并有利于解决强度振动问题(图1.25)[27]。随着对机理认识的深化,复合掠叶片已经摆脱了第一代单独前掠或后掠或过度掠形的特征,进入了适用于来流分布展向变化的第二代复合掠叶片。这类叶片通常用于进口级或前面级,以适应更符合实际的非均匀来流,同时与应力振动产生更加和谐的融合,实现流动定量化最优控制。GE 公司 GE90 - 115B 风扇采用掠形叶片后(图 1.26[12]),其效率比常规造型风扇得到了提升,堵塞流量也有所增大,从而使得发动机的起飞推力相应增大[25]。

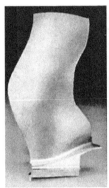

图 1.23 遄达 900 的风扇叶片　　　　图 1.24 遄达 XWB 的风扇叶片

图 1.25 IHPTET 计划中的带冠风扇　　　图 1.26 GE90 - 115B 风扇叶片

高压压气机掠形叶片已经逐步应用到现役和在研的军民用涡扇发动机上,如F414 增推型发动机 2 级高增压比风扇与前 3 级(共 6 级)高压压气机、F136 发动机5 级整体叶盘结构的高压压气机都采用了复合材料的 3D 气动设计的前掠叶片。与风扇进口级不同的是,掠形对多级高压压气机扭向规律和匹配的实际影响尚没有深入的机理研究给出定性化或定量化的结论,目前的三维数值模拟结果既偏离了过去的实践,也偏离了试验验证的结果,需要进一步深入研究。

2) 弯掠静叶设计技术

如果转子叶片一般通过掠形来实现流动控制,那么静叶可以产生更为复杂的三维几何特征,即弯掠来实现流动控制。从机理上看,早期的反角、端弯、端削,中期的弯叶片、倾斜叶片,以及近年的端区弯掠,均具有通过周向有势流控制二次有黏流的特征,统属于弯掠静叶设计机理的范畴。

1950 年的反角叶栅实验可以被认为是现代弯掠静叶的雏形,其设计思想来源于机翼的反角设计,但由于对二次流动机理认识的匮乏,并没有获得有益的结果。20 世纪 70 年代末,端弯设计在中国率先开展,但在某型号上得到了成功应用后戛然而止。80 年代初期,罗·罗公司在 RB211 - 535E4 发动机上采用了端弯叶片设计技术。80 年代中期,GE 公司也在 GE90 发动机高压压气机中采用了叶片前缘增弯、后缘减弯的端弯静子组件。

20 世纪 60 年代,王仲奇和 Filippov 首先提出叶片弯扭联合气动成型方法,该方法可使叶片沿高度、沿周向都有设计自由度[29],之后国内外很多学者对该方法展开大量的研究,均表明弯掠静叶设计技术可有效提升和改善压气机的效率、压比以及流通能力。我国王仲奇教授团队的研究[30-34]还表明,叶片正弯曲显著降低了端壁损失,削弱了角区分离,降低了能量损失,图 1.27 给出了正弯曲叶片、反弯曲叶片及前缘端弯叶片与常规直叶片的比较。

(a) 常规直叶片   (b) 正弯曲叶片   (c) 反弯曲叶片   (d) 端弯叶片

图 1.27   弯曲静子叶片、端弯叶片与常规叶片的比较

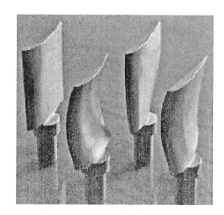

图 1.28   弓形静子叶片

目前,反弯曲叶片在静子设计中(图 1.28)已得到大量应用,明显改善了端区二次流特征并提高了效率。PW 公司在 PW4084 高压压气机上最先采用正弯静叶,减少了端壁损失,提高了效率。之后,PW 公司、CFMI 公司、GE 公司均采用了三维气动设计的弯掠静叶,并取得了明显的收益。

3) 大小叶片设计技术

大小叶片设计技术主要利用全弦长叶片中后部槽道中间区域增加一排小叶片来控制气流在后段的分离,从而实现叶片弯角增加和增压能力的提高,该技术能较好地提高轴流压气机叶片气动负荷和做功能力,是使轴流压气机级增压比达到 3 或 3 以上的具有发展潜力的技术。

小叶片将大叶片通道中后部分成两个通道,各通道的流量和负荷不同,通道间的流量和负荷分配对于大小叶片轴流压气机通道内的非定常流动特性有较大影响。大叶片的加功作用是占主要的,小叶片的主要作用在于控制大叶片后部表面的流动、压力分布,抑制大的逆压梯度下易产生的分离,提高叶片的流通能力和级加功能力。

20 世纪 70 年代,Wennerstrom 提出了大小叶片设计技术,美国 IHPTET 计划中对大小叶片轴流式压气机进行了技术验证(图 1.29[4]),成功地设计和试验了单级大小叶片压气机。随着全三维计算技术的发展,大小叶片转子技术在 90 年代后得到长足的进步。采用大小叶片技术的压气机进入工程应用的关键是:实现设计点和非设计点性能的综合优化,解决相关的结构强度问题和多级压气机的级间匹配问题。北京航空航天大学的陈懋章院士带领的项目组在利用大小叶片设计技术进行压气机研制中开展了卓有成效的工作[35]。

图 1.29　IHPTET 计划中的大小叶片转子

1.3.3　全三维定常/非定常流场 CFD 分析技术

压气机内部的流动是高度复杂的三维非定常流动。风扇压气机气动负荷越高,逆压力梯度越大,流场中各种旋涡的黏性化程度越强,如果不能有效控制将成为制约负荷提高的主要因素。因此,风扇压气机提高气动负荷的最大潜力来自对真实流场特征的准确认识。20 世纪 80 年代后,高性能计算机技术的发展日新月异,极大地带动了计算流体力学的发展,国外相继发展了双时间步[36]和单时间步[37]隐式类牛顿迭代方法来数值求解非定常 Euler/Navier‐Stokes 方程(N‐S 方程),促使非定常流动数值模拟的巨大发展,这使得人们可以借助数值模拟的手段研究压气机内部的复杂流动,并准确预测流场特征。

1. 定常流动分析

国外从20世纪80年代末就开始了叶轮机全三维定常流动计算问题的研究,主要是采用叶排间掺混平面模型,开展多级压气机和涡轮的三维定常流数值计算研究,典型的有Denton、Dawes和Ni等的工作[4]。

20世纪80年代末到90年代初,高性能计算机日益普及,数学计算方法飞速发展,应用数学与流体力学的结合越来越紧密,使得时间推进求解方法、高精度空间和时间离散方法等融入流体力学的方程求解中,随着网格生成技术日益成熟,加速收敛技术的应用和能够初步满足工程应用的湍流模型的出现,使得数值求解雷诺平均的全三维定常N-S方程组不仅成为可能,而且越来越实用,从而出现了一批叶轮机全三维定常黏性数值模拟程序。三维定常黏性数值模拟摆脱了对大量经验数据的依赖,突破了以往只有通过实验才能获得比较可靠的压气机内部流动信息的局限,为压气机内部流场分析和工程设计提供了一种先进的手段。

国外在多级压气机的研制上开始广泛且深入地应用定常数值模拟技术,如PW6000高压压气机、Trent 800高压压气机和Trent 500高压压气机的研制[38],显示出了全三维CFD方法作为新设计系统和新设计观念的强大生命力。

图1.30给出了罗·罗公司风扇效率的演变过程,从图中可以看出,20世纪90年代以来,随着风扇压气机的三维气动设计技术的提高,采用三维气动造型,实现了风扇内部流场的定制设计,风扇的效率进一步得到提高。

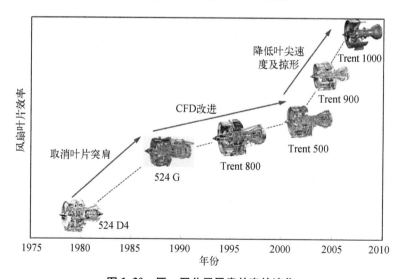

图1.30　罗·罗公司风扇效率的演化

因此,全三维流场分析技术的发展及其在压气机设计中的大量应用,促使了压气机设计水平的大幅度提高,不仅能够较为准确地模拟多级压气机的内部流动、优化各叶排参数选取、改善级间匹配性能、预估压气机黏性全三维流场和性能、降低试验验证风险,也使设计优化更有针对性,同时针对流场激波发展和端壁流动控制,一些先进技术的作用得到了充分发挥,如弯掠叶片、大小叶片等,大幅度提高了压气机级负荷与性能,加速了高负荷、高性能压气机的研究进展。

2. 非定常流动分析

即使在稳定的工作状态下,叶轮机内部的流动仍是典型的强三维非定常流动。压气机内流动高度的非定常性对压气机的性能、稳定性、叶片振动及颤振等都会产生影响,主要包括以下方面[4]。

(1) 转静子之间轴向间隙的影响。20 世纪 70 年代就轴向间隙对压气机性能的影响就开展了研究,在亚声速压气机上的试验表明,减小叶片排轴向间隙,压气机的效率和压比均有所提高;而美国空军实验室在跨声速压气机上的试验得出了相反的结论,增大叶排间轴向间隙可以提高效率。德国 DLR 通过数值研究认为,在跨声压气机中,增大叶排间轴向间隙会使静子损失减小,但转子损失增大。不同的研究结果表明,对于轴向间隙的影响机理仍需做进一步研究。

(2)"时序"(clocking)效应。转子或静子叶片的周向位置安排对叶轮机的性能会产生影响,这一"时序"的现象在涡轮和压气机中均得到研究证实,在轴流式压气机中对静子"时序"、转子"时序"以及转静子"综合时序"均有研究,结果表明合理的叶片周向布局可使压气机的效率提高 0.2%~0.8%。

(3)气动稳定性问题。喘振和失速是典型的非定常问题,由于失速问题属于强非线性大尺度非定常流动,压气机稳定边界的预估非常困难,机匣处理等扩稳措施的设计准则也难于形成,进气畸变对压气机稳定性的影响也只依赖于试验和经验评估。目前对失速和喘振进行直接的非定常数值计算还难以实现,但利用非定常流动理论进行研究取得的一定进展,如 MIT 研究稳定性的主动控制,北京航空航天大学的孙晓峰教授利用非定常流动理论研究主/被动结合的新型处理机匣。

(4)尾迹与分离流。叶片表面的附面层发展、尾迹对下排叶片的影响、分离流的抑制都是压气机非定常问题研究的重要方向。如何利用非定常效应,提高压气机流动抗分离的能力、提高压气机级负荷、改善压气机性能成为研究者关注的焦点。试验研究了转子尾迹和附面层对下游静子叶片表面附面层发展、表面压力分布和非定常叶片力的影响。压气机非定常自然流型和非定常耦合流型的概念,认为实现非定常自然流型向非定常耦合流型的转化是建立非定常设计体系的关键。

(5)流固耦合。叶片高周疲劳和颤振是发动机故障的主要原因之一,也是典型的流固耦合激振问题。非定常气动激振力非常难以预估,所以叶片高周疲劳和颤振的研究非常困难。目前已经能够进行三维非定常非线性流固耦合数值模拟,但需要取得更大的突破才能进入工程应用。

1.3.4　多级压气机全工况性能匹配技术

现代高负荷压气机的压比高、内部流动复杂,其主要技术难点在于对压气机级间匹配特性及整体气动布局的认识和把握。

多级压气机前后级设计参数不匹配,很容易导致稳定裕度不足、效率低下的问题,给发动机的工程应用设置障碍。

E3发动机是美国20世纪较成功的研究项目,美国GE公司和普惠公司分别在该计划中设计了10级高压压气机,但验证成果大不相同。GE公司的E3高压压气机经历了四轮才达标。第一次试验了10级压气机的前6级,喘振裕度为6%,而设计要求为14%;修改设计后组装的第1台份10级压气机进行了试验,喘振裕度为11%(要求18%),效率为0.838(要求0.86),没有达到要求;改进后的第2台份10级压气机试验喘振裕度达到14%,但仍未达到要求的18%;在此修改后的10级压气机才基本达到设计要求[39]。而普惠公司研制的E3高压压气机第一台份也未达到要求,试验喘振裕度为12.6%(要求20%),效率为0.851(要求0.865)[40],修改后的第二台份的试验结果未见诸文献。

相关资料表明,罗·罗公司的遄达800发动机低压压气机进行了6台试验件试验,主要用于改善中间转速喘振裕度、提高高转速效率、研究叶尖间隙对效率和喘振裕度的影响、研究机匣处理和容腔对效率与喘振裕度的影响、适应发动机要求修改等。

近年来的一个典型例子是:普惠公司设计的PW6000压气机没有达到预定目标,只得改用MTU公司的6级高压压气机。

可见,对压气机内部流动规律的深刻认识,是建立各种高负荷压气机性能预测模型、掌握多级气动性能的前提。多级轴流压气机内各级流动特点不同,使得研究侧重点不同,如多级压气机在非设计状态,各叶片排的工作条件差异非常大,以攻角为例,图1.31为一台六级压气机的转子和静子叶片在不同转速下的攻角,可以

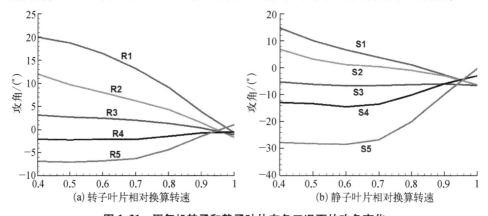

图 1.31　压气机转子和静子叶片在各工况下的攻角变化

看出当设计攻角为 0,且 $n=0.6$ 时第 1 级转子叶片攻角为+16°,第 6 级转子叶片攻角为-7°,第 6 级静子叶片攻角达到-28°。要保证压气机在全工况下均具有较好的性能,一方面要求设计的叶片有宽广的工作范围,另一方面要求叶片设计攻角的选取需要全面考虑(图 1.32)[4]。

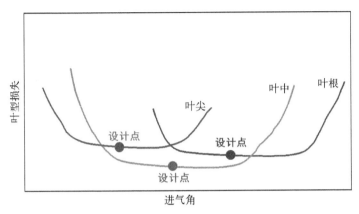

图 1.32　叶型设计点选择

航空发动机需要在不同的工况工作,如起飞、爬升、巡航、慢车等,在不同的工作状态对风扇、压气机的性能均有严格要求。压缩系统作为发动机中的关键部件,其负荷的提高,首先要以不同工况性能均满足要求为前提,意味着风扇、压气机的设计不但要确保设计点性能,而且要进行全工况性能优化,使得在各种工况下均具有良好的性能。例如,压气机设计中,应考虑流场中径向间隙对气动性能的影响、用于涡轮冷却等的引气设置导致的气动参数的变化情况、转静子根部容腔的不利影响等;军用发动机中要求巡航状态的效率高于通常作为设计点的地面起飞状态,起飞和加速性也要求压气机在非设计转速有较大的稳定工作裕度等。因此,在压缩系统设计过程中,要兼顾多工况、全转速性能,设计参数的选择要进行多轮寻优、协调和匹配。

1.3.5　稳定性设计技术

实际工作中的压气机并不总是处于设计工况,并且真实工作环境异常复杂而多变。战斗机发动机在快速大机动飞行、武器发射等工作状态下,进气道不可避免地增大了风扇压气机进口流场的畸变,使得风扇压气机稳定性问题变得越来越严重和突出。例如,20 世纪 60 年代中期,美国配装 TF30 涡扇发动机的 F - 111 战斗机,由于进气道与发动机匹配存在问题,被迫退役停止使用,经过近十年的研究,才得以解决此匹配问题。

无论是军机还是民机,都要求发动机在其飞行包线内,绝不允许在不稳定状态下工作。设计良好的风扇压气机,除了性能、可靠性良好,还必须满足发动机在整个工作包线范围内拥有足够的可用稳定裕度。

燃气涡轮发动机的稳定性主要由压缩部件——风扇压气机的稳定性决定,并受发动机复杂工作状态和其他部件共同工作的影响。风扇压气机气动稳定性是涉及气动热力学、运动稳定性理论、控制理论与技术、压气机设计理论与技术的多学科高度交叉的一门综合学科。目前,美国、英国及俄罗斯等国家已将发动机的稳定性作为当代先进航空发动机的三项战术技术指标(性能、可靠性、稳定性)之一加以贯彻,稳定性评定已成为贯穿发动机全寿命周期的重要内容。

旋转失速和喘振是风扇压气机中两类典型的气动不稳定流态,如图 1.33 所示。旋转失速是压气机特有的一类失速现象,由覆盖少许叶片的若干各失速团组成,这些失速团以低于转子转速(10%~90%)沿转子旋转方向旋转,它不仅破坏了压气机中原有的轴对称流态、制约了压气机的增压能力,还带来了周向流动非定常性局部增强的问题,但此时压气机只是气动性能恶化,仍能稳定工作。而喘振则是一种以气流中断、气流沿发动机轴线振荡为特征的不稳定流态。压气机发生喘振时,气流中断导致压气机无法稳定工作,也不能与下游部件进行稳定匹配,而气流沿发动机轴线方向的低频率、高振幅振荡是一种很大的激振力来源,会导致发动机机件(首先是压气机)的强烈机械振动和热端超温,并在短时间内造成机件的严重损坏,因此任何工作状态下都不允许压气机进入喘振区工作。

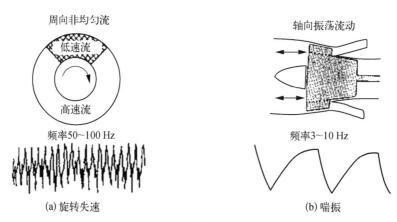

图 1.33　旋转失速与喘振

在航空发动机发展早期,研究人员只重视其压气机性能的好坏,追求高的性能指标,而对稳定性问题未引起足够的重视,研究也多以平面叶栅为主,大多还是依赖设计经验和数据积累。20 世纪 50 年代,Emmons、Stenning、Marble、Sears、Krieble、Dunham、Leiblein、Koch[41-48] 等基于平面叶栅试验研究,初步形成判断压气机稳定性分析的经验关联法,如 Leiblein 提出了将扩散因子作为叶栅失稳的近似准则;Dunham 提出了将压升特性线上压升系数对流量系数的导数为零点作为判定压气机失稳的准则;Koch 提出了用压气机最大静压升能力来预测压气机失稳的发生等。

1969 年,Seldner 等[49]通过在模拟机上研究整台发动机,第一次获得了用稳定性理论预测压缩系统在发动机平台的稳定工作边界。1976 年,Greitzer[50]首次建立了稳定性一维分析非线性模型,并提出了识别压缩系统失速类型的 Greitzer - B 参数,后续通过深入研究临界 B 参数,发展了二维 Moore - Greitzer 模型[51]。Chue 等[52]和 Hynes 等[53]分别就周向总压畸变对压气机不稳定工作点影响展开了理论研究,建立了周向压力畸变下压缩系统的失稳判别准则。1995 年,Rabe 等[54]率先开展了进气畸变对跨声速轴流压气机叶片负荷影响的研究,揭示出畸变使压气机叶片负荷产生显著变化。1989 年,Epstein 等[55]提出喘振主动控制概念,通过识别失稳先兆信号,实现在线预警和主动控制,达到推迟或避免发动机进入失稳状态的目的,为解决发动机稳定性问题提供了新的思路。

随着计算流体动力学的迅速发展,考虑压气机流场三维流动本质的三维稳定性模型,也逐渐得到发展,如 Hall 等[56]、Hirai 等[57]、Hale 等[58]、Marshall 等[59]用数值模拟方法详细探讨了稳态周向压力畸变下转子/级三维内流场流动结构特征,尤其关注叶尖端壁流动特征的变化;Li 等[60]进一步发展了在进口畸变条件下跨声速振荡风扇叶片的三维非定常流场的数值模拟方法,并获得了相应条件下畸变进气对非定常流动结构影响的新认识;1996 年,Sun[61,62]从三维可压缩线性非定常 Euler 方程出发,综合考虑声波、涡波和熵波以及有限空间波传播界面间的模态匹配方法,发展了三维可压缩压气机流动稳定性理论模型。

旋转失速和喘振产生的原因都是压气机叶片的叶背出现了气流分离和分离扩展,当分离扩展严重至整个叶栅通道时则发生喘振。因此,压气机稳定性设计的目的就是在发动机整个工作范围内避免或推迟压气机旋转失速和喘振的发生。压气机设计中,多采用可调静叶、处理机匣、级间放气、多转子方案、变涵道比设计等措施,推迟叶背的分离来扩大压气机的稳定工作范围。

1.3.6 先进结构设计技术

风扇压气机作为高速旋转件,其结构设计不仅是风扇压气机气动设计结果的物理体现,还要综合考虑气动、强度、振动、传热、材料、工业、装配、使用和维修等多方面因素。

随着工业技术的进步,压气机结构呈现持续简化的发展趋势,主要体现在新材料、新结构、新工艺等方面,主要包含整体叶盘/整体叶环技术、空心叶片技术、焊接转子技术、先进复合材料构件等,详见第 8 章内容。

1. 整体叶盘/整体叶环技术

1) 整体叶盘

盘片分离结构的转子零件数多、结构复杂,在强度、重量、寿命、可靠性、维修和库存等方面存在许多难以解决的问题。而在第四代发动机的研制中,制造工艺取得了重大突破,大量采用了叶片和盘体一体化的整体叶盘结构。

盘片分离结构中,在盘体轮缘部位和叶片根部需要分别加工出用于安装的榫头、榫槽,而整体叶盘结构则可以省略此结构,大大减轻转子重量。例如,F414 发动机中风扇第 2、3 级转子采用整体叶盘后减重 20.43 kg;没有榫槽泄漏通道,确保叶根处的流路不中断,并减少级间凹处的风阻损失,提高性能省去安装边以及螺栓、螺母、锁片等连接件,从而显著减少零件的数量;没有榫槽,避免了出现榫槽损伤以及断裂等潜在故障隐患。但整体叶盘结构也带来了新的技术问题,例如,叶片振动问题,由于没有榫头榫槽结构的阻尼作用,叶片振动的矛盾将更加突出;叶盘修复问题,叶片使用后出现局部损伤后,盘片分离结构很容易通过更换叶片解决,但整体叶片结构必须解决修理问题,可通过线性摩擦焊、增材制造等技术修复叶片,否则就会大幅度提高使用成本。

目前整体叶盘技术已经发展得较为成熟,风扇/高压压气机整体叶盘结构也已经大量应用于航空涡扇发动机上,如 GE 公司的 YF120、F110-132、F414 增推型、F136、GEnx 等发动机;普惠公司的 F119、F100-229A、F135 等发动机和 IHPTET 计划验证发动机;罗·罗公司的 EJ200、BR715、Trent 1000 等发动机。图 1.34 为 EJ200 发动机风扇和压气机整体叶盘,图 1.35 是整体叶盘的数控加工制造[63]。

图 1.34　EJ200 发动机风扇和压气机整体叶盘

2) 整体叶环

受均质材料的制约,传统的金属材料压气机盘质量很大,为了减轻质量,世界知名的航空发动机设计与制造商在发展整体叶盘的基础上,利用金属基复合材料密度低、强度高、高温性能好、刚度大等优点,进一步发展了金属基复合材料整体叶环,大幅缩小了辐板和盘心结构。由于去掉了轮盘部分,加之较轻的支撑结构、较小的陀螺力矩或较低的轴承载荷使整体叶环质量大大减轻,最多可减轻 70%[63](图 1.36[64])。

图 1.35　用数控加工制造整体叶盘

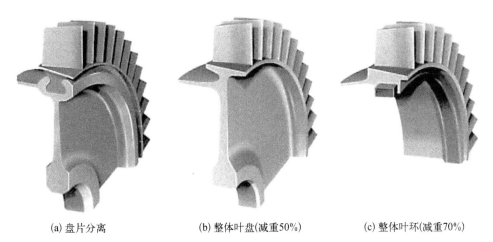

(a) 盘片分离　　　　　(b) 整体叶盘(减重50%)　　　　　(c) 整体叶环(减重70%)

图 1.36　整体叶盘、整体叶环减重效果

整体叶环将多排转子叶片与圆形鼓环做成一个整体。其优点有:鼓环中无轮盘且叶片无榫头,使转子质量大大减轻;横向刚性大;消除了榫槽中漏气现象,有利于提高气动性能。但用常规钛合金或合金钢材料时,它承受不了发动机转速下的自身离心力载荷,只有用高比强度的复合材料才能实现。

2. 空心叶片技术

为了减轻风扇宽弦转子叶片质量、降低离心负荷,空心叶片得到应用。

空心风扇叶片大致可分为带蜂窝芯、带桁条芯和无夹芯三种类型,如图 1.37所示。

20 世纪 80 年代末 90 年代初,罗·罗公司、普惠公司等发动机公司成功地开发

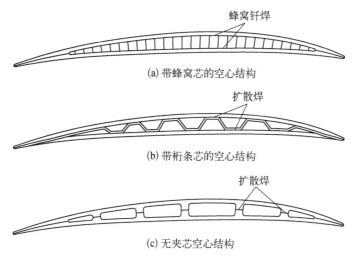

图 1.37　三种类型的宽弦空心风扇叶片

了超塑成型/扩散连接(SPF/DB)技术,使钛合金宽弦空心叶片得到了广泛应用。由于空心叶片拓展能力较强、质量较轻、加工成本较低等特点,其在 Trent 系列、PW4000 系列、GP7000 等大涵道比涡扇发动机及 F119、F135 等小涵道比涡扇发动机上得到应用[63]。

1.4　小结和展望

随着航空技术的发展,压气机设计技术突飞猛进,压气机的设计要求始终朝着高级压比、高效率、轻质化发展,但从图 1.6 可见,目前采用的压气机设计技术手段带来的效率增长趋势已经趋缓,如果没有机理新认知、设计新思想和工业新技术的共同出现,进一步提升轴流压气机效率非常困难,因此目前设计中越来越重视端壁区、泄漏流、容腔等处的精细化设计,以尽可能降低流动损失,提高工作效率。基于工程化考虑,在设计初期就需特别重视稳定性、可靠性和结构完整性问题,并贯穿于方案筛选、参数选取、性能匹配、流场优化的全过程。

目前,我国已建立了流程较为完整的风扇压气机设计体系,并根据工程使用的需要逐步引入了非定常全三维流场分析、声学设计、流固耦合设计等多学科耦合方法,使设计体系的功能更为完善,可满足发动机全寿命周期的研制需求。但也要清醒地认识到很多设计活动过多依赖商业软件,并受其发展的制约。因此,为提升设计体系的仿真精度、提高设计体系的工程应用性,应重视具有我国自主知识产权的专业软件的开发和应用。

随着新一代战斗机以及高超声速飞行器对航程、经济性以及单位推力要求的进一步提高,传统的涡喷/涡扇发动机无法同时兼顾这些要求,因此提出了变循环发动机、空天组合动力等新概念的发动机。这些发动机对压缩部件提出了新的要求,如变循环发动机的核心驱动风扇和压气机要求在较大的涵道比范围内均能高效稳定工作,这就要求压缩部件有足够的流量范围和稳定裕度,而空天组合动力发动机要求压缩部件在高速冲压模式下进行大级间引气,这些都对压缩部件的设计提出了新的挑战,是压缩部件设计未来的发展方向。

随着 CFD 的快速发展,全三维非定常计算在工程中得到了大量的应用,但是目前主要应用在流场仿真分析,在压缩部件设计体系中,对非定常效应还没有很好地计入,如何在设计中计入这些非定常效应(如转静干涉、非定常流型等),从更高维度提升压气机的气动性能是后续的发展方向。针对流动控制技术,在现有的设计体系中,能够包容部分流动控制措施,如处理机匣、级间放气等;如何对流场进行主动控制(如抽吸、施加激励等)以提升压缩部件的稳定工作能力,是后续的重点发展方向。

随着发动机推重比的不断提高,对压缩部件的负荷水平提出了更高的要求。尽管在高负荷压缩部件的设计和验证上已经取得一些进展,但是验证还不够充分,如气动稳定性的问题、结构强度问题暴露还不充分。同时,现有的高负荷压气机设计技术还是依赖传统的设计思路,针对高负荷压缩部件中叶片排内的气动激振能量大、展弦比小等一些新特点,在设计中尚不够细化,高负荷设计后续的重点发展方向就是针对这些特点,完善细化高负荷设计技术,在提高气动负荷水平的同时,保证压缩部件的结构完整性和气动稳定性。

参考文献

[1]　彭泽琰,刘刚.航空燃气轮机原理[M].北京:国防工业出版社,2000.

[2]　Rolls-Royce. The jet engine[M]. Derby: Rolls-Royce PLC, 1996.

[3]　Rüd K, Vogel U. 生产管理——PM03 未来先进的民用航空发动机[R].北京:欧盟-中国民用航空合作项目,2005.

[4]　程荣辉.轴流压气机设计技术的发展[J].燃气涡轮试验与研究,2004,17(2):1-8.

[5]　桂幸民,滕金芳,刘宝杰,等.航空压气机气动热力学理论与应用[M].上海:上海交通大学出版社,2014.

[6]　郑天慧,孟令勇.美国下一代军用发动机项目 HEETE 持续推进[J].国际航空,2009(6):76-77.

[7]　张逸民.航空涡轮风扇发动机[M].北京:国防工业出版社,1985.

[8]　陈仲光,张志舒,李德旺,等.F119 发动机总体性能特点分析与评估[J].航空科学技术,2013(3):39-42.

[9]　梁春华.M88-3 发动机[J].航空发动机,2004(4):44.

[10]　杨国才.国外推重比 10 一级军用发动机综述[J].航空制造技术,2009(16):32-37.

[11]　李清华,安利平,徐林,等.高负荷轴流压气机设计与试验验证[J].航空学报,2017,38(9):161-171.

[12] 陈光.大涵道比涡扇发动机风扇叶片的变迁[J].航空动力,2018(5):26-30.

[13] 方昌德.大涵道比涡扇发动机关键技术[J].国际航空,2008(1):38-40.

[14] 陈光.大涵道比涡扇发动机的发展[J].航空动力,2019(3):56-61.

[15] 毛茂华,黄春峰.罗·罗公司民用航空发动机技术传承与创新[J].燃气涡轮试验与研究,2017,30(6):56-60.

[16] 陈懋章,刘宝杰.风扇/压气机气动设计技术与挑战[J].航空制造技术,2007(11):36-41.

[17] 黄春峰,姚艳玲,蒋明夫.GTF发动机技术性能和应用前景分析[J].航空制造技术,2012(13):44-48.

[18] 于树宏,冀鹏,刘巨祥.改变游戏规则的技术创新-普惠Pure Power TM PW1000G型发动机[J].航空制造技术,2008(13):32-35.

[19] Marks L S, Weske J R. The design and performance of an axial-flow fan[J]. Trans. , 1934, 56(11):807-813.

[20] Constant H. The early history of the axial type of gas turbine[J]. War Emergency Issue, 1945(12):411-426.

[21] 陈懋章,刘宝杰.大涵道比涡扇发动机风扇/压气机气动设计技术分析[J].航空学报,2008,29(3):513-526.

[22] Wu C H. A general theory of three-dimensional flow in subsonic and supersonic turbomachines of axial, radial, and mixed-flow types[R]. Washington: NACA, 1952.

[23] 程荣辉.普惠公司的压气机设计系统[J].燃气涡轮试验与研究,1997(2):53-59.

[24] 李清华.高级负荷压气机气动设计与综合优化技术研究[D].南京:南京航空航天大学,2017.

[25] 程荣辉,周拜豪,余华蔚.定制叶型技术及其在压气机设计中的应用[J].燃气涡轮试验与研究,2000,13(1):15-22.

[26] 周亚峰.可控扩散叶栅设计与试验[J].航空发动机,1994(3):8-27.

[27] 吴长波.小展弦比转子叶片颤振分析与试验研究[D].南京:南京航空航天大学,2016.

[28] Stanley W K. General electric tests forward fan technology[J]. Aviation Week&Space Technology, 1996, 9(1):11-15.

[29] 王仲奇,郑严.叶轮机械弯扭叶片的研究现状及发展趋势[J].中国工程科学,2000,2(6):40-48.

[30] 王仲奇,苏杰先,钟兢军.弯曲叶片栅内减少能量损失机理研究的新进展[J].工程热物理学报,1994,15(2):147-152.

[31] 钟兢军,苏杰先,王仲奇.压气机叶栅中应用弯曲叶片的研究[J].航空动力学报,1998,13(1):7-12.

[32] 李绍斌,苏杰先,王仲奇.采用高负荷弯曲静叶的压气机改型研究[J].航空动力学报,2006,21(4):741-746.

[33] Shang E, Wang Z Q, Su J X. The Experimental investigation on the compressor cascades with leaned and curved blade with leaned and curved blade[R]. Ohio: ASME, 1993.

[34] 李绍斌,陈浮,颜培刚,等.大折转角弯扭静叶对跨声速压气机出口流场影响的实验研究[J].工程热物理学报,2010,31(10):1659-1662.

[35] 陈懋章.风扇压气机技术发展和对今后工作的建议[J].航空动力学报,2002,17(1):

1 - 15.

[36] Antony J. Time dependent calculations using multigrid with application to unsteady flows past airfoils and wings[R]. Honolulu: AIAA, 1991.

[37] Pulliam T H. Time accuracy and the use of implicit methods [R]. Orlando: 11th Computational Fluid Dynamics Conference, 1993.

[38] Gallimore S J, Bolger J J, Cumpsty N A, et al. The use of sweep and dihedral in multistage axial flow compressor blading, Part I: university research and methods development[R]. Amsterdam: ASME Turbo Expo 2002, 2002.

[39] 航空航天工业部高效节能发动机文集编委会. 高效节能发动机文集(第三分册)[M]. 北京: 航空工业出版社, 1991.

[40] 航空航天工业部高效节能发动机文集编委会. 高效节能发动机文集(续集二)[M]. 北京: 航空工业出版社, 1993.

[41] Emmons H W, Pearson C E, Grant H P C. Compressor surge and stall propagation[J]. Transactions of the ASME, 1955, 77(4): 455 - 469.

[42] Stenning A, Kriebel A, Montgomery S. Stall propagation in axial compressors [R]. Washington: NACA TN3580, 1955.

[43] Marble F E. Propagation of stall in a compressor blade row[J]. Journal of Aeronautical Sciences, 1955, 22(8): 541 - 544.

[44] Sears W R. Rotating stall in axial compressors[J]. Zeitschrift für Angewandte Mathematik und Physik, 1955, 35(6): 429 - 455.

[45] Kriebel A R, Schuuind R G. Stall propagation in a cascade of airfoils [R]. Washington: NACA TRR - 61, 1960.

[46] Dunham J. Non-asymmetric flows in axial compressors[R]. Mechanical Engineering Science Monograph No. 3, 1965.

[47] Leiblein S, Roudenbush W H. Theoretical loss relation for low-speed two dimensional cascade flow[R]. Washington: NACA TN - 3662, 1956.

[48] Koch C C. Stalling pressure rise capability of axial flow compressor stages[C]. Houston: Contributed by the Gas Turbine Division for presentation at the International Gas Turbine Conference and Products Show, 1980.

[49] Seldner K, Mihaloew J R, Blaha R J. Generalized simulation technique for turbojet engine system analysis[R]. Washington: NASA TN - D6610, 1969.

[50] Greitzer E M. Surge and rotating stall in axial flow compressors: Part I[J]. Journal of Engineering for Power, 1976, 98(2): 190 - 198.

[51] Moore F K, Greitzer E M. A theory of post-stall transients in axial compression systems, Part I, II[J]. Journal of Engineering for Gas Turbines and Power, 1986, 108(1): 68 - 76.

[52] Chue R, Hynes T P, Greitzer E M et al. Calculation of inlet distortion induced compressor flow field instability[J]. International Journal of Heat and Field Flow, 1989(10): 211 - 233.

[53] Hynes T P, Greitzer E M. A method for assessing effects of circumferential flow distortion on compressor stability[J]. Journal of Turbomachinery, 1987, 109(3): 371 - 379.

[54] Rabe D, Bolcs A, Russler P. Influence of inlet distortion on transonic compressor blade loading[C]. San Diego: 31st AIAA, ASME, SAE, and ASEE, Joint Propulsion Conference

and Exhibit, 1995.

[55]　Epstein A H, Williams J E F, Greitzer E M. Active suppression of compressor instabilities [C]. Seattle: 10th Aeroacoustics Conference, 1986.

[56]　Hall E J, Heidegger N J, Delarney R A. Performance prediction of end wall treatment fan rotors with inlet distortion[C]. Reno: 34th Aerospace Sciences Meeting and Exhibit, 1996.

[57]　Hirai K, Kodama H, Nozaki O et al. Unsteady three-dimensional analysis of inlet distortion in turbomachinery[C]. Seattle: 33rd AIAA/ASME/SAE/ASEE Joint Propulsion Conference & Exhibit, 1997.

[58]　Hale A, O'Brein W. A three-dimensional turbine engine analysis compressor code(TEACC)for Steady-state inlet distortion[J]. Journal of Turbomachinery, 1998, 120: 422 - 430.

[59]　Marshall J G, Xu L, Denton J, at al. Prediction of low engine order inlet distortion driven response in a low aspect ratio fan[C]. Munich: International Gas Turbine & Aeroengine Congress & Exhibition, 2017.

[60]　Li H D, He L. Single-passage analysis of unsteady flows around vibrating blade of a transonic fan under inlet distortion[J]. Journal of Turbomachinery, 2002, 124(2): 285 - 292.

[61]　Sun X F. Three-dimensional compressible flow stability theory of rotating stall[R]. BUAA Technical Report BH - B4765, Beijing University of Aeronautics and Astronautics, Department of Jet Propulsion, 1996.

[62]　Sun X F. On the relation between the inception of rotating stall and casing treatment[C]. Lake Buena Vista: 32nd ASME/SAE/ASEE Joint Propulsion Conference, 1996.

[63]　梁春华,李宏新,凌瑶. 先进航空涡扇发动机风扇压气机的先进结构与新材料[J]. 航空制造技术,2007(1): 60 - 63.

[64]　陈光. 整体叶盘在国外航空发动机中的应用[J]. 航空发动机,1999(1): 1 - 7.

第2章
风扇压气机设计流程

鉴于航空发动机的复杂性,其研制周期相对较长,一般会划分不同的研制阶段,不同的研制阶段具有不同的研制目标。作为部件,风扇压气机的设计目标也随之略有不同。2.1节介绍航空发动机研制的阶段划分,进而引出风扇压气机设计在不同阶段的目标和主要工作。风扇压气机的设计涵盖多个专业,过程也很复杂,需要基于定量化的研制经验,将设计划分为不同的过程。2.2节给出不同过程所包含的主要设计活动。2.3节给出风扇压气机的设计流程,并对流程活动进行说明,指出设计活动的主要工作、输入和输出,以及关键设计参数等,同时给出后面详细介绍时的对应章节。

2.1 研制阶段划分

从技术开发(预先研究)开始,全新研制一款航空发动机通常需要历时20~30年。因此,对研制过程进行阶段划分是有效管理航空发动机研制的重要手段。关于阶段划分,国内外尚无统一的形式,包含预先研究过程的新型航空发动机全寿命周期的研制过程(图2.1)[1],可划分为3个大的阶段:预先研究、工程研制和使用

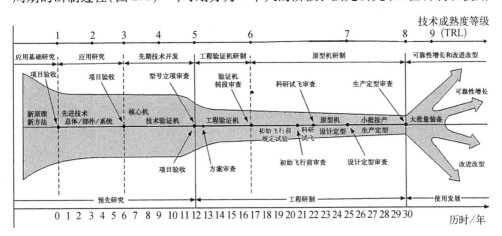

图 2.1　航空发动机全寿命周期研制的发展过程

发展,每个大阶段又可细分为若干个子阶段,并设置相应的审查点,以控制进入下一个研制阶段的风险。

预先研究阶段又称技术开发阶段,是根据航空发动机产品研制需求进行技术开发工作,此阶段一般包含应用基础研究、应用研究和先期技术开发三个子阶段。应用基础研究阶段的重点是新原理、新方法、新材料工艺的探索性基础研究,如研究一种新型设计方法或仿真手段、开发满足新产品要求的新材料等。应用研究阶段的重点是通过部件、系统的设计和试验研究,将新技术的技术成熟度提高到2~3级,例如,通过叶栅试验、压气机部件试验,验证设计方案的可行性等特征,提升对气动控制效果认知的同时验证部件、系统性能。先期技术开发阶段的重点是在发动机初步总体方案的基础上,通过开展核心机和技术验证机的设计与试验研究,验证关键技术,使技术成熟度提升至4~5级,且验证发动机初步总体方案的可行性。例如,在核心机中考核压气机与涡轮的匹配特性、调节规律的可行性等,提升气动与结构缺陷的洞察能力,以利用进一步调试改进。这一阶段可以形成原理样机或称技术验证机,为型号立项和研制总要求产生经初步验证的数据,为工程研制打下坚实的基础。预先研究阶段的综合目标是发动机产品需要的关键技术均得到验证,保证工程研制的技术风险可控,进度目标可实现。

工程研制阶段又称为产品开发阶段,其标志是型号通过立项审查。型号立项的论证工作由使用部门负责,工业部门参与,开展主要技术指标需求的论证,并制定初步总体方案,进行技术、进度、经费及风险等分析,形成立项综合论证报告。工程研制阶段的主要任务是根据主要作战使用性能指标,研制满足装备使用要求的发动机产品。工程研制阶段包括工程验证机研制和原型机研制两个子阶段。

工程验证机研制阶段首先开展方案设计。主要工作包括:首先开展初步设计,论证总体方案,提出部件和分系统主要技术要求,确定采用的新技术、新材料和新工艺,进行生产性论证,制定工作计划和零级网络图,编制《验证机总体技术方案》;之后开展详细初步设计,制定部件和系统的技术规范,开展新系统、新产品的设计验证和攻关,组织新工艺攻关,完成协调样机或原理样机试制,开展各类地面试验,编制一级网络图。通过方案审查后,开展工程验证机的详细设计、试制、试验,在全尺寸整机环境下对总体技术方案合理性、各部件系统之间的匹配协调性进行试验验证,并开展部分结构完整性验证试验,使关键技术成熟度达到5~6级。

原型机研制阶段的工作包括4个部分:初始飞行前规定试验、科研试飞、设计定型、生产定型,整个原型机设计阶段可能需要多次对发动机进行修改和完善,应按硬件滚动投产、状态渐次逼近,最终确定原型机技术状态。初始飞行前规定试验阶段是确保原型机首飞安全的重要阶段,该阶段应完成发动机稳态/瞬态性能试验、结构完整性试验、高空模拟试验、耐久性试验等多项验证和试验,并通过审查后进入科研试飞阶段。科研试飞阶段,需要从飞行包线指定区域到全飞行包线,逐步证明具备安全飞行能力,使技术成熟度达到 7 级。通过必要的试验和试飞验证,证明发动机的关键技术问题已经解决,发动机性能初步达到批准的技术指标、质量特性指标和技术要求,发动机技术状态冻结为技术鉴定批,具备完整的鉴定试验所需文件和图样,申请并通过审批后,即可转入设计定型阶段。设计定型阶段,需根据《发动机型号规范》,完成全部规定的各类试验,包括发动机稳态/瞬态性能试验、结构完整性试验、高空模拟试验、耐久性试验、环境和吞咽试验等,编制设计定型试验和试飞大纲,并通过设计定型试验和试飞,全面考核发动机的各项设计指标,确定设计定型技术状态,结束时技术成熟度达到 8 级。生产定型阶段,按照国军标《航空涡轮喷气和涡轮风扇发动机通用规范》(GJB 241A - 2010)的规定开展用户飞行试验和生产定型鉴定试验,对装备的实用性、质量稳定性、成套和批产生产条件进行全面考核,同步并展发动机全寿命试车,用一台符合规定的产品定型结构的发动机进行加速模拟飞行任务持久试车,结束时技术成熟度达到 9 级。

使用发展阶段,是发动机全寿命周期科研工作的重要组成部分,是针对正在使用中的航空发动机所做的持续研究发展工作。一方面,要彻底解决使用中暴露出来的故障和缺陷,提高发动机的可靠性、耐久性、维修性和适用性;另一方面,根据装备使用提出的改进需求,对发动机设计、材料、工艺等进行改进,使性能得到提高。

针对以上划分的各个阶段,风扇压气机部件研制的主要工作说明如下。

在预先研究的应用研究阶段,风扇压气机部件重点开展各项先进技术的预先研究,主要以各类基础和预先研究项目为主,针对型号可能用到的关键技术。该阶段主要以各类基础和预先研究项目为主。在发动机整机的需求牵引和专业技术发展的驱动下,开展风扇压气机设计的各类新技术的研发和应用验证,一般只开展到部件级试验。

在预先研究的先期技术开发阶段,需完成核心机和技术验证机用的风扇压气机部件设计、加工,并在核心机和技术验证机平台上完成各类关键技术的验证,需考察压气机部件对核心机和发动机整机性能提升的作用,以及与其他部件的匹配问题等,进一步提升关键技术的技术成熟度。

在工程研制的工程验证机研制阶段,首先要配合总体形成初步设计方案,并在总体技术方案基础上,根据分解的部件设计指标,开展风扇压气机部件研制,一般需要通过设计、仿真、部件试验等工作验证风扇压气机部件设计方案是否可以满足总体提出的设计指标。风扇压气机部件的研制一般包括可行性论证、方案设计、技术设计、详细设计、生产装配和试验验证过程。

零部件试验包括均匀进气和畸变进气下性能试验、可调静子叶片角度规律优化试验、转子超转试验、叶片振动特性和疲劳试验、外物损伤试验等,之后在整机环境中验证部件的设计。整机试验中,应通过风扇压气机进出口的参数测试结果,对比部件试验结果,关注风扇压气机工作点在特性图中的位置,此外还会开展全流程测量获取部件在整机环境下的状态;另外,在整机状态下,需通过动应力测量,关注风扇压气机叶片在典型工作状态下的叶片振动情况,分析在全转速范围内的振动响应。

在工程研制的原型机研制阶段,应按照型号规范完成各类零部件试验。针对各阶段试验暴露出来的故障和问题,开展相应的结构改进。在使用发展阶段,一方面针对使用过程中暴露出来的故障和问题,包括可靠性、耐久性、维修性和适用性等问题,开展部件的完善设计,另一方面根据整机改进改型的需求开展相应的风扇压气机部件改进和完善设计。对于风扇压气机部件设计,在使用发展阶段应关注部件使用过程中各类数据的积累。

2.2　风扇压气机的设计过程划分

风扇压气机设计需要气动、结构、强度、控制、空气系统、传热、制造、装配、试验、测试等多个专业的参与,各专业之间存在复杂的协调与迭代。因此,可以将包含多个专业的风扇压气机部件设计的完整过程,划分为可行性论证、方案设计、技术设计、详细设计、生产装配、试验调试验证六个过程。这六个过程中,具体的设计工作存在着交叉和迭代,各阶段之间并没有特别明显的界限。例如,可行性论证阶段,某些方案细节需要开展详细设计才能获得更为充分的论证结果;又如,在改进调试验证阶段,如果能够洞察到局部流动存在恶化,则需要对该级进行详细设计,而不需要重新完成六个过程。当然,在风扇压气机部件的设计过程中,也会与总体、其他部件与系统之间产生协调迭代。这六个过程是发动机各个研制阶段的子过程,即在发动机的各个研制阶段,可以包含完整的这些过程,也可以只包含其中的一部分,这与各阶段的研制要求和发动机总体需求有关。下面给出了这六个过程的主要工作内容。

2.2.1　可行性论证

可行性论证过程中,风扇压气机部件要根据发动机总体专业提出的技术要求和指标开展需求分析,还分析技术要求和指标的完整性与可行性,并将分析结果反馈给发动机总体专业,配合发动机总体专业开展发动机整机的方案论证。同时,通过开展多方案论证,选定可行方案,分解关键技术,评估技术和进度风险,并完成经济性和研制周期的论证。可行性论证过程的技术活动包括以下方面。

（1）设计参数与国内外同类产品的对比分析。

（2）一维气动设计和参数研究。

（3）气动 S2 流场设计及参数研究。

（4）初步叶片造型设计及参数研究。

（5）初步三维特性及流场分析。

（6）初步结构方案和功能危险性分析。

（7）关键技术分析。

（8）成本周期分析。

（9）风险评估。

2.2.2　方案设计

在选定的可实施方案基础上,开展设计工作的进一步深化,基本确定风扇压气机流路。方案设计过程的主要技术活动包括以下方面。

（1）一维气动设计和计算。

（2）气动 S2 流场设计和叶片造型设计。

（3）叶片 S1 流面计算分析。

（4）二维流场计算和分析。

（5）三维流场计算和分析。

（6）发动机强度寿命点气动参数计算。

（7）结构布局方案设计及初步评估。

（8）方案细节设计。

（9）结构方案的强度评估、六性评估、可生产性/装配性评估等。

2.2.3　技术设计

完成气动设计的全部工作,为结构设计提供正式的压气机流路尺寸、叶型数据,为强度计算提供各叶片排的气动数据。结构设计方面要完成结构打样图设计,为下一阶段的工程图设计提供依据与设计要求。技术设计过程的主要技术活动包括以下方面。

（1）叶片造型优化设计。

（2）叶片 S1 流面计算分析。

（3）全三维分析和验算。

（4）非设计点性能计算分析。

（5）叶身的强度分析。

（6）叶片颤振评估。

（7）畸变下的气动稳定性分析。

（8）中介机匣等过渡段设计。

（9）处理机匣设计（按需）。

（10）噪声设计（按需）。

（11）打样图设计。

（12）重量分析,重心、转动惯量计算。

（13）主要零部件强度振动寿命计算。

（14）六性分析、可生产性分析等。

（15）冷热态尺寸链计算。

（16）关键件、重要件目录或清单。

2.2.4 详细设计

详细设计又称为工程设计,其主要任务是完成压气机生产用的整套工程图纸的设计工作和生产用各种目录、明细表及设计技术文件的编制。详细设计过程的主要技术活动包括以下方面。

（1）设计所有生产用的零件图、组件图、部件图、功能图(安装、轮廓、测量系统图等)。

（2）进行特性分析,确定关重特性。

（3）开展强度、寿命的详细分析。

（4）编制生产用各类目录。

（5）编制各类技术文件。

（6）图纸会签及发放。

（7）设计复查。

2.2.5 生产装配

生产装配主要完成设计试验件/部件的生产加工,以及试验件/部件的装配。在生产装配过程,设计人员还需要开展工艺会签、首件鉴定、生产和装配问题处理等工作。

2.2.6 试验调试验证

试验调试验证主要完成零件或部件性能试验件的试验验证、结构强度试验件的试验验证,以及随发动机整机试车开展的各类验证试验等。这些零部件试验可能包括叶栅试验、低速模拟试验、部件性能试验和部件强度试验等。

2.3 风扇压气机设计流程

本节根据发动机对风扇压气机部件的需求,依据系统工程思想,从设计活动出发,给出较为完整的设计流程(图2.2),2.2节的各个设计过程可根据需要在下面的主流程中进行剪裁,以满足不同设计过程的设计目标。流程剪裁时,在保证输入和输出上下游关系的基础上,按需调整各项技术活动的前后顺序。

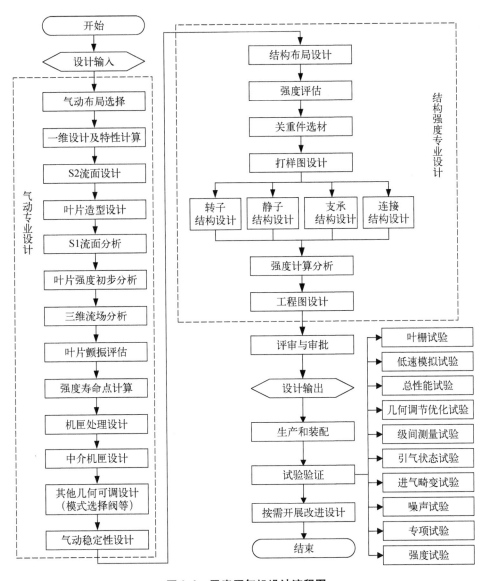

图 2.2　风扇压气机设计流程图

　　本节给出的设计流程中并没有绘制判断和返回,因为在实际工作中可能会存在较多的迭代和协调,几乎流程中的每一项工作内容都有可能会因分析结果不满足设计准则而返回之前的流程活动,而具体返回到哪一步也需要根据具体情况确定。因此,本书更注重描述设计过程的各项技术活动,而在流程中不设置判断和返回,实际工作中可根据需要开展判断并进行返回和迭代。

　　下面对流程中的各项关键技术活动进行说明。

2.3.1　设计输入

可以将设计输入划分为性能设计输入和结构设计输入两个部分。

（1）性能设计输入主要包括：设计点的性能参数（流量、压比、效率等）；非设计点的性能参数；性能衰减的要求；气动稳定性要求（稳定裕度、给定畸变敏感系数下的剩余喘振裕度、畸变衰减等）；出口流场的设计要求（气动参数、马赫数、气流偏转角、径向分布等）；引气功能（位置、引气量等）；工作环境和使用范围（湿热、防冰、吞咽、转速限制等）。

（2）结构设计输入主要包括：间隙设计要求（轴向间隙、径向间隙、喘振影响）；转子各零组件设计要求（包括轮盘和轴颈的破裂裕度、低循环疲劳、连接螺栓法兰边、叶盘共振和颤振、外物打伤、防钛火等）；静子各零组件设计要求（叶片应力、振动和疲劳，以及机匣包容等）；尺寸限制；重量要求；平衡要求；转静子连接要求；选材和工艺要求；损伤容限等。

具体参数内涵和要求详见第 3 章。

针对设计输入，一般还要开展需求分析工作，根据设计数据库或以往经验，对设计输入的完整性、可行性进行分析，梳理关键技术，开展成本分析和周期分析，进行风险评估，制订试验验证计划。

2.3.2　一维设计及特性计算

一维设计是根据主要的控制方程和大量的经验关系式，在平均线上开展压气机主要气动参数设计并开展特性计算的方法。一维设计可以为二维设计提供必要的基础框架，确定级间匹配，这对于多级压气机尤为重要，而对于级数较少的风扇，有时可以不开展一维计算而根据经验确定一维参数后直接开展 S2 流场设计。由于一维设计的输入参数相对较少，计算用时也较少，因此可以通过大量方案进行对比、筛选和优化。此外，部分一维程序还可以提供压气机长度、重量、强度等方面的重要信息，为压气机选型提供依据。并且，一维设计和计算方法也是多级压气机可调静子调节规律优化的重要方法。

一维设计首先根据以往的设计经验选定气动布局，通过一维设计问题和分析问题两种方式，确定风扇和压气机的主要一维参数，包括级负荷、损失、展弦比、流道形式、反力度等，并视情开展一维特性分析。

具体设计过程见第 4 章。

2.3.3　S2 流面设计

S2 流面设计是一种在子午面上求解流线回转面上平均流动的方法，是压气机设计的核心工作内容，其主要目的是确定压气机内部流动的基本框架。S2 流面设计可依据一维设计的结果初步确定输入参数，包括流路、各级叶片加功量及损失沿径向分布等,并通过计算获得各气动参数的流向分布和径向分布,为叶片造型设计提供各流线上的气流角。

S2 流面设计属于反问题,在计算过程中做了一些重要假设,如绝热、流线间无能量交换、无黏等,并且其计算只对应一个状态点,因此并不能要求 S2 流面设计得到的流场与实际流动具有很高的符合度。

S2 流面设计的输入参数包括流路、各排转子叶片压比和效率的径向分布、各排静子叶片的出口气流角和总压恢复系数的分布、加功量或气流角在叶片排内部的流向分布、端壁流动的堵塞系数等。在压气机部件 S2 流场设计中,还要考虑发动机引气的需求。

S2 流面设计的输出包括速度(马赫数)、压力、温度、气流角、扩散因子等参数分布,各叶片排/各级的总参数包括转子/级压比和效率、流量系数、负荷系数和反力度等。

具体设计过程见第 5 章。

2.3.4　叶片造型设计

叶片造型设计是依据 S2 流面设计获得的流场参数,构造基元叶型并进行径向积叠,进而得到各排叶片的三维形状和数据的过程,是压气机热态叶片确定的最直接过程。叶片造型设计的任务是要在最小的损失前提下实现流场所描述的流动,如气流扭转或加功等。

叶片造型设计的输入一部分来自流场设计结果,包括各流线上的气流角等参数分布,另一部分则是造型所需的叶型参数,包括叶片的中弧线类型、厚度分布类型、叶片造型参数的分布(包括最大相对厚度、最大厚度位置、前后缘相对半径等)、叶片攻角和落后角分布、叶片积叠规律等。

目前,也有一些新的造型方法,可能并不采用传统的中弧线加厚度分布的形式,而是首先确定吸力面曲线形式再叠加厚度分布,或者直接确定压力面和吸力面的曲线与曲面,这些新的造型方法是提高压气机性能水平的重要研究方向。另外,很多流动控制技术也正在开展应用尝试,如大小叶片、串列叶片、吸附叶片等方法。

叶片造型设计的输出包括叶片各类几何参数的分布,如厚度、弦长、前尾缘半径、稠度、槽道喉部面积裕度系数、叶型角、质心、前尾缘掠型角等,同时造型程序还会计算叶片力并返回给 S2 流面设计。因此,有时 S2 流面设计会和叶片造型设计进行迭代计算。

具体设计过程见第 6 章。

2.3.5　S1 流面分析

S1 流面分析是针对 S1 流面的叶型开展二维流场分析的一种方法,一般采用欧拉方程结合边界层方程的方法求解,有时为了解决超声速叶栅收敛问题也可以采用求解 N‐S 方程的方式直接求解。S1 流场分析是针对叶片造型结果,考察是否满足流场设计的需求。

S1 流场分析的输入主要是 S1 流面的叶型几何(包括稠度、流管厚度)和流场边界条件[包括进口的气流角、马赫数,以及出口压力(进口超声速时)]等。

通过 S1 流场分析可获得叶栅的攻角‐损失特性、攻角‐落后角特性、叶片表面马赫数分布、压力面和吸力面的边界层参数分布等,根据这些参数分布分析叶型设计是否满足流场的气流扭转、损失需求、攻角范围等。

具体设计过程见第 6 章。

2.3.6　叶片强度初步分析

叶片强度初步分析是根据叶片造型结果和流场计算结果,对叶身静强度进行初步评估,获得初步的应力分布、各阶次振动频率,以保证叶片设计结果具有足够的强度储备和频率裕度。

在该阶段,一般采用简单的模型开展强度计算,考虑离心力和气动力的综合作用。如果叶片压力面或吸力面的单个表面存在较大应力,可以通过调整叶片罩量的方式对两边应力进行平衡,进而减小最大应力值。如果仍不能满足强度储备,就需要修改叶片的厚度分布等参数,以减小最大应力。

特别是中小轮毂比转子叶片,需要通过应力分析将气动设计产生的热态几何坐标转换为用于制造的冷态几何坐标,这可以在罩量调整过程中共同完成。

2.3.7　三维流场分析

三维流场分析是根据流路和叶片造型结果,采用三维黏性计算流体力学方法,对压气机开展三维流场计算,获得压气机内部流场参数分布,得到压气机特性线,以评估气动设计结果。三维流场分析除了要对设计点、设计转速开展,还需依据全包线的使用需求对非设计点性能进行评估。

三维流场分析的输入主要是流路和叶片几何,以及工作环境的边界条件(包括转速、进口总压和总温、压比等)。

三维流场分析的输出可以给出整个计算域的压气机内部详细流场,通过数据处理可以获得该状态的各类参数分布,如转子压比、效率的径向分布、静子叶片总压恢复系数的径向分布、各叶片排进出口气流角的分布等;通过多个转速和不同状态点的计算分析,可获得压气机的特性图、分级特性以及各叶片排的基元特性等。

目前常用的几个三维计算流体力学程序的计算结果仍有一定差异,因此为了全方面地反映压气机的性能和流场结构,一般会采用多个程序开展计算,互相校核,并依靠不同程序的特点反映流场中可能存在的问题。

在工程设计中常用的流场分析方法仍然是定常的三维流场计算,一般采用掺混面模型模拟转静交界面。该方法对转子和静子的相互干涉作用采用周向平均的方式处理,并不能反映流场中的这种固有非定常效应影响。因此,目前也越来越多地开展非定常的计算分析,考虑非定常对流场和压气机性能的影响。非定常计算分析也被用来研究进气畸变等非轴对称流场的问题。在个别情况下,例如,当压气机的负荷水平非常高时,可能需要采用大涡模拟法才能获得较高精度的流场仿真信息。

三维流场分析在压气机设计中发挥了非常重要的作用,其为压气机设计结果提供了重要的数值验证手段,大幅度提高了对压气机设计成功的把握程度。同时,三维流场计算技术也逐步发展,结合计算机群能力的不断提升,三维流场分析在几何模拟真实性、非定常效应、多学科联合仿真等方面,仿真能力也不断提升。

结合三维流场分析技术,以及压气机设计、加工生产、发动机外场使用等积累的经验,未来还将开展不确定性研究、性能衰减研究等,不断提高设计水平。

具体设计过程见第 7 章。

2.3.8 叶片颤振评估

叶片颤振评估是根据气动的叶片设计结果,考察在不同工作条件下颤振的稳定性。颤振评估可以采用经验法进行评估,也可以采用流固耦合能量法进行评估。对于高负荷风扇压气机,采用三维弯掠设计的叶片,更推荐流固耦合能量法开展颤振评估,以获得更为准确的结果。

叶片颤振评估的输入主要包括叶片的几何条件和气动条件。

叶片颤振评估的输出,对于经验法会给出经验参数的数值;对于流固耦合法,会给出气动阻尼,根据叶片振动周期内的气动阻尼的正或负,判断叶片是否会发生颤振。

随着风扇压气机设计技术的不断提高,叶片大都采用无凸肩的三维弯掠结构,更多地采用整体叶盘结构,叶片的负荷水平不断提高进而使得所受的气动力不断增大,这些因素都会对颤振稳定性带来不利影响。此外,在某些状态下,还可能发生其他类型的自激振动问题,对压气机的安全性带来严重影响。

具体设计过程见第 9 章。

2.3.9 强度寿命点计算

强度寿命点计算是针对气动设计结果,根据强度专业需求,依据总体参数,完成包线内主要强度寿命点各类气动参数的计算,为空气系统和强度等专业提供必要的设计输入。

强度寿命点计算的输入包括气动设计结果(叶片几何、气动参数分布等)和各状态点的总体参数(工作环境、压气机工作状态等)。

强度寿命点计算的输出包括各截面的气动参数分布(压力、温度、速度等)。

在设计的早期阶段,可以采用二维方法计算压气机的强度寿命点 S2 流面气动参数;在完成叶片设计后,可以从三维计算结果中提取 S2 流面气动参数和 S1 流面的压力与温度。

2.3.10　机匣处理设计

机匣处理是一种扩大压气机稳定工作范围的技术,通过在机匣开槽等方式,提高压气机在特定转速下的气动稳定性,这种新型的机匣结构称为处理机匣结构。

处理机匣设计的输入包括:设计状态的总参数、喘振裕度要求,还包括压气机气动设计的流路和叶片几何,同时需考虑压气机结构设计的要求。

处理机匣设计的输出包括:处理机匣的具体几何参数,处理机匣的类型(是否带容腔、轴向槽/周向槽、覆盖比、槽孔尺寸和数目等)。

机匣处理是一种扩大气动稳定性的有效手段,其设计方法更多仍依赖经验,辅助三维计算方法进行验证。

除了机匣处理,常用的扩稳手段还包括中间级放气、可调静子叶片;此外,人们也在尝试采用边界层流动控制、喷吸气等主动控制等。

具体设计方法见第 9 章。

2.3.11　中介机匣设计

中介机匣设计是根据需要开展风扇和高压压气机中间过渡段流路及支板叶型设计和分析。

中介机匣设计的输入包括风扇和压气机流路、中介机匣几何尺寸限制、总压恢复系数要求、功能支板内腔需求等。

中介机匣设计的输出包括几何流路和支板叶型,对于小涵道比发动机,中介机匣一般是内外涵分流的区域,需设计分流环的位置;对于大涵道比发动机,中介机匣从气动专业上一般分为内涵和外涵两部分。

中介机匣设计过程也可采用压气机的设计过程,包括 S2 流场和流路、支板叶片造型设计、三维流场分析等技术活动。

目前,随着风扇压气机设计负荷的不断提高,变循环多涵道等新型压缩系统的出现,中介机匣逐渐面临落差更大、扩散增加等设计难度,也逐渐成为压缩系统设计中需要关注的部分。此时单独开展中介机匣设计可能无法满足设计需求,因此需要与风扇或者高压压气机进行一体化设计考虑。

2.3.12　气动稳定性设计

气动稳定性设计是根据设计需求针对风扇压气机可能存在的降稳因素,采取措施提高稳定性的设计过程。其中,最主要的就是进气畸变条件下的稳定性设计,其目的是针对主要类型的进气畸变,评估压气机性能变化的问题和分析压缩系统是否可以稳定工作。

畸变稳定性设计的输入包括压气机几何和气动工作条件、进气畸变形式、进气畸变指数、畸变下剩余喘振裕度要求、畸变衰减要求等。进气畸变形式包括:稳态的压力、温度畸变;动态的压力、温度畸变;组合畸变;旋流畸变等。

畸变稳定性设计的输出包括压气机的稳定性、出口畸变参数等,并通过多个状态点的计算分析,获得压气机的畸变敏感系数,计算在给定进口畸变指数下压气机的剩余喘振裕度等。

畸变稳定性设计一般可以利用平行压气机理论,采用一维手段开展稳定性评估。随着计算能力的提高,也可以采用三维非定常流场分析方法开展压气机整环的计算分析,获得畸变进气条件下的压气机性能变化情况,并给出更详细的压气机内部流场信息,为提高稳定性改进设计提供依据。而对于旋流畸变,只能采用三维方法进行分析。随着变循环技术的发展,还需考虑模式选择阀等机构调节对风扇和压气机稳定性的影响。

具体设计方法见第 9 章。

2.3.13　结构布局设计

结构布局设计是依据气动设计结果和总体、系统设计要求,设计结构初步方案,开展支点布局、转静子方案、连接方式、传力路线、装拆要求等相关设计。

结构布局设计的输入包括各项气动流路、叶型、气动参数、总体尺寸要求、重量要求、功能要求、六性要求、强度寿命要求等。

结构布局设计的输出包括:结构方案图;方案设计报告;给出重要零件选材和名义尺寸;验证项目;实施计划等。

压气机总体结构设计与发动机总体方案设计关系密切,既服从于整机方案,又为整机方案设计提供技术支撑。结构布局设计需根据需求开展,也需考虑安装结构、连接结构、单元体划分、支点、封严、可调机构、转子与静子布局和结构形式、防冰和引气放气等结构形式。另外,需确定转子部分的选材和名义尺寸以供强度估算,确定其他零件的选材和重要名义尺寸供质量估算。

具体设计过程见第 8 章。

2.3.14　强度评估

强度评估是针对方案设计结果开展强度评估和振动分析,对不符合强度设计准则的地方提出改进建议。

强度评估的输入包括结构布局设计结果、各零组件几何、工作环境条件(包括热分析获得的温度场等)。

强度评估的输出包括各零组件的应力分布、变形分布、振动频率、临界转速、轴向力等。

在方案设计阶段的强度评估可采用二维手段开展,针对比较详细的结构设计结果也可以采用三维有限元分析法。

具体设计过程见第8章。

2.3.15　关重件选材

关重件选材是根据压气机工作条件和结构形式,针对关键件、重要件选择材料和制造工艺。

关重件选材的输入包括结构设计几何、工作环境等。

关重件选材的输出包括零件材料和工艺。

关重件选材应综合考虑材料的先进性、继承性、经济性和工艺性,优先选用国内同类发动机已经成熟使用的材料和工艺,以减小技术风险;考虑工艺成熟,性能稳定;材料应有稳定的供货来源。其中,对于选取的新材料、新工艺等风险做出评估。

具体设计过程见第8章。

2.3.16　打样图设计

打样图设计是根据方案设计结果,完成打样图,以及转子结构、静子结构、支承结构和连接结构的设计,全面具体地体现设计意图,并满足发动机总体、气动性能和结构强度的设计要求。

打样图设计的输入主要包括结构方案图。

打样图设计的输出包括打样图纸、各类技术文件、构件尺寸等。

打样图设计中需给出部件的全部结构、全部名义尺寸、重要尺寸公差和全部配合尺寸及公差、转静子间轴向间隙和径向间隙、重要的形位公差、规定的技术条件、全部零件号码,完成冷态和热态尺寸链计算,给出组件安装程序和平衡程序,开展六性分析。

具体设计过程见第8章。

2.3.17　强度计算分析

强度计算分析是完成全部零件、组件和部件的各类强度与振动分析评估。

强度计算分析的输入主要为结构设计的零组件几何、零组件工作环境等信息。

强度计算分析的输出包括各类零组件的静强度、振动、寿命等分析结果。

强度计算分析应根据各零组件的功能和工作状态,采用三维有限元等分析手段,分析结构完整性。针对叶片,需开展静强度、应力储备、变形、低循环疲劳寿命、振动特性、频率裕度、共振、颤振、寿命、抗外物损伤等。针对轮盘,需完成静强度、变形、低循环疲劳寿命、变形协调、应力集中分析、损伤容限、蠕变、振动频率、振型、共振分析等。针对机匣,需完成变形、应力、寿命储备、包容性分析等。针对可调机构,需开展多体运动学和动力学仿真分析等。强度计算分析中,必要时还需考虑设计公差的影响等。

2.3.18　工程图设计

工程图设计是依据打样图,完成可供生产加工的图纸和技术文件编制。

工程图设计的输入一般是打样图。

工程图设计的输出为全部的零组件图纸、各类技术文件。

工程图设计需完成零件的故障模式和危害度影响分析,确定关键件和重要件,完成全部零组件设计,确定尺寸公差、表面处理、毛料及热处理状态,完成工程图绘制和三维模型,编制各类目录和技术文件,完成零组件目录和关重件目录等。必要时,还需开展强度寿命的验算。

具体设计过程见第 8 章。

2.3.19　评审与审批

评审与审批是按照设计的不同阶段完成技术评审,以及图纸和文件的签署与审批。

2.3.20　设计输出

给出全部输出结果,提供生产加工和试验单位。

2.3.21　生产和装配

设计人员在该过程需要开展工艺会签、首件鉴定、生产和装配问题处理等工作。

2.3.22　试验验证

试验验证是在专门的试验设备上,针对压气机零组件和部件,通过试验方法获取零组件特性和部件特性,验证设计满足需求情况的过程,包括叶栅试验、低速模拟试验、部件性能试验、部件强度试验等,还包括压气机在整机试车环境下部件的性能和结构强度表现。部件性能试验一般包括总性能试验、几何调节优化试验、级间测量试验、引气状态试验、进气畸变试验、噪声试验、其他专项试验等。

设计人员需根据试验结果开展试验分析,包括试验环境与压气机使用环境的差异影响、试验过程是否满足工作需求、试验结果与需求的符合程度、试验结果参数与设计的符合程度等,并为压气机的改进设计提供重要的试验依据。

试验是设计过程中非常重要的内容,是有效解决设计不确定性的关键环节。通过试验所获得的结果在没有达到预期或者总体达到预期但细节仍不理想的情况下,需要根据实测的数据进行分析,并以最经济、最有效的方式产生局部改进以提升设计效果。

具体内容和设计过程见第 10 章。

参考文献

[1]　刘廷毅. 航空发动机研制全寿命管理研究及建议[J]. 航空发动机,2012,38(1) : 1 - 6.

第 3 章
航空发动机对风扇压气机的设计要求

　　航空发动机作为一个产品,其研制过程实际上就是一个全面满足用户需求的过程。按照系统工程方法,需求自顶向下传递,总体专业通常依据用户对整个发动机的研制需求拟订发动机总体方案,确定发动机热力循环参数和结构尺寸,再进行需求分解,将流量、压比、效率以及直径、重量等要求分配到风扇压气机上。风扇压气机是航空发动机设计最先需要确定参数的部件,其技术指标很大程度上决定了整台发动机的设计水平。因此,为满足先进航空发动机高性能、高可靠性、低重量的研制需求,风扇压气机应在尽可能紧凑的结构尺寸下高效实现增压能力,同时要能够在复杂进气条件下稳定、可靠地工作。本章将分别从气动性能和结构方面介绍航空发动机对风扇压气机的设计要求。

　　风扇压气机的气动性能设计需要在满足发动机推力、耗油率等要求的前提下,具有足够的稳定工作裕度和尽量小的尺寸等。风扇压气机的气动性能设计涉及性能、稳定性、流路尺寸、流场特征等。

　　风扇压气机的结构设计需要在能够实现气动性能设计要求的前提下,保证发动机在整个寿命期内稳定、可靠地工作。风扇压气机的结构设计涉及结构、强度、寿命、重量、外廓接口和材料工艺等。

3.1　气动性能设计要求

3.1.1　概述

　　风扇压气机作为压缩系统部件,在航空涡轮风扇发动机中均起到压缩流经发动机的气体的作用,为主燃烧室和外涵提供高压气体而使发动机产生有效循环功。小涵道比涡扇发动机的压缩系统通常包括风扇和高压压气机,大涵道比涡扇发动机的压缩系统通常包括风扇、增压级和高压压气机。在风扇出口,流动被分成内、外涵两股,内涵部分经过增压级和高压压气机继续增压提供给燃烧室,外涵部分直接产生推力(大涵道比分开排气发动机)或与低压涡轮出口的内涵气混合后通过喷管产生推力(小涵道比混合排气发动机)。

　　风扇压气机的气动参数选取和设计与发动机的性能紧密相关,是决定发动机总体性能水平的关键部件。例如,追求发动机单位推力大,应考虑选取适中或偏低的总增压比,追求耗油率低,则应考虑选取尽量高的总增压比;风扇的压比选取与涵道比的选取直接相关,还与加力单位推力有关。因此,航空涡轮风扇发动机的总体方案设计对风扇压气机的气动性能要有明确的要求,以使风扇压气机能满足发动机的工作要求,发挥最佳性能。为确定对风扇压气机的性能要求,需要开展总体性能方案设计和风扇压气机等部件方案设计,并进行反复迭代,交互流程如图 3.1 所示。首先根据用户提出的使用技术要求,选择热力循环参数,完成初步的总体性能计算,对包括风扇压气机的各部件提出初步的气动性能设计要求;各部件完成初步的设计后,提供部件特性供总体进行全包线范围的总体性能计算,总体再对各部件提出进一步细化的或调整后的要求,部件继续进行优化设计,并开展必要的试验验证,如此反复迭代,直到总体和部件设计结果满足要求,确定总体性能方案,同时确定对风扇压气机等部件的性能要求。

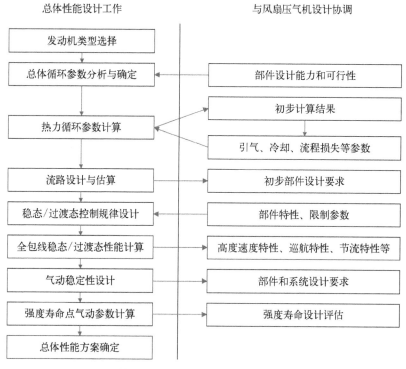

图 3.1　总体性能与风扇压气机部件方案设计交互流程

　　航空发动机对风扇压气机的要求主要体现在以下方面:规定的空气流量下,以尽可能少的级数实现规定的增压比,设计点与非设计点要具有高的效率;稳定裕度符合全包线任意允许工作条件下的稳定工作要求;单位迎面流量大,即迎风面积

尽可能小;性能衰减慢等。具体提出的参数要求包括设计点和非设计点的流量、压
比、效率、气动稳定裕度等技术指标,以及流路尺寸要求、引气功能要求等约束
条件。

3.1.2　性能设计要求

根据发动机热力循环参数、全包线内的稳态计算结果,并考虑发动机引气、隐
身和防冰等需求,对风扇压气机提出性能设计要求。

总体性能专业提出的风扇压气机设计要求包括设计点要求和非设计点要求。
对于小涵道比发动机,通常总体性能专业和风扇压气机专业的设计点是一致的。
对于大涵道比发动机,总体性能专业根据发动机任务的不同而确定设计点,考虑推
力优先则通常选取最大爬升点作为设计点;考虑效率优先则通常选取长期工作的
状态点作为设计点,而风扇压气机专业通常都会选取经济巡航点作为设计点。以
下作为总体专业对风扇压气机提出的设计要求,所指的设计点和非设计点都是依
照发动机总体设计而言的。

1. 设计点要求

根据发动机设计点参数对风扇压气机提出转子旋转方向,确定的转速和进口
条件下流量、压比、效率以及喘振裕度等要求,其内容可参考表 3.1 和表 3.2。

表 3.1　风扇设计点要求参考内容

序号	参数名称	单 位	小涵道比发动机	大涵道比发动机
1	转子转动方向	—	顺航向顺时针	顺航向顺时针
2	进口空气总温	K	288.15	245.83
3	进口空气总压	kPa	101.325	30~40
4	相对换算转速	—	1.0	1.0
5	物理转速	r/min	9 000~12 000	3 000~4 000
6	进口空气质量流量	kg/s	110~140	200~220
7	内涵增压比	—	3.5~6.0	1.8~2.1 (含增压级)
8	外涵增压比	—	3.5~6.0	1.3~1.6
9	外涵效率	%	85~87	≮88
10	内涵效率	%	85~87	≮88
11	外涵喘振裕度	%	≮20	≮14
12	内涵喘振裕度	%	≮20	≮18
13	涵道比	—	0.2~0.3	8~12

表 3.2　压气机设计点要求参考内容

序号	参数名称	单　位	小涵道比发动机	大涵道比发动机
1	转子转动方向	—	顺航向逆时针	顺航向顺时针
2	进口空气总温	K	430~470	300.90
3	进口空气总压	kPa	410~430	60~70
4	相对换算转速	—	1.0	1.0
5	物理转速	r/min	12 000~15 000	14 500~15 500
6	进口空气质量流量	kg/s	90~110	15~25
7	总增压比	—	5~10	17~19
8	效率	%	84~86	≮85
9	喘振裕度	%	≮25	≮25

（1）转子转动方向。对于双转子发动机,高、低压转子的旋转方向就存在同转和反转两种结构形式,而采取同转、反转的方案有着不同的技术特点,以及相应的关键技术,在发动机方案设计过程中根据发动机实际需求,论证确定高、低压转子转向。对于风扇压气机设计,转子转动方向是最基本的输入条件,它会影响叶片、支点等重要零组件的设计以及高、低压转子之间的气动匹配,因此提出风扇压气机设计点要求时必须提出转子转动方向。

（2）进口空气总温、总压。根据发动机设计点参数对风扇压气机设计提供进口条件,其中进口总温、总压均是已经考虑了进气道和中介机匣的损失后的进口条件。

（3）相对换算转速。换算转速是发动机最重要的参数之一,标志着发动机的工作状态、功率水平。为了达到发动机的设计要求,需要各部件在规定的换算转速状态下具有相应的流量、压比和效率,因此在风扇压气机设计要求提出时必须提出转速条件,限定在给定转速下具备相应的流量、压比和效率等。

（4）物理转速。确定设计点的物理转速,为结构、强度设计提供依据。

（5）进口空气质量流量。流量是发动机的重要参数之一,流量的大小对发动机的推力、耗油率和涡轮前温度、排气温度均有较大影响。风扇压气机部件设计时,需根据进口流量和转速确定几何尺寸,同时也代表着风扇压气机能够给发动机供给多少压缩空气的量,因此从发动机需求和部件设计输入看,均需要提出流量要求。考虑加工质量偏差以及发动机性能衰减的影响,通常提出流量公差带的要求,流量公差带选取上偏差带,通常选取+0.5 kg/s。

（6）压比。在涡轮前温度确定的条件下,发动机存在最佳的总增压比,在发动机总体方案设计时根据涵道比、推力、耗油率指标以及加力进口条件需求,把总增压比分到风扇压比和压气机压比。风扇压气机设计时,根据压比要求确定级数和叶片数量等,因此需要明确提出风扇压气机的增压比,如有特殊要求,提出风扇增压比时可以提出内涵对应的增压比和外涵对应的增压比。

（7）效率。效率代表着风扇压气机的机械功转换为气流机械能的能力,对发动机整机来说,效率代表着等推力情况下的温度水平。如果效率低,在等推力情况下涡轮前温度和排气温度高,影响高温部件的强度和寿命,因此在风扇压气机设计时需明确提出效率要求。

（8）喘振裕度。喘振裕度代表着压缩部件的稳定工作范围,进气畸变、加减速、功率提取、低雷诺数等均会损失喘振裕度,为了保证发动机在全包线范围内安全可靠地工作,需要在给定转速、流量、压比和效率条件下拥有足够的喘振裕度。根据气动稳定性评估结果,提出风扇压气机喘振裕度。

（9）涵道比。需提供涵道比参数,作为风扇内、外涵压比设计的输入,以及风扇和中介机匣流路和流场设计的输入。

（10）最高转速。根据全包线内的转速需求,提出最高允许稳态转速,并根据最高允许稳态转速以及控制品质等要求提出最高允许瞬态转速,作为风扇压气机部件结构强度的设计依据。

除了上述要求,考虑生产、装配、使用等因素,还对新发动机检验试车在设计点状态高压压气机流量分散度和效率分散度提出设计要求。

2. 非设计点要求

（1）典型状态点性能要求。典型状态点的选取与发动机使用要求和特点有关,不同的发动机典型点的选取也不一样。

先进小涵道比发动机通常要求超声速状态推力大、亚声速状态耗油率低、包线任何点能够稳定工作。在超声速状态点,发动机高温部件温度高,不加力状态推力大,且要求具有长时间的持续工作能力,因此在发动机设计时需要在满足推力要求下尽可能地降低高温部件的温度,这就要求风扇压气机在该工作状态保证流量要求并尽可能有高的效率;为了有大的作战半径,发动机在亚声速巡航状态的耗油率应尽可能低,这就要求该工作状态下风扇压气机具有较高的效率;为了在包线内能够稳定工作和满足大机动工作要求,压缩部件应有大的喘振裕度,特别是在高空小表速状态点,低雷诺数条件下具有足够的喘振裕度;为了满足包线右边界点的加力推力,压气机在该工作状态下要具有大的流量。因此,在提出非设计点的风扇压气机设计要求时,通常提出超声速的典型状态点、亚声速的典型状态点、包线右边界点、高空小表速等状态点的要求,具体要求格式可参考表 3.3 和表 3.4。

表 3.3　小涵道比发动机风扇非设计点设计要求参考内容

序号	参数名称	单　位	要　求　值		
			超声速工作点	巡航状态点	最大热负荷点
1	进口空气总温	K	314	244	390
2	进口空气总压	kPa	80	35	40

序号	参数名称	单　位	要求值		
			超声速工作点	巡航状态点	最大热负荷点
3	相对换算转速	—	0.95～0.97	0.87～0.89	0.88～0.89
4	物理转速	r/min	9 000～11 000	7 000～9 000	9 000～11 000
5	进口空气质量流量	kg/s	80～100	20～40	20～40
6	内涵增压比	—	3.5～4.5	2.5～3.5	2.5～3.5
7	外涵增压比	—	3.5～4.5	2.5～3.5	2.5～3.5
8	外涵效率	%	≮86	≮86.5	≮86
9	内涵效率	%	≮86	≮86.5	≮86
10	喘振裕度	%	≮20	≮20	≮20
11	涵道比	—	0.25～0.3	0.3～0.35	0.4～0.5

表 3.4　小涵道比发动机压气机非设计点设计要求参考内容

序号	参数名称	单　位	要　求　值		
			超声速工作点	巡航状态点	最大热负荷点
1	进口空气总温	K	490	350	550
2	进口空气总压	kPa	320	100	120
3	相对换算转速	—	0.99～1.0	0.97～0.98	0.91～0.92
4	物理转速	r/min	13 000～14 000	11 000～12 000	13 000～14 000
5	进口空气质量流量	kg/s	60～80	15～30	15～30
6	总增压比	—	4.0～8.0	3.5～7.0	3.0～6.0
7	效率	%	≮85	≮86	≮85
8	喘振裕度	%	≮20	≮20	≮20

　　大涵道比涡扇发动机的使用性能要求主要是在巡航状态应具有低的燃油消耗,在起飞状态具有较大的推力,非设计点典型状态点包括高温起飞、最大爬升、地面慢车、标准天起飞、最大巡航等。具体要求格式可参考表 3.5 和表 3.6。

表 3.5　大涵道比发动机风扇非设计点设计要求参考内容

序号	参数名称	单　位	要　求　值		
			高温起飞	最大爬升	地面慢车
1	进口空气总温	K	290～310	250～270	280～300
2	进口空气总压	kPa	90～110	30～50	90～110
3	相对换算转速	—	0.92～0.94	1.02～1.04	0.34～0.36
4	物理转速	r/min	3 200～4 200	3 500～4 500	1 200～2 000

续　表

序号	参数名称	单位	要求值		
			高温起飞	最大爬升	地面慢车
5	进口空气质量流量	kg/s	40~50	15~25	5~15
6	内涵增压比	—	1.6~1.9	1.8~2.1	1.1~1.3
7	外涵增压比	—	1.3~1.6	1.3~1.6	1.03~1.13
8	外涵效率	%	≮88	≮88	≮80
9	内涵效率	%	≮88	≮88	≮85
10	喘振裕度	%	≮18	≮18	≮18
11	涵道比	—	8.5~9.5	8.5~9.5	10~12

表 3.6　大涵道比发动机压气机非设计点设计要求参考内容

序号	参数名称	单位	要求值		
			高温起飞	最大爬升	地面慢车
1	进口空气总温	K	355~365	310~320	290~300
2	进口空气总压	kPa	170~180	60~70	110~120
3	相对换算转速	—	0.98~1.0	0.99~1.01	0.7~0.8
4	物理转速	r/min	16 400~16 500	15 500~15 600	11 400~11 500
5	进口空气质量流量	kg/s	40~50	15~25	5~15
6	总增压比	—	18~19	19~20	4~5
7	效率	%	≮85	≮85	≮77
8	喘振裕度	%	≮25	≮25	≮25

（2）在保证喘振裕度的同时，风扇压气机还要具有较高的效率及宽广的高效率区，为此总体要提出风扇压气机地面台架点的工作线要求。总体要求的共同工作线，体现了风扇压气机与涡轮共同工作所具有的特性，工作线上的特性包括相对换算转速、压比、换算流量、效率。一般风扇压气机共同工作线的确定需要总体明确喷口面积、所处高度、来流马赫数及发动机所处状态点等。例如，在设计喷口面积下，高压压气机在地面（$H=0$，$Ma=0$，$ISA+15K$）的共同工作线性能参数。

（3）根据发动机全包线内的使用需求，对风扇压气机导叶工作范围和导叶控制规律提出要求。风扇进口可变弯度导向叶片角度（α_f）按风扇换算转速（$\bar{n}_{Lc}$）进行控制，即 $\alpha_f = f(\bar{n}_{Lc})$，最佳控制规律由风扇部件试验确定，同时提出导叶角度能够正常工作的范围要求，作为导叶和相应的作动机构的设计依据。压气机可调导向叶片角度（α_c）按压气机换算转速（$\bar{n}_{Hc25}$）进行控制，即 $\alpha_c = f(\bar{n}_{Hc25})$，最佳控制规律由压气机部件试验确定，同时提出导叶角度能够正常工作的范围要求，作为导叶和相应的作动机构的设计依据。

3. 性能衰减要求

发动机在使用一段时间后,由于叶尖磨损、叶片和流道老化、腐蚀/VSV 角度偏差等众多因素,发动机性能会衰减。如果发动机性能衰减过快,在使用寿命期内会出现推力、耗油率不满足要求或高温部件温度较高,进而影响高温部件的强度寿命。因此,风扇压气机部件设计时要考虑性能衰减的影响。

目前,通常要根据发动机首翻期要求、排气温度裕度等参数,以及间隙变化对风扇压气机性能的影响,提出风扇压气机性能衰减后的指标要求。例如,在叶片没有物理损伤的情况下,风扇压气机不应出现明显的性能衰减迹象;首翻期内,提出各级转子叶尖间隙相对变化量的要求,风扇第一级转子变化应不大于 0.02%、第二级转子变化应不大于 0.03% 等,同时根据发动机极限工作环境,对风扇压气机提出极限工作状态下的性能衰减要求,如风扇压气机长时间处于 95% 或更高的相对湿度条件下不应性能恶化或失效;风扇压气机能够正常可靠工作,风扇效率不应出现衰减。

3.1.3　气动稳定性设计要求

发动机应与飞机具有良好的匹配性,进、排气系统与飞机相协调,具有较强的抗畸变能力,在飞行包线范围内,飞机进行过失速机动、超声速机动等各种飞行,发动机进口综合畸变指数不超过飞机进气道出口最大综合畸变指数时,发动机应能稳定工作,无失速、喘振或结构损坏。这就要求风扇压气机具有足够的稳定裕度,使得发动机在飞行包线范围内具有较好的气动稳定性。

压比裕度 SM_1 定义如下:

$$SM_1 = \left(\frac{\pi_{c\text{喘点}} - \pi_{c\text{工作点}}}{\pi_{c\text{工作点}}} \right)_{m_{cor} = const} \tag{3.1}$$

式中,π_c 为压比;m_{cor} 为进口换算流量。

综合裕度 SM 定义为

$$SM = \left[\frac{(\pi_c/m_{cor})_{\text{喘点}} - (\pi_c/m_{cor})_{\text{工作点}}}{(\pi_c/m_{cor})_{\text{工作点}}} \right]_{n_{cor} = const} \times 100\% \tag{3.2}$$

式中,π_c 为压比;m_{cor} 为进口换算流量;n_{cor} 为相对换算转速。

关于稳定裕度有两个重要的基本概念:一个是原始可用稳定裕度;另一个是需用稳定裕度。原始可用稳定裕度是不考虑内、外界因素影响的发动机的名义稳定裕度,即通常所说的喘振裕度;需用稳定裕度是指发动机在使用条件下,由所有降稳因子影响的局部需用稳定裕度之和。保证发动机稳定工作就是要在全包线范围内的各种状态下和各种工作过程中,满足发动机的原始可用稳定裕度大于其需用稳定裕度。

1. 影响气动稳定性的因素

影响发动机气动稳定性的因素(降稳因子)很多,外部扰动主要是进气畸变,包括总压畸变、总温畸变、平面波和雷诺数的影响。发动机内部因素主要包括过渡过程、加力通断、提取功率和引气等。另外,还有制造偏差、性能恶化、控制容差、过渡态非定常热等因素。

在所有这些降稳因子中,进气总压畸变、总温畸变对发动机稳定性的影响起着主要作用,且往往起决定性作用,风扇压气机设计时应着重考虑。

2. 稳定裕度

在发动机方案和初步设计阶段,主要利用补偿各个使用因子的局部需用稳定裕度统计值来确定风扇压气机不同转速下的需用稳定裕度,作为工程研制阶段发动机气动稳定性设计的依据。表 3.7 和表 3.8 给出了典型风扇压气机不同转速的稳定裕度要求参考内容。

表 3.7　风扇稳定裕度要求参考内容(各表中数据尽量协调)

风扇相对换算转速	0.70	0.75	0.8	0.85	0.9	0.95	1.00
稳定裕度要求/%	30	33	32	32	28	22	20

表 3.8　压气机稳定裕度要求参考内容

压气机相对换算转速	0.85	0.90	92	0.95	1.0
稳定裕度要求/%	25	24	22	23	20

在发动机研制阶段,根据部件试验确定风扇压气机的畸变敏感系数、稳定裕度、畸变的衰减;根据核心机试验确定压气机在核心机环境下的畸变敏感系数、稳定裕度及核心机与部件环境的差异;根据整机进气畸变试验、高空台试验等确定单一降稳因子和综合降稳因子的影响及整机与部件环境的差异。选取飞行包线范围内多个典型工况作为稳定性评估状态点,对每项降稳因子进行量化分析,评估每个典型状态点从慢车到最大状态不同转速的气动稳定性,确定风扇压气机不同转速下的需用稳定裕度,作为发动机气动稳定性优化改进设计的依据。

在发动机使用阶段,随着发动机样本数量的增多、试验数据的丰富以及研制经验的积累,确定各个降稳因子(尤其是难以量化需用稳定裕度的降稳因子,诸如雷诺数、生产偏差、性能恶化等)不同转速下的风扇压气机需用稳定裕度,作为改进型、派生发展型发动机气动稳定性设计的依据。

3. 畸变敏感系数

风扇压气机部件试验得到的可用稳定裕度(ΔSM)与使发动机稳定裕度降为零的综合压力畸变指数(即临界畸变指数 W,详细计算方法见 9.2.1 节)之比称为压力畸变敏感系数(α_W),定义如下:

$$\alpha_W = \Delta SM / W \tag{3.3}$$

在风扇压气机气动稳定性评估过程中,利用原始可用稳定裕度与除压力畸变外其他降稳因子的需用稳定裕度之和的差值,比上进口综合畸变指数,得到风扇压气机某个转速下的压力畸变敏感系数,作为该转速下压力畸变敏感系数的要求值。表 3.9 和表 3.10 给出了典型风扇压气机不同转速的畸变敏感系数参考要求。

表 3.9　风扇畸变敏感系数要求参考内容

风扇相对换算转速	0.70	0.75	0.8	0.85	0.9	0.95	1.00
总压畸变敏感系数	≥1.0	≥1.0	≥1.0	≥1.0	≥1.0	≥1.0	≥0.7

表 3.10　压气机畸变敏感系数要求参考内容

压气机相对换算转速	0.85	0.90	92	0.95	1.0
总压畸变敏感系数	≥1.1	≥1.1	≥1.1	≥1.1	≥1.2

4. 畸变衰减程度

在风扇压气机气动稳定性评估过程中,利用原始可用稳定裕度与除压力畸变外其他降稳因子的需用稳定裕度之和的差值,确定使得风扇压气机稳定裕度降为零的风扇压气机进口综合畸变指数(差值/敏感系数),从而确定某个转速下进气压力畸变经过风扇压气机后的衰减程度。典型风扇不同转速的畸变衰减要求可参考表 3.11。

表 3.11　风扇畸变衰减要求参考内容

风扇相对换算转速	0.70	0.75	0.8	0.85	0.9	0.95	1.00
总压畸变衰减率/%	85	80	82	80	75	65	70

3.1.4　流路尺寸要求

发动机设计点的参数确定之后,下一步就是开展流路设计,确定各主要部件的尺寸。流路设计也是一个迭代过程,总体提出风扇压气机的性能设计要求后,风扇压气机经过初步设计给出如下参数。

(1) 风扇。第一级叶尖切线速度;平均压头系数、叶片展弦比;迎面流通能力值;进口:轮毂比、轮毂比下限值、λ 数。

(2) 高压压气机。结构形式(等中径、等外径、等内径);无因次指标、叶片的展弦比;进口:叶片叶尖切线速度限制值、轮毂比限制值、λ 数;出口:轮毂比、叶片高度最小值、λ 数。

总体专业经过流路设计,向风扇压气机提出如下主要设计要求,即风扇压气机的进、出口:内径、外径、级数、长度。

在性能参数要求确定的情况下,总体对流路的要求主要是为了获得尽可能小

的迎风面积、尽可能短的轴向尺寸、尽可能小的重量,满足燃烧室要求的参数和接
口尺寸等。

3.1.5　流场设计要求

1. 压力

风扇出口的压力不均匀度会影响压气机压比、稳定裕度等性能参数,所以应给
出风扇出口压力不均匀度的限制。

对于压气机,考虑主燃烧室结构的承受能力,应给出压气机出口压力的极限
值。另外,主燃烧室出口温度场对压气机出口压力分布较敏感,所以应给出压气机
出口压力不均匀度的限制。

2. 温度

与压力不均匀度的影响类似,风扇出口温度不均匀度也会影响压气机的性能
参数,所以应给出风扇出口温度不均匀度的限制。

对于压气机,其出口温度不均匀度也会影响主燃烧室出口温度分布,所以应给
出压气机出口温度不均匀度的限制。

3. 马赫数

风扇出口马赫数直接影响了压气机的叶型选择、轮廓尺寸等,根据压气机的设
计能力,应提出风扇出口马赫数的限制。

压气机出口马赫数与燃烧室的压力损失和扩压器的设计关系很大,过大的压
气机出口马赫数会使主燃烧室扩压器产生大尺度的分离,从而使扩压器性能急剧
恶化,如图 3.2(σ_B 为主燃烧室总压恢复系数,Ma_3 为压气机出口马赫数)所示。主
燃烧室的压力损失会减小发动机的推力,或提高发动机的耗油率,对发动机的性能

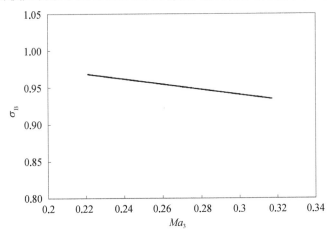

**图 3.2　主燃烧室总压恢复系数与压气机出口
马赫数的关系曲线示意图**

是不利的。所以,在压气机设计时,为满足燃烧室性能设计需求,应给出压气机出口马赫数的设计范围,两个部件通过迭代设计确定压气机出口马赫数。

4. 偏转角

风扇出口气流角度影响了压气机进口气流攻角,压气机出口气流角度影响了燃烧室出口温度分布系数,对于典型的航空发动机,其进口偏转角较小(约为3°),但能导致下游产生较大的偏转角,恶化燃烧室出口温度分布系数(指OTDF)。

所以,在风扇压气机设计时,一般要求为轴向出气。

3.1.6 引气要求

发动机从风扇压气机级间或出口引出压缩空气供飞机引气、涡轮部件冷却、进气防冰/机翼防冰和发动机其他部件冷却、封严等用气,因此对风扇压气机设计时还需提出引气的位置和引气量的要求,作为压缩部件结构和性能的设计依据。

1. 引气位置

根据飞机引气、涡轮部件冷却、进气防冰和发动机其他部件冷却、封严等用气的温度、压力需求,确定具体的引气位置,具体要求提出格式可参考表3.12。

表3.12 高压压气机引气要求参考内容

序号	引 气 位 置	引 气 用 途	引气压力 /kPa	引气温度 /K	绝对流量 /(kg/s)	相对高压压气机 进口流量/%
1	四级静子叶尖排气边	低压涡轮一级导向叶片冷却	304	498	0.32	1.02
2	四级静子叶尖排气边	低压涡轮其他冷却封严气	304	498	0.65	2.09
3	七级静子叶尖排气边	高压涡轮其他冷却封严气	633	610	1.32	4.23
...						

注: 引气位置应明确是第几级转子或静子,位于叶根还是叶尖,是叶片槽道中间还是进气边、排气边;引气接口要求应明确管子数量和气流沿程节流直径。

2. 引气量

根据引气位置、引气温度和压力,提出引气流量要求,作为引气流路设计依据。目前,通常提出标准大气条件下台架设计点状态的引气要求(表3.12),其他状态引气量不做要求,但应根据理论计算和部件试验提供实际引气流路位置压力与温度。

3.1.7 VBV放气

对于大涵道比涡扇发动机,风扇增压级在相对换算转速低于0.8左右时可通过可调放气活门(variable bleed valve,VBV)进行放气以提升喘振裕度。

VBV 控制是指控制系统根据发动机状态改变 VBV 的开度,以调整进入高压压气机的流量,从而改善风扇增压级和高压压气机的匹配而进行的控制。当发动机处于反推状态(反推慢车至最大反推)时,VBV 全部打开。VBV 开度为连续可调量,在控制失效时,VBV 应能自动回到安全位置,即 VBV 全开时的位置。

3.1.8　工作环境和使用范围要求

1. 发动机参数工作范围

1) 进口压力

航空发动机在整个飞行包线工作时,进口的压力随飞行条件的变化而变化,风扇压气机在进行强度寿命点设计时,需要考虑进口压力的变化范围,作为设计输入。

风扇的进口压力与飞行条件有关,压气机的进口条件与飞行条件、发动机的工作状态有关。

2) 进口温度

与进口压力一样,应给出航空发动机在整个飞行包线工作时风扇压气机进口温度范围,作为强度寿命设计的输入,风扇的进口温度与飞行条件有关,压气机的进口温度与飞行条件、发动机的工作状态有关。表 3.13 给出了大涵道比发动机高压压气机不同工况进口总温总压供参考。

表 3.13　大涵道比发动机高压压气机不同工况进口总温总压参考内容

工　况	进口温度/K	进口压力/kPa
地面 ISA	288.2	96.06
经济巡航	280~310	65~70
最大巡航	300~320	65~70
最大爬升	300~320	65~70
最大连续	320~340	100~105
高温起飞	350~370	170~175

3) 转速限制

为保证发动机的使用安全和寿命要求,应根据发动机的使用包线,规定风扇压气机转子的稳态最高允许工作转速的极限值,还应规定瞬态的最高允许转速。

风扇压气机轮盘应具备比稳态最高允许转速高 20%~25%转速的工作能力。

2. 特殊环境下的发动机工作能力要求

按照发动机设计要求,风扇压气机应该具备对特殊环境的适应能力,包括湿热、霉菌、沙尘、冰雹等恶劣条件,对恶劣条件的适应能力可随整机验证。在长时间处于95%或更高的相对湿度条件下、在霉菌条件下、在空气含沙尘浓度为0.053 g/m³的地面环境条件下、在吞入冰雹的条件下,风扇压气机没有发现破坏或即将破坏的迹象,主要的性能指标没有明显降低。

根据飞机对发动机防冰方面的要求,对风扇部件提出防冰的要求。发动机在规定的结冰条件下工作时,进气机匣/风扇部件应具有防冰功能,以防止在零件上出现有危害的结冰。

(1)喘振与失速。在全寿命周期内,在工作包线内任意一点具有充足的喘振裕度。在工作包线的任意点上,发动机起动、功率或推力变化、极限的进气畸变或进气温度等因素,不得引起喘振或失速达到出现熄火、结构失效、超温或发动机功率或推力不能恢复的程度。

(2)吸冰。发动机吸入冰时,不得引起发动机功率或推力的持续损失或者要求发动机停车。

(3)吸雨吸雹。在飞行包线内,吸雨或吸雹后,不得引起不可接受的机械损坏或不可接受的功率或推力损失,或者要求降转停车;发动机不发生熄火,以及不发生持续或不可恢复的喘振和失速,仍然具有合理的加速和减速能力。

(4)吸鸟。发动机吸鸟后,不得引起持续的功率或推力损失,不得要求发动机停车,不得引起发动机出现不可接受的操纵性能降低。

(5)发动机噪声要求。在第三阶段的适航条例中噪声指标比第二阶段降低约20 dB,第四阶段比第三阶段降低10 dB,第五阶段的噪声指标同样继续降低(图3.3)。

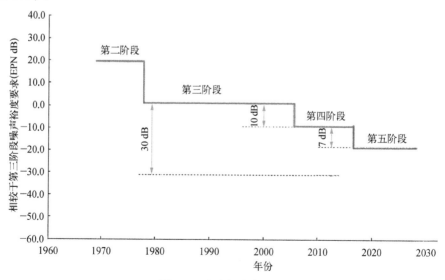

图3.3 发动机噪声演化

3.2　结构设计要求

航空发动机结构设计是航空发动机研制与使用中的重要环节,结构设计一定要紧密结合实际工作,一般要综合考虑性能、传热、材料、工艺、强度、振动、装配、使用和维修等诸方面的问题,还要考虑实际制造与使用的具体条件;并结合已有航空发动机的使用经验,进行权衡,才能得到较好、较适用的设计。

航空发动机结构设计通常需要各个专业之间开展多轮迭代,总体结构设计是各部件结构设计的前提和基础,要综合考虑各部件的设计要求和难度,最终对整机进行结构上的平衡和优化。总体对风扇压气机等各部件的技术要求包括结构、完整性、通用质量特性、重量、材料工艺等方面,其中结构方面的要求包括一般结构设计要求、转子结构设计要求、静子结构设计要求、转静子间隙设计要求、连接结构设计要求等。

3.2.1　一般结构设计要求

现代航空发动机风扇压气机结构上多贯彻单元体设计思想。单元体结构设计,要求同一单元体在性能上与装配上规格化,可以互换;同时,单元体界面清晰、单元体间的定位和连接简单可靠、关键部位设置孔探仪检查孔、部分机匣对开等,以利于检查发动机内部故障,便于维护。

风扇压气机结构设计时,应充分继承成熟发动机的使用经验;结构方案应充分应用技术攻关和验证成果。新技术、新材料的采用,必须进行充分的试验验证,以保证较高的可靠性。实施风险管理,安排必要的数值仿真和零部件试验验证,控制技术风险;注意成本控制,以及经济性和技术指标裕度的合理平衡。

为保证整机支点同心度、间隙等得到有效控制,避免出现因接口尺寸不协调引起的装配干涉等问题,风扇压气机部件尺寸、与其他部件/系统接口、外廓和体积应满足总体协调要求,流路尺寸及外廓应满足性能要求;为避免性能损失,在发动机经常工作或停留的状态点,主气流通道内的、沿内外壁的流道,以及叶片排与叶片排之间的流道应保持光滑连续。

风扇压气机部件在设计时应考虑与试验台架和飞机的接口匹配性,以便满足发动机的安装、测试、检查和维护要求。风扇压气机部件在结构设计时应满足总体专业编制的接口控制文件或图纸的要求,优先采用通用测试接口。

部件应具有良好的装配/分解性、互换性;具有相同编号的所有零组件均应在功能和尺寸上是可互换的,且不应降低风扇压气机的性能、可操作性和耐久性。对于外形相似而功能不同的零件以及在装配和维修时容易产生差错的连接部位,应进行防错设计,避免装配失误。

风扇压气机部件设计要与其他专业(如外部管路、附件、外涵机匣、传动润滑等)接口协调一致,通过三维模型的交互,保证接口协调、准确。

3.2.2 转子结构设计要求

通常风扇转子与低压涡轮转子一起组成低压转子,高压压气机转子与高压涡轮转子一起组成高压转子,高低压转子可以同转也可以反转。风扇压气机转子设计时应采用适当结构,保证高低压转子轴向力符合轴承承载要求,对于可能积液的盘腔应设置排污孔。

在发动机工作条件下,转子(盘、调整垫或定距套和安装边等)之间径向、轴向的配合部位都应保持紧配合,以确保配合部位为叶片/盘的振动模态、轴的临界转速和转子的平衡提供足够的支撑。

转子的剩余不平衡量是影响发动机振动的因素之一,风扇压气机转子设计时需考虑保证转子平衡精度的方法。在转子装配时,可采取分步平衡结合组合平衡的方法,最终应进行动平衡。为了尽量减小不平衡力矩,带叶片的盘的平衡面应尽可能靠近产生不平衡量的主平面。高低压转子不平衡量的消除,可以在适当的部位去除材料,更换轻、重叶片的位置,或在适当的位置添加配重块,配重块需封闭在对应的维修单元体内。为了提供转子结构完整性的必要储备,压气机转子发生超转、超温时,零部件尺寸在允许范围内没有即将破坏的迹象;当风扇压气机轮盘材料承受最大温度梯度和最高工作温度时,轮盘的设计应该具有足够的破裂转速裕度。此外,转子件还应进行损伤容限设计与分析,以验证关键件(如盘、轴)在材料、制造、操作或使用中引发损伤的情况下,在不进行修理使用的最短无维护时间内继续安全工作的能力,分析内容包含初始裂纹尺寸、使用中检出的裂纹尺寸、剩余强度、检查间隔、裂纹扩展等。

3.2.3 静子结构设计要求

静子结构设计应考虑包容性。包容性要求通过仿真分析和包容性试验予以验证。在最高允许瞬态转速下,所有转子叶片对应的机匣都应进行包容性设计,机匣应包容由单个叶片损坏而被打坏以致飞出的全部零件。

风扇压气机应进行损伤安全设计,以消除灾难性的故障。在超转或超温故障时,应使叶片首先破坏来保护风扇压气机盘。主轴轴承或润滑系统的故障不应引起轴的断裂和松脱;转子轴承如果损坏,支承转子的结构应能尽量减小发动机转动零件的偏心度。

高压压气机机匣在承受单独或复合的极限载荷下,压力容器/机匣应有足够的强度,不应出现灾难性的破坏,通过压力试验予以验证。大涵道比发动机压力容器和机匣设计时还应考虑适航要求。

3.2.4　转静子间隙设计要求

转静子轴向间隙变化有可能导致机械故障的产生,因此设计上应预留合理的轴向空间,确保在各种工况和机动飞行状态下转静子轴向不发生非正常碰磨,并按需设置调整环节。此外,应调整转静子叶身之间的轴向间隙,使相邻叶片排的尾流和弓形波激励最小。轴向间隙的调整原则:凡是在单元体内能单独调整的间隙,则调整垫应设置在单元体内;单元体内不能调整而需要依靠其他单元体调整的间隙,调整垫应设置在两单元体的界面处,以方便装配。

风扇压气机叶尖间隙对发动机性能(即推力、耗油率和失速裕度),有重大影响。风扇机匣对应于转子叶尖位置的内表面涂有易磨封严涂层,以保证较小的转静子径向间隙,让转子安全可靠地工作;为在发动机整个寿命期内保持发动机的性能和失速裕度,应防止叶尖的过量磨损。另外,应采取减少气体泄漏措施和控制转子叶片径向间隙措施,在热载荷和机动载荷的共同作用下,叶尖间隙仍保持在工作范围内。对于对开机匣的设计,如果对机匣周向安装边刚度和瞬态热梯度有影响,进而影响机匣径向变形,应考虑其椭圆度的影响。

在转子与静子之间、转子与转子之间设置的篦齿封严结构,应能保持各腔压力、各油路、空气流路正常,通常外环采用蜂窝/涂层/衬套结构,内环采用篦齿结构,形成篦齿封严间隙流路。

为保证发动机的工作安全性,除了封严件和叶尖,叶片和轮盘不应接触发动机任何的静子件;也不允许与除封严件之外的高、低压转子件的叶片和轮盘接触。无论叶尖间隙还是篦齿封严间隙,为保持发动机的耐久性,均应关注在正常工作条件下发动机最小间隙出现的状态,以及可磨材料的磨损程度。同时,为保持构件的强度,即使在最不利的机动载荷条件下,转子与机匣之间的磨损也不可超过可磨材料的厚度。

3.2.5　连接结构设计要求

发动机机匣安装边连接结构对发动机的气密性、同轴度都有较大影响。机匣安装边连接应可靠,在发动机全部工作包线内不发生明显主流道气体泄漏现象。机匣间、各级转子间的定心和连接结构应稳定、可靠。凡影响支点同轴度的各静子间结合面及影响转子各支承面间同轴度的结合面,必须同时注意冷、热态定心,并保证有足够的连接刚度。这些结合面处的止口需经计算确定其配合,一般以冷、热态不出现间隙(或过大间隙)为原则。在有过盈或过渡配合的静子连接面上,在不影响连接面强度的前提下,应设有顶丝孔。

发动机工作状态下,风扇压气机各连接结构不应发生脱开等导致结构不稳定的现象。紧固件的使用应符合标准规定,螺纹连接件应考虑防黏结措施。通过提供充足的剩余夹紧力来防止螺栓连接部位在正常使用条件下的分离,避免冷热态连接件应力过大或出现间隙,紧固件材料热膨胀系数应与被连接件的热膨胀系数接近。重要连接件(如联轴器、轴承压紧螺母、承/传力机匣安装边、安装节等)的螺栓拧紧力矩应根据载荷、强度、材料、密封要求计算给定,一般连接件的拧紧力矩按相应标准给定。

此外,对松脱后将影响飞行安全和发动机控制能力的地方采用有自锁功能的螺栓连接。

3.2.6 完整性基本要求

在发动机工作包线和外部作用力包线范围内,在承受外部气动载荷、机动载荷等单独或复合的极限载荷时,风扇压气机应具有足够的强度,不应出现灾难性的破坏。传力机匣结构在受热不均匀或零件材料膨胀系数不同的情况下,应具有良好的变形协调能力。

风扇压气机应具有足够的强度,保证全寿命期内结构承受工作载荷不失效。应对结构件进行仿真分析,涵盖强度、刚度、振动、疲劳与断裂等专业领域。

在所规定的外部作用力条件下,风扇压气机应能有效地工作,且不产生有害变形;风扇压气机的叶片具有抗外物损伤能力。另外,对强度需求需要开展零部件、核心机和发动机整机的试验验证。

当发动机在最高允许稳态转速下经受规定的陀螺力矩时,风扇压气机应能满意地工作。陀螺力矩要求随发动机整机验证。

对设计使用所包含的载荷应采用规定的安全系数来确定限制载荷和极限载荷状态。对所有铸件(除另有专门规定外),应将上述规定的限制载荷和极限载荷系数乘以规定系数。

在规定的使用和寿命期内,风扇压气机零件的蠕变量应不妨碍发动机工作,也不影响发动机的分解和重新装配。对于各机匣、轴承座、轴、有可能发生整体屈曲或局部屈曲的构件,均要进行屈曲分析,保证不发生失稳;在最大起动扭矩情况下,部件符合强度准则要求,安全系数不低于要求值。在设计使用期内,风扇压气机零件应能承受稳态应力,以及包括在持续功率状态下产生的振动应力在内的高循环疲劳应力的共同作用,风扇压气机所有零件均应满足最低的高循环疲劳寿命;对风扇压气机零件进行低循环疲劳寿命分析时,应按照任务剖面进行简化或者等效。针对限寿件和非限寿件,应分别提出寿命设计目标,其中非限寿件还可分为流道件及其他构件。风扇压气机所有可消耗的零件和附件最低寿命应不短于最小的无修理使用周期。

风扇压气机叶片因振动引起的高循环疲劳破坏具有多发性、突发性与灾难性特点,应引起足够的重视,应避开与各种结构因素相关的危险共振,在全包线工作范围内必须避免颤振发生,零部件具有足够的高循环疲劳强度储备,为减小振动风险,可采取适当的阻尼减振和减弱激振力措施,将振动断裂的概率减至最小。振动要求随发动机整机试验或在部件试验时进行振动和应力测量。

应分析静子结构件(如静叶、支板等)对转子叶片的流动激励和转子叶片对静子叶片的流动激励。在选择风扇压气机叶片数时,要考虑叶片数导致的相邻级转子和静子之间的激励影响。

3.2.7　通用质量特性要求

通用质量特性要求包括可靠性、维修性、保障性、测试性、安全性、环境适应性等方面的要求,以及适航要求和包装、储存、运输、安全、综合保障等方面的要求。大涵道发动机与小涵道发动机在适航方面的要求、准则存在一定的差异。

为确保发动机的可靠性指标达到要求,在其设计、制造以及试验阶段应采用故障树(fault tree analysis, FTA)和故障模式、影响及危害性分析(failure mode, effects and criticality analysis, FMECA)等可靠性分析技术进行评估。在发动机达到成熟期后,可采用平均故障间隔时间(mean time between failure, MTBF)作为可靠性设计指标对发动机的可靠性进行考核,MTBF 具体指标可由专家评分分配法决定;结构设计必须保证在要求的工作包线内持久稳定运行,结构完整可靠。

依据发动机维修性工作大纲或工作计划,进行维修性设计、维修性设计准则符合性检查、维修性预计、维修性核查、结合试车试飞进行维修性验证,以保证风扇压气机部件具有良好的维修性。

可调静子叶片与驱动摇臂的连接应有防错措施,以防止前后缘位置装错。驱动摇臂的连接件、锁紧件应容易检查;各机匣间的连接应尽量用相同规格的紧固件;应尽量避免使用左螺纹,对左螺纹零件应有明显的永久性识别标记;对维修人员的手不易达到或落入发动机内部不易取出的零件,应采取预防脱落的措施。

应设置足够的孔探仪检查孔,尽量方便地检查转子叶片的进气边和排气边,孔探仪检查孔必须在原位条件下可达,在不拆卸其他零组件情况下可接近。检查孔直径应能适应孔探仪的要求。所有孔探仪检查孔盖/塞和任何相关的连接件应尽量使用同一工具拆卸和复位。如果各盖/塞不能混用且结构相似,要有防差错设计或明显的识别标志。

如果高压压气机转静子构件工作时可能接触,考虑到发动机的安全性,需采取防止发生钛火的措施,如存在接触的转静子构件不同时选用钛合金;或者调整转静子结构间隙,避免各种工况以及喘振载荷下发生碰磨。转子叶片断裂后,转子应有足够的强度和变形限制,防止盘轴破裂发生危险;对于整体叶盘结构,转子的设计必须考虑具备一定的抗外物打伤能力。

压气机部件结构设计需便于在合适位置进行测试传感器的安装,并需考虑安装传感器和布线的必要操作空间,尽量减少安装、更换测试传感器所需的装拆工作量。

风扇压气机环境适应性设计主要包括"三防"(防盐雾、防湿热、防霉菌),满足相关环境适应性标准、规范要求。

3.2.8　重量要求

对于军用小涵道比发动机,由于战斗机追求高机动性和敏捷性,其动力装置不仅要有大的推力,还要具有最轻的质量和较小的迎风面积,因此其推力与质量之比即推重比(无量纲)成为评定军用小涵道比发动机性能的一个重要的综合技术指标。对于大涵道比发动机,考虑到经济适用性,也需要对重量进行控制。

近年来,随着一些高推重比涡扇发动机在使用中所暴露出的结构可靠性问题,人们重新认识性能和可靠性之间的关系,并寻找平衡点。风扇压气机应满足总体分配的质量指标,在足够的动静强度储备和一定的技术指标裕度条件下,平衡质量、性能、可靠性、耐久性之间关系。

风扇压气机通常可在以下方面开展减重措施:

(1) 在保证零部件刚度、强度条件下,力求结构简单、零件数少、重量轻;

(2) 在可靠性、耐久性等性能相同的条件下,优先选用材质轻的材料;

(3) 所选引气源尽量集中,结构尽量简化,避免增加重量和占用空间。

3.2.9　材料和工艺要求

选取风扇压气机材料时,应立足于国内现有或近期可工程化的材料,尽可能选用经鉴定、性能及工艺稳定的材料,以尽可能减少材料工艺的技术风险,原则上选用的新材料和新工艺应具有较高的技术成熟度且进行过较充分的验证;应综合考虑先进性、继承性、合理性和经济性,在同等条件下,优先选用同类发动机已经应用、使用寿命长、性能数据较多的先进材料和先进工艺;原则上选用的新材料和新工艺应在前期批次研制阶段进行过验证;在其他性能相近的情况下,优先选用比强度、比刚度好的材料,以便于减轻发动机重量,在提高单位推力的同时提高发动机的推重比;优先选用具有"三防"能力的材料和表面防护技术。

选择材料时,尽可能选用符合国家、行业节能和环保要求的生产工艺;尽可能减少材料牌号、品种和规格,以便于材料的管理和维护;尽可能采购成品率高的原材料;尽可能降低研制、生产和维护成本;参考国内外同类发动机材料工艺选用情况,针对试制中暴露的问题,对材料工艺选用方案进行优化;所使用的原材料及毛坯标准应在本型号采标目录中选取,并开展标准适用性分析;应明确禁用、限用的材料和工艺清单;不使用易老化的橡胶材料,应优先使用抗老化性能优异的橡胶材料,不允许使用镁合金。

发动机设计和制造中使用的材料、涂料和工艺应是防腐蚀的,应避免在零件表面可形成腐蚀源的加工过程。接触燃油和滑油的材料能经受该油类的浸蚀,在燃油和滑油系统整个循环的温度范围内,不出现溶胀、收缩和妨碍正常工作或削弱功能而需要更换材料的变质现象。直接接触燃油或润滑油的零件不应使用聚氯丁烯(如氯丁橡胶)、镉等材料;同时,在工作中与滑油直接接触的铜用部件应确保不会对油起到催化作用,也不会出现铜脆。

轮盘部位材料要求具有高强度、高耐久性(低周疲劳性能,包括疲劳-蠕变交互作用、低裂纹扩展速率)、密度小、高韧性、抗氧化能力强、良好的加工性与经济性等特点。叶片部位材料要求具有较高的高周疲劳强度,同时由于叶片易受外物冲击,表面划伤机会多,需考虑缺口疲劳强度;另外,材料需具有足够的抗腐蚀能力、抗外物损伤能力、良好的工艺性与较高的比强度。整体叶盘选材时要综合考虑兼顾轮盘和叶片不同部位的性能要求。静子叶片选材时要满足构件刚度的要求。当温度达到一定水平时转静子碰磨易引起钛火的问题,风扇压气机部件应尽量避免转子和静子叶片同时采用钛合金,或者采取相应的防钛火措施。冷端部件的机匣选材应着重考虑材料的室温性能和低温性能,不仅要考虑强度、刚度,更要注意低周疲劳性能、高周疲劳性能、抗冲击性能、缺口疲劳性能和断裂韧性。对于应力较大、温度偏高的"冷端"机匣,应考虑材料的蠕变性能和持久性能。风扇压气机机匣选材时要特别注意材料的相容性,避免发生"钛火"问题。

第4章
一维气动设计及主要参数选择

在一台新型发动机论证阶段,为了满足发动机在一定转速下的流量、裕度、效率需求,风扇压气机设计方案需要经过和发动机总体及相关部件反复迭代后确定,尤其是压气机,由于其级数多、参数匹配复杂,需要一些简单而又快速的计算方法对初步设计方案进行筛选,一维计算方法是压气机方案筛选阶段的重要工具。

叶轮机一维计算理论最早起源于涡轮设计。1951 年,Ainley 等[1]基于叶排"参考直径"处的参数,建立了预测轴流涡轮设计点和非设计点性能的计算方法,初步形成了叶轮机一维计算方法。1970 年,Dunham 等[2]通过 16 台轴流涡轮试验数据和该方法预测结果的对比,对该方法的叶型损失、二次流损失、叶尖间隙损失模型进行了改进,进一步提高了该计算方法的准确性。1982 年,Steinke 等[3]开发了基于级叠加方法的多级轴流压气机特性预测程序,该程序允许设计人员根据后续的风扇压气机试验数据对程序中的计算模型进行修正,方便进行风扇压气机的改型设计。本章从一维计算的基本理论出发,将侧重点放在压气机一维计算的工程应用方面,介绍压气机一维设计及特性分析关键参数的选取,并且以一台六级压气机为例进行示例分析,展示在工程应用中的一维设计和特性分析过程,以期让读者在一维设计的工程应用上有更多的认识。

4.1 一维设计及特性分析方法

4.1.1 一维设计及特性分析方法概述

在压气机设计初期,需要在大范围内进行参数筛选,确定初步设计方案,再不断缩小目标解域进行精细化设计。例如,E3 压气机在设计初期,进行了详细的方案筛选工作,对该压气机的成功研制起到了至关重要的作用[4]。

在现有的设计体系中,一维设计及特性分析方法主要有以下优势: ① 计算速度快,能快速进行压气机方案设计和性能预估;② 一维计算包含的经验模型多,可以根据压气机的试验结果模型进行修正,提高一维特性计算精度,从而指导压气机的改进与发展;③ 一维计算模型多来源于相应的试验修正结果,有较多的工程应用经验,计算方法成熟度高,对喘振边界的预测有相当的精度;④ 在总体匹配设计和控制系统研制中,压气机中低转速的性能至关重要,一维特性分析对中低转速的性能预估有着高于三维数值模拟的精度。

4.1.2　一维设计方法

1. 一维设计方法概述

一维设计方法的基本思想是将计算站设于压气机叶排进出口截面的流通面积平均处的半径上(图 4.1),在平均半径处开展基元级设计。此一维设计方法采用的计算方程包括:气动热力学方程、速度和气流角度的关系,以及损失、攻角、落后角和其他一些成套的经验曲线。

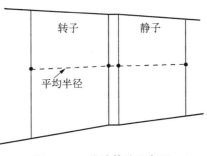

图 4.1　一维计算站示意图

压气机一维设计根据给定的技术指标,如流量、压比、转速等参数,通过对平均半径截面相关气动热力学和经验关系的求解,确定设计方案的流道尺寸和各排叶片平均半径处的速度三角形等参数。

2. 控制方程

控制方程主要包括连续方程、动量方程、能量方程和状态方程。

(1) 连续方程。

假设气体的流动是一维定常的,即各个截面上气流参数,如速度、密度、压强等都是均匀分布且不随时间变化,因此连续方程可以写成如下形式:

$$m_i = K_m \frac{p_i^*}{\sqrt{T_i^*}} q(\lambda_i) A_i \sin\alpha_i \tag{4.1}$$

其中,

$$K_m = \sqrt{\frac{k}{R}\left(\frac{2}{k+1}\right)^{\frac{k+1}{k-1}}} \tag{4.2}$$

式中, m_i 为特征截面 i—i 上的流量; p_i^* , T_i^* 分别为特征截面 i—i 上的滞止压力和温度; $q(\lambda_i)$ 为特征截面 i—i 上的流量函数; A_i 为气流通过的特征截面 i—i 的面积; α_i 为气流与轴向夹角; R 为气体常数,其值为 287.023 J/(kg·K); k 为气体比热比。

(2) 动量方程。

这里的动量方程是用来计算压气机定常流动中气流作用在叶片上的力和力矩。由气体动力学可知,轴流式压气机旋转轴的动量矩方程可以表示为

$$M = m(C_{2u}r_2 - C_{1u}r_1) \tag{4.3}$$

式中，C_{1u}、C_{2u} 为气流切向分速度；r_1、r_2 为半径；m 为气流质量流量。

设转子的转动角速度为 ω，对于流过压气机的每千克气体，轮缘功为

$$L_u = \frac{u}{\Delta m} = \omega(C_{2u}r_2 - C_{1u}r_1) = C_{2u}U_2 - C_{1u}U_1 \tag{4.4}$$

式中，U 表示牵连速度（也可称为线速度）；u 表示总加功量。

（3）能量方程。

气体在轴流式压气机中既要流过静子叶片，也要流过转子叶片，为了描述方便，在不同的场合需要采用不同的坐标系。

① 绝对坐标系。

研究气体在压气机中的流动时，可以省略重力的影响，在定常流动情况下，热焓形式的能量方程可以表示为

$$\pm q_e + L_u = h_2 - h_1 + \frac{C_2^2 - C_1^2}{2} = h_2^* - h_1^* \tag{4.5}$$

式中，L_u 为压气机施加给单位质量气体的轮缘功；h_1 和 h_2 分别是叶片排进出口的静焓；h_1^* 和 h_2^* 分别是进出口的总焓；q_e 为外界与流经压气机单位质量气体交换的热量，在轴流压气机计算分析时，一般认为压气机与外界无热量交换，q_e 等于零，因此公式可以写成

$$L_u = h_2 - h_1 + \frac{C_2^2 - C_1^2}{2} = h_2^* - h_1^* \tag{4.6}$$

根据静焓和总焓的计算公式，式（4.6）可以改写成

$$L_u = C_pT_2 - C_pT_1 + \frac{C_2^2 - C_1^2}{2} = C_pT_2^* - C_pT_1^* \tag{4.7}$$

由于静子叶片排静止，对气体没有施加轮缘功，因此有

$$L_{u,\text{HA}} = C_pT_2 - C_pT_1 + \frac{C_2^2 - C_1^2}{2} = C_pT_2^* - C_pT_1^* = 0 \tag{4.8}$$

② 相对坐标系。

当气体流过转子叶片排时，往往把坐标系与转子联系在一起，在相对坐标系中分析气体的运动，此时转子叶片相对静止，对气流不做功，因此轮缘功等于零，但是由于存在离心惯性力，因此能量方程可以写成

$$\frac{U_2^2 - U_1^2}{2} = C_p T_2 - C_p T_1 + \frac{W_2^2 - W_1^2}{2} \tag{4.9}$$

这里需要注意的是,式(4.9)中的速度为相对速度,而式(4.6)中的速度为绝对速度。

(4) 状态方程。

状态方程是联系完全气体密度、压力和温度之间关系的方程,即

$$p = \rho R T \tag{4.10}$$

3. 级数预估

在确定了设计指标后,一维设计的重要任务是确定压气机的级数。级数可根据以往的设计经验直接给定,也可以由相关经验模型预估。下面就介绍一种一维设计中的级数预估方法[5]:

$$L_C = \frac{\dfrac{k}{k-1} R T_{t1}(\pi_c^{\frac{k-1}{k}} - 1)}{\eta_c} \tag{4.11}$$

$$L_C = \overline{\psi} U_{T,\,av}^2 Z \tag{4.12}$$

式中,$\overline{\psi}$ 为压气机平均加功因子(负荷系数);$U_{T,\,av}$ 为压气机首级和末级转子叶尖切线速度平均值;Z 为级数。

将式(4.11)代入式(4.12),可得

$$Z = \frac{\gamma}{\gamma-1} R \frac{T_{t1}}{U_{T,\,av}^2 \overline{\psi} \eta_c}(\pi_c^{\frac{\gamma-1}{\gamma}} - 1) \tag{4.13}$$

4. 流道尺寸计算

压气机一维计算只在叶排进出口截面设计计算站,因此在一维设计中,只求解每一级转子进出口截面的内径、外径,叶排内的流道用直线连接。各截面的内径、中径、外径的求解根据流量守恒原理,由流量公式计算,质量流量 m 如式(4.14)所示:

$$m = A \rho C_a \tag{4.14}$$

通道横截面积 A 为

$$A = \frac{m}{C_a \rho} \tag{4.15}$$

式(4.14)和式(4.15)中,气流轴向速度 C_a 和密度 ρ 根据求解速度三角形和截面气体状态方程得到。求得各截面的横截面积后,根据给定的不同流道形式,计算各截面的内、外径:

$$A = \pi(r_{tip}^2 - r_{hub}^2) \tag{4.16}$$

中径为

$$r_{mid} = \sqrt{\frac{r_{tip}^2 + r_{hub}^2}{2}} \tag{4.17}$$

对于等外径压气机设计,在进口外径已知的情况下,有

$$r_{tip} = r_{tip,\,inlet} \tag{4.18}$$

$$r_{hub} = \sqrt{r_{tip}^2 - \frac{A}{\pi}} \tag{4.19}$$

对于等中径压气机设计,在进口中径已知的情况下,有

$$r_{mid} = r_{mid,\,inlet} \tag{4.20}$$

$$r_{hub} = \sqrt{r_{mid}^2 - \frac{A}{2\pi}} \tag{4.21}$$

$$r_{tip} = \sqrt{r_{mid}^2 + \frac{A}{2\pi}} \tag{4.22}$$

对于等内径压气机设计,在进口内径已知的情况下,有

$$r_{hub} = r_{hub,\,inlet} \tag{4.23}$$

$$r_{mid} = \sqrt{r_{hub}^2 + \frac{A}{2\pi}} \tag{4.24}$$

$$r_{tip} = \sqrt{r_{hub}^2 + \frac{A}{\pi}} \tag{4.25}$$

5. 流量系数、负荷系数和反力度的分布

压气机一维设计的本质就是确定流量系数 Φ、负荷系数 ψ 和反力度 Ω 的合理匹配问题。在已知上述三个无量纲参数的条件下,平均半径的速度三角形是确定的,这就基本确定了压气机通道内的扩压过程[6]。

1) 流量系数

级进口流量系数定义为级进口轴向速度和切线速度之比:

$$\Phi = \frac{C_a}{U} \tag{4.26}$$

在确定压气机转速和流道尺寸后,可计算得到切线速度。

2）负荷系数

压气机级负荷系数是衡量级负荷的一个重要的特征系数,通常定义为级加工量和切线速度平方之比:

$$\psi = \frac{\Delta L_{\mathrm{s}}}{U^2} \qquad (4.27)$$

3）反力度

反力度(运动反力度)表示气体在转子中静压升占整个级静压升的百分比,其和速度三角形的关系式为

$$\Omega = 1 - \frac{C_{1u} + C_{2u}}{2U} \qquad (4.28)$$

在压气机一维设计中,各级流量系数、负荷系数和反力度的分布是输入参数,需设计人员结合经验给定。

6. 速度三角形求解

求解平均半径处的速度三角形是压气机一维设计的核心问题,典型的基元级速度三角形示意图,如图 4.2 所示。

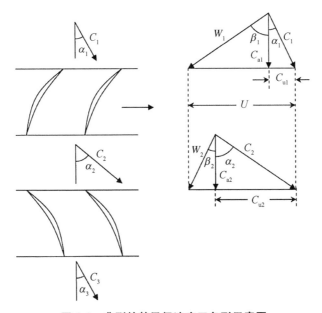

图 4.2　典型的基元级速度三角形示意图

将流量系数、负荷系数和反力度改写成速度三角形中气流角度的表达式为

$$\Phi = \frac{1}{\tan \beta_1 + \tan \alpha_1} \qquad (4.29)$$

$$\psi = \Phi(\tan\alpha_2 - \tan\alpha_1) = \Phi(\tan\beta_1 - \tan\beta_2) \tag{4.30}$$

$$\Omega = 1 - \frac{\Phi}{2}(\tan\alpha_1 + \tan\alpha_2) = \frac{\Phi}{2}(\tan\beta_1 + \tan\beta_2) \tag{4.31}$$

通过式(4.30)和式(4.31)可得到用流量系数、负荷系数和反力度表示气流角的计算公式:

$$\alpha_1 = \arctan\left[\frac{1}{\Phi}\left(1 - \Omega - \frac{\psi}{2}\right)\right] \tag{4.32}$$

$$\alpha_2 = \arctan\left[\frac{1}{\Phi}\left(1 - \Omega + \frac{\psi}{2}\right)\right] \tag{4.33}$$

$$\beta_1 = \arctan\left[\frac{1}{\Phi}\left(\Omega + \frac{\psi}{2}\right)\right] \tag{4.34}$$

$$\beta_2 = \arctan\left[\frac{1}{\Phi}\left(\Omega - \frac{\psi}{2}\right)\right] \tag{4.35}$$

由式(4.32)~式(4.35)可知,如果各级的 Φ、ψ、Ω 确定,则基元级的速度三角形也就给出了,因此各级流量系数、负荷系数和反力度的分布选择是否合理是一维设计成功与否的关键,在4.2节中将详细介绍这些参数的选取问题。

7. 平均半径叶型设计

在确定了平均半径处的速度三角形后,为了能够进一步开展设计方案性能评估,在一维设计中需根据速度三角形进行平均半径处基元级的叶型设计。在当前压气机一维设计体系中,可选用四种叶型。对于亚声速流动,可选 BC10、C4、NACA65 进行叶型设计,对于高亚声速和跨声速度流动,可选用双圆弧叶型,四种叶型的叶型厚度分布如图 4.3 所示。

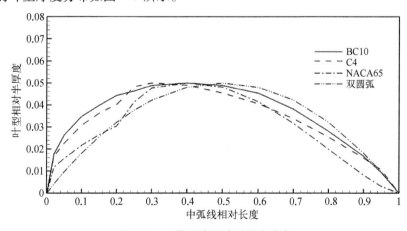

图 4.3　一维设计用叶型厚度分布

不同的叶型厚度分布规律主要影响攻角、落后角和叶型损失的计算。下面简要介绍一种攻角、落后角和最大相对厚度的计算方法。

1）攻角

对于 NACA65、BC10、C4 的亚声速叶型,攻角的计算公式为

$$i = i_{10}K_sK_{it} + K_{if}K_{an}\theta + \Delta i_\lambda \tag{4.36}$$

对于双圆弧叶型,则按进口 λ 数的大小选择相应的计算公式,具体如下。

当 $\lambda_1 \leqslant 0.775$ 时,有

$$i = 0.7i_{10}K_{it} + K_{an}\theta \tag{4.37}$$

当 $0.775 < \lambda_1 \leqslant 1$ 时,有

$$i = \left(1 - \frac{1 - \lambda_1}{0.225}\right)\arctan 1.2t - \frac{1 - \lambda_1}{0.225}(0.7i_{10}K_{it} + K_{an}\theta + \Delta i_\lambda) \tag{4.38}$$

当 $1 < \lambda_1$ 时,有

$$i = \arctan 1.2t \tag{4.39}$$

式(4.36)~式(4.39)中,i_{10} 为 10%厚度 NACA65 系列厚度分布的参考攻角;K_s 为厚度分布不同于 65 系列叶片的叶片形状修正因子(65 系列取 1,BC10 系列取 1.05,C4 系列取 1.1);K_{it} 为叶型最大厚度不等于 10%的修正因子;K_{if} 为叶型最大挠度相对位置的修正因子;K_{an} 为与进气角和稠度有关的修正因子;θ 为叶型弯角;Δi_λ 为考虑叶栅进口速度系数的攻角修正量;t 为叶型的最大相对厚度。

2）落后角

对于 NACA65、BC10、C4 的亚声速叶型,落后角的计算公式为

$$\delta = \delta_{10}K_sK_{\delta t} + K_{\delta f}\frac{m}{\sigma^b}\theta \tag{4.40}$$

式中,δ_{10} 为 10%厚度 NACA65 系列厚度分布的参考落后角;K_s 为厚度分布不同于 65 系列叶片的叶片形状修正因子(65 系列取 1,BC10 系列取 1.05,C4 系列取 1.1,双圆弧取 0.7);$K_{\delta t}$ 为叶型最大厚度不等于 10%的修正因子;$K_{\delta f}$ 为叶型最大挠度相对位置的修正因子;m 为落后角随弯度的变化率;σ 为叶栅稠度;b 为随进口气流角变化的稠度指数;θ 为叶型弯角。

3）最大相对厚度

叶型最大相对厚度根据进口速度的不同,由经验模型求得。转子叶型最大相对厚度为

$$t_{\text{rotor}} = 0.104 - 0.06\lambda_1 \tag{4.41}$$

静子叶型最大相对厚度为

$$t_{\text{stator}} = 0.14 - 0.1\lambda_3 \qquad (4.42)$$

式(4.41)和式(4.42)中，λ_1为转子进口速度系数；λ_3为静子进口速度系数。

在一维设计中，叶栅稠度、展弦比也是叶片造型的重要参数，本书不再赘述，详情可参见本书的参考文献[7]。

4.1.3　一维特性分析方法

对已有的设计方案，有了可靠的性能预估方法，就能够有效减少改进设计工作、降低试验成本，有助于选定最好的设计方案。压气机的性能预估也称为压气机特性分析，是指在进口空气总温和总压保持不变的情况下，预测压气机的增压比和效率随进入压气机的空气流量和转速的变化规律，压气机总特性示意图见图4.4。特性分析可分为一维特性分析、二维特性分析和三维特性分析，其中二维特性分析、三维特性分析将在第5章和第7章进行详细介绍，本节主要介绍一维特性分析的原理。

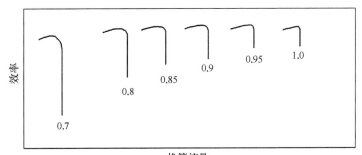

(a) 换算流量与效率的关系

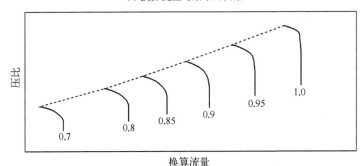

(b) 换算流量与压比的关系

图 4.4　压气机总特性示意图

在完成压气机一维设计后,可得到基本流道尺寸、平均半径处基元级的速度三角形和叶片造型参数,以及设计点压比、效率等设计参数。但只依靠设计点参数无法判断一维设计方案是否满足设计要求,因此就需要对一维设计方案进行一维特性分析,评估其非设计点性能,以便于对一维设计方案进行筛选。一维特性分析程序采用大量的经验关系式,且仅以平均流线的参数代表整台压气机的性能,故计算简单、快捷,计算的特性也能具有一定的精度,尤其对于亚声速多级压气机。对于马赫数较高的跨声速多级压气机,恐难获得与试验特性吻合度满意的结果,这时更宜采用二维或三维特性程序评估。

1. 级叠加原理

目前广泛应用的一维特性分析方法为基于级综合特性的级叠加方法。基于气动和热力学基本方程结合经验关系曲线得到单级性能,并把级性能(级压比、效率、级负荷等)作为进口折合流量和切线速度的函数给出。在一定的进口流量和转速条件下,根据第 1 级级特性计算第 1 级出口参数,再将第 1 级出口参数作为第 2 级进口参数计算第 2 级级性能;通过逐级计算,可以得到各级压比和温比,因此就可计算出在给定流量和转速下压气机的总压比和效率。

对于整台轴流式压气机(假设有 n 级),其总增压比 π_k^* 与各级的增压比之间存在着如下关系:

$$\pi_k^* = \pi_{st,1}^* \cdot \pi_{st,2}^* \cdots \cdot \pi_{st,n}^* = \frac{p_{out}^*}{p_{in}^*} \tag{4.43}$$

式中, p_{out}^* 为轴流式压气机的出口总压; p_{in}^* 为轴流式压气机的进口总压。

考虑到其中一级压气机所需的等熵压缩功和实际消耗的轮缘功的计算公式分别如下:

$$L_{ad,i} = C_p T_{1,i}^* \left(\pi_{st,i}^{*\frac{k-1}{k}} - 1 \right) \tag{4.44}$$

$$L_{u,i} = \frac{L_{ad,i}}{\eta_{st,i}^*} \tag{4.45}$$

式中, C_p 为气体的比定压热容; $T_{1,i}^*$ 为第 i 级压气机的进口总温。由于整台 n 级轴流式压气机实际消耗的轮缘功等于各级实际消耗的轮缘功之和,即

$$L_u = L_{u,1} + L_{u,2} + \cdots + L_{u,i} + \cdots + L_{u,n} \tag{4.46}$$

整台 n 级轴流式压气机所需的等熵压缩功并不等于各级所需的等熵压缩功之和,而需通过式(4.47)计算获得

$$L_{ad,k} = C_p T_1^* \left(\pi_{st}^{*\frac{k-1}{k}} - 1 \right) \tag{4.47}$$

根据绝热效率的定义,可以求得整台压气机的绝热效率:

$$\eta_{ad,k}^* = \frac{L_{ad,k}}{L_u} \tag{4.48}$$

在预估总性能时,必须用某种方法来评估压气机的喘振边界,因为它影响压气机的起动、加速和调节问题。确定压气机喘振边界的方法有很多,在本节介绍的一维级叠加方法是以总性能图上各转速最高压比点确定喘振边界的,如图4.4所示。

2. 级特性

压气机性能试验便于在等转速下进行,因此给出的性能曲线是在等折合转速下压比和绝热效率与折合流量的函数关系,但这种形式的级特性往往通用性差,不便于经验关系的总结。因此,在实际应用中,往往将级性能曲线用无量纲参数进行表示,在压气机一维特性分析中,级特性的计算是在综合大量试验资料的基础上,使用统计学关系式建立的级的综合特性来确定压气机非设计状态下的性能,经过统计学关系式修正后平均半径处的级性能就近似代表着整个级的径向平均级性能。图4.5为一维特性分析中级综合特性示意图。

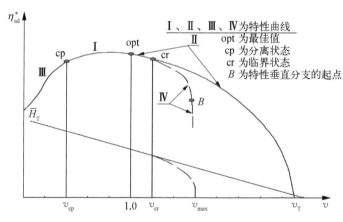

图4.5　级综合特性示意图

级综合特性的计算分为以下三个阶段。

(1)决定级的最佳参数。在给定的圆周速度下,按平均半径上的叶片结构参数和通道尺寸来决定最佳流量系数 $\overline{C}_{1a,opt}$、最佳理论载荷系数 $\overline{H}_{th,opt}$ 和级的最大效率 $\eta_{st,max}^*$。

(2)在现有流量系数值 $\overline{C}_{1a} \neq \overline{C}_{1a,opt}$ 的条件下,按所得的最佳参数和级综合特性来计算级参数。

(3)在给定换算圆周速度下,确定分离边界和级的最大流量系数。

在这条级特性曲线中,不同的流量系数段对应的实际流动状况是不同的,不能用一套公式来计算整个级特性线,因此把整个特性范围分为图 4.5 上的 I、II、III、IV 共 4 段。图 4.5 中横坐标为相对流量系数 $\nu = \overline{C}_{1a}/\overline{C}_{1a,\,opt}$,即同一条特性线各特性点流量系数与其最佳值之比,它表征了级工作状态相对于最佳状态的偏离程度。曲线的纵坐标为级效率,斜直线的纵坐标为级负荷系数。

级特性具有如下几个特征状态:堵塞状态、临界状态、最佳状态、分离状态、稳定边界。

(1) 堵塞状态:指叶片的流通能力已经达到了最大水平,继续降低背压,流过叶片通道的流量不会继续增加,它表征了同一折合转速下压气机的流通能力,一般用叶片最大进口马赫数 Ma_{max} 来确定 ν_{max},垂直分支的起点 B 是特性线垂直段上总压比最大的点,是堵塞状态与非堵塞状态的分界点。当叶片进口马赫数达到 Ma_{max} 时,认为叶片处于堵塞状态。最大进口马赫数是关于叶片进口面积和喉道面积的函数。

(2) 临界状态:叶片进口马赫数 Ma 升高到一定值后,虽然 $Ma < 1.0$,但是叶片吸力面表面局部位置已经出现超声速流动,对于最开始出现吸力面超声速流动的工作状态称为临界状态,此时相应地将进口马赫数称为临界马赫数。转子用相对马赫数计算,静子用绝对马赫数计算。临界马赫数是关于叶片进口面积和喉道面积的函数。

(3) 最佳状态:指对应于相同折合转速下,压气机各级工作最佳的状态,包括攻角、落后角、进口马赫数、速度系数等,在最佳状态下的气动参数均用最佳值来描述,如最佳攻角、最佳落后角、最佳进口马赫数、最佳速度系数等。级综合特性线上其他参数都是根据最佳参数按照经验关系修正得到的,因此最佳状态气动参数是整条级特性线计算的基准,对级特性的预估精度至关重要,对其攻角、落后角、损失等模型的计算精度要求也较高。

(4) 分离状态:指叶片吸力面表面出现了分离流动,表明从该工作点开始,继续降低相对流量系数会导致叶片损失急剧增加、级压比开始下降,表示该级进入失速工况。在多级压气机中,当某一级进入失速工况后,在一定的流量系数范围内,压气机仍能稳定工作,因此级特性存在分离状态点左侧段 III 部分。

① 段 I 包括最佳值到分离边界之间的级特性范围 ($\nu_{cp} \leqslant \nu \leqslant 1.0$)。

② 段 II 包括相对流量系数由最佳值 ν_{opt} 到临界值 ν_{cr} 的特性线,在工作点位 $1.0 \leqslant \nu \leqslant \nu_{cr}$ 之间时,相对流量系数增大后级损失开始增大。在进口马赫数不高的条件下,其等熵载荷 H_{ad} 和理论载荷 H_{th} 可以减小到零,并在 ν 值达到临界之前成为负数。在这种情况下,段 II 包括特性 ($\nu \geqslant 1.0$) 的整个曲线分支,同时也包括自转状态和涡轮状态。

③ 段 III 包括分离状态直至稳定边界的级工作状态 ($\nu \leqslant \nu_{cp}$)。

④ 段 IV 包括特性线的垂直分支 ($\nu = \nu_{max}$) 和由相应于垂直分支上的总增压比最大值的特性点到 $\nu = \nu_{cr}$ 的过渡段 ($\nu_{cr} \leqslant \nu \leqslant \nu_{max}$)。

级特性计算的原始数据包括流道、叶片平均半径上的几何形状、空气流量、转子转速以及压气机的进口条件。级特性的计算是求解一组复杂的非线性气动方程组,其中叶片攻角、落后角和最大效率采用试验关系曲线,而综合特性计算需要使用拟合方程。一些方程是隐函数,所以基本上使用迭代求解。

3. 级特性的修正

在 4.1.1 节中提到,一维特性分析中包含了大量的经验模型,可以根据试验数据快速地对模型进行修正,以提高计算精度。其中,一维特性分析中最主要的模型修正体现在对级特性的修正上,这些修正包括对级最佳攻角、落后角模型、堵塞和失速边界的修正等。

多级压气机中附面层的增长问题是影响多级压气机匹配的核心问题,也是一维特性分析中级特性修正的首要考虑因素。在实际的多级压气机中,各级中壁面附面层的发展情况是不同的,且在当前的技术水平下,对于壁面附面层发展的预测也是相当困难的。因此,在实际工程应用中,引入相关考虑壁面附面层的发展的经验修正系数来修正级特性,这些修正系数包括减功系数 K_H 和 堵塞系数 K_G 等[8]。

1)减功系数 K_H

在英国通用的设计方法中,由于附面层增长的影响,通道主流区的轴向速度往往大于理论计算值,叶片两端的轴向速度减小,流过主流区的速度大于理论值,因此造成加功量的减少。在叶片两端,由于轴向速度降低,单位流量的加功量是增加的,但这些增加量不足以抵消主流区加功量的减小量,最终造成级加功量减小的现象[6]。因此,有必要引入减功系数 K_H,其表示考虑附面层修正后的级加功量和理论级加功量的比值。在多级压气机中附面层的发展是逐级增加的,该系数应是从前到后逐级递减的。

不同的 K_H 值对级性能的影响如图 4.6 所示。从图中各级可看出,K_H 的作用是将负荷系数-流量系数特性线进行上下平移,从而改变在相同流量系数下级加功量的大小。

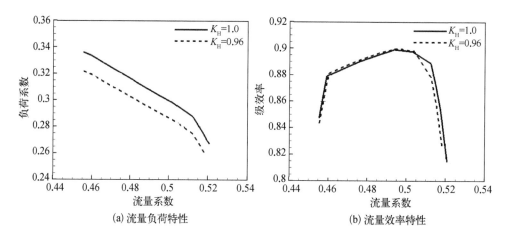

(a) 流量负荷特性 (b) 流量效率特性

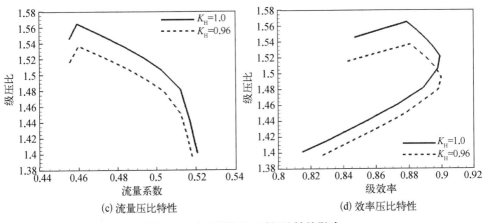

(c) 流量压比特性   (d) 效率压比特性

图 4.6 减功系数 K_H 对级特性的影响

2）堵塞系数 K_G

在美国通用设计方法中,则不采用减功系数 K_H,而采用堵塞系数 K_G,表示为级设计流量和考虑负面层影响后通过流量的比值[6]。这个系数的计入,使得计算的通过流量大于设计流量,这样在考虑附面层影响后,仍能通过设计流量,保证级特性计算流量和实际相符。

在我国现有的设计体系中,往往混合使用以上两个系数,既使用减功系数又使用流量储备系数。这在原理上也是可行的,但在使用过程中应结合经验综合考虑、合理选择。

3）落后角修正系数

一维特性分析中采用的是基于卡特公式修正的落后角模型,该模型中设置了人工修正系数 K_{dev},该系数越大则表示计算落后角越大。不同落后角修正系数 K_{dev} 对级性能的影响如图 4.7 所示。对于不同的叶型,可以根据叶栅试验结果对模型进行修正。

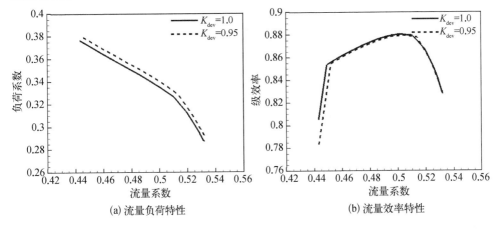

(a) 流量负荷特性   (b) 流量效率特性

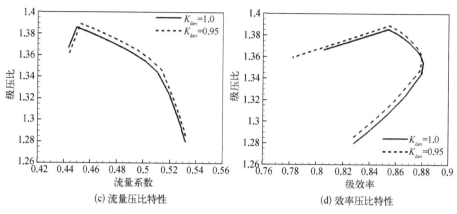

(c) 流量压比特性　　　　　　　(d) 效率压比特性

图4.7　不同落后角修正系数对级性能的影响

4）叶片最小损失攻角修正量

一维特性分析中设置了关于最小损失攻角计算模型的人工修正系数 K_{IR}，该系数越大则表示计算攻角越大。不同的转子攻角修正量对级性能的影响如图4.8所示。对于不同的叶型，可以根据叶栅试验结果对模型进行修正。

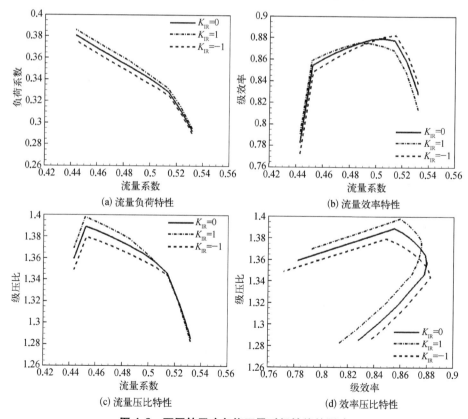

(a) 流量负荷特性　　　　　　　(b) 流量效率特性

(c) 流量压比特性　　　　　　　(d) 效率压比特性

图4.8　不同转子攻角修正量对级性能的影响

5）效率修正系数

一维特性分析中设置关于级最大效率模型的人工修正系数 K_E，不同的效率修正系数对级性能的影响如图 4.9 所示。对于不同的叶型，可以根据叶栅试验结果对模型进行修正。

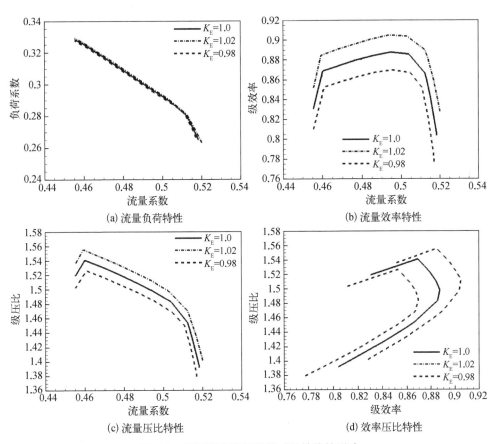

图 4.9　不同效率修正系数对级性能的影响

6）失速边界气动载荷

为了能够对计算的喘振边界进行修正，一维特性计算中设置人工输入的失速边界气动载荷 K_S。不同的失速边界气动载荷 K_S 对级性能的影响如图 4.10 所示。

7）压头特性减小系数

在一维特性计算中，级负荷系数 H_T 随流量系数的变化关系是根据级最大效率点的流量系数和负荷系数为基准点按照一定的斜率进行分布的。这个斜率是基于几何参数结合大量经验关系得到的，但实际应用中这个斜率往往和试验存在差距，因此在特性分析中设置了斜率修正系数，也称压头特性减小系数 K_T。不同 K_T 值对级性能的影响如图 4.11 所示。

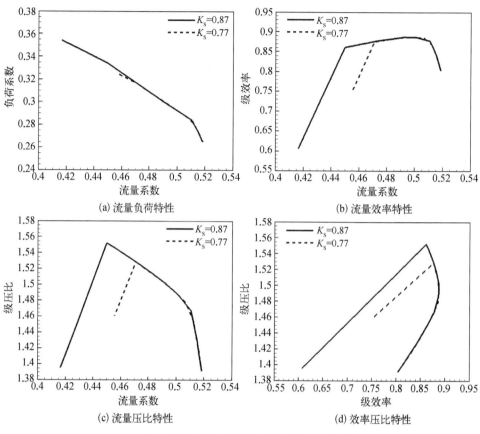

图 4.10   不同失速边界气动载荷对级性能的影响

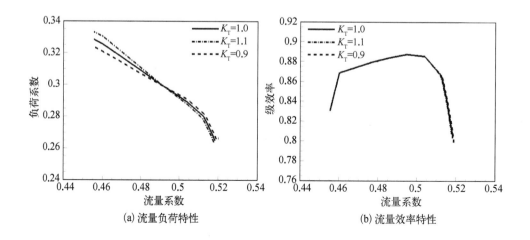

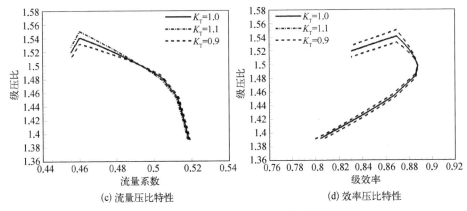

(c) 流量压比特性　　　　　　　　(d) 效率压比特性

图 4.11　不同压头特性减小系数对级性能的影响

8）喉部宽度修正系数

由于在一维特性计算程序中对叶片喉部宽度的计算是按照标准叶型叠加厚度分布进行计算的,对其他非标准叶型计算,显然存在误差,因此设置了叶片喉部宽度修正系数。不同喉部宽度修正系数对级性能的影响如图 4.12 所示。

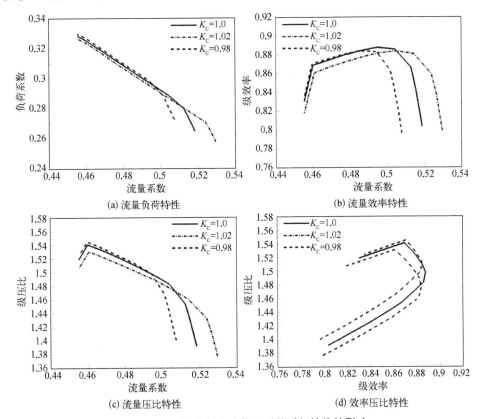

(a) 流量负荷特性　　　　　　　　(b) 流量效率特性

(c) 流量压比特性　　　　　　　　(d) 效率压比特性

图 4.12　不同喉部宽度修正系数对级性能的影响

一维特性的计算精度与程序相关经验系数的正确选取直接关联。在得到相关试验数据后,通过上述级特性修正系数的调整,可对主要的计算模型进行校核,从而提升一维特性分析的计算精度。

4.2　一维设计参数选择及实例分析

4.2.1　一维设计参数选择

1. 压气机各级的设计特点

气流在压气机中是逐级增压的,故从气流参数方面来说,前面级进口气流的温度和压力低,密度就小;后面级进口气流的温度和压力高,密度就大。气流参数沿各级的这种变化,决定了各级叶片几何参数的变化:前面级的叶片长,后面级的叶片短;前面级的轮毂比小,后面级的轮毂比大;前面级的叶片数少,后面级的叶片数多,等等。由于前后级的这些差别,在设计中必须考虑各级工作和流动上的特点。

前面级由于温度低、声速小,在相同的相对速度下,进口气流的相对马赫数大,易于达到气流马赫数临界值;另外,前面级叶片长,根部叶型厚度大,气流临界马赫数低。这两项使第一级效率较低。同时,由于受马赫数和小轮毂比限制,第一级做功能力也要低些。后面级由于叶片短,叶片间隙相对值大,间隙所造成的二次损失增加;而且,由于壁面附面层的增长,短叶片造成的损失也相对加大,后面级的效率也较低。中间级气流温度比前面级高,允许相对速度值较大,叶片长度比后面级长,轮毂尺寸较大,因此效率可以较高,加功能力可以较大。

在现在的设计中,考虑壁面附面层对各级影响所采取的一种措施,是同时引进两个系数:一个是减功系数 K_H,就是在设计中用于级的计算的功缩小 K_H 倍后和所要求的功相等;另一个是堵塞系数 K_G(又称流量储备系数),就是在设计中将所要求的流量加大 K_G 倍后来计算流道截面积。K_H 和 K_G 的大小和发动机流量大小、轴向速度沿轴向增减规律等有关。如果压气机进口处的轴向速度均匀分布,在第一级取 $K_H = 0.97 \sim 0.98$,级数较多的压气机最末级取 $K_H = 0.90 \sim 0.91$,对于级数较少的压气机,出口级取 $0.94 \sim 0.95$,中间各级可逐渐递减。K_G 一般从第一级到最后一级可由 1.01 逐渐加大到 1.08,对于级数较多的最大至 1.10;对于负荷较重的压气机,进口级可以调整为 $1.015 \sim 1.02$。

2. 级负荷系数分布

在压气机的设计中,功不均匀分配已经成为一个原则。加功量在各级之间分配是否合理,直接关系到压气机的尺寸和性能指标能否达到设计要求。为了提高级的加功量,有的多级压气机采用一级或几级跨声速级,跨声速第一级的叶尖切线速度最高已达到 500 m/s 以上。

亚声速第一级所分配的功最小,一般取级平均加功量的 0.5～0.6 倍;如果第一级为跨声速级,则可取级平均加功量的 75%~85%。中间各级条件较好,分配的功比级的平均加功量大 15%~20%,而最后级的功取等于或稍小于级的平均加功量。

各级加功量分配满足以下两个原则:

(1) 各级功总和等于压气机总功;

(2) 加功量按进口和出口级低,中间级高的规律。若第一级为跨声速级,则该级加功量可以增加。

在各级切线速度确定的情况下,级负荷系数和级加功量具有一一对应关系,级加功量的分配原则,也就是级负荷系数的分配原则。

一维设计中,在流道尺寸、转速确定的情况下,各级负荷系数选定就直接确定了级加功量,根据上述级加功量的选取原则,级负荷系数的分布原则如下。

(1) 亚声速压气机各级的级负荷系数在下列范围内:

① 第一级,$\psi = 0.25 ~ 0.40$;

② 中间级,$\psi = 0.50 ~ 0.60$;

③ 最后级,$\psi = 0.30 ~ 0.50$。

(2) 对于跨声速级叶尖切线 $MT = 1.2 ~ 1.6$,在中径上 $\psi = 0.30 ~ 0.60$。

其中,ψ 定义为级加功量和叶中切线速度平方之比。

3. 轴向速度分布

在切线速度一定的情况下,各级的流量系数和进口轴向速度具有一一对应关系,在设计原则的确定中,常用轴向马赫数来表征轴向速度的大小。在压气机设计中,轴向马赫数的选取原则如下:压气机进口平均轴向马赫数一般在 0.48~0.52;出口平均轴向马赫数为 0.25~0.3,通常取 0.28[9]。

轴向速度和进口马赫数存在如下对应关系:

$$V_x = Ma\sqrt{KRT} \qquad (4.49)$$

除了考虑进出口轴向速度,对于亚声速压气机,各级轴向速度的递减梯度不宜超过 10~15 m/s,且轴向速度的逐级分布应保证通道光滑。从压气机进口到出口速度的过渡可以采用不同方式,如图 4.13 所示。

各级的轴向速度减小梯度应保证得到光滑流道,各叶片排进出口的平均轴向速度从进口级到出口级逐步减小。

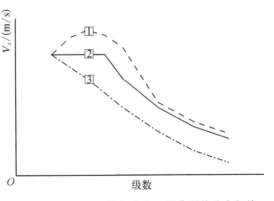

图 4.13　各级进口轴向速度三种典型的分布规律

1:先增加后递降;2:先保持不变后递降;3:逐步递降

4. 反力度分布

从理论上讲,对亚声速压气机反力度等于 0.5 时效率最高。在实际设计多级压气机时,反力度不可能都控制在 0.5,压气机前面级可以在 0.5 左右,后面级逐渐增加,所以压气机的平均反力度超过 0.5。相应的进口预旋角在 20°~9° 比较合适。

根据现有设计经验,多级压气机反力度一般从前面级的 0.5 逐级递增,到后面可到 0.7 左右。反力度的大小还影响发动机轴向力的大小,需要综合考虑。

5. 流道设计参数选择

1) 流道形式的选择

压气机流道的基本形式可以分为三种,即等外径、等中径和等内径。

(1) 采用等外径设计时,压气机的进口到出口各叶排的外流路直径相等(图 4.14),这种分布形式的压气机出口的内、外径更高,各级的叶尖切线速度与进口级相同,叶根流道可以持续收缩且切线速度逐级增加,有利于提高压气机后面级的加功能力,降低级负荷。但压气机后面级的外径高会使叶片高度下降,环壁附面层和二次流的影响更为严重,转子叶尖的相对间隙也更大,容易造成压气机效率的下降,同时高的平均半径也会造成压气机的重量增加。

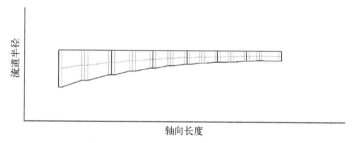

图 4.14　等外径一维设计流道示意图

(2) 等中径设计介于等外径和等内径之间,风扇压气机进口到出口各叶排的平均直径相等(图 4.15),这种分布形式具有中等的后面级叶片长度、中等的加功能力和重量,并且由于等中径设计的内、外流道均有收缩,可以更好地控制内、外壁面附面层的增长和二次流的发展,压气机往往能够获得较高的效率。

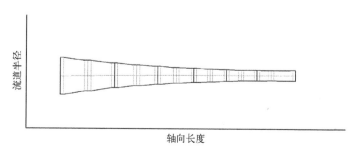

图 4.15　等中径一维设计流道示意图

（3）采用等内径设计时,风扇压气机进口到出口各叶排的内流路直径相等(图4.16),这种分布形式的压气机出口的内、外径均较小,后面级的叶片高度更高,压气机容易获得更高的效率,同时也有利于降低压气机的重量。但等内径压气机的切线速度逐级降低,会造成后面级加功能力下降,负荷提高。

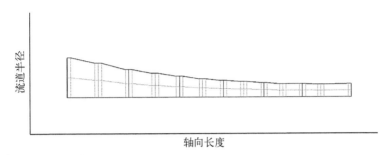

图 4.16　等内径一维设计流道图

在工程实践中,很难找到严格遵守上述流路形式的设计,经常采用的是折中方案。在设计过程中会对流道逐步优化,最终的流道设计有时可能并不是严格的等外径、等中径、等内径的三种形式,而是设计成靠近某种形式的流路,如接近等中径或接近等外径。但在一维方案筛选阶段,根据设计需要进行以上几种典型流道形式的筛选,确定基本流道形式是非常必要的一项工作。

2）进口轮毂比选择

进口轮毂比大小与压气机转子进口处的单位环面面积流量有关。选择进口轮毂比 $\bar{d}_1$,并根据进口单位迎风面积流量确定进口外径,检查转子进口轴向马赫数是否在设计规定的范围内,否则再调整进口轮毂比 $\bar{d}_1$。轮毂比小,单位进口环面面积流量小,迎风阻力增加,但压气机效率可以提高。然而,进口轮毂比不能过小,要考虑到第一级转子叶片榫头的安装和轮盘的强度,对高压压气机也要考虑到中介机匣流道的设计及其流道中的气流分离。在设计时考虑到压气机效率及第一级转子叶片叶尖速度来选择进口轮毂比。通常航空发动机的高压压气机最佳进口轮毂比为 0.5~0.7,风扇叶片进口轮毂比为 0.3~0.4。但考虑到中介机匣流道,高压进口轮毂比最好为 0.6~0.72,个别发动机也有选到 0.73 左右的。在压气机设计时,进口马赫数与轮毂比进行反复迭代计算,得出较优的进口轮毂比和进口马赫数。

3）出口轮毂比选择

出口轮毂比与出口马赫数和出口级叶片高度有关。当出口轮毂比小到一定值后,影响叶片根部的加功,效率反而下降。如果要保证效率不下降,则必须增加转速,保持出口级的周向速度。增加转速后,压气机的重量有所增加,涡轮的重量也随之增加,使发动机重量增加。为了保持一定的出口轮毂处的速度,转速又不能增加很多,通常出口轮毂比有一个最佳值区域,考虑到目前转子鼓筒的材料在工作转速时可承受的应力,在工作转速范围内转子出口鼓筒切线速度不大于 381 m/s,随着设计技术和材料性能的提高,这一限制值可以适当提高。出口轮毂比为 0.9 ~ 0.94 时较优,在设计中还要考虑出口马赫数。出口马赫数越高,燃烧室扩压器中总压损失越大。出口轮毂比还受到出口级附面层效应的限制,在出口级流道高度上附面层所占的比例大,因此出口级效率低,出口级附面层对喘振裕度也有较大影响。

4.2.2　一维设计实例分析

下面以某多级高压压气机为例,进行一维设计层面的方案筛选工作。该多级压气机设计指标如表 4.1 所示,表中由于压气机和其他部件连接的需要,给出了多级压气机进出口的流道限制条件,进口外径限定为 0.539 6 m、出口外径限定为 0.476 6 m。下面介绍在这些设计指标下,针对该压气机的一维方案设计工作。

表 4.1　多级高压压气机设计指标

名　　称	数　　值	单　　位
进口总压	101 325	Pa
进口总温	288.15	K
工作点总压比	7.02	—
进口空气换算流量	17.643	kg/s
绝热效率	≥0.85	
喘振裕度	≥20%	
设计换算转速	13 643	r/min
进口外径	0.539 6	m
出口外径	0.476 6	m

1. 级数筛选

按照式(4.12)计算得到该压气机在选择不同平均级负荷系数的情况下,压气机级数变化情况如图 4.17 所示。从图中可见,如果选择平均级负荷系数 0.25,则压气机预估级数为 7~8 级,此时各级级负荷较轻,但压气机长度和重量很大;如果选择平均级负荷系数 0.43,则压气机预估级数为 4~5 级,此时各级级负荷很重,会带来压气机效率和裕度降低等问题,设计难度提高。具体平均级负荷系数如何选择要根据现有的技术水平,结合工程经验合理选择。

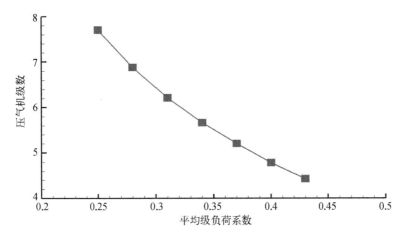

图 4.17　压气机级数随平均级负荷系数的变化情况

　　图 4.18 为多台压气机的平均级负荷系数统计图。从图中可见,压气机的平均级负荷系数分布在 0.28~0.36。这也就表明,以现有的设计水平,能够设计出在这个平均级负荷系数范围内的压气机(一定级数范围内)。因此,该多级压气机的平均级负荷系数应在 0.28 ~ 0.36 选取。参考图 4.17,如果选择最小级负荷系数 0.28,则级数为 7 级;如果选择最大级负荷系数 0.36,则级数为 5 级。综上所述,该压气机级数可选 5 级、6 级、7 级。

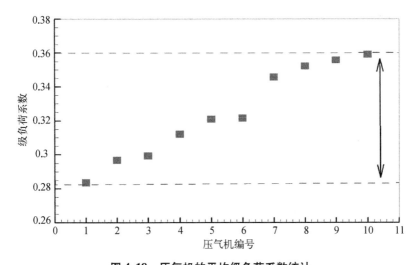

图 4.18　压气机的平均级负荷系数统计

　　根据前面预估的级数范围,分别选择 5 级、6 级、7 级三个方案开展一维设计工作,并对一维设计结果进行对比,分析不同方案的优劣。流道设计结果如图 4.19所示,各设计方案一维设计主要参数对比见表 4.2。

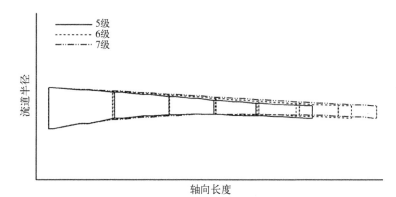

图 4.19 不同级数一维设计方案流道对比

表 4.2 不同级数一维设计方案结果对比

参 数 名 称	方案 1	方案 2	方案 3
级数	5	6	7
流量/(kg/s)	18	18	18
压比	7.02	7.02	7.02
绝热效率	0.80	0.83	0.85
设计转速喘振裕度/%	7.0	18.8	23.8
平均级负荷系数	0.38	0.32	0.27
平均 D 因子	0.51	0.46	0.43
压气机长度/m	0.38	0.44	0.48
压气机相对重量(以方案 2 重量为基准无量纲化)	0.88	1.00	1.07

由表 4.2 可见,方案 1 的优势在于较短的轴向长度和重量,付出的代价是很低的绝热效率和设计转速喘振裕度,绝热效率为 0.80,设计转速喘振裕度为 7.0%。结合工程经验表明,在一维方案绝热效率和设计转速喘振裕度如此低的情况下,通过后续的详细设计很难使设计达标。

方案 2 的各项指标均居中,绝热效率 0.83 低于设计指标 0.02;设计转速喘振裕度 18.8%低于设计指标 1.2%;平均级负荷系数、平均 D 因子等处于常规的设计范围内。

方案 3 的级数最多,优点是绝热效率和设计转速喘振裕度较高,很容易达标,各级负荷也很小;付出的代价是压气机长度和重量的增加,压气机长度比方案 2 长 0.04 m,压气机相对重量比方案 2 大 7%。另外,级数多意味着零件数量和成本的增加。

综合上述分析结合工程设计经验,认为方案 2 的 6 级是一个比较合理的级数选择,其具有合理的压气机长度和压气机相对重量、级负荷水平是现有设计技术能够达到的,虽然绝热效率和设计转速喘振裕度略低于设计指标,但通过后续的详细设计使其达标难度不大。

2. 流道形式筛选

在确定了压气机级数后,基本流道形式的确定也是一维设计的一项重要工作。虽然设计指标中给定了进出口的外径,且出口外径比进口外径小,但是所能选择的流道形式就只有等内径、等中径或混合型流道设计形式,在这里为了尽量全面地展示一维设计对于流道选取的作用,将出口外径的限制条件放开,进行等内径、等中径和等外径三种典型的流道形式的一维方案设计。这样做的目的是使一维设计流道筛选能够覆盖等内径、等中径和等外径三种典型的流道形式,对于混合型流道设计一般在后续的详细设计中才开展。

图 4.20 为三个不同流道形式方案的一维设计流道对比。从图中可见,等外径压气机长度最短,等内径压气机长度最长。三个方案的一维设计结果主要参数对比如表 4.3 所示,从表中可见,等内径方案 4 的重量最轻,但长度最大,平均级负荷系数达到 0.4,超出了现有的工程经验范围,且由于级负荷重,压气机效率和设计转速裕度低,通过后续详细设计使其性能达标难度较大。

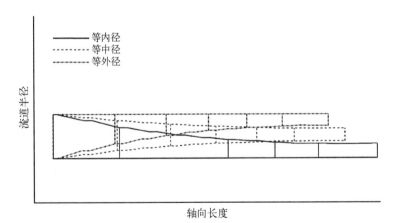

图 4.20 不同流道形式一维设计方案流道对比

表 4.3 不同流道形式一维设计方案结果对比

参 数 名 称	方案 4	方案 5	方案 6
流道形式	等内径	等中径	等外径
流量/(kg/s)	18.00	18.00	18.00
压比	7.02	7.02	7.02

参 数 名 称	方案 4	方案 5	方案 6
绝热效率	0.821	0.833	0.835
设计转速喘振裕度/%	7.1	16.4	21.6
平均级负荷系数	0.400	0.343	0.306
叶片平均 D 因子	0.49	0.46	0.44
压气机长度/m	0.49	0.44	0.42
压气机相对重量(以方案 5 重量为基准无量纲化)	0.93	1.00	1.09

　　等中径设计方案 5 中,各方面指标适中,效率为 0.833,设计转速喘振裕度为 16.4%,后续设计使其达标难度不大。

　　等外径设计方案 6 中,级负荷最轻、长度最短,但其重量较大。对比平均级负荷系数和效率可见,相对于等中径设计方案 5,等外径设计平均级负荷系数从 0.343 降低到 0.306,降低了 0.037;但效率仅仅从 0.833 增加到 0.835,增加了 0.002;说明虽然级负荷相对于等中径设计降低了,但并没换来效率的明显增长。图 4.21 为等中径和等外径方案的级负荷系数分布对比图,从图中可见,等外径方案各级负荷系数比等中径方案大幅降低;图 4.22 为级效率分布对比图,从图中可见,前三级效率明显提高,但后两级效率明显下降,说明此时等外径设计后面级叶片高度降低,环壁附面层和二次流损失大大增加,从而使后面级效率降低,抵消了前面三级因负荷降低带来的效率增长量。

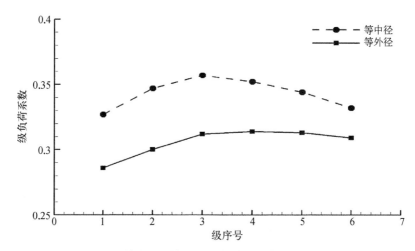

图 4.21　等中径和等外径方案的级负荷系数分布对比

　　综上所述,等内径方案由于较高的负荷水平和很低的效率和设计转速喘振裕

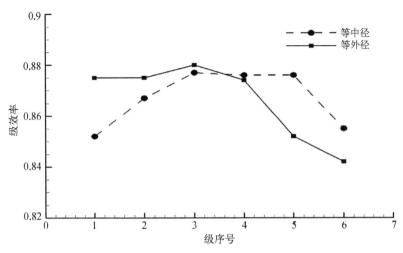

图 4.22 等中径和等外径方案级效率分布对比

度,通过后期详细设计很难达标,所以不可取。等外径方案的重量较大,且相对于等中径方案效率提升不大;等中径方案各方面参数均适中,且均在现有的设计水平范围内,因此本压气机设计选择等中径设计的流道形式。

3. 一维方案详细设计

根据前面确定的级数和流道形式,开展了 6 级等中径流道形式设计的一维方案详细设计工作。根据工程设计经验对各项设计参数进行了反复调整,得到了最终的一维设计方案。

一维方案详细设计主要参数如表 4.4 所示。从表中可见,压气机效率为 0.843 时基本达到设计指标;设计转速裕度为 19.99% 时基本达到设计指标。

表 4.4 一维方案详细设计主要参数

流量/(kg/s)	压　比	效　率	设计转速裕度
18	7.02	0.843	19.99%

流道如图 4.23 所示,图中的流道是在前面确定的等中径流道方案的基础上,在详细设计过程中,对级间流道进行了优化设计的结果,所以并不是严格的等中径流道设计。

级平均参数分布如表 4.5 所示,表中参数表明了这样的设计特点:第三级和第四级的负荷系数较高,但其流量系数也较高,因此是相适应的。各级的反力度略高,扩散 D 因子在常规的设计准则范围内。目前,在压气机设计上的共识认为,低展弦比叶片有利于达到更高的喘振裕度,因此在设计中对各叶片选择了较低的展弦比。

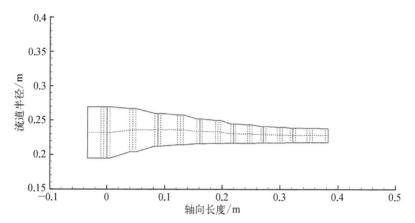

图 4.23　六级压气机一维详细设计方案流道布局

表 4.5　一维详细设计方案级平均参数分布

参 数 名 称	第一级	第二级	第三级	第四级	第五级	第六级
负荷系数	0.326	0.347	0.363	0.364	0.354	0.350
流量系数	0.384	0.465	0.496	0.523	0.468	0.448
反力度	0.697	0.658	0.677	0.685	0.702	0.724
级压比	1.586	1.493	1.419	1.351	1.295	1.253
级效率	0.853	0.860	0.863	0.866	0.863	0.840
转子扩散 D 因子	0.504	0.503	0.495	0.472	0.457	0.450
静子扩散 D 因子	0.401	0.480	0.447	0.430	0.493	0.522
转子叶片数	41	54	68	79	78	76
静子叶片数	56	72	90	126	124	98
转子稠度	1.455	1.476	1.501	1.552	1.636	1.701
静子稠度	1.477	1.437	1.421	1.691	1.614	2.243
转子展弦比	1.418	1.167	1.095	0.980	0.794	0.662
静子展弦比	1.597	1.482	1.471	1.378	1.256	0.645

　　在完成一维方案设计后,进行了非设计转速性能评估,非设计转速喘振裕度如表 4.6 所示。从表中可见,设计转速喘振裕度满足设计要求,各非设计转速下也有较高的喘振裕度。因此,该一维设计方案基本满足设计要求。

表 4.6　非设计转速喘振裕度

相对换算转速	0.75	0.80	0.85	0.90	0.95	1.0
喘振裕度/%	25.15	25.34	21.95	18.47	18.27	19.99

4.3　一维特性分析参数选择及实例分析

一维特性分析的主要作用是进行压气机的非设计点性能预估。其计算方法很多,在本节主要对应 4.1.3 节介绍的基于级叠加原理的一维特性分析方法,简要介绍经验参数选择原则,并进行实例分析。

4.3.1　一维特性分析参数选择

在 4.1.3 节介绍了级特性计算的相关修正系数,这些系数均是带有经验性质的修正系数,在工程设计中要根据实际情况结合工程经验进行综合选取,这些系数的确定依据主要有以下两种。

（1）在某型压气机的第一轮设计中,无相关试验数据支撑,这时经验修正系数可根据以往同级数、同负荷水平的多级压气机统计数据来确定。这些统计数据对于压气机设计初期,特别是对在主要设计参数筛选阶段的特性计算准确性具有重要作用。

（2）在已有该压气机初步设计方案的试验数据后,根据试验数据对经验模型进行校核,完成对经验修正系数的选取。利用校核后的经验修正系数,进行后续压气机改进设计的一维特性分析。工程经验表明,校核后一维特性分析往往具有较好的计算精度。

4.3.2　一维特性分析实例

下面以 4.2.2 节中介绍的六级多级高压压气机设计为例进行一维特性分析,一维特性分析的输入数据从 S2 通流设计和叶片造型平均半径流线处的结果得到,本节选取设计过程中的某一个方案进行一维特性分析。

结合以往的统计数据,选取适当的经验修正系数,对六级多级高压压气机进行特性分析,计算总特性如图 4.24 所示。从总特性图可见,该压气机在各转速均有较高的喘振裕度和效率。一维特性计算的设计点参数与设计指标对比如表 4.7 所示,从表中可见,压气机在设计压比点的流量和效率均达到设计指标。表 4.8 为各转速喘振裕度和最高效率,从表中可见,非设计转速下裕度满足设计指标,效率也较高。

表 4.7　设计点参数与设计指标对比

换算转速	压比	流量	效率
设计指标	7.02	17.643	≮0.85
一维特性计算结果	7.02	18.1	0.850

表 4.8　不同转速下喘振裕度和最高效率

相对换算转速	1	0.95	0.9	0.85	0.8
喘振裕度	24.7%	26.2%	28.8%	28.2%	33.3%
最高效率	0.850	0.854	0.851	0.842	0.831

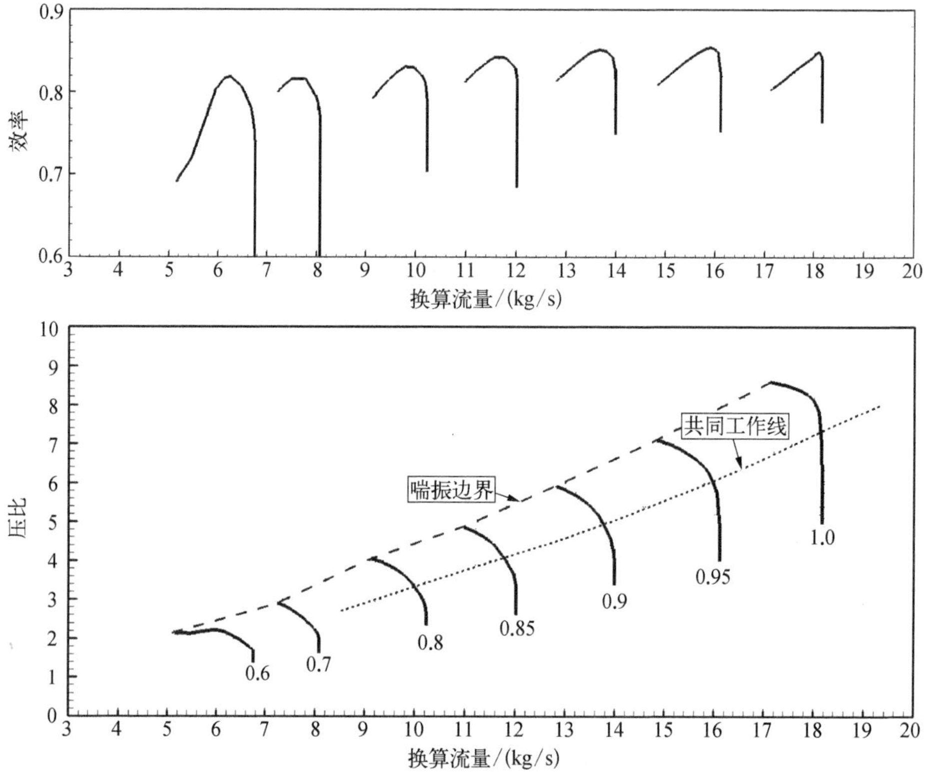

图 4.24　一维特性分析总特性图

　　从上述一维特性分析可见,该压气机的总性能参数能够满足设计指标要求,是不是代表着该设计方案是完全满足要求的? 显然不是的,这并不能意味着一维特性分析工作的结束,因为压气机设计的一个难点在于不同转速和工况下各级要能匹配协调工作。在设计点,多级高压压气机各级工作显然是匹配的,因为合理的设计本身就保证了各级的流动都是比较理想的,各级的流动也是匹配的;但当压气机工作点发生变化或转速发生改变后,各级的工作状态的变化趋势明显不同,因此将会导致各级之间工作失调,从而带来匹配问题[10]。对两台总性能相近的多级压气机,如果一台各级匹配良好而另一台存在级间匹配问题,那么存在级间匹配问题的压气机,往往在长期使用过程中,由于某些级长期处于失速工况、受气动力较大,容易出现叶片的使用寿命问题。因此,多级高压压气机除了总性能达标,其各级参数也应该是匹配的。

压气机的级间流动匹配可分为主流区的匹配和端壁区的匹配,由于流过压气机的大部分流量通过主流区,因此压气机主流区的流动匹配对性能的影响巨大,是压气机设计成功的基础。压气机一维特性分析是基于压气机平均半径流线参数的计算,是主流区流动匹配分析的良好方法。

下面基于一维特性分析方法,继续对该六级高压压气机进行级特性匹配分析。

图 4.25 为相对换算转速为 1.0、0.9、0.8 下级负荷系数随流量系数变化的关系曲线,图中流量系数、负荷系数的定义与 4.1.2 节保持一致,均是以转子叶尖切线速度定义。图中实心点为该级相对换算转速下共同工作线与特性级交点,表明在共同工作线上,该级工作在此工况。该压气机设计前三排静叶可调,随着转速降低,前三排静叶关闭,级特性线向左下方移动。后面级由于在不同转速下,级的几何不变,各转速级特性在一条直线上移动。从各转速上工作点的匹配情况分析,前四级的工作点匹配在级负荷系数很低的位置,后面级工作点匹配在适中的位置。

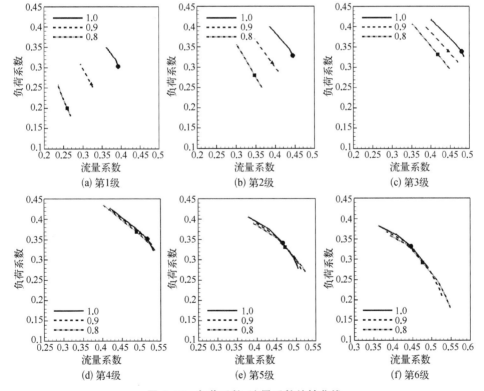

图 4.25 负荷系数-流量系数特性曲线

图 4.26 为各转速下级效率随流量系数变化的关系曲线,由 1.0 转速级效率变化趋势可知,第 1、2 级工作点匹配在效率较低的级特性右支、接近级堵塞工况,后 4

级工作点匹配在级最高效率附近。因此,如果需要继续提高压气机近工作点效率,则可通过优化设计使前两级的工作点匹配在级最高效率附近。但是,这样的改进往往会带来压气机喘振裕度的损失,需要结合设计经验综合考虑。

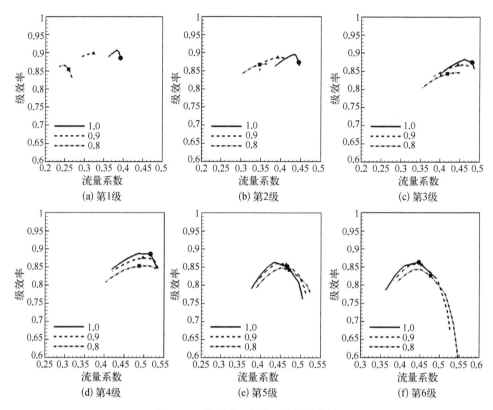

图 4.26 级效率-流量系数特性曲线

从 0.9 转速级效率变化趋势分析,当第 2 级流量系数降低到 0.35 时,级效率快速下降,因此推断第 2 级是整台压气机的失速首发级,是制约该转速下喘振裕度进一步提升的原因。从工作点匹配分析,各级工作点均匹配在级最高效率附近,匹配良好。

从 0.8 转速级效率变化趋势分析,第 2、3 级始终工作在级最高效率点左侧,说明在整台压气机中这两级始终工作在较大的攻角状态下,容易进入失速状态。

图 4.27 为各级压力系数随流量系数的变化曲线图,图中压力系数定义为级等熵压缩功和转子叶尖切线速度平方之比:

$$\mathrm{HT_{ad}} = \frac{C_p Tt_{\mathrm{in}}(\pi^{\frac{k-1}{k}} - 1)}{U_t^2} = \mathrm{HT} \cdot \eta \qquad (4.50)$$

压力系数是一个级等熵压缩功的无量纲系数,其随流量的系数的变化也可表征级压比随流量系数的变化规律。从图 4.27 可知,工作点的匹配情况和图 4.25 类似,这里不再赘述。

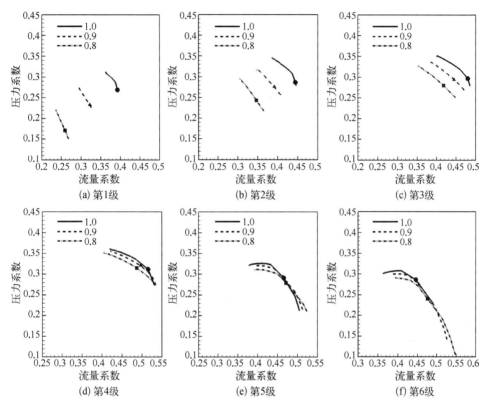

图 4.27　级压力系数-流量系数特性曲线

在压气机设计流程中,一维特性分析以其计算速度快,经验模型易于修正的特点,在压气机设计过程中发挥着重要作用,它不仅可以用于总性能的评估,在级间参数匹配分析上也发挥着重要的作用。在本节中,由于篇幅有限,只简要介绍了部分级特性匹配分析工作。

4.4　压气机一维设计及分析发展趋势展望

现有一维设计及分析体系是在 20 世纪以大量压气机试验数据为基础,进行经验模型的归纳总结得到的,而这些压气机的典型特征有大轮毂比、流道收缩率小、叶片使用标准叶型造型、级压比普遍偏低、内部气流流动三维效应不强。然而,现有压气机高级负荷、高切线速度、小轮毂比的趋势发展,广泛采用可控扩散叶型、小展弦比叶片、掠形叶片和弯曲静子等先进技术;这些设计往往是在三维 CFD 数值模拟的基础上,精细化设计的结果,特点是参数的径向变化较大,根尖匹配及其考究;然而这些变化往往是基于平均半径流线的一维计算无法捕捉的,从而显著降低了一维计算精度。为了应对这些新的设计技术带来的挑战,一维设计与分析方法未来可从以下几个方面进一步发展。

4.4.1   基元叶片法的使用

现有的一维设计与分析方法,是基于基元叶片法发展而来的,其基元叶片假设适用于大轮毂比轴流式压气机,但并不适用于小轮毂比以及子午流线变化比较剧烈的轴流式压气机,主要原因是对于这种结构的压气机,由于气流沿径向变化比较剧烈,而且轴向速度变化也非常明显,利用基元叶片法获取的级特性与真实特性会有较大误差。为了修正这种误差,需要统计大量的小轮毂压气机数据,找出误差的变化规律,进行针对性修正;如果有必要,可在适当的叶高位置增加流线条数,以体现这种变化规律。

4.4.2   对于新型叶片造型方法的考虑

现有的各个一维计算模型是基于标准叶型试验数据总结而来的,对于现在使用的(如任意中线等)新的造型方法带来的基元叶型性能上的变化还无法考虑。例如,从标准叶型到定制叶型,叶型的损失系数降低多少,可用攻角范围增加多少,都还无法进行定量描述。因此,考虑叶型性能的提升、对相关模型进行针对性修正,是今后一维计算方法发展需要面对的问题。

4.4.3   对于叶片弯掠设计技术的考虑

大量的国内外研究资料表明,叶片弯掠设计技术对压气机性能的提升有着显著影响。而现有的一维计算方法是以平均中径特性为基础,通过增加影响因子或者关联函数来考虑径向流动、二次流损失以及其他三维流动效应的影响,而并没有将叶片弯掠设计带来的流动三维效应的影响纳入考虑。因此,考虑叶片弯掠设计的一维模型修正,也是今后一维计算发展的方向。

4.4.4   稳定边界判据的改进

实际工程经验表明,一维特性分析中,级特性计算的失速模型对计算精度的影响,由于级叠加效应,压气机级数越多,对失速判据的敏感性越高;特别是对超高压比的民用多级压气机来说,对级特性的计算精度要求更高,从而对失速模型的计算精度要求也越来越高。所以,对于失速模型的进一步改进,也是一维计算方法继续提升的重要方向。

4.4.5　设计经验的积累

在压气机一维设计和分析中,参数选择、经验修正系数选取工作都是结合设计经验做出的选择,目前我国压气机一维设计依据的经验往往是定性的经验,设计准则不够完善。今后的一维设计和分析工作,需要合理地总结归纳以往的设计经验,形成经验模型,完善设计准则。

4.4.6　人工智能技术的运用

一维计算具有计算速度快的优点,在方案设计阶段,往往需要反复调整参数进行综合比对分析,而当前这些工作都是人工操作的。受限于设计周期要求,这样的一维设计参数选择范围还是很有限的。设想如果将一维设计和人工智能技术结合,对以往设计经验进行全面而精准的总结,那么对压气机一维设计效率和参数筛选范围的提升将是质的飞跃。

参考文献

[1]　Ainley D G, Mathieson G C R. A method of performance estimation for axial-flow turbines [R]. London：Her/His Majesty's Stationary Office, 1951.

[2]　Dunham J, Came P M. Improvement to the Ainley-Mathieson method of turbine performance prediction[J]. Journal of Engineering for Power, 1970, 92(3)：252 – 256.

[3]　Steinke R J, Stgst K. A computer code for predicting multistage axial flow compressor performance by a meanline stage stacking method[R]. NANS – TP – 2020, 1982.

[4]　航空航天工业部高效节能发动机文集编委会. 高效节能发动机文集(第三分册)[M]. 北京：航空工业出版社,1991.

[5]　钱笃元. 航空发动机设计手册(第八册)[M]. 北京：航空工业出版社,2000.

[6]　李根深,陈乃兴,强国芳. 船用燃气轮机轴流式叶轮机械气动热力学(上册)[M]. 北京：国防工业出版社,1980.

[7]　张军. 多级轴流压气机方案设计与特性计算研究[D]. 北京：北京理工大学,2016.

[8]　李根深,陈乃兴,强国芳. 船用燃气轮机轴流式叶轮机械气动热力学(下册)[M]. 北京：国防工业出版社,1985.

[9]　彭泽琰,刘刚,桂幸民. 航空燃气轮机原理[M]. 北京：国防工业出版社,2008.

[10]　桂幸民,腾金芳,刘宝杰,等. 航空压气机气动热力学理论与应用[M]. 上海：上海交通大学出版社,2014.

第 5 章
S2 流面气动设计与分析

  风扇压气机内部流动具有三维性、可压缩性、黏性和非定常性等特征,因此十分复杂。如果完全考虑这些流动特征,以实现完美的气动设计与分析过程,即使在计算机技术与数值模拟技术得到高速发展、广泛应用的今天,仍然存在很大的困难。另外,风扇压气机发展的工程实践充分证明,基于降维方法的 S2 流面气动设计与分析工具仍然是工程适用的主要选择之一。

5.1 S2 流面气动设计与分析方法

  随着 CFD 技术的发展,全三维数值模拟已经能够帮助人们认识十分复杂的三维空间流动,但很难探寻三维复杂流动的产生机制,而探索物理机制对形成正确的设计思想有着不可替代的作用。正如 Horlock 等[1]在回顾利用 CFD 技术进行叶轮机设计时总结道:“越来越清晰地表明,面向未来的发展,工程人员必须具有非常强的分析和计算能力,他们应非常熟悉试验技术和具有出众的机理认知能力。”目前来看,这种认知能力仍然需要结合过去的经验,并在准三维层面上准确获得。20 世纪 50 年代,Wu[2,3]引入了两族流面的概念,将一个三维问题分解为两个二维问题进行定量描述,从中理解流动的机理问题并通过试验建立模型以支持设计。虽然这种求解的概念被计算机技术和数值计算技术的发展逐渐取代,但其明了清晰的概念十分有助于理解流动的机理,至今仍被国内外叶轮机行业广泛应用。

  叶轮机子午流动的降维分析和设计手段主要有三类:轴对称方法[4]、周向平均方法[5]和中心流面(S2m 流面)方法[6,7]。轴对称方法适用于无限多、无限薄叶片的假设,流动参数在周向方向没有变化,因对三维流动过度简化已基本被放弃;周向平均方法将三维流场采用通道平均或密度(流)平均,以力的形式计入周向不均匀量的影响;中心流面方法则是假定一个两相邻叶片中间的 S2m 流面,近似代表整个叶栅通道沿周向的平均值,周向压力的变化以力的形式计入。

  简化假设后的二维方程组传统的求解方法主要是通流矩阵法和流线曲率法。

通流矩阵法采用流函数作为未知函数,由拟线性的流函数方程结合边界条件,利用某种形式的差分格式迭代求解流函数,得到流场气动参数。该方法首先由吴仲华[3]提出,但直至 1965 年计算机的内存和速度达到要求之后才真正得以实现[7]。这种方法的优点是计算速度较快、精度较高,但所需内存较大[8-10]。流线曲率法根据假设的初始流线开始,引入流线曲率的概念,迭代计算径向平衡方程,最终确定流线的形状及流场速度分布。这种方法的物理概念清晰,公式简洁,软件编制方便,因此工程应用中被使用得最为广泛,如文献[11] 和[12] 等实际应用软件均采用了此方法。随着计算机和计算流体力学技术的发展,三维数值模拟中常用的有限体积(面积)法也逐渐被应用于准三维通流计算,采用时间推进方式求解周向平均的 Euler 方程或 Navier – Stokes 方程(也称 N – S 方程)[13,14]。与流线曲率法相比,该方法可以预测堵点流量及捕获某种形式的激波;超声、跨声、亚声压气机的计算能够利用同一套计算程序实现;几乎全部三维数值模拟中发展完善的数值求解方法都可以应用其中;由于采用时间推进方法求解,模型自动包含非定常性;易于与三维数值计算程序集成,形成更加完善的设计工具;基于周向平均 N – S 方程的通流模型可以反映环壁边界层的影响,并能捕获某种二维分离。

对于周向平均 N – S 方程中的无黏叶片力项和周向不均匀项,Jennions 等[15]研究发现其会影响流动的折转、损失和二次流等。Baralon 等[16]以 NASA Rotor 67 为研究对象,也发现了周向不均匀项与激波、损失、失速之间的关联。Simon 等[17-20]采用时间推进方法对周向平均 N – S 方程的通流模型进行了研究,特别是对周向平均 N – S 方程中出现的各种附加项作用的相对重要性进行了比较。Thomas 等[21]用非线性谐波方法对周向不均匀应力进行了建模。万科[22]在对跨声速单级风扇和四级亚声速风扇的周向平均通流计算中也探索了周向不均匀项对流场及特性的影响。

准三维方法在认识流场机理方面的优势使得人们开始思考将其应用于掠叶片作用机制的探索。从吴仲华先生建立两族流面叶轮机械理论 70 年来,叶轮机内流动迁移及与主流交互影响的问题大量地利用受力平衡来分析,Denton 等[23]利用径向平衡方程分析了倾叶片内部径向叶片力与压力梯度、流线曲率以及叶片倾角等参数之间的平衡关联;Templalexis 等[24]对求解径向平衡方程时考虑叶片倾角与否的计算结果进行了对比分析;李军等[25]在传统流线曲率法的基础上,考虑了叶片力对弯掠叶片特性计算结果的影响。但是,这些工作被更多地引入叶片内部的受力分析,而叶片进气前的周向不均匀性受力平衡的影响通常被忽略,同时也忽略了掠叶片对攻角的影响。

5.1.1　降维方法

叶轮机械流动分析和设计的降维方法主要有三类:中心流面(S2m 流面)方

法、周向平均方法和轴对称方法,如图 5.1 所示。

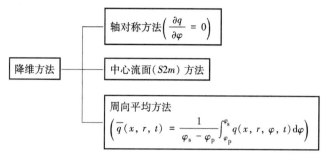

图 5.1 三类主要的降维方法

1. 中心流面(S2m 流面)方法

中心流面方法假定了一个相邻叶片中间的 S2m 中心流面,其上的流动参数近似代表整个叶栅通道沿周向的平均值,该方法的控制方程中本身含有叶片力项,可结合 S1 流面计算迭代求解,此类方法多数都源自吴仲华[2,3]的 S2 流面的概念。

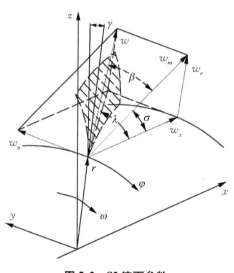

图 5.2 S2 流面参数

引入 S2 流面径向流面角和轴向流面角的定义。径向流面角 γ 为 S2 流面和 $x = $ const. 平面的交线与径向坐标轴 r 的夹角,轴向流面角 λ 为 S2 流面与 $r = $ const. 柱面的交线与轴向坐标轴 x 的夹角,如图 5.2 所示。

S2 流面上流体微团在径向、轴向和周向三个方向的受力平衡,各项作用力相互影响。S2 流面上径向压力梯度包括四项:第一项是由绝对速度切向分量产生的离心加速度;第二项是子午面流动方向改变所产生的压力梯度的径向分量;第三项是子午面流动速度大小改变所产生的压力梯度的径向分量;第四项是压力周向分布不均匀所产生的力的径向分量。同理,轴向压力梯度则是与子午面流动方向改变所产生的压力梯度的轴向分量、子午面流动速度大小改变所产生的轴向分量以及由静压周向分布不均匀所产生的力的轴向分量相平衡。周向压力梯度在 S2 流面上产生的周向力与气流沿子午流线的环量的变化率相平衡。

在 S2 流面降维处理过程中,由周向压力分布不均匀所产生的力通过径向流面角和轴向流面角分别作用于径向和轴向,是由于叶片的存在而产生的周向扰动,进而影响三维流动平衡的"源",其作为为诱导远前方的均匀来流在径向、周向、轴向产生气动上的受力变化。由于流动的连续性,这种流场的周向不均匀特性并不仅仅存在于叶片通道内部,而在叶片通道进口就已经对流动平衡产生了作用。在无限多叶片的假设下,S2 流面可看作叶片的中弧面,流面角 γ、λ 就具备了几何上的特征,与叶片的三维弯掠产生了密切的关联。因此,在周向压力不均匀的作用下,叶片的弯掠会诱导产生新的径向、轴向平衡关系。但是,在目前常用的 S2 流面通流设计分析中,当在叶片排轴向间隙内的计算站和叶片进口计算站进行计算时,通常忽略力压力周向分布不均匀所产生的力的影响,即认为

$$\frac{\mathrm{D}(v_u r)}{\mathrm{d}m} = 0 \tag{5.1}$$

此时,叶片进口流场的周向不均匀性对气流的折转、迁移等作用无法在设计和分析问题中得到体现。对于叶片的进口流动,在叶片常规设计即三维弯掠特征不显著时,径向和轴向流面角通常比较小,采用周向压力均匀的处理是合理的;但是当叶片的三维弯掠特征明显时,这种进口流动周向均匀的假设则与真实流动偏差较大,弯掠特征所引发的进口流动的改变则预测不足。

2. 周向平均方法

周向平均方法由严格的数学模型出发,对三维方程组采用通道平均和密度(流)加权平均处理,可得到周向平均方法的控制方程。平均过程中会产生周向的应力附加项,对这些应力附加项建模以力的形式计入对周向的影响,即可采用数值方法求解周向平均子午流场。这部分工作以 Smith[5] 为代表,在之后也有很多研究者采用周向平均主控方程用于叶片设计与分析方法。

在叶轮机械的三维流动中,对于任一流动参数,周向平均定义为

$$\overline{q}(x, r, t) = \frac{1}{\varphi_\mathrm{s} - \varphi_\mathrm{p}} \int_{\varphi_\mathrm{p}}^{\varphi_\mathrm{s}} q(x, r, \varphi, t) \mathrm{d}\varphi \tag{5.2}$$

式中, q 为某流动参数; $\overline{q}$ 为该流动参数的周向平均值; φ_s 和 φ_p 分别为叶片吸力面和压力面在相对柱坐标系内的角坐标,如图 5.3 所示。周向平均的积分方向与转子转动方向一致,故在静叶通道中,积分方向为从吸力面到压力面。

在对 N‐S 方程组进行周向平均的过程中,不可避免地需要计算周向平均的时间偏导数项和空间偏导数项,对于时间偏导数项,由于 φ_s 和 φ_p 仅是空间坐标 x 和 r 的函数,因此有

$$\left(\overline{\frac{\partial q}{\partial t}} \right) = \frac{1}{\varphi_\mathrm{s} - \varphi_\mathrm{p}} \int_{\varphi_\mathrm{p}}^{\varphi_\mathrm{s}} \frac{\partial q}{\partial t} \mathrm{d}\varphi = \frac{\partial}{\partial t} \left(\frac{1}{\varphi_\mathrm{s} - \varphi_\mathrm{p}} \int_{\varphi_\mathrm{p}}^{\varphi_\mathrm{s}} q \mathrm{d}\varphi \right) = \frac{\partial \overline{q}}{\partial t} \tag{5.3}$$

对于空间偏导数项,关于 x 坐标偏导数项的周向平均为

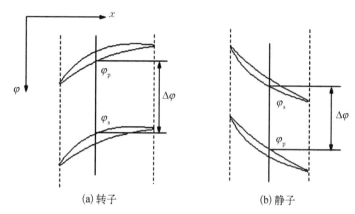

图 5.3 转子、静子叶片通道示意图

$$\left(\overline{\frac{\partial q}{\partial x}}\right) = \frac{1}{\varphi_{\mathrm{s}} - \varphi_{\mathrm{p}}} \int_{\varphi_{\mathrm{p}}}^{\varphi_{\mathrm{s}}} \frac{\partial q}{\partial x} \mathrm{d}\varphi$$

$$= \frac{1}{\varphi_{\mathrm{s}} - \varphi_{\mathrm{p}}} \left[\frac{\partial}{\partial x}(\overline{q}(\varphi_{\mathrm{s}} - \varphi_{\mathrm{p}})) + \left(q \frac{\partial \varphi}{\partial x}\right)_{\mathrm{p\text{-}s}} \right]$$

$$= \frac{1}{b} \frac{\partial}{\partial x}(b\overline{q}) + \frac{N}{2\pi b}\left(q \frac{\partial \varphi}{\partial x}\right)_{\mathrm{p\text{-}s}} \tag{5.4}$$

关于 r 坐标偏导数项的周向平均为

$$\left(\overline{\frac{\partial q}{\partial r}}\right) = \frac{1}{\varphi_{\mathrm{s}} - \varphi_{\mathrm{p}}} \int_{\varphi_{\mathrm{p}}}^{\varphi_{\mathrm{s}}} \frac{\partial q}{\partial r} \mathrm{d}\varphi = \frac{1}{b} \frac{\partial}{\partial r}(b\overline{q}) + \frac{N}{2\pi b}\left(q \frac{\partial \varphi}{\partial r}\right)_{\mathrm{p\text{-}s}} \tag{5.5}$$

与 x 坐标和 r 坐标方向不同，关于 φ 坐标的偏导数项的周向平均为

$$\left(\overline{\frac{\partial q}{\partial \varphi}}\right) = \frac{1}{\varphi_{\mathrm{s}} - \varphi_{\mathrm{p}}} \int_{\varphi_{\mathrm{p}}}^{\varphi_{\mathrm{s}}} \frac{\partial q}{\partial \varphi} \mathrm{d}\varphi = \frac{1}{\varphi_{\mathrm{s}} - \varphi_{\mathrm{p}}}(q_{\mathrm{s}} - q_{\mathrm{p}}) = \frac{N}{2\pi b}(q)_{\mathrm{s\text{-}p}} \tag{5.6}$$

N-S 方程组进行周向平均后，方程组空间坐标的维数降低一维，但周向平均运算引入了未知的附加项，方程组出现了封闭性问题。这些未知的附加项包括由于方程组的非线性产生的周向不均匀项、周向压力梯度和黏性应力项产生的附加项，为使方程组封闭必须对这些附加项进行模化。与周向压力梯度相关的附加项 F_{B} 的主要作用是使气流产生折转，将其模化为无黏叶片力项；黏性应力项产生的附加项 F_{F} 对应于叶片表面的摩擦力项，它的主要作用是产生流动损失，将其模化为叶片黏性项。同时，无黏叶片力与叶片黏性项的建模与落后角和损失相关，对于无黏叶片力项、叶片黏性项的具体模化方法以及落后角与损失的关联模型可参考文献[14]和[22]。而对周向不均匀性的相关项，这里是将其统一合成周向不均匀源项 P，或称为周向脉动源项，即将周向不均匀性的作用作为源来看待，早期的研

究往往将周向不均匀性的作用忽略或是将三维结果进行周向平均处理后以固定项的形式代入。

3. 轴对称方法

轴对称方法本质上是二维方法,其基本思想是略去 Euler 动量方程组所有的周向偏导数而得到主控方程,再通过模型引入叶片的作用,该方法适用于无限多、无限薄叶片假设的压气机子午流场求解,以 Novak[4] 的工作为代表。原始方法对三维流动过度简化,流动参数在周向方向没有变化,不能计入叶片力;随后,Senoo 等[26]、Wennerstrom[27]、Novak 等[28]引入叶片力模型,则可以模拟出部分三维流动特征而变成准三维方法。

5.1.2　降维数值模拟方法

1. 流线曲率法

流线曲率法是在计算中引入流线曲率的定义,将偏微分形式的 Euler 方程组转化为一个常微分方程组来求解。根据假设的初始流线迭代计算径向平衡方程,通过计算子午流线的曲率和斜率,在求解过程中逐次迭代调整流线的位置,对子午速度或压力迭代求解,最终计算收敛获得最终的流线形状及流场速度分布。这种方法的物理概念清晰、公式简洁、软件编制方便、程序发展较为成熟,Smith[5]、Silvester 等[29]、Novak[4]、Frost[30]较早地已采用此方法求解各种形式的降维方程。控制方程中各项的物理意义较为明确,因此得以在工程中广泛使用,如文献[7]、[12]和[30]均采用了此方法。

在对准三维控制方程组的数值求解过程中,流线曲率法物理概念清晰、公式简洁、软件编制方便,被现代压气机工程设计分析体系广泛采用。

对比分析周向平均法和中心流面法三个方向的平衡方程,可以将周向平均面上的无黏叶片力 F_B 和周向不均匀源项 P 的综合作用等价于气流的周向压力梯度施加于 S2 流面的力 F。因此,无论是周向平均流场,还是中心流面,压气机叶片造成的周向压力的不均匀作为最根本的“源”,在流面角的关联下,同时产生径向与轴向的作用力影响气流的径向和轴向平衡,进而产生流场的周向不均匀;而在周向平均流场中,将周向压力不均匀引发的作用力分解成无黏叶片力与周向不均匀源项,在叶片前缘非叶片区,由周向不均匀源项影响流场各方向的平衡,进而对气流的攻角、迁移、加速等性能产生影响。同样,叶片中弧面及叶片几何表面周向角坐标的径向、周向梯度与叶片的三维弯掠几何也密切相关。当叶片弯掠时,流面角的变化将构建前缘进口区新的流动平衡关系,导致空间不均匀性的再组织。

叶轮机内流动迁移及与主流交互影响的问题更多地在叶片内部的受力分析,而忽略了周向不均匀对叶片进口区的影响,也忽略了弯掠叶片对进口气流攻角的影响[14,19,23-25,31]。忽略这一影响的原因可能主要来自两个方面：① 这部分源项与叶片的负荷系数、流量系数、稠度、最大厚度及分布、安装角和 AVDR 等设计参数以及其展向分布特征有着十分密切的关系，因不易精确测试，过去的实验很少关注叶片通道的进口区域，使得建模过程缺乏实验依据；② 进口的周向不均匀性高阶源项是全三维性的。

2. 时间推进法

时间推进法是目前发展比较成熟的一类方法，它是通过时间离散求解微分或积分形式的非定常控制方程获得定常或非定常流场的方法，在叶轮机内部流动数值模拟中常用的 RANS、LES 等方法均为时间推进法。Denton[32,33]最早将时间推进法引入叶轮机 S2 通流计算和 S1 流面计算。1980 年，Spurr[34]首次将时间推进法引入压气机准三维控制方程的求解中，他采用时间推进法求解周向平均的 Euler 方程，将周向叶片力作为时间相关项进行迭代求解，其计算结果与三维 Euler 方程的计算结果吻合较好。在压气机通流计算中，时间推进法多与周向平均法相结合，求解无黏性或有黏性的准三维控制方程。与流线曲率法相比，该通流计算方法的控制方程为双曲型微分方程，亚声速流动与超跨声速流动能够同场求解，并且能捕获二维激波、预测堵点流量，也能够计算非定常流场；现代 CFD 中的完善方法技术都可应用其中，易于与三维数值模拟程序集成而形成更加完善的设计工具；基于周向平均 N-S 方程的通流模型还可与湍流模型结合，模拟压气机环壁边界层的影响，捕获二维形式的分离[13,14]。

目前，周向平均降维方程结合时间推进的有限体积法多用于风扇压气机和航空发动机整机的模拟分析。Dawes[35]以多级压气机为例对 Euler 通流计算与三维黏性数值模拟结合的可行性进行了研究，这种方式通过对多级压气机中的一排叶片采用三维数值模拟计算，其余叶片排采用 Euler 通流计算，实现了在多级环境下对单排叶片的设计和分析。Damle 等[36]将 Euler 通流模型进一步发展，针对设计问题(给定环量)和分析问题(给定气流角)的不同条件提出了不同的叶片力模型，并利用 Euler 通流模型实现了对跨声速及超声速叶轮机的设计，包括某超声速风扇级以及某跨声速涡轮级。Adam 等[37]发展了一种针对航空叶轮机的分析模型，这种方法只需给定流道和叶中截面几何角便可快速计算多级压气机或涡轮的性能特性。俄罗斯中央航空发动机研究院(Central Institute of Aviation Motors, CIAM)多年来致力于 CT3(computer turbojet test technology)技术的研究[38]，CT3 包含许多基于复杂的二维、准三维和三维的空气动力学、热传递和应力问题的数学模型。Ivanov 等[39-43]利用 CT3 中的多部件模型和简化假设建立了一体化涡轮风扇发动机体系含黏性力项的准三维 Euler 流动模型。李晓娟等[44]也采用 Euler 通流模型对风扇/增压级的性能特性进行了数值模拟，计算结果与三维数值模拟结果能很好地吻合。金海良[14]

采用 N－S 方程的通流模型对某子午加速风机及两个高负荷双级风扇的性能特性进行了计算,周向平均通流计算结果与三维数值模拟结果吻合较好,相对于 Euler 通流,基于 N－S 方程的通流模型流场参数在近壁面更加符合三维特征。

对动量方程组施以周向平均算子后,会出现如同雷诺应力的周向不均匀应力项,造成方程组不封闭,传统的计算通常将其忽略[5]。Jennions 等[15]研究发现其与流动的折转、损失和二次流等相关。Perrin 等[45]在对亚声速涡轮叶栅的研究中发现,由二次流产生的周向不均匀项对径向压力梯度具有重要影响,其作用大于黏性应力项。Baralon 等[16]以 Rotor 67 为研究对象,证实了周向不均匀项对流场的作用大于黏性项,发现了其产生与叶尖泄漏损失、激波及激波边界层干扰、失速区之间的关联。Simon 等[17-20]采用时间推进法对周向平均 N－S 方程的通流模型进行了研究,特别是对周向平均方程中的包括周向不均匀项在内的各种源项作用的相对重要性进行了比较,认为周向不均匀项的影响作用仅次于无黏叶片力项。Thomas 等[21]尝试用非线性谐波方法对周向不均匀应力项进行了建模,无黏圆柱绕流算例的计算结果与解析解吻合较好,遗憾的是在压气机通流计算中尚未有成功的建模应用。万科[22]在对高负荷低速风扇和高负荷跨声速单级风扇的周向平均通流计算中也探索了周向不均匀项对流场及特性的影响,并将其整理成周向脉动动能的形式,分析其中各项的影响。

3. 通流矩阵法

通流矩阵法首先于 1952 年由吴仲华[3]提出,通过采用流函数作为未知函数,由拟线性的流函数方程结合边界条件,并利用某种形式的差分格式迭代求解流函数,得到流场气动参数。然而,流函数概念的引入,加大了对其方程各项物理意义分析的难度。这种方法的优点是计算速度较快、精度较高,但不足之处是所需内存较大[8-10],而且在处理 S2 流面分速度超声速的正问题时,会出现密度双值问题[46]。当时由于计算机的内存和速度无法满足通流矩阵法的计算需要,这种方法直到 20 世纪 60 年代才真正得以使用。Marsh[47]和 Bosman 等[48]通过 S1 质量平均流线定义 S2 流面,将这种方法用于准三维流场的求解。

5.2　S2 流面设计

5.2.1　S2 流面设计的流程

S2 流面设计通常在设计转速的设计点上进行,其目的是构建压气机内流动的基本框架。

在 S2 流面设计过程中,通过在程序中给出流道、加功量在各叶排的分配及沿各叶排叶高的分布等,可计算得到各计算节点的速度三角形,包括速度、气流角、总静压、总静温、负荷因子等。

S2 流面设计的终极结果是提供流道和各叶排在各流线上的气流角,后者将提供给叶片造型程序进行叶型设计,并最终提供叶片的几何,而流道和叶片几何正是压气机气动设计的最终结果。因此,S2 流面设计和叶片造型将唯一决定与最终提供压气机设计几何,在整个压气机气动设计流程中所有其他环节都可以说是对这两项设计结果的验证和检验,而检验的结果又必须通过改变(优化)这两项设计才能实现,这足以确定 S2 流面设计和叶片造型在压气机气动设计流程中的核心地位。

S2 流面设计计算的流程大致可分为以下步骤。

(1)输入:压气机进口物理流量;流路和计算站;各叶排性能参数分布;压气机进口总温、总压;物理转速;流动或求解控制参数。

(2)布置初场:以面积比代替流量比划分初始流线。

(3)计算各节点的总压、总温和周向速度。

(4)计算站逐站计算和迭代:

① 判断该站的性质,给出相应的控制符;

② 按上次迭代数据计算新流线节点的坐标;

③ 计算节点的流线斜率、曲率;

④ 沿叶高求解径向运动方程;

⑤ 沿叶高积分,求解连续方程;

⑥ 连续方程和运动方程混合求解,如求得的尖部流线半径与计算站给定的外流路半径不符,则重新给定根部速度,再次迭代;

⑦ 检查收敛情况;

⑧ 形成各输出文件。

5.2.2　S2 流面设计参数选择

1. 流道设计

流道是控制气体在压气机内流动的重要元素,合理的流道设计能有效控制气体在各叶排的扩散度,降低根尖的负荷水平,减小压气机出口的马赫数,对抑制气流的分离、降低流动损失均起到重要的作用。

风扇压气机的流道设计是一个较为复杂的过程,不仅要考虑气动性能本身,还要兼顾结构、强度、工艺设计,以及与发动机其他部件的匹配设计。通常流道线以光滑分布的曲线为佳,但在现有工艺水平下,也容许采用折线形流道,但折线衔接部分的转角不宜过大。

流道的基本形式可以分为三种,即等外径、等中径和等内径,其选择方式在4.2.1 节中已详细介绍,这里不再赘述,下面详细介绍几种风扇的流路形式。

1) 小涵道比风扇流道设计

小涵道比风扇流道设计通常采用近似等中径或等外径形式的流路（图 5.4）。

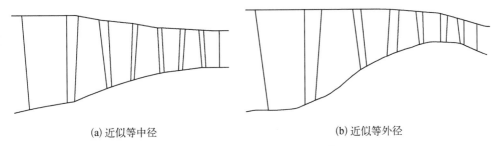

(a) 近似等中径　　　　　　　　　　　(b) 近似等外径

图 5.4　小涵道比风扇流路形式示意图

在负荷允许的条件下,风扇采用等中径流路。等中径流路内、外流道均有收缩,可以更好地控制内、外壁面附面层的增长和二次流的发展,获得较高的效率,既能适应风扇高负荷设计特点,又能兼顾效率和重量的指标要求,与等外径流路相比,风扇到高压压气机进口的高度差较小,降低了中介机匣的设计难度。

风扇压比提高,负荷加重,特别是某些风扇的平均级压比超过了 1.7,进口级的压比更是达到 2.0 以上,此时仍采用等中径设计会给气动设计造成严重的困难,此时可以选择近等外径流路,或尽量抬高后面级的外流路,以使后面级获取较高的切线速度,降低负荷。另外,等外径流路具有较大的轮毂收缩度,不仅可以降低高负荷转子根部的大转角,还可以降低静子根部的进口马赫数,平衡负荷分布。

流路收缩度是调整叶排负荷和匹配的重要手段,它是一个反复迭代的过程,每一次的调整都可能在一方面获益,在另一方面损失,设计者的任务就是在这个平衡过程中获得预期的收益。

流路的曲率也是控制负荷的一种有效措施。传统设计的风扇流道内外壁都是由折线组成的,随着气动负荷的增加,现代高性能风扇内外壁采用波浪形壁面设计技术,它已经成为调整 S2 流面参数、改善风扇性能的有效手段。波浪壁设计,既可以改善动叶根部的流动状态,减小根部区叶片表面的马赫数,还可以防止根部的叶片堵塞,提高端区效率。

2) 压气机流道设计

压气机流道设计通常选用等中径或等内径形式的流路。例如,CFM56 发动机的高压压气机采用了典型的等内径设计[49]（图 5.5）,仅有一级转子的叶根有少量收缩,外流道半径的迅速降低使得 CFM56 高压压气机各级转子的切线速度快速下降,进行降低了各级转子进口相对马赫数,第 3 级后均实现了亚声级设计,但较低的切线速度也造成了该压气机负荷较高。等内径设计可使 CFM56 高压压气机在流量较小、压比较高的情况下,末级转子叶片高度不至于过小,降低了转子叶尖间隙的影响,使末级仍有较好的性能,也使整台压气机实现了较高的效率和喘振裕度。又如,E3 高压压气机(图 5.6)则采用了较为复杂的流道形式,即前面几级采用接近等中径的流道,后面几级则采用了等内径流道。

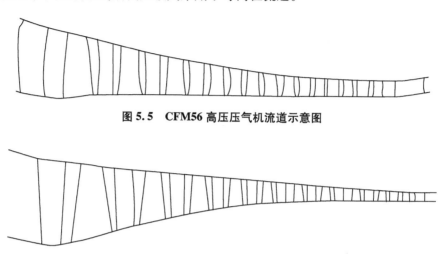

图 5.5　CFM56 高压压气机流道示意图

图 5.6　E3 高压压气机流道示意图

　　由于高压压气机级压比由前向后逐级减小,其流道的收缩度也随之由前向后减小,到后面级通常都接近平流路,即无收缩。由于级数多,高压压气机后面级叶片高度通常很短,转子叶尖间隙所占比例相对较大,因而对性能影响较多,而且低切线速度使压气机后面级的负荷较高,附面层几乎占据大部分叶高,设计失真度很大,这是高压压气机设计的一大难点。

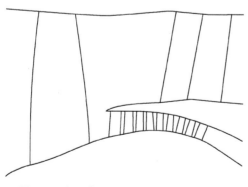

图 5.7　大涵道比风扇/增压级流道示意图

　　3) 大涵道比风扇增压级流道设计

　　典型大涵道比风扇增压级设计流量大,迎风面积大,转子叶片较长,而转子结构多为悬臂。为了控制外径,风扇转子的进口轮毂比均较小,根尖有一定收缩度,能降低转子负荷。由于增压级半径小,切线速度低,增压能力弱,因而其流路收缩度很小,并且要与高压压气机转接,后面级通常都置于向下倾斜的流路中,更削弱了其加功的能力,增加了设计难度(图 5.7)。

　　2. 进、出口马赫数选择

　　进口轴向马赫数是衡量风扇压气机设计难度的重要参数之一。对风扇来说,进口轴向马赫数或单位环面流量的大小,主要取决于发动机的设计流量和风扇外径尺寸限制,选取较高的进口轴向马赫数可以降低风扇的外径尺寸和风扇重量,但过高的轴向马赫数会增加风扇设计难度,不利于取得良好的性能。因此,若无特殊需求,军用发动机风扇进口轴向马赫数通常取 0.6~0.65,即单位环面流量为 203.0~212.5 kg/(s·m²),最大也不会超过 0.70,即单位环面流量为 220.5 kg/(s·m²)。高压压气机和增压级的进口轮毂比都较大,进口马赫数(单位环面流量)比风扇要小些,一般控制在 0.45~0.55。

出口马赫数是风扇压气机设计的重要指标,无论是风扇还是压气机,其出口马赫数通常要求降到一定数值,以减小中介机匣或燃烧室扩压器的扩散度。风扇的出口马赫数一般应控制在 0.4~0.5,压气机的出口马赫数一般应控制在 0.25~0.35。

3. 展弦比选择

展弦比是叶片展长(叶高)和弦长之比,现存有多种定义,这里用平均弦长(各流线面叶型弦长的平均值)和平均展长(进口和出口叶高的平均值)来定义,其对喘振裕度、颤振、负荷都有重要影响。随着高速、高负荷设计的发展,展弦比的取值已由高向中等甚至小展弦比过渡,当然这一选择还必须考虑重量和长度的限制。

对于高负荷的风扇,要求有高抗畸变能力(对进口级)、高喘振裕度或不带突肩的前面级转子设计,应取较小的展弦比。但对工程设计来说,即使指标要求再高,前面级叶排展弦比最小也不应低于 1.0,否则重量和长度的增加将使其失去工程使用价值。

目前,三代机风扇前面级转子展弦比通常在 2.0 以下,但如此展弦比量级的转子叶片仍需带阻尼凸肩,无凸肩的转子叶片展弦比至少应在 1.6 以下,个别设计如 AЛ-31Φ 发动机采用很高的展弦比(第一级转子在 3.5 左右),以换取更多的级数来降低单级负荷,也取得了成功,但此非现代设计的主流趋势。后面级由于流路高度缩小,展弦比取值可以稍小,但通常也不应低于 1.5,以满足重量和先进性的要求,四代机风扇由于平均级压比增加、负荷提高,同时为了取消阻尼凸肩,转子的展弦比基本上在 1.5 以下,某些设计的转子展弦比甚至小到 1.1~1.2。

如果无特殊的需求,对应静子叶片的展弦比取值可比转子稍高,一般在 2.0 左右选取,但如果静子的负荷过重,则另当别论。

对于高压压气机设计,前面级转子叶片展弦比取值在 1.5 左右为最佳选择,这样可以不带凸肩,大于此值应考虑防颤措施,但因减重的需求,前面级展弦比也不宜取比其低的数值,后面级可逐级略有降低。静子第一级可取得高些但应小于 3.0,前面级逐级降低,至后面级转静子展弦比大致相同,转静子叶排展弦比最小控制在 1.0 附近,如 E3 高压压气机的展弦比(图 5.8)。某些预研的高负荷压气机,其展弦比有进一步下降的趋势,各排转子的展弦比均在 1 以下,某些叶片甚至达到 0.6~0.7。

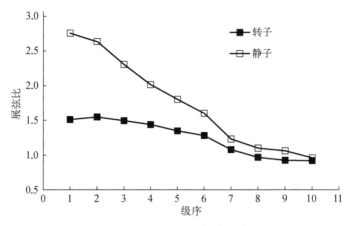

图 5.8　E3 高压压气机的展弦比

　　增压级由于级压比不高且多有长度的限制,其展弦比取值通常略高。由于流路收缩不大,各叶排的展弦比相差也不大,转子叶片在 2.0 左右,静子叶片稍高,但也不大于 2.5,例如,最后级位于向下倾斜的流路中,转静子的展弦比可略低于2.0。

　　4. 总压比和各级功(压比)分配

　　压气机的工作点压比是由总体设计指标给定的,但直接采用工作点压比进行 S2 流场设计经常会造成喘振裕度不足,因此用于 S2 流场设计的压比通常要提高一个量值,这就是所谓的“抬高压比点设计”,但过度地抬高会带来其他严重的问题,如负荷增大、工作点效率偏低、级匹配失真等。

　　现代高速、高负荷风扇的设计均存在喘振裕度不足的问题,因此其设计压比的抬高量通常会更大,单级风扇的压比抬高量一般在 2%~3.5%,多级风扇的压比抬高量可达到 5%~10%;高压压气机和增压级的级数多,压比抬高量控制在 3%~5%即可。

　　风扇压气机各级的功(压比)分配是一个很复杂的级匹配问题,需要综合考虑和协调多种因素的影响,这里只进行定性的讨论,在设计时,各种影响因素的考虑需要“具体问题具体分析”。

　　风扇的第一级由于进口温度低、切线速度高,通常可选择较高的功,从前向后各级功应呈逐级减小的趋势(图 5.9),只是有的风扇第一级到第二级的功减小得较少,有的则是第一级、第二级、第三级的功均匀减小,有的则是第三级的功快速减小。

　　许多文献和设计都推荐多级压气机的功分布应采用两头小中间大的趋势,这是考虑到前面级要接受进口场的“畸变”,后面级黏性强,设计失真大。但近代高压压气机前面级多采用跨声级,加功能力高,并且采用可调叶片来缓解中、低转速

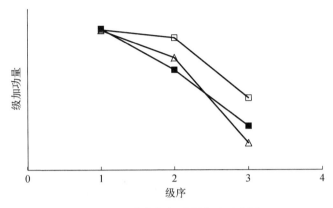

图 5.9　风扇各级加功量分配示意图

时的前喘后堵,所以其功分配大多呈逐级减小的趋势,这样的功分布使前面级压比将占总压比较大的比例。图 5.10 的例子中,由于第一级是跨声级,所以其加功量有明显的增加,后面各级均为亚声级,其加功量逐级减小。

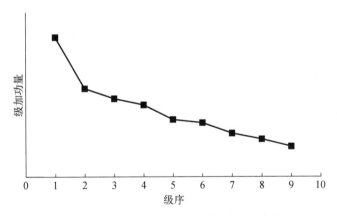

图 5.10　高压压气机各级加功量分配示意图

增压级由于加功能力低、级压比也低,虽压比分布也呈逐级减小,但递减的幅度较小。

5. 进出口轮毂比选择

进口轮毂比选择既要考虑气动设计的要求,还要考虑结构强度设计的需要。

对风扇来说,为了降低迎风阻力,一般会对其外廓尺寸进行严格控制,在外廓尺寸受限的情况下,减小风扇进口轮毂比可以增加有效流通面积,降低其单位环面面积流量。但轮毂比的降低会增加结构强度的设计难度,如转子榫头的排布困难或无法满足强度要求。

对压气机进口级来说,较小的轮毂比不仅可以降低转子的外径,使转子叶尖切线速度下降,还可以降低结构强度设计的难度,并且使前面级的轮毂流道可以持续收缩,对控制二次流、提高压气机性能有利。

现代军机和民机风扇的轮毂比大多在 0.3~0.4,某些大涵道比的民机风扇,其轮毂比甚至会低到 0.3 以下,此时必须采用空心或复合材料转子来解决强度设计问题。高压压气机轮毂比的选择范围更广,其影响因素主要包括上游风扇或增压级以及中介机匣流道形式、涵道比、高压压气机的转速、负荷水平、功分配等,高压压气机的进口轮毂比通常在 0.5~0.7,如 CFM56 高压压气机的进口轮毂比在 0.7 左右。

风扇的出口轮毂比主要与其流道形式、总压比水平等相关,一般没有明确的范围,但轮毂比如果太大会造成中介机匣转接的困难,需要根据具体情况进行分析。

高压压气机的出口轮毂比主要与出口马赫数要求和叶片高度控制相关,通常有一个最佳值区域,一般在 0.9~0.94,如 CFM56 高压压气机的出口轮毂比在 0.91 左右。

6. 稠度选择

稠度对保证气流的有效扭转、实现加功量有重要作用,也对落后角、扩散因子等有重要影响。一般认为,压气机的平均稠度在 1.2~1.5,其效率最高,过大的稠度不仅增大重量,而且叶型损失增大,堵塞流量也会下降。

对于风扇转子叶尖的超声速叶型,有一种说法是稠度与其相对马赫数接近。现代风扇转子叶尖的相对马赫数大多在 1.0~1.6,由于风扇的机匣和轮毂半径相差较大,转子根、尖的弦长又不能相差太多,所以在风扇转子叶尖稠度确定的情况下,其叶根稠度往往较大,某些风扇进口级的转子叶根稠度甚至达到 2.5 以上。

对高压压气机和增压级来说,其各排叶片的平均稠度一般控制在 1.2~1.5,以获得更高的效率水平,但某些高负荷的压气机设计也会采用更高的稠度。

7. 转速/转子叶尖切线速度选择

转速的选择既要考虑气动设计上的需要,也要考虑强度是否允许,还要与涡轮协调。从气动上考虑,更直接的参数是转子叶尖的切线速度(对多级风扇压气机通常指进口级转子的叶尖切线速度),实际上它关系着风扇压气机的整体加功能力,即与负荷紧密相关。

在风扇压气机的气动设计中,可以根据要求的压比,在统计曲线上选择合适的转子叶尖切线速度范围,切线速度是调整叶片负荷最有效的手段,因此可以用负荷水平来选择切线速度或转速的大小,同时还要考虑由切线速度引起的转子叶尖相对马赫数大小和强度是否满足要求等问题。

在初选或方案对比时,可采用"负荷系数"来帮助选择:

$$\psi = \frac{\Delta L_s}{U^2} \tag{5.7}$$

式中, ΔL_s 为级平均加功量(有效功),可以通过给定的压比和效率计算出; U 为转子叶尖切线速度。

通过对多台成功压气机的统计可知,现代压气机设计此值一般在 0.25~0.35,超过这一范围的设计需有特殊的措施保证。例如,E3 高压压气机各级的负荷系数分布如图 5.11 所示。

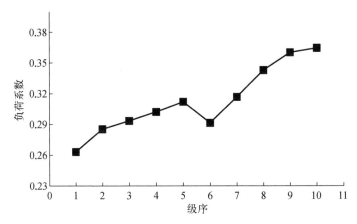

图 5.11　E3 高压压气机各级的负荷系数

在设计开始之后,可根据流场计算的结果,由计算的负荷因子(如扩散因子)来判定和调整转速(或叶尖切线速度)大小。

选择适当高的切线速度对获得好的性能(包括效率、喘振裕度和抗畸变能力等)是非常重要的。近代发展的高负荷设计是要在尽可能低的切线速度下取得尽可能高的压比(当然还要保持高的效率)。高负荷的设计在今天已经取得巨大的成功,并已成为当代设计的主流趋势,但工程设计在追求高负荷时还应留有一定的余地。选择过高的转速不仅给强度设计造成很大困难,带来不必要的重量增加,还会对气动性能造成不利影响,如转子相对马赫数加大造成的额外激波损失。

目前,风扇技术发展的主流是追求高速、高负荷设计,随着单级压比的不断攀升,所要求的切线速度也在不断提高,而其马赫数也在不断提高。图 5.12 和图 5.13 给出了一些风扇平均级压比和总压比与切线速度的关系,可以看出大多数风扇的平均级压比、总压比与切线速度的关系都可以回归在某一曲线附近,这表明一台风扇的设计压比需有相应的切线速度来保障。

对于一台新风扇的设计,可以根据要求的总压比在图中的曲线上初选常规设计所需的切线速度,再按照给定的其他要求和设计的先进性进行调整,例如,受强度限制或有提高设计先进性的要求时所选切线速度可做适当降低;如果要降低设计难度也可对其做适量的提高。

高压压气机由于位于风扇或增压级之后,且进口温度较高,所以其换算的切线速度一般不高。对于某些总压比较高的压气机,由于前面的风扇/增压级压比较低,可以选择适当提高切线速度。但为了满足长期可靠运转的需求,高压压气机第

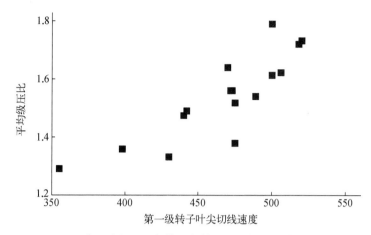

图 5.12　风扇平均级压比与第一级转子叶尖切线速度的关系曲线

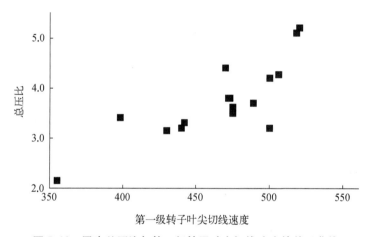

图 5.13　风扇总压比与第一级转子叶尖切线速度的关系曲线

一级转子的物理切线速度一般控制在 500 m/s 以下。

图 5.14 给出了一些高压压气机平均级压比与第一级转子叶尖切线速度的关系曲线,可以看出高压压气机设计的平均级压比与其第一级转子叶尖的切线速度相关,多个 9 级及以上级数的高压压气机分布在统计曲线的两旁,最右端是几个先进的高压比多级压气机设计。当高压压气机的级数较少时,其平均级压比可以适当提高,但同时也应该适当降低叶片的展弦比。

大涵道比风扇由于噪声和安全性的要求,通常不容许转子叶尖有过高的切线速度,但为了"照顾"根部及与其同轴的增压级的加功能力,其切线速度又不能太低。为了使风扇内外涵压比相差不至太大,减少掺混损失,尖部的压比也不能太高。在这种情况下风扇转子叶片尖部往往处于高速低负荷状态,高马赫数产生的激波损失则增加了风扇取得高绝热效率的难度。

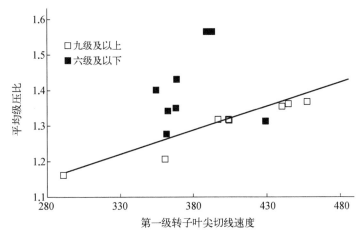

图 5.14　高压压气机平均级压比与第一级转子叶尖切线速度的关系曲线

　　增压级与风扇同轴,因而同转速,但半径却比风扇小数倍,其切线速度就小数倍之多,加功能力很低,所能完成的压比十分有限。

　　8. 转子效率和静子总压恢复系数

　　S2 流场计算中一般还需要输入转子叶排的绝热效率和静子叶排总压恢复系数,这两个参数可以通过设计系统中的损失模型计算分析得到,也可以参考已有成功设计案例的试验测试结果给定,在设置这两个参数时需考虑如下因素。

　　(1) 设计时给定损失(或效率)的大小直接影响叶排加功量的大小。决定实际损失大小更重要的因素是马赫数、负荷、叶型以及攻角、落后角等参数的选择和实际工作中的匹配,给定损失与实际损失越接近,则各叶排设计参数的匹配更为合理。

　　(2) 二维流场设计程序的限制,如无黏(无附面层)假设、流线间无能、动量交换等,使得沿一条流线的墒增连续地叠加。如果在根尖各叶排都取与实际相符的效率或总压恢复系数,在压气机的后面级(尤其多级压气机)根尖就会积累很大的墒值,在进行径向运动方程计算时就会在根尖产生很低的速度值,甚至倒流。这与实际流动不符,也使设计计算难以进行。

　　9. 转子叶片进口预旋

　　多级轴流风扇压气机转子叶片进口正预旋主要产生以下效果:降低转子进口相对马赫数;加重其后转子的负荷;减小静子本身的气流折转角或叶型弯角;减小其后级的反力度。

　　多级轴流风扇压气机转子叶片进口预旋的调整必须考虑其对反力度的影响。反力度代表转子叶片排用于压力势能转换的能量和整个级用于压力势能转换的能量的比值。反力度越大,则压气机级中转子叶片减速扩压任务越重,当反力度大到一定程度时会导致转子叶栅的效率下降,从而导致基元级效率下降;反之,反力度越小,则压气机级中转子叶片的减速扩压任务越轻,同时静子承担的减速扩压任务增大。从理论上讲,亚声速压气机反力度为0.5时,相当于整级的负荷由转静子平均分配,此时的级效率最高。然而,对于近代的风扇压气机,反力度小到一定程度时,导致静子叶栅也会因减速扩压任务艰巨而损失升高,同样会使基元级效率下降。

对于负荷较高的多级跨声速风扇,各级转子进口通常为轴向进气或采用较小的预旋,这样可使转子的加功能力更强,缺点是转子进口相对马赫数较大,国内外多数高速、高负荷风扇的设计均采用这种方案。高速、高负荷风扇的设计通常面临进口级转子根部弯角过大、出口气流角超轴向的问题,在进口级转子根部采用反预旋设计,是解决这一问题的有效措施,其缺点是会造成进口级静子的负荷加重。

高压压气机的前面级一般都有跨声级,对这些级可以采用同风扇一样的预旋选择方式。但很多压气机为了降低转子相对马赫数和级反力度,获得更高的效率,或级匹配的需要,也采用较大的预旋方案。中间级和后面级的马赫数不高,可以延续前面的预旋设计,或根据反力度来调整。此外,为防止末级静子弯角过大(有时不得不采用串列静子),在后面级逐级减小预旋是一个有效的措施,例如,E3 高压压气机预旋的分布(图5.15),其各排转子进口的叶中预旋在13°~20°。

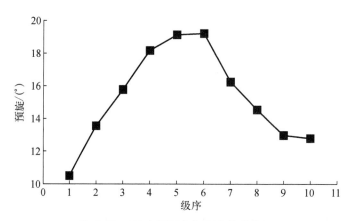

图 5.15　E3 高压压气机预旋的分布图

增压级多为亚声级,其马赫数不高,可采用较大的正预旋设计,将反力度控制在0.5~0.6,以提高增压级的效率。

10. 附面层堵塞系数

流道壁面的附面层会沿流向逐渐发展,附面层的存在不仅使有效流通面积减小,流速加大,还使速度三角形改变。为考虑附面层的影响,S2流面设计中常用的一种方法是在每个计算站给定堵塞系数,在对该计算站做流量积分时,用该系数考虑附面层对有效流通面积的影响。

附面层的发展与许多因素相关,至今未见获得广泛应用的计算方法或关系式,各大公司的选取经验也不尽相同,这里给出一种附面层堵塞系数的取法,供读者参考,即 S2 流面进口站到第一级转子进口取相同的附面层堵塞系数,以考虑进气道或前面部件附面层的影响,其中风扇可取 1%~2%,高压压气机可取 3% 或更大;每排转子中附面层堵塞系数增长 0.5%~1%,前面级、跨声级可适当大些;每排静子中附面层堵塞系数增长 0.2%~0.5%,前面级略大;在 4~5 级后附面层堵塞系数取定值,即附面层不再增长。

11. 设计结果合理性分析

S2 流面设计计算结果可以给出所有流线网格点上的性能和气动参数,以及各叶片排出口质量平均的性能参数。为检查流场设计的合理性,主要需对以下参数进行检查和分析。

1) 扩散因子

扩散因子是设计负荷的一个可用的判定准则。经验数据表明,风扇压气机转子叶根和静子全叶高的扩散因子以不大于 0.55 为宜,转子叶尖的扩散因子以不大于 0.5 为宜,扩散因子过大的设计不但会导致基元效率下降,风扇压气机也难以实现满意的喘振裕度。

2) 速度比

叶排出口与进口的(转子相对、静子绝对)速度比表征了速度扩散的程度,它其实是扩散因子的第一项。通常认为,当流场中速度比大范围低于 0.7 甚至 0.65 时,将难以保证喘振裕度目标的实现。

3) 马赫数

随着超声速叶型的发展,目前对风扇转子叶尖相对马赫数并没有明确的限制,一般控制在 1.7 以下。风扇静子根部进口绝对马赫数以不大于 0.85 为宜,当静子根部进口马赫数达到 0.9 甚至更高时,需要采取一些特殊措施以避免堵塞。

压气机前面级多采用跨声级设计,这是提高级压比的必要措施。考虑到工程适用性,压气机第一级转子叶尖马赫数通常控制在 1.3 以下。

4) 气流转角

随着气动设计技术的发展,风扇压气机叶片可实现的气流转角越来越大,但无论是转子还是静子,大于 45° 的气流转角需尽量避免。设计中还应尽量避免转子出口相对气流转角超过轴向,这种情况常发生在风扇第一级转子的根部,这是由此处的低切线速度和相对较高的压比所致。

5.2.3　S2 流面设计实例分析

下面给出一个小涵道比三级风扇的 S2 流面设计计算的示例,并对其选择的设计参数进行分析。

示例风扇设计要求的流量为 100 kg/s,设计要求的压比为 3.0,其流道设计结果示于图 5.16。该风扇的负荷不高,所以采用等中径的流道形式,进口外流道直径为 855.5 mm,进口轮毂比为 0.40(表 5.1),一级转子根部的轮毂锥角为 18.7°,各叶片排流道光顺转接,风扇出口的轮毂比为 0.65。

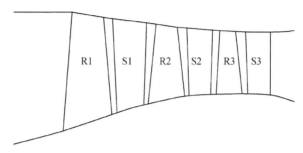

图 5.16　小涵道比风扇示例流道

表 5.1　小涵道比风扇示例流道内、外径及轮毂比

位　置	外径/mm	内径/mm	轮毂比
进口	855.5	342.2	0.40
出口	770.4	499.5	0.65

示例风扇的进、出口轴向马赫数沿径向分布如图 5.17 所示。第一级转子进口的平均轴向马赫数达到 0.653,为轴向马赫数较高的设计案例,同时风扇出口的平均轴向马赫数为 0.393,为轴向马赫数较低的设计案例。高进口轴向马赫数和低出口轴向马赫数均会增大气流沿轴向的速度扩散,虽不利于提高设计转速的性能,但有利于减小风扇外径尺寸,降低中介机匣的设计难度。该风扇的负荷水平较低,所以这种设计也是可以接受的。

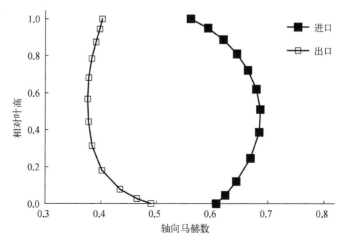

图 5.17　小涵道比风扇示例进、出口轴向马赫数

示例风扇各排叶片的叶片数和展弦比如表 5.2 所示。从表中可以看到,各排转子的展弦比均在 2.0 以下,分别为 1.85、1.75、1.88,各排静子的展弦比分别为 2.65、2.56、2.46。

表 5.2　小涵道比风扇示例叶片数及展弦比

参 数 名 称	叶 片 数	展 弦 比
R1	26	1.85
R2	39	1.75
R3	45	1.88
S1	41	2.65
S2	61	2.56
S3	58	2.46

转静子叶片数的选择与稠度直接相关,在叶片数选择时,还要考虑前后叶排激励的影响。

示例风扇各排叶片稠度沿径向的分布如图 5.18 和图 5.19 所示。三级转子叶片叶尖的稠度分别为 1.37、1.36、1.2,与其进口相对马赫数相适应,同时考虑到二级转子的负荷较高,其稠度适当增加了一些。各排静子的稠度与其负荷和速度扩散相适应,其中径的稠度在 1.4~1.7。

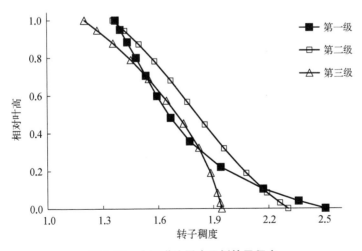

图 5.18　小涵道比风扇示例转子稠度

示例风扇各级压比径向分布如图 5.20 所示,各级负荷系数和转子叶尖切线速度如表 5.3 所示。示例风扇的设计要求的压比为 3.0,在 S2 流场设计选取的压比

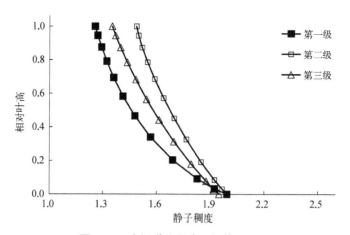

图 5.19   小涵道比风扇示例静子稠度

为 3.15,相对设计要求提高了 5%,以保证风扇的喘振裕度。三级转子的压比沿径向均匀分布,逐级降低,各级压比分别为 1.59、1.5、1.32,与各级转子的叶尖切线速度相适应。各级的负荷系数分别为 0.254、0.287、0.241,主要是考虑风扇各级在实际工作中的状态变化范围不同。

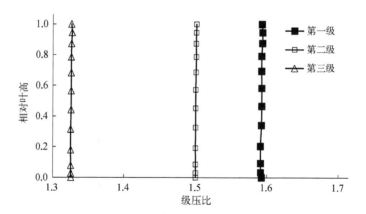

图 5.20   小涵道比风扇示例各级压比

表 5.3   小涵道比风扇示例各级负荷系数和转子叶尖切线速度

参 数 名 称	第一级	第二级	第三级
转子叶尖切线速度/(m/s)	430.3	376.2	340.0
负荷系数	0.254	0.287	0.241

示例风扇各级转子效率和静子总压恢复系数径向分布如图 5.21 和图 5.22 所示。该风扇的转子效率和静子总压恢复系数是参照各排转、静子的进口马赫数和负荷水平给定的,叶根和叶尖考虑附面层取值较叶中略低。

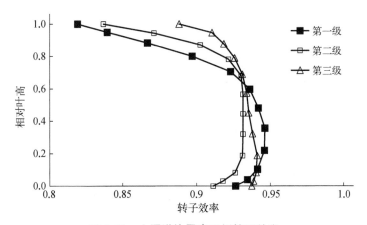

图 5.21　小涵道比风扇示例转子效率

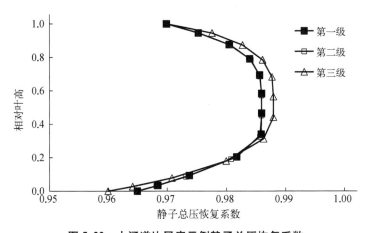

图 5.22　小涵道比风扇示例静子总压恢复系数

S2 流场是在设计过程中不断优化、改进中构建的,不仅压气机性能的优化要求流场做不断的改变,其他设计环节的验证及其他专业的需求也要求流场做不断的协调,最终的流场应是在满足各方基本需求条件下的具有全面协调好性能的流动架构。但是,由于流场设计计算只对应于一个状态点,而且此点并不一定是发动机的设计转速工作点,再加上二维设计流场是反问题形式,进行了一些重要的假设,如绝热、流线间无能量交换、无黏(以墙增代替损失)等,所以设计的流场与实际的流动不可能完全符合。设计者的任务就是在各种限制条件下,选择一个合适的设计流场,从而获得综合性能最优的压气机。

5.3　S2 流面分析及评估

在压气机设计过程中,S2 流面设计计算通常包括设计问题(反问题)和分析问题(正问题)两方面工作。前面所述的 S2 流面的气动设计过程,其核心问题是通过给定叶片排进、出口气动性能设计目标(如环量、压比以及效率沿径向的分布),求解各个叶片排进、出口几何角度,从而完成由压气机气动性能需求到压气机几何构型的设计过程。

同样,若已知一台压气机流道以及叶片的几何构型,也可以通过 S2 流面计算,求解压气机在不同工况下的气动性能。由压气机几何构型出发求解压气机气动性能的过程通常也称为 S2 流面分析过程。

目前,工程常用的多级轴流压气机的性能预估方法主要包括一维平均半径级叠加方法、二维轴对称 S2 流面分析法和全三维数值模拟方法。不同方法具有各自的优势和特点。

(1)全三维数值模拟方法在设计转速、近设计工况下有较高的模拟精度,近年来经过不断发展,已经成为压气机设计体系中的重要环节。但全三维数值模拟方法对计算资源的要求较高,计算时间较长。同时,目前的全三维数值模拟技术尚无法对偏离设计点较远的工况进行计算,当存在较大范围气动分离时难以得到满意的收敛结果,对于喘振边界的预估也尚无较为完善的方法和理论。

(2)一维平均半径级叠加方法的计算速度快、计算收敛性好,但计算的精度较低,需要大量基于经验的修正系数,且提供的流场信息较少。

(3)二维轴对称 S2 流面分析法的特点介于上述两种方法之间。S2 流面分析法是在压气机子午面上求解径向平衡方程,计算资源耗费较小,计算速度快,并且能够完整地计算压气机全转速范围特性,提供周向平均的子午面气动参数分布。目前,S2 流面分析法在压气机设计体系中发挥重要作用,其主要应用方向包括以下方面。

① S2 流面气动参数分析。通过 S2 流面分析求解一台已知几何压气机每个叶片排进、出口的气动参数。基于经验和设计准则,对气动参数分布的合理性进行分析,并与设计值进行对比,为性能评估和修正设计提供依据。

② 全转速范围内特性预估。S2 流面分析具备压气机全转速范围性能的分析计算能力,可对压气机中、低转速工况的性能进行有效预估。同时,结合压气机失稳的经验判定准则,可以预测压气机的喘振边界和喘振裕度,以及压气机喘振先发级,为航空发动机整机设计提供完整的压缩部件特性。

③ 可调导叶/静子调节规律设计及优化。S2 流面分析的计算速度快,偏离设计点工况的计算收敛性较好,对于带可调导叶/静子的压气机,可以快速评估不同调节规律下的压气机性能,工程上常采用 S2 流面分析进行可调导叶/静子调节规律的研究,通过对不同叶片调节角度下的压气机进行特性计算,可对比气动性能和喘振裕度的变化,从中优选满足设计需求的调节规律。

④ 多级压气机级间匹配分析。多级压气机级间匹配对压气机整体性能和稳

定工作范围有重要影响,良好的多级匹配对扩大多级压气机的稳定工作范围、提升压气机整体气动性能有重要意义。采用 S2 流面分析法计算,可以快速预估每一级独立工作时的单级特性,并分析多级环境下在每一级级特性中的相对位置,进而确定喘振和堵塞的先发级,为设计优化提供依据。

5.3.1　S2 分析计算模型及方法

流线曲率法中正问题求解的控制方程及数值求解方法与 S2 设计问题相同,S2 分析问题同样是在压气机轴对称子午面上,沿叶片排进出口计算站,求解径向平衡方程和质量连续方程。运用流线曲率法开展 S2 流面分析计算的主要流程与设计计算基本相同,前面已有详细介绍,在此不再赘述。分析计算与设计计算的主要区别在于,设计计算中叶片排出口的气动参数分布由设计人员给定,而在分析计算中,叶片排出口气动参数分布通过对已有叶型几何的计算分析得到,S2 分析计算压气机内部流场参数的一般步骤如下。

第一步:计算各计算站几何参数。

根据设定的计算站,求得各计算站与径向的夹角。

第二步:初始化流线。

求解压气机内部 S2 流面流场时,需要给定第一次计算时的初始化流线。初始化流线的给定可以按照相邻流线之间的流道高度等距分布,也可以按照相邻流线之间流管的环面面积等分分布。首先在每一个计算站上计算等分点,然后将相应点从进口依次连接到出口,最后形成计算的初始流线。

第三步:计算流线斜率和曲率。

根据流线点的坐标,求解各点所在流线的斜率和曲率。在计算中,通常规定流线向上凸时曲率为正,流线向下凹时曲率为负,流线进口计算站和出口计算站的流线曲率给定为 0。

第四步:求解径向平衡方程。

由于径向平衡方程是一个线性常微分方程,需要给定初值后沿径向迭代积分求解。因此,在求解径向平衡方程时,一般给定轮毂处子午速度的初值。同时,径向站上各点的总温、总压、气流角以及各点处流线斜率均作为已知条件输入径向平衡方程求解。在求解径向平衡方程时涉及的主要过程如下。

(1)迭代循环结构:根据计算的进程,可以将整个求解过程描述为外层循环和内层循环两部分,定义如下。

① 外层循环:从进口计算站计算到出口计算站,每一计算站都完成一次径向平衡方程的求解,定义为一次外层循环。

② 内层循环:对某一计算站,完成一次从轮毂到机匣的径向平衡方程的积分求解,定义为内层循环。

（2）子午速度初值的确定：根据不同的循环次数，子午速度初值的给定方法如下。

① 第一次外层循环以及第一次内层循环时，进口计算站子午速度的初值通常根据计算站环面面积和流量方程决定，之后各计算站会将上一计算站的结果作为该站的计算子午速度初值。

② 第一次外层循环完成后，每一站的第一次内层循环采用上一次外层循环结束以后的计算结果作为子午速度初值。

有时，为了保证计算的收敛性，会对内层循环进行松弛处理，工程上有多种不同的松弛处理方法，感兴趣的读者可以查阅相关资料，本书不做详细介绍。

（3）计算站各点的总温、总压、气流角等参数的确定：在设计问题中，上述参数一般作为设计目标，由设计人员直接给定。而在分析问题中，上述参数是根据压气机几何构型，通过叶栅进出口气流关系求解得到。

针对压气机中不同类型的计算站，站上各点的总温、总压、气流角的确定方法如下。

① 进口站：根据计算的工况点给定进口的总温、总压以及气流角。

② 间隙站（叶片进口站）：假设叶片排间隙内的子午面流动满足绝能等熵流动条件。对于间隙站的流动，计算站上的总温、总压和气流角可以根据前一站的参数按照前述关系确定。

③ 叶片出口站：在分析问题中，叶片出口站的气动参数采用平面叶栅经验关系为基础的落后角和损失数学模型来求解。通常以叶片排的几何参数为基础，按流线建立二维平面流动关系，根据平面叶栅流动经验模型，求出叶片出口处流场的总温、总压和气流角。

第五步：更新各站流线位置。

在求解得到各计算站的气动参数后，各站根据给定的流管流量比例来调整各流线的位置。此处，流管的定义为流线与机匣所形成的流路；流量的比例即流管的流量占该计算站总流量的比例。按照给定的流量比例，插值求解新的流线与计算站的交点，从而保证流线的位置调整后，各计算站流管的流量比例相等。将调整后的流线位置松弛后，保存为新的流线位置。

第六步：重复第三步到第五步，直到满足收敛精度。

该求解过程包括两层循环，所以分别给定两层循环不同的收敛判定标准。

（1）内层循环收敛准则：该计算站的计算流量与规定流量之间的相对误差满足收敛精度；以及本次内层循环的子午速度与上一次的子午速度之间的相对误差满足收敛精度。

（2）外层循环收敛准则：各站流管的流量比例与进口站的相应流管的流量比例之间的相对误差满足收敛精度，前后两次迭代的流线坐标相对误差满足收敛精度。

从上述的计算步骤可以看出,整个 S2 流面分析计算的主要流程由两层循环构成。内层循环为计算站上的流量迭代,而外层循环是整个子午面流场的流线坐标迭代。计算实践表明,外层循环是耗费计算时间的主要部分。当前世界主要航空发动机研发机构都针对自身需求,开发了压气机 S2 流面分析计算程序,并广泛地运用于航空压气机工程设计工作中。虽然不同的 S2 流面计算程序有其自身的特点,但其总体结构和计算流程基本一致,图 5.23 为采用流线曲率法进行压气机 S2 流面分析计算的基本流程图。

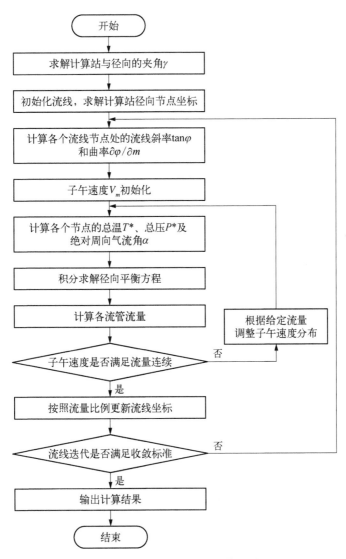

图 5.23　S2 流面流线曲率法分析计算的基本流程图

5.3.2   二维平面叶栅流动模型在 S2 分析计算中的应用

在 S2 分析计算中,需要根据压气机叶片几何,求解叶片排出口的总温、总压以及气流角等气动参数。因此,需要根据试验数据和经验模型,建立叶片排进出口气流参数与压气机叶片几何之间的关联关系。可以看出,上述经验模型的准确程度对分析计算起着至关重要的作用。

20 世纪 60 年代开始,工程设计人员就采用平面叶栅试验的方法研究压气机叶型与进出口气流参数之间的关联关系。平面叶栅试验所获取的数据,不仅能够指导压气机设计,也能够为评估压气机性能提供数据依据。工程设计人员通过大量的平面叶栅试验,研究了不同叶栅在多种工况下的性能参数,并从海量的试验数据中,选取主要参数进行整理归纳,采用二维叶栅流动理论与试验数据统计归纳相结合的方法,建立平面叶栅流动经验关系式。在 S2 流面分析计算中,一般采用平面叶栅经验关系中的攻角模型、落后角模型和损失模型来求解叶片排出口的气流参数。下面简要介绍工程上常用的攻角模型、落后角模型和损失模型。

1. 攻角模型

在一定的来流马赫数下,叶栅的总压损失最小时对应的攻角定义为最小损失攻角,用 i^* 表示,对应状态的落后角和损失分别用 δ^* 和 ω^* 表示。规定损失低于两倍最小损失的区域为叶栅的低损失区,其间的攻角区称为可用攻角范围,用 WIDTH 表示,如图 5.24 所示。利用攻角模型预测最小损失攻角,为计算某一流面上实际流动状态的落后角、损失做准备。

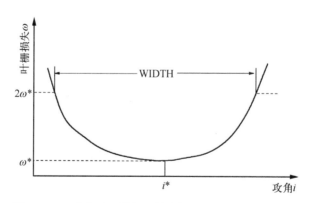

图 5.24   一定来流马赫数下的叶栅攻角-损失特性示意图

Lieblein 攻角模型是当前较为常用的攻角模型,该模型考虑了叶型类型、最大厚度、弯角、稠度、马赫数和三维流动的影响,具体表达形式如下:

$$i^* =(K_i)_{\rm sh}(K_i)_{\rm t}(i_0)_{10} + n\theta + f(Ma) \tag{5.8}$$

式中，$(i_0)_{10}$ 为 10% 最大厚度-弦长比零弯度 NACA - 65 叶型的最小损失攻角，其值由进口气流角、稠度确定，如图 5.25 所示；$(K_i)_{sh}$ 为叶型修正系数，对于 NACA - 65 叶型，取值为 1.0，对于 C4 叶型和双圆弧叶型，通常取值为 1.1 和 0.7；$(K_i)_t$ 为不同最大厚度-弦长比的修正系数，可采用图 5.26 所示的曲线进行计算；系数 n 为最小损失攻角随叶型弯角变化的斜率因子，由图 5.27 确定；$f(Ma)$ 为考虑马赫数变化和端壁区三维流动的攻角修正项。

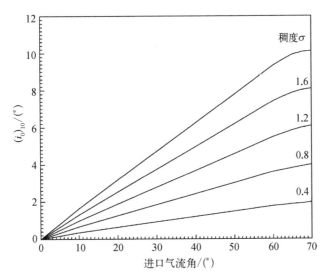

**图 5.25　10% 最大厚度-弦长比零弯度
NACA - 65 叶型最小损失攻角**

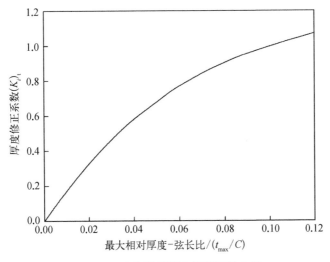

图 5.26　攻角模型厚度修正系数曲线

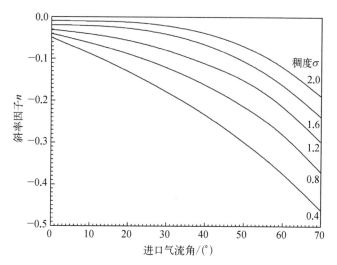

图 5.27 攻角随弯角变化的斜率因子 n

2. 落后角模型

类似最小损失攻角,Lieblein 提出了计算最小损失落后角的方法,具体如下:

$$\delta^* = (K_i)_{sh}(K_\delta)_t(\delta_0)_{10} + \frac{m_{\sigma=1.0}\theta}{\sigma^b} \tag{5.9}$$

式中,$(\delta_0)_{10}$ 为 10%最大厚度-弦长比零弯度 NACA-65 叶型的最小损失落后角,采用如图 5.28 所示的曲线进行计算;$(K_i)_{sh}$ 为叶型修正系数,其取值与攻角模型中一致;$(K_\delta)_t$ 为厚度修正系数,依据图 5.29 确定;$m_{\sigma=1.0}$ 为稠度 $\sigma=1$ 时落后角随弯角的变化系数,其值依据图 5.30 确定,而稠度指数 b 由图 5.31 确定。

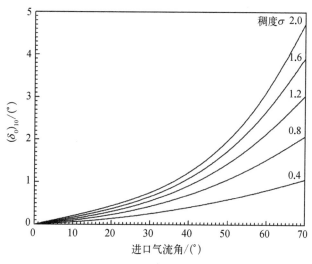

图 5.28 零弯度叶栅的落后角

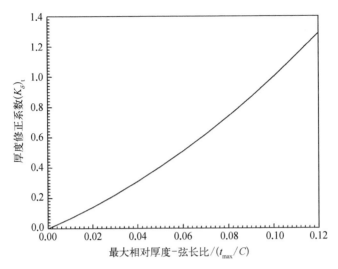

图 5.29　落后角的厚度修正系数

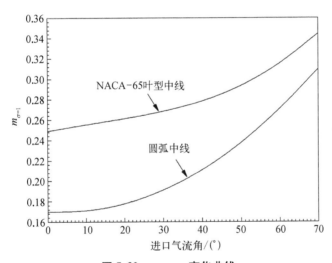

图 5.30　$m_{\sigma=1.0}$ 变化曲线

当攻角变化时,落后角也会改变。研究发现,落后角与攻角成正相关变化,即攻角增加,落后角增大,落后角随攻角变化率与叶栅对气流的导向作用有关。在低损失区,落后角随攻角的变化关系可表示为

$$\delta = \delta^{*} + (i - i^{*}) \frac{\mathrm{d}\delta}{\mathrm{d}i} \qquad (5.10)$$

式中,$\dfrac{\mathrm{d}\delta}{\mathrm{d}i}$ 为落后角随损失的变化率,根据试验数据得出的 $\dfrac{\mathrm{d}\delta}{\mathrm{d}i}$ 随进口气流角和稠度的关系如图 5.32 所示。

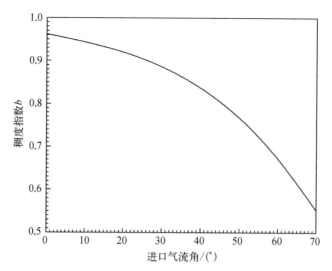

图 5.31 落后角模型稠度指数 b

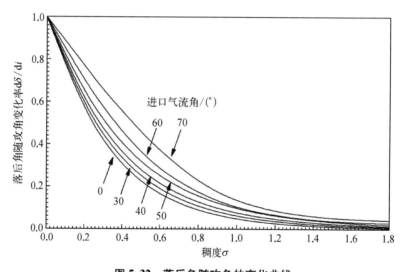

图 5.32 落后角随攻角的变化曲线

密流比(AVDR)是影响落后角的另一个重要参数,简化的落后角随 AVDR 的变化关系表示如下:

$$\delta - \delta_{\mathrm{AVDR}=1} = 10(1.0 - \mathrm{AVDR}) \tag{5.11}$$

同时,落后角模型还考虑了马赫数变化和端区附面层的影响。综合上述模型,在任一流面上落后角可采用式(5.12)进行计算:

$$\delta = \delta^{*} + (i - i^{*})\frac{\mathrm{d}\delta}{\mathrm{d}i} + 10(1.0 - \mathrm{AVDR}) + f(Ma) \tag{5.12}$$

3. 损失模型

由于压气机内部流动的复杂性,平面叶栅流动损失通常按照成因分为叶型损失、激波损失和端区损失,可表示为如下形式:

$$\omega = \omega_{\min} + \omega_{m} + \omega_{t} \tag{5.13}$$

式中,$\omega_{\min}$ 为叶型损失;ω_{m} 为激波损失;ω_{t} 为端区损失。

1) 叶型损失

叶型损失由叶型表面附面层及尾缘叶盆、叶背气流掺混导致,该部分损失可以通过平面叶栅试验测量得到。Lieblein 基于对平面叶栅二维流动的理论分析,推导出叶型尾缘附面层动量厚度与总压损失之间的关系,并进一步提出了损失参数的概念;随后,Lieblein 依据试验结果建立了损失参数与叶栅扩压水平的经验关系。上述将叶型损失与气流扩压水平关联的思路沿用至今,它是平面叶栅流动中叶型损失的典型方法。常见的叶型损失参数与扩散因子之间的关系曲线如图 5.33 所示。

$$\omega_{\text{para}} = \frac{\omega_{p}^{*} \cos \beta_{2}}{2\sigma} \tag{5.14}$$

式中,ω_{p}^{*} 为 i^{*} 攻角下的叶型损失;ω_{para} 为损失参数;β_{2} 为出口气流角;σ 为稠度。

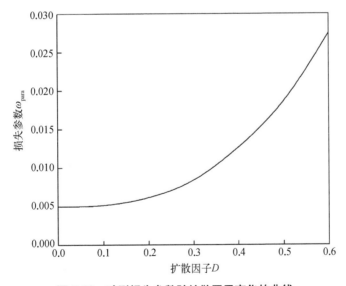

图 5.33 叶型损失参数随扩散因子变化的曲线

2) 激波损失

当叶片进口气流马赫数 Ma_{in} 大于临界马赫数 Ma_{cr} 时,认为叶片通道内部存在激波,引入激波损失模型 $\omega_{m} = f(Ma_{\text{in}}, Ma_{\text{cr}})$。激波损失由叶片通道中的激波导

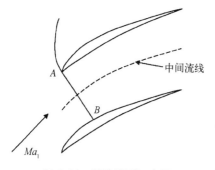

图 5.34　激波模型示意图

致,一般存在于压气机前面级转子叶片的跨声区和超声区。Miller 以正激波模型为基础,建立了激波损失模型。如图 5.34 所示,Miller 忽略了叶片前缘弓形波损失,激波损失由叶栅通道中的一道正激波产生,激波起始于叶片前缘 A 点,与叶栅中间流线垂直,止于相邻叶片的叶背 B 点。假设前缘 A 点马赫数与来流马赫数 Ma_1 相等(转子为相对马赫数),气流在前缘绕流经叶背一系列膨胀波到达激波着落点 B,因此,B 点马赫数可采用普朗特-迈耶函数计算,波前马赫数为 A、B 点马赫数的算术平均值,见式。已知波前马赫数后便可计算激波损失系数。

$$Ma_s = \frac{1}{2}(Ma_1 + Ma_B) \tag{5.15}$$

$$\omega_s = \frac{1 - \left[\dfrac{(k+1)Ma_s^2}{2+(k-1)Ma_s^2}\right]^{\frac{k}{k-1}}\left[\dfrac{2kMa_s^2-(k-1)}{k+1}\right]^{\frac{1}{1-k}}}{1 - \left(1 + \dfrac{k-1}{2}Ma_1^2\right)^{\frac{k}{1-k}}} \tag{5.16}$$

3) 二次流损失

在压气机流动主流区,叶片通道内的通道涡、表面附面层径向迁移引起二次流损失。随着级负荷的提高,展弦比降低,压气机内的流动越来越接近三维流动,叶片通道主流区的二次流损失不可忽略。而在压气机两个端壁存在端壁附面层、叶尖间隙流动及由间隙流造成的间隙涡,它们与叶片表面附面层相互作用会产生附加损失。压气机内复杂的二次流动使得很难将各部分损失细分,二次流损失处理也是二维正问题计算中的棘手问题。一种方法是将各种二次流损失统一计算,如式(5.17)所示,这种方法简洁直观,可以提供与实际流动趋势一致的损失展向分布,但系数取值依赖于工程经验。

$$\begin{cases} \bar{h} > 0.5, & \omega_e = \omega_p^* \text{TLOSS}(2.0\bar{h}-1)^{\text{STW}} \\ \bar{h} \leq 0.5, & \omega_e = \omega_p^* \text{HLOSS}(1-2.0\bar{h})^{\text{STW}} \end{cases}$$

式中,$\bar{h}$ 为由叶根算起的相对高度;ω_e 为端壁损失;TLOSS、HLOSS 为端区损失系数,TLOSS、HLOSS $\in [0.5, 2.0]$;STW 为端壁损失沿叶高变化的幂指数,STW $\in [2.0, 3.0]$。端区附近的气体流动损失对压气机中的能量转化过程有十分显著的影响,因此建立了端区损失数学模型以提高数值模拟精度,对于端区附近的流动损失,一般在叶型损失 $\omega_{\min}$ 的基础上,采用与相对径向位置 $\bar{h}$ 相关的经验关系式进行

计算 $\omega_t = f(\omega_{min}, \overline{h})$。

从上述落后角模型和损失模型可以看出,为了描述压气机内部的复杂流动,对影响气体流动的因素进行分类归纳整理,将平面叶栅流动理论和试验数据相结合,最终形成经验模型关系式,用于量化计算压气机内部流动的相关气动参数。二维平面叶栅流动模型是压气机设计人员研究的重点工作之一,经过多年的发展,众多的研究人员形成了大量不同的适用于 S2 流面分析计算且较为完善的损失模型理论和体系,由于篇幅限制,在此不再详述,感兴趣的读者可参考相关文献。

5.3.3　S2 流面分析计算中压气机堵塞的喘振边界的判断

全转速工况范围特性预估是 S2 流面分析计算的主要目标之一,因此需要对不同转速下的堵塞和喘振边界工况点做出较为准确的判断。目前工程上对堵塞边界和喘振边界的判定,多采用计算模型和经验判据相结合的方法。

1. 压气机堵塞边界的判定

压气机堵塞边界的预估,一般包括以下两种方法。

一种方法是通过压气机特性线形状进行判定。在特性计算过程中,随着流量的不断增大,叶片排进口攻角与设计状态的偏差也不断增大,通过损失模型计算得到的压气机内部损失增加,压比和效率急剧下降,特性线形成近乎垂直的直线,上述特征在高换算转速或高切线速度工况下表现得尤为明显。因此,在特性计算过程中,随着流量从设计点开始不断增大,若特性线迅速下降且接近垂直,可以判定为堵塞边界。

另一种方法是将堵塞边界的预估转化为计算通过压气机每个叶片排的最大流量。通过叶栅最大速度系数与喉道进口面积比 $\lambda_{max} = f(A_r/A_1, D)$ 综合关系曲线迭代求解每一个叶片排的最大流量。对比压气机中每个叶排的最大流量,以最小值作为整个压气机的堵塞流量,同时判定堵塞最先发生的叶片排位置。

2. 压气机喘振边界的判定

压气机喘振是一个复杂的三维非定常现象,因此从理论角度出发,采用定常轴对称方法进行喘振边界的预估较为困难。目前在 S2 流面分析计算中,多采用试验经验与计算模型相结合的方法判断压气机的喘振边界。下面介绍几种工程上常用的喘振边界判定方法。

(1)最大压比点判定方法。该方法对喘振边界的判定较为简单。在某一转速下,从压气机工作点附近开始减小流量,压比逐步增大到最大压比点时,则认为压气机到达喘振边界。上述方法认为压气机只能稳定工作在特性线的"右支",而无法稳定工作在特性线的"左支"。这一判定方法在高转速下与实际情况符合较好,但在较低转速工况下,多数压气机能够稳定工作到特性线的"左支",因此偏差较大。

（2）倒流判定方法。该方法认为在 S2 流面分析计算中,子午面流场中流线上的任意一点如果出现倒流现象,即 $V_m < 0$ 时,则所在叶片排发生喘振。该判定方法可以与求解计算站上的子午速度相结合,判定喘振最先发生的位置。

（3）叶片负荷系数判定方法。早期工程技术人员希望通过研究叶片排的最大气动负荷,来预测压气机喘振的发生。通过对大量压气机试验数据的研究,总结形成了多个叶片负荷系数模型,并依据经验给出了失速边界时的叶片负荷系数取值范围。较为有代表性的方法包括 Lieblein 发展的扩散因子和 Koch 发展的最大失速静压升系数。虽然具体计算过程有所差别,但是这一类方法的基本思路都是对叶片通道内部气体减速扩压程度进行定量计算,进而给出叶片的气动负荷大小的判定依据。例如,采用扩散因子 D 作为失速判据,早期认为 $D = 0.45$ 是压气机喘振边界的极限值,当某一叶片排的扩散因子超过该极限值后,压气机会在该叶片排处发生喘振。然而,需要指出的是,这一类判定方法与设计经验和设计水平密切相关,随着设计水平的提高,判定标准也在不断发生变化。同样以扩散因子 $D = 0.45$ 的喘振判据为例,当前设计的高负荷压气机已经能够稳定工作在扩散因子大于 0.45 的工况下,以往的判据已经不再适用。因此,喘振边界的判定准则需要在工程实践过程中不断总结修正,与压气机设计和试验体系紧密结合,才能更好地指导工程设计。

上述压气机喘振边界的判定方法可以单独使用,也可以在不同工况下综合使用。总之,对压气机喘振边界的预估需要从理论和工程实际两方面出发,不断研究总结,形成满足工程设计实际需求的预估方法。

5.3.4   S2 流面分析计算基本流程

为求解压气机在不同工况下的性能,设计人员根据 S2 流面分析计算理论,开发出相应的计算机程序,并进行了压气机性能计算和分析工作。下面简要介绍目前 S2 流面分析计算的基本流程。

1. 输入参数

S2 流面分析计算程序的输入参数主要包括以下几部分。

（1）压气机工作参数：包括压气机进口物理流量、压气机进口总温、总压、预旋以及物理转速。

（2）压气机子午面流道坐标：压气机机匣和轮毂的轴向以及径向坐标值。

（3）计算站坐标：由于在计算中规定进口站和出口站的流线曲率为 0,通常在压气机进口和出口设置一平直段,并设立两个计算站。由于不考虑叶片内部的流动,只考虑叶片排进出口的气动参数,因此将计算站设置在叶片排的进出口,一般在各叶片排的前缘和尾缘各设置一个计算站。

（4）叶型几何参数：采用平面叶栅经验关系计算叶片排出口气流参数分布，需要输入叶片排几何参数沿径向的分布。一般将叶片沿径向分为多个不同截面，分别输入每个截面上的叶栅几何参数，主要包括进口几何角、出口几何角、最大相对厚度、最大厚度位置、最大挠度位置以及稠度等。

（5）堵塞系数：为了考虑附面层对压气机内部流道流通面积的影响，需要输入堵塞系数沿轴向的分布。堵塞系数定义为附面层面积占总流通面积的比例，通常进口为 0，往后逐级增加 0.01，根据经验，当堵塞系数增长到 0.08 后，一般不再增加。

（6）引气系数：为了考虑引气对压气机性能的影响，需要输入引气系数沿轴向的分布。引气系数定义为当前站流量与进口流量的比例，可按照发动机总体性能提出的引气要求给定。在引气位置对应的计算站给定设计的引气量，用于模拟引气后压气机的性能。

（7）导叶/静子调节角度：对于可调导叶/静子压气机，将叶片调节角度输入计算程序，程序会根据叶片原始几何角和调节角度，计算调节过后的叶片进出口几何角度，再输入性能计算。

2. 设计点性能计算及分析

采用 S2 流面分析计算压气机设计点性能，主要工作包括以下两个方面。

（1）级间参数与 S2 设计结果对比。在设计点工况下进行 S2 流面分析计算，将分析计算结果与 S2 设计结果进行对比对比分析的主要参数包括各级压比、效率的分布、各叶片排出口子午速度、总温、总压，以及绝对周向气流角沿径向的分布等。对比分析的主要目的在于验证 S2 设计参数的合理性，同时为改进设计提供依据。

（2）叶片造型参数分析。S2 流面分析中需要完成叶片流线面攻角、落后角、叶栅喉道面积等参数的计算，将该部分计算结果与给定输入参数相对比，分析造型参数的合理性，同时为改进设计提供依据。

3. 非设计点性能计算及分析

采用 S2 流面分析计算压气机非设计点性能，主要是对压气机在全转速范围工况进行性能评估，主要工作包括以下几个方面。

（1）压气机特性预估：从压气机设计转速到低转速全范围特性预估是 S2 流面分析计算的主要工作之一。通过不同转速、不同流量工况点的性能计算，能形成完整的压气机特性曲线，并对堵塞边界和喘振边界进行预估。结合发动机总体性能给定的共同工作线，评估压气机在全转速范围内的喘振裕度，为发动机整机性能评估和部件匹配提供性能数据。

（2）设计转速多级压气机级间匹配分析：在 S2 流面分析计算中，通常会单独对每一级进行设计转速特性计算，形成每一级在单级环境下的无量纲级特性，同时与多级环境下计算得到的级特性进行对比分析,研究多级共同工作时每一级的工作范围在单级级特性中的相对位置,为提升多级压气机稳定工作范围、提高设计点性能提供依据。

（3）可调导叶/静子调节规律优化：由于 S2 流面分析计算具有计算速度快、收敛性好的特点,在目前的压气机设计体系中,经常用于可调导叶/静子的调节规律研究;通过给定多组不同的调节规律,研究压气机在全转速范围内的特性变化规律,同时进行压气机气动性能和稳定工作范围的综合寻优。上述工作通常与数值优化算法相结合,能够实现对多级调节规律的快速优化设计,提升了设计效率。

5.3.5 S2 流面分析计算算例

为简要说明 S2 流面分析计算在压气机设计体系中的应用,本节选取某民用六级高压压气机作为算例,进行 S2 流面分析和多转速下的特性预估。该压气机以某支线客机发动机总体性能方案为设计输入,主要设计指标为压比 7、级数 6、稳定裕度 20%。

该压气机平均级压比约 1.38,气动负荷较高,设计难度较大。第一级转子叶尖切线速度约为 460 m/s,第一级转子叶尖进口相对马赫数为 1.13。总体性能要求压气机在宽广的工作范围内具有较高的工作效率和稳定裕度,因此采用 S2 流面分析对该压气机进行设计点性能计算和多个相对换算转速下的特性预估。该压气机子午投影如图 5.35 所示。

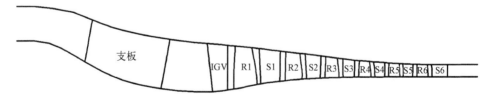

图 5.35 某民用六级高压压气机的子午投影视图

按照前面所述计算流程,以压气机的流道坐标和叶片几何参数作为输入,计算压气机设计点性能,评估性能是否达标的同时,将级间参数与 S2 设计结果进行对比,评估设计结果是否满足设计预期。以转子进口气流角为例,说明级间参数分析过程。

图 5.36 为设计点附近压气机各级转子进口气流角的计算值与设计值的对比。通过对比 S2 流面分析结果与设计值之间的差异,能够为压气机各转子叶片造型时的进口攻角和进口几何角设计提供调整和改进的依据,同时 S2 流面分析能够快速地向设计者提供设计反馈,提高设计效率。

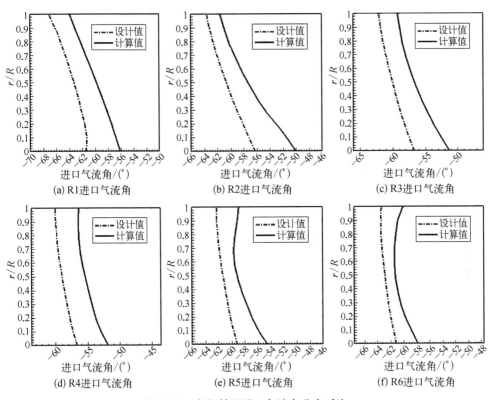

图 5.36 各级转子进口气流角分布对比

为了评估压气机在多个相对换算转速下的性能,采用 S2 流面分析对压气机进行非设计点性能计算和特性预估,并对喘振边界和稳定工作裕度进行评估。该六级压气机特性预估结果如图 5.37 所示。该特性预测结果可以作为设计参考,同时与试验结果进行对比后,可以修正 S2 流面分析方法中的经验参数,以便更好地指导后续设计。需要指出的是,喘振边界的预测具有一定经验性,需要结合具体算例进行详细分析和反复验算,不断积累各种不同类型压气机的经验数据,最终得到较为准确的喘振预估边界。

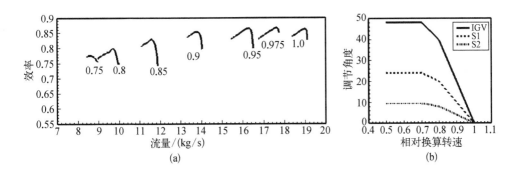

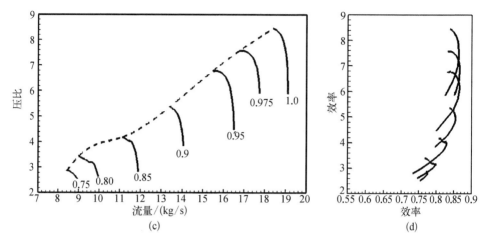

(c)　　　　　　　　　　　　　　(d)

图5.37　六级压气机二维特性预估结果

　　压气机在各转速下的级间匹配工作是否合理,可以采用 S2 流面分析方法求解压气机在各转速下的单级特性。图 5.38 为六级压气机多个转速下的单级特性预估结果。从图中可以看出,单级特性在多个转速下的流量范围较为合理,负荷分配

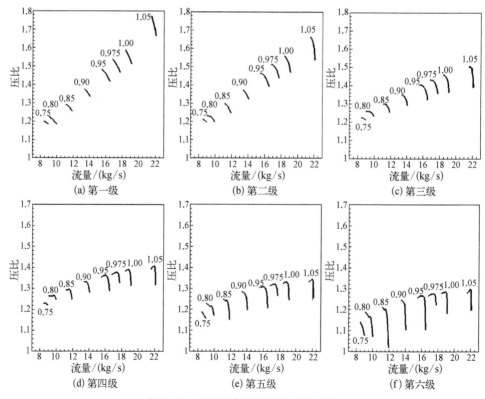

(a) 第一级　　　　　　　(b) 第二级　　　　　　　(c) 第三级

(d) 第四级　　　　　　　(e) 第五级　　　　　　　(f) 第六级

图5.38　六级压气机级特性匹配分析

满足设计预期。由于前两级采用跨声速设计,特性线相对陡峭,且随着相对转速降低,加功能力下降较为明显。在较高转速下,随着流量的增加,后面级压比下降明显,率先达到堵塞工况。因此,在高转速下,后面级的工况决定了整台压气机的堵点流量,这一现象也符合多级轴流压气机在较高转速下易产生"前喘后堵"的认知。

通过上述算例可以看出,S2 流面分析计算能够有效预测压气机内部子午面的流动特征,是压气机气动设计体系的重要组成部分。平面叶栅流动模型的计算精度,以及叶片叶型的适用性,决定了 S2 分析计算对压气机性能预估的准确性。同时,也要清醒地意识到,当前广泛应用的平面叶栅流动模型是基于较早之前传统叶型吹风试验得到的,在以往的工程实践过程中,它对采用传统叶型、常规负荷的压气机特性预测具有较高精度,但随着各种创新设计的出现,基于传统叶型平面叶栅流动模型的计算精度已经愈发难以满足当前高负荷压气机工程设计需求。因此,随着压气机气动设计、叶型设计技术不断发展,人们需要对已有流动模型持续不断地改进、创新,以满足未来高负荷、高效率先进压气机的工程设计需求。

参考文献

[1] Horlock J H, Denton J D. A review of some early design practice using computational fluid dynamics and a current perspective[J]. ASME Journal of Turbomachinery, 2005, 127(1): 5 - 13.

[2] Wu C H. A general through-flow theory of fluid flow with subsonic or supersonic velocity in turbomachines of arbitrary hub and casing shapes[R]. NACA TN - 2302, 1951.

[3] Wu C H. A general theory of three-dimensional flow in subsonic and supersonic turbomachines of axial-, radial-, and mixed-flow types[R]. NACA TN - 2604, 1952.

[4] Novak R A. Streamline curvature computing procedures for fluid-flow problemsr[J]. ASME Journal of Engineering for Power, 1967, 89(4): 478 - 490.

[5] Smith Jr L H. The radial-equilibrium equation of turbomachinery[J]. ASME Journal of Engineering for Power, 1966, 88(1): 1 - 12.

[6] 李根深,陈乃兴,强国芳. 船用燃气轮机轴流式叶轮机械气动热力学(原理设计与试验研究)[M]. 北京:国防工业出版社,1980.

[7] 桂幸民. 轴流风扇压气机可控激波跨音级设计模型研究[D]. 北京:北京航空航天大学,1993.

[8] 洪河镜. 叶轮机械叶片通道内用非径向计算站的 S2 流面流动的气动计算[R]. 上海:上海汽轮机厂汽轮机研究所,1975.

[9] 朱荣国. 使用非正交曲线坐标与速度分量流面反问题流场线松弛解[J]. 工程热物理学报,1980, V1(1): 28 - 35.

[10] March H. Though-flow calculations in axial turbomachinery: A technical point of view[R]. AGARD - CP - 195, 1976.

[11] Frost G R, Hearsey R M, Wennerstrom A J. A computer program for the specification of axial compressor airfoils[R]. ARL 1972 - 0171 (AD 756879), 1972.

[12]　Hearsey R M. A revised computer program for axial compressor design, Vol. I, theory, descriptions, and user's instructions[R]. ARL－TR－75－0001, Vol. I (ADA009273), Aerospace Research Laboratories, Wright-Patterson Air Force Base, 1975.

[13]　李晓娟. 风扇增压级内流场特性数值模拟与设计研究[D]. 北京：北京航空航天大学,2008.

[14]　金海良. 周向平均方法在多级轴流风扇压气机设计与分析中的应用[D]. 北京：北京航空航天大学,2011.

[15]　Jennions I K, Stow P. The importance of circumferential non-uniformities in a passage-average quasi-three dimensional turbomachinery design system[J]. ASME Journal of Engineering for Power, 1986, 108(2): 240－245.

[16]　Baralon S, Erikson L E, Hall U. Evaluation of high-order terms in the throughflow approximation using 3D Navier-Stokes computations of a transonic compressor rotor[C]. Indianapolis: Turbo Expo: Power for Land, Sea, and Air, 1999.

[17]　Simon J F, Leonard O. A throughflow analysis tool based on the Navier-Stokes equations[C]. Proceedings of the 6th European Turbomachinery Conference, Lille,2005.

[18]　Simon J F, Leonard O. Modeling of 3－D losses and deviations in a throughflow analysis tool [J]. Journal of Thermal Science, 2007, 16(3): 1－7.

[19]　Simon J F. Contribution to throughflow modelling for axial flow turbomachines[D]. Belgium: University of Liege,2007.

[20]　Simon J F, Thomas J P, Leonard O. On the role of the deterministic and circumferential stresses in throughflow calculations[J]. ASME Journal of Turbomachinery, 2009, 131(3): 1－12.

[21]　Thomas J P, Léonard O. Toward a high order throughflow-investigation of the nonlinear harmonic method coupled with an immersed boundary method for the modeling of the circumferential stresses[J]. ASME Journal of Turbomachinery, 2012, 134(1): 011017－1－9.

[22]　万科. 航空叶轮机周向平均方法建模与分析应用研究[D]. 北京：北京航空航天大学,2014.

[23]　Denton J D, Xu L. The exploitation of three-dimensional flow in turbomachinery design[J]. Proceedings of the Institution of Mechanical Engineers, Part C: Journal of Mechanical Engineering Science, 1998, 213: 125－137.

[24]　Templalexis L, Pachidis V, Pilidis P,et al. The effect of blade lean on the solution of the full radial equilibrium equation[C]. Berlin: Turbo Expo: Power for Land, Sea, and Air, 2008.

[25]　李军,徐克鹏,沈祖达. 考虑静叶内叶片力的作用对透平级特性影响的数值研究[J]. 汽轮机技术,1997,39(1): 38－41.

[26]　Senoo Y, Nakase Y. An analysis of flow through a mixed flow impeller[J]. ASME Journal of Engineering for Power, 1972, 94(1): 43－50.

[27]　Wennerstrom A J. On the treatment of body forces in the radial equilibrium equation of turbomachinery[J]. Traupel Commemorative Volume. (A 75－19051 06－02) Zurich, Juris-Verlag AG, 1974: 351－367.

[28]　Novak R A, Hearsey R M. A nearly three-dimensional intrablade computing system for

turbomachinery[J]. Journal of Fluids Engineering, 1977, 99(1): 154 - 166.

[29] Silvester M E, Hetherington R. Three-dimensional compressible flow through axial flow turbomachines[J]. Numerical Analysis-An Introduction, 1966: 182 - 189.

[30] Frost D H. A streamline curvature through-flow computer program for analysing the flow through axial-flow turbomachines[R]. London: Aeronautical Research Council, 1972.

[31] 冀国锋. 轴流/离心压气机通用叶片造型设计系统及应用[D]. 北京: 北京航空航天大学, 2009.

[32] Denton J D. A time marching method for two-and three-dimensional blade to blade flows[R]. London: Aeronautical Research Council, 1972.

[33] Denton J D. Throughflow calculations for transonic axial flow turbines [J]. Journal of Engineering for Gas Turbines and Power, 1978, 100(2): 212 - 218.

[34] Spurr A. The prediction of 3D transonic flow in turbomachinery using a combined throughflow and blade-to-blade time marching method[J]. International Journal of Heat and Fluid Flow, 1980, 2(4): 189 - 199.

[35] Dawes W N. Toward improved throughflow capability: the use of three dimensional viscous flow solvers in a multistage environment[J]. Journal of Turbomachinery, 1992, 114(1): 8 - 17.

[36] Damle S V, Dang T Q, Reddy D R. Throughflow method for turbomachines applicable for all regimes[J]. Journal of Turbomachinery, 1997, 119(2): 256 - 262.

[37] Adam O, Leonard O. A quasi-one dimensional model for axial compressor [C]. Beijing: International Symposium on Air Breathing Engines, 2007.

[38] Ivanov M J, Nigmatullin R Z, Chaston A P, et al. Computer turboengine test technology[C]. Yokohama International Gas Turbine Congress, Yokohama, 1995(3): 22 - 27.

[39] Ivanov M J, Nigmatullin R Z, Tchaston A P. Simulation of working processes and performance for turbojet engines using 3d mathematical model[C]. Meibourne: International Symposium on Air Breathing Engines, 1995.

[40] Ivanov M J, Nigmatullin R Z. On the development of transient working process theory for gas turbine engines[C]. Chattanooga: International Symposium on Air Breathing Engines, 1997.

[41] Ivanov M J, Nigmatullin R Z. Meridional viscous simulation for multistage turbomachinery design application[C]. Florence: International Symposium on Air Breathing Engines, 1999.

[42] Abzalilov A I, Ivanov M J, Nigmatullin R Z. Steady and Transient working mode simulation for turbojet bypass engines based on meridional axisymmetric approach [C]. International Symposium on Air Breathing Engines, 2005.

[43] Trotsyuk A V, Kudryavtsev A N, Ivanov M S. Numerical Modeling of Standing Gas Detonation Waves [C]. San Francisco: 9th AIAA/ASME Joint Thermophysics and Heat Transfer Conference, 2006.

[44] 李晓娟, 金海良, 桂幸民. 风扇/增压级内外涵联算的特性数值模拟[J]. 航空动力学报, 2009, 24(12): 2719 - 2726.

[45] Perrin G, Leboeuf F. Investigation of throughflow hypothesis in a turbine cascade using a three-dimensional Navier - Stokes computation[J]. Journal of Turbomachinery, 1995, 117(1): 126 - 132.

[46] 袁宁, 张振家, 顾中华, 等. 涡喷发动机压气机三种 S2 流面计算程序的比较[J]. 推进技

术,1998,19(1):50-56.

[47] Marsh H. A digital computer program for the through-flow fluid mechanics in an arbitrary turbomachine using a matrix method[R]. London: Aeronautical Research Council, 1966.

[48] Bosman C, El-Shaarawi M A I. Quasi-three-dimensional numerical solution of flow in turbomachines[J]. Journal of Fluids Engineering, 1977, 99(1):132-140.

[49] 桂幸民,滕金芳,刘宝杰,等.航空压气机气动热力学理论与应用[M].上海:上海交通大学出版社,2014.

第6章

叶片造型及 S1 流场分析

6.1 叶片造型方法发展概述

压气机是航空发动机的关键部件,而叶片是压气机最为核心的工作单元,因此叶片的几何造型设计对压气机气动性能(流量、压比、效率、稳定裕度等)有至关重要的影响。叶片设计技术的形成与发展经历了一段相当长的演化期,很多发动机研究机构压气机设计部门针对压气机叶片造型方法开展了大量的设计研究,包括设计方法、设计准则、设计参数的选取,并开展了试验验证,积累了丰富的设计经验。

最早的压气机叶片设计技术是从飞机标准翼型的基础上发展而来的。国际上各研究机构根据平面叶栅的吹风试验结果,公布了美国的 NACA65 系列、英国的 C - 4 系列及苏联的 BC - 6 系列等标准叶型。这些标准叶型能够满足低流量、低压比压气机叶片设计的需要,在当时的条件下,采用这种方法设计出许多性能优良的亚声速压气机,如美国的 J34、TG - 100 等。随着压气机负荷水平的提高,当压气机叶片进口马赫数大于 0.75 时,采用这种方法设计出的叶片损失增大,性能明显下降,其主要原因是:当叶片进口来流速度较大时,叶片表面出现较强的激波,局部出现超声区,当来流马赫数逐渐增高,且出现很强的正激波时,激波附面层相互干扰产生很大的流动损失。由于标准叶型无法适应超、跨声速压气机大流量、高负荷、高效率的设计要求,所以促使人们研究和开发新的叶型设计技术[1]。

为了适应超、跨声速压气机发展的需要,双圆弧叶型、多圆弧叶型等基于中线加厚度分布的叶片造型方法在压气机设计中得到了广泛的应用。为更加精准地设计低损失、宽工作范围的超、跨声速叶型,国际上提出了可控扩散叶型造型的概念,其主要设计思想是:控制叶型吸力面峰值以降低激波损失,吸力面峰值速度点后控制扩散率以减小或避免附面层分离,降低叶型损失。基于可控扩散叶型设计理论发展了定制叶型方法,该方法是在叶片锥平面上进行基元叶型设计,通过调整叶片前后段的弦长比与弯度比,根据叶型的设计需求改变叶型沿弦向的弯度变化,控制气流在叶片表面的气流扩散程度,大大改善气流在叶片表面的流动,经过多年设计经验的积累,如今它已经成为亚声速、跨声速叶片设计的主要方法[2]。

随着风扇压气机负荷水平的逐步提高,转子叶片尖部的进口相对马赫数已经超过 1.2,原有的亚声速、跨声速叶型设计方法已经不能完全满足设计要求。20 世纪 60 年代,欧美各国研究了多圆弧叶型在超声速叶片上的应用,但仍未达到低损失的目的;70 年代中期,Frost 和 Wennerstorm 发展了任意中线叶型[3],这种造型方法是通过调整叶型中弧线的角度分布,达到可任意调节叶型弯度分布的目的。通过这种方法可设计出具有负弯的“S 形”预压缩叶型,这种叶型可以有效地控制超声速叶片槽道进口的激波系,从而保证在较高压比下叶型具有较低的损失,任意中线所设计的预压缩叶型是真正意义上的超声速叶型。

20 世纪 90 年代,随着计算机技术、应用数学及计算机图形学的发展,世界各发动机公司都在竞相研究发展一种更为灵活的造型方法,主要目的是对叶片的型面曲线进行精细控制。这种方法的原理是采用调节控制点来控制曲线的变化,引入基函数[贝塞尔(Bezier)基、B 样条以及 NURBS 样条],形成具有良好性质的自由曲线,比任意中线更加灵活[4,5]。由于引入控制变量及基函数,因此生成的曲线具有权性、凸包性等[6,7],可以直观地控制叶片的型面。这种新的参数曲线生成的叶片型面可以根据气体流动特征进行调整,有效地提高基元叶型的效率,从而受到许多设计者的推崇。叶型中线、厚度及径向积叠的参数化设计使叶片的造型更加灵活,再融入计算机辅助优化设计手段,可以显著提高了叶片叶型设计智能性。

20 世纪初,随着全三维流场计算软件的大量应用,叶片的全三维反问题方法成为叶片设计研究的热点。根据给定的叶片叶型表面压力分布或压差分布,可以计算出叶片叶型的表面型线,即叶盆与叶背曲线;同时,采用遗传算法可以对叶片效率、损失范围进行优化设计;这类叶型优化方法对于设计经验没有强烈的依赖,所以迅速成为各大研究机构争相研究的对象。但由于这种反问题优化方法大多是对单叶片、单参数的优化,没有考虑到各叶片排间的匹配问题,也无法兼顾中低转速的性能,所以迄今仍未能成为压气机叶片造型设计的主要手段[8]。

6.2　常用叶片设计方法

一个转子(静子)叶片实际上是一个三维实体,为了简化叶片设计,通常先开展叶片基元叶型设计,然后通过积叠(图 6.1)得到叶片的三维坐标形成叶片的实体,如图 6.2 所示。

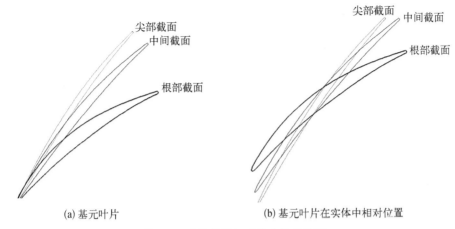

(a) 基元叶片　　　　　　　(b) 基元叶片在实体中相对位置

图 6.1　叶片基元与叶片实体的关系

　　基元叶型设计常用的方法有两种：一种是基于锥面展开面的造型；另一种是基于回转面的造型。

　　基元叶型造型方法主要有几何造型方法、分析优化造型方法和反问题造型方法三大类。

6.2.1　基于锥面展开面和回转面的叶片设计方法

　　在多级轴流压气机设计中，一般情况下，会将其简化为研究压气机级的基本单元——基元级，即假设压气机中气流在级内部的流动是沿着不同回转半径的圆柱面或者回转面上的二维流动，且不同半径圆柱面上气体流动性质相同，这种二维流动称为"基元级"流动，基元级理论是现代轴流压气机设计理论的基础。

图 6.2　叶片实体

　　由于压气机叶片是一个三维实体，早期的叶片是在锥平面上进行基元叶型设计的，随着设计要求的提高，逐步发展成为基于锥面展开面的造型方法。随着压气机叶片大量采用弯掠扭设计，人们开发了基于回转面的叶片基元叶型设计方法，保证叶片的基元叶型可以有效控制风扇压气机中的气体流动。下面将从原理开始，详细说明锥面展开面、回转面设计方法所采用的坐标系，以及基元叶型曲线的计算方法，并分别说明两种设计方法的适用范围。

　　1. **基于锥面展开面的叶片设计方法**

　　目前的风扇压气机叶片设计，是在一个逐渐收敛的环形面上进行设计的。在叶片排的子午面（径向-轴向组成的面）流线中，靠近根部的斜率较大。假定基元叶型位于如图 6.3 所示的轴对称流面上，一个锥面上的基元叶型不能完全保持传统叶片形状的所有特性。然而，基元叶型的设计就是要保持传统叶片形状的所有特性。在锥面展开面上模拟传统叶片形状没有一个标准的方法，通常采用的方法是：① 直接在锥形表面上完成叶片基元叶型的设计；② 在一个锥形表面切平面上或一个圆柱形表面上完成叶片基元叶型的设计。如果叶片进出口流线斜率较小，在一个锥面上两种方法得出的形状基本一致，但如果斜率较大，如高负荷风扇叶片的根部，在锥面上两种方法得出的叶片形状差异会较大[9,10]。

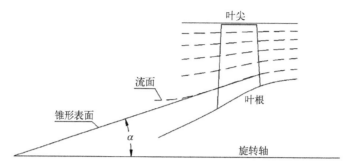

图 6.3　锥面展开面示意图

由于风扇压气机气动设计的需求，当流道进出口的斜率较大时，叶片进气边与出气边之间的流线并不是直线（图 6.4）。为了简化设计，将叶片前后缘流线的位置分别记为 1 和 2，将 1 和 2 两点用直线连接代替流线，将 1、2 点连成的直线绕旋转轴旋转形成圆锥面，基元叶型就在该圆锥面上进行设计。由于圆锥面是曲面，在曲面上生成叶型比较复杂，为此将锥面展开成扇形平面，在该平面上生成基元叶型，但若在该扇形平面上直接作圆弧中弧线形成基元叶型，当从展开面进行数学转化到锥面后，原来设计的圆弧中线在锥面上不能保证是圆弧曲线，为了解决这一问题，利用圆弧线的性质，即弧长与弧对应的角度的变化率为常数，建立微分方程，并积分得到等转折率的曲线并组成基元叶型，即锥面造型方法。

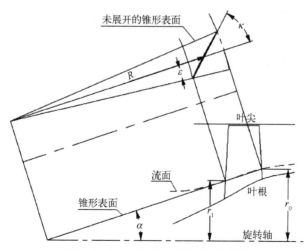

图 6.4　锥面展开面叶片造型示意图

叶片表面的速度和压力受几个相互作用力的影响,控制叶片局部气流的因素是沿流线变化率(表面曲率)。因此,模拟一个理想基元叶型最基本的方法是保持型线角度变化率不变。

在柱坐标系下,通过中弧线和厚度分布的求解、叶片叶盆坐标与叶背坐标的求解、积叠程序的求解,以及极坐标与直角坐标系之间的转化,可以完成压气机叶片坐标的计算,完成叶片的型面设计。

2. 基于回转面的叶片设计方法

任意回转面是指由叶片前缘进口到尾缘出口的一个流线沿压气机轴向旋转一周所形成的回转面,在该曲面内生成的叶片基元叶型能够保证进、出口气流角度同通流计算的气流角度一致。该方法设计的叶片基元叶型是一个三维空间曲线,因此几何关系比锥切面内的平面基元设计复杂,而圆锥面内生成的叶片基元叶型方法介于以上两种方法之间。由此,为了简化设计方法,有些研究部门采用叶片前、后缘点连线绕压气机轴向形成的锥面代替流线形成的任意回转面[3,11]进行基元叶型的设计。下面将详细介绍基于回转面造型的叶片设计方法。

图 6.5 给出了多级轴流压气机基于回转面的叶片简化设计过程(实线)以及研究设计过程(虚线)示意图。

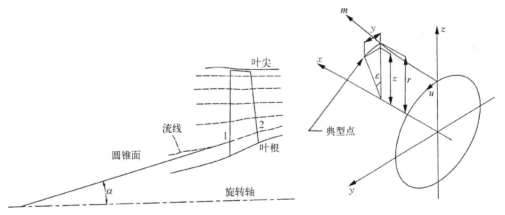

图 6.5　回转面方法示意图　　　　图 6.6　子午流面坐标示意图

目前,高负荷风扇压气机设计中转子叶片的设计压比均较高,一般转子进口基本上为超/跨声速设计,所以其进、出口流道的斜率比较大(风扇转子大于 10°),为保证在叶片设计中基元叶型的进、出口角度同流面计算结果一致,对于具有这样的设计边界条件的风扇压气机叶片,适合在任意回转面上生成基元叶型。

图 6.6 为子午流面坐标示意图,根据子午面各坐标关系,可得到回转面内的叶型中线同中线角具有以下空间几何关系:

$$\frac{\mathrm{d}\varepsilon}{\mathrm{d}r} = \frac{\mathrm{d}y}{\mathrm{d}x} = y' = \tan\beta_{ki} \qquad (6.1)$$

$$\Rightarrow \varepsilon(m) - \varepsilon_0 = \int_0^m \frac{y}{r}\mathrm{d}m \qquad (6.2)$$

$$\Rightarrow z = r\cos\varepsilon, \ y = r\sin\varepsilon \qquad (6.3)$$

由以上关系式[(式6.1)~式(6.3)]便可以求出中线的三维坐标,具体步骤如下:

(1)根据流面坐标(z, r)求出流线长度坐标m;

(2)利用已知的β_{ki}分布和m,根据式(6.2)和式(6.3)可求出中线上的参数ε;

(3)根据式(6.1)求出沿流线回转面上的中线y和z参数。

6.2.2　基元叶型造型方法

基元叶型造型方法主要包括几何造型方法、分析优化造型方法和反问题造型方法三大类。

1. 几何造型方法

几何造型方法主要归为四类:第一类为标准叶型,如BC-6、NACA65等,主要是通过大量的吹风试验获取叶型的厚度分布,用于固定进口条件下叶片的造型设计;第二类为双、多圆弧叶型,基元叶型的叶盆与叶背均为一段或多段圆弧叶型,主要通过调整圆弧的半径来控制叶片表面的气体流动;第三类为中弧线采用双圆弧、多圆弧曲线,厚度分布采用多项式曲线的定制叶型设计方法,求解叶片的吸力面与压力面曲线,主要通过调整圆弧的弦长比与弯度比来控制叶片表面气体流动;第四类为中弧线与厚度分布曲线均为任意曲线的设计方法,主要通过调整叶型的无量纲角度分布来控制叶片表面气体流动。下面将对这四类常用的方法进行简单介绍[12]。

1)标准叶型

标准叶型是构造亚声速叶型的重要方法,在计算机还未普及的年代,它采用标准叶型数据,经过弯曲、拉伸等一系列变换,设计出许多经典的压气机。设计中常采用的原始叶栅叶型主要有英国的C-4系列(图6.7)、美国的NACA-65系列(图6.8)及苏联的BC-6系列(图6.9)等。表6.1~表6.3给出了标准叶型的厚度分布,可供设计者使用。

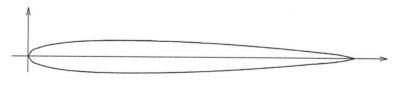

图6.7　C-4原始叶型

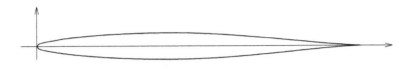

图 6.8 NACA65‐010 原始叶型

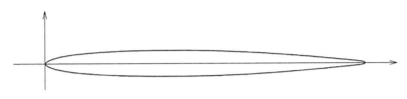

图 6.9 BC‐6 原始叶型

表 6.1~表 6.3 给出了以上标准叶型对应的相对半厚度分布。坐标 X 为叶型弦长的百分比,Y 为叶型半厚度的百分比。在风扇压气机叶型设计时,需要根据实际叶片弦长对以上标准叶型进行相应拉伸和弯曲,即可形成符合要求的叶型截面,通过一定的积叠规律形成三维实体叶片。

表 6.1 C‐4 叶型原始叶型厚度分布

$X/\%$	0.00	1.25	2.50	5.00	7.50	10.00	15.00	20.00	30.00
$Y/\%$	0.00	1.65	2.27	3.08	3.62	4.02	4.55	4.83	5.00
$X/\%$	40.00	50.00	60.00	70.00	80.00	90.00	95.00	100.00	—
$Y/\%$	4.89	4.57	4.05	3.37	2.54	1.60	1.06	0.00	—

表 6.2 NACA65‐010 叶型厚度分布

$X/\%$	0.00	0.50	0.75	1.25	2.50	5.00	7.50	10.00	15.00
$Y/\%$	0.00	0.77	0.93	1.17	1.57	2.12	2.65	3.04	3.67
$X/\%$	20.00	25.00	30.00	35.00	40.00	45.00	50.00	55.00	60.00
$Y/\%$	4.14	4.50	4.76	4.92	5.00	4.96	4.81	4.53	4.15
$X/\%$	65.00	70.00	75.00	80.00	85.00	90.00	95.00	100.00	—
$Y/\%$	3.68	3.16	2.58	1.99	1.39	0.81	0.35	0.00	—

表 6.3 BC‐6 叶型厚度分布

$X/\%$	0.00	0.50	2.50	5.00	7.50	10.00	20.00	30.00	40.00
$Y/\%$	0.00	0.80	1.86	2.59	3.10	3.54	4.56	4.92	5.00
$X/\%$	50.00	60.00	70.00	80.00	90.00	95.00	99.47	100.00	—
$Y/\%$	4.86	4.45	3.78	2.86	1.74	1.15	0.63	0.00	—

以上公布的标准叶片,均是以无量纲形式给出。

　　由于标准叶型的最大相对厚度位置、最大相对厚度、叶型的弯度分布均为固定值,因此应根据不同的叶片进口马赫数,选择不同的标准叶型。这种方式在很长一段时间内给设计师带来极大的方便,然而随着压气机负荷水平的提升,对于叶型截面上的载荷分布提出了更高的要求,固定载荷分布的叶型已经无法满足设计需求,随着计算机的发展,具有可变载荷分布的叶型造型方法呼之欲出。

　　2）双、多圆弧叶型

　　国外在20世纪60~70年代已研制出一些适用于跨声速条件的叶型,其中最具代表性的是双圆弧叶型(DCA)和多圆弧叶型(MCA)。

　　双圆弧叶型的吸力面和压力面均为一个圆弧,它是以等转折率来控制气流扩散的叶型,一般用于高亚声速、低超声速范围内的叶片。

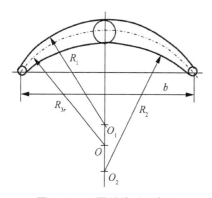

图 6.10　双圆弧叶型示意图

　　多圆弧叶型中基元叶型的叶背表面、叶盆表面与中线都是由两个不同半径的圆弧段构成,圆弧段在交点处相切。前半段为半径较大的圆弧,适用于超声速部分,而后半段为半径较小的圆弧,适用于亚声速部分。来流超声速时,多圆弧叶型可通过控制弯度分布来改变叶片形状,以达到减小叶型损失、控制叶片喉道面积的目的。

　　图 6.10 为双圆弧叶型示意图;图 6.11 为多圆弧叶型示意图。

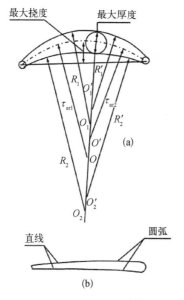

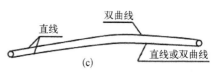

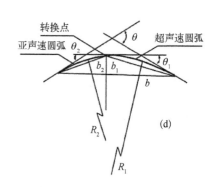

图 6.11　多圆弧叶型示意图

3）定制叶型

在叶型设计的发展过程中,各个研究所对可变载荷的叶型设计开展了大量的探索研究,分别对叶型的中弧线与厚度分布曲线进行定制化设计,同时将厚度分布曲线通过几何方法叠加到中弧线上,生成叶型的叶盆与叶背曲线,如图 6.12 所示。

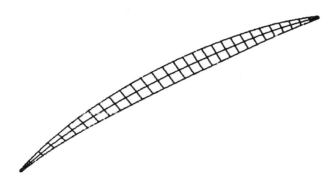

图 6.12　中弧线与厚度分布形成的叶型叶盆与叶背曲线示意图

基元叶型的中弧线曲线采用的形式比较多,为了保证光滑性,中弧线的设计多采用二次及二次以上的曲线,如常规的双圆弧曲线、多圆弧曲线、三次多项式曲线、NURBS 曲线等,如果中弧线采用多段曲线,应保证曲线之间的二阶导数连续。

程荣辉等研究的中弧线为两段圆弧曲线的设计方法最为典型。该方法将两段圆弧作为中弧线曲线,三次多项式作为厚度分布曲线,这种方法称为定制叶型设计方法,它是可控扩散设计方法的一种。

这种方法通过调整中弧线上的弯度分布,来控制叶型表面的气动载荷分布;根据气动与强度需要,调整叶型厚度分布曲线,生成叶背与叶盆曲线,达到对叶型进行定制的目的。

下面将对中弧线采用两段圆弧曲线的设计方法进行详细说明,通过调整前后段圆弧的弦长比与叶型的弯度比,来设计符合需求的叶型载荷分布,如图 6.13 所示。

叶型的中弧线为两段圆弧曲线,根据设计要求,已知参数如下:

（1）进口几何构造角 β_{1k};

（2）出口几何构造角 β_{2k};

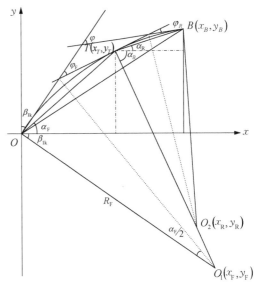

图 6.13　双圆弧中弧线的叶型设计原理图

（3）前后段圆弧弦长比 BF；

（4）前后段圆弧弯度比 BT；

（5）叶片轴向子午弦长 b_x；

（6）叶型总弯度 φ。

需要进行计算的输出结果为两段圆弧的圆心坐标 $O_1(S_F, y_F)$ 和 $O_2(x_R, y_R)$，两段圆弧的半径 R_F 和 R_R。

图 6.13 为中弧线与流道子午投影的相关关系，点 O 为局域坐标系下叶型的前缘点，点 B 为局域坐标系下叶型的后缘点，点 T 为两段圆弧的交点。O_1、O_2 为两段圆弧的圆心，其中 $\overgroup{OT}$ 为第一段圆弧，$\overgroup{TB}$ 为第二段圆弧，φ_F 是第一段圆弧的弯度，φ_R 为第二段圆弧的弯度，φ 为整段中弧线的弯度，O 点的坐标为 $(0.0, 0.0)$，T 点的坐标为 (x_T, y_T)，B 点的坐标为 (x_B, y_B)。根据圆弧的相关性质，可以得出以下关系：

$$\begin{cases} OB = B_t, \quad OT = b_f, \quad TB = b_R \\ \varphi = \varphi_F + \varphi_R \\ x_B = b_x \\ BF = \dfrac{b_f}{B_t}, \quad BT = \dfrac{\varphi_F}{\varphi} \end{cases} \tag{6.4}$$

式中，B_t 为弦长；b_f 为前段弦长；根据方程（6.4），可以求出第二段圆弧的弦长 b_r。

根据相关的角度关系可以得出以下方程：

$$R_F = \frac{b_f}{2\sin(\varphi_F/2)} \tag{6.5}$$

$$\begin{cases} x_F = R_F\cos\beta_{1k} \\ y_F = R_F\sin\beta_{1k} \cdot (-1.0) \end{cases} \tag{6.6}$$

$$\begin{cases} \alpha_F = \dfrac{\pi}{2} - \beta_{1k} - \dfrac{\varphi_F}{2} \\ \alpha_R = \dfrac{\pi}{2} - \beta_{1k} - \varphi_F - \dfrac{\varphi_R}{2} \end{cases} \tag{6.7}$$

根据式（6.5）～式（6.7），即可得出圆弧线的方程表达式。

由图 6.13 中的关系可以求出尾段圆弧的半径，如式（6.8）所示：

$$R_R = \frac{b_R}{2\sin(\varphi_R/2)} \tag{6.8}$$

式中，$b_R = \dfrac{(x_B - x_T)}{\cos\alpha_R}$。

同理,可以求出尾段圆弧的圆心坐标,如式(6.9)所示:

$$\begin{cases} x_R = x_T + R_R \cos \alpha_B \\ y_R = b_f \sin \alpha_F - R_R \sin \alpha_B \end{cases} \tag{6.9}$$

式中, $\alpha_B = \beta_{1k} + \varphi_F$。

由此可以求出中弧线末点的坐标,如式(6.10)所示:

$$\begin{cases} x_B = x_T + b_R \cos \alpha_R \\ y_B = y_T + b_R \sin \alpha_R \end{cases} \tag{6.10}$$

同前段圆弧类似,由以上条件可以得到尾段圆弧的显式表达式。

4) NURBS 自由中弧线设计方法

为了探索高效的超声速叶型设计方法,各个研究所对能够灵活控制叶型中弧线的造型方法开展了研究。基元叶型的中弧线曲线主要采用 NURBS 自由曲线,利用控制点设计基元叶型的弯角分布,通过积分得到中弧线曲线,进而间接控制叶型载荷分布,称为自由中弧线设计方法,如图 6.14 所示。

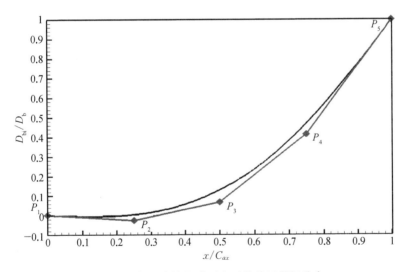

图 6.14　控制点控制叶型中弧线的无量纲分布

这种设计方法通过调整控制点 P_1、P_2、P_3、P_4、P_5 的值,来控制叶片中弧线的曲率变化,以及叶型中弧线的型线,达到控制叶型载荷分布的效果;通过控制叶型表面气体的马赫数分布,来降低流动损失,以提高风扇压气机的性能。

这种方式的自由度更高,可根据叶型进口条件,设计出符合压气机气体内部流动的基元叶型,要求设计师能充分理解气体流动的本质,根据流动现象选择合适的参数,从而设计出高效合理的基元叶型。

由于两段圆弧曲线在控制表面马赫数分布上有一定的局限性,对于马赫数小于 0.8 的亚声速叶型有较好的设计结果,但对于超声速和跨声速的叶型,中弧线采用两段或多段圆弧曲线的方法对表面马赫数分布的控制略显不足,因此,需要采用自由度更高的 NURBS 自由中弧线设计方法。这种设计方法主要控制叶型中弧线曲率变化,降低叶型表面马赫数,特别是降低进口段的马赫数来削弱激波强度,降低激波损失,进而使叶型表面的速度分布得以控制。它比双圆弧叶型有更强的适应性,在一定范围内可替代双圆弧叶型,适用于相对进口马赫数大于 1.6 时的超声速流动,代表叶型有"楔形叶型"和"S-叶型",也称预压缩叶型。叶型的几何特点是前缘半径比较小,叶型的厚度较小,叶型弯角较小或为负转折角,叶型中弧线在前段有一条斜直线段或负曲率段,这种叶型流动的特征是由吸力面内凹部分的压缩波汇聚形成第二道斜激波,称为预压缩波,虽然这种预压缩波的强度并不大,却能有效地降低相邻叶片的激波进口马赫数,同时有效降低叶片槽道中气流超声速区的峰值马赫数,减弱激波的强度,降低叶片的激波损失,提高压气机的效率[13]。

2. 分析优化造型方法

近年来,随着优化理论的不断发展与完善,各种优化算法在不同学科领域得到了广泛的应用,如基于梯度的优化算法、模拟退火法、遗传算法等。在叶轮机械领域,一种将优化算法和 CFD 技术融合的叶轮机械气动优化设计方法——气动数值优化设计方法应运而生,其实质就是将依靠设计人员经验进行优化设计的步骤用数值寻优的方法来代替。具体到叶型设计方面,即首先对初始叶型进行参数化,得到优化变量;然后对叶栅流场进行 CFD 计算,得到叶型的性能参数;利用优化算法对 CFD 的结果进行寻优,直到得到最优解。该方法具有如下优点:① 使气动设计过程自动化,对叶型几何的修改不再依赖设计人员的经验,而是由数学过程代替,过程更加严密、精确;② 可以方便地施加各种几何和气动性能指标的约束,通过优化算法处理约束和目标之间的矛盾,得到全局最优解的可能性增大;③ 采用具有多目标、非线性的寻优算法,可以进行全工况、多目标、多学科的优化设计,这正是叶轮机械设计的难点所在;④ 某些优化算法允许并行计算,这能够大幅度提高设计效率、缩短研发周期。介于以上突出的优点,气动数值优化设计方法已经成为叶轮机械研究领域的热点。由于压气机叶栅流场的复杂性,CFD 计算时间成本高昂,所以气动数值优化设计方法的重点在于研究如何快速、准确地得出最优解。影响寻优过程的主要因素有两个:优化变量和寻优算法。国内外学者在这两方面开展了深入的研究,下面依据不同的优化算法进行分类,对轴流式压气机叶型气动数值优化设计的发展以及国内外现状进行简要介绍。

以极值求解的方法来分类,数值优化设计方法可以分为局部寻优和全局寻优两大类。局部寻优方法通过当地目标函数的梯度确定寻优方向,典型的有最速下降法、牛顿法、共轭梯度法等。这种基于梯度的寻优方法的优点是:整个优化过程是确定性的,并且可以保证收敛到局部极值点。如何快速且精确地获取目标函数的梯度是梯度法重点需要解决的问题。

Burguburu 采用基于梯度的优化算法对三个不同的叶片进行优化设计。第一个算例采用 Bezier 曲线参数化叶型的吸力面型线,优化目标为最大化绝热效率,保证堵塞流量、轴向弦长不变以及总压比在原始值 $[-0.02,\ 0.05]$ 范围内变化,优化结果显示效率提高 1.85%;第二个算例采用 Bezier 曲线参数化叶型中弧线及吸力面型线,优化过程中保证流量不增加,优化目标为最大化欧拉功,优化后等熵效率提高 0.85%;第三个算例采用 Bezier 曲面参数化叶片的吸力面,优化目标为最大化绝热效率,优化后效率提高 1%。Jameson 和 Reutner 提出了基于控制理论的气动优化方法,控制理论解决了目标函数梯度的快速求解问题,大大加快了算法的寻优速度,他们对叶型、全机等几何外形进行了气动优化设计,证实了基于控制理论的梯度算法具有快速求解梯度的能力。

基于梯度的寻优方法在处理单峰值的函数关系时效率高,但是对非线性、多峰值函数寻优时容易陷入局部极值点,难以寻到全局极值。所以,对于轴流压气机叶型设计必须引入具有全局寻优能力的算法,如遗传算法、模拟退火算法、响应面法等。总体来说,全局寻优算法可以分成两大类:直接寻优法和间接寻优法。

直接寻优法最有代表性的是遗传算法。遗传算法最早由 Holstein 与 Holland 提出,他们把原本用于模拟自然遗传系统的数值方法开创性地发展成为有明确目标的、带有一般性的理论和方法。Lotfi 采用遗传算法对某低转速的风扇叶片中间截面进行气动优化,采用 Bezier 曲线对叶型的中弧线进行参数化,叶型的厚度分布、轴向弦长、安装角保持不变,目标函数为叶型的总压损失系数,采用遗传算法进行寻优,优化后叶型尾缘处分离消失,在满足约束条件的情况下总压损失系数降低 15%。

全局寻优算法通常寻优空间较大,寻优效率低,同时大量 CFD 计算使全局寻优算法的优越性大打折扣。为改善以上缺点,一些学者尝试采用近似模型的方式构造优化变量和目标函数之间的响应关系,以此代替 CFD 流场计算,提高设计效率,此即响应面法。与遗传算法的直接寻优不同的是,响应面法是一种间接寻优方法。Mengistu 对某透平转子叶片进行优化设计,采用 Bezier 曲线对二维叶型进行参数化,利用人工神经网络法构造优化变量与目标函数之间的响应关系,运用遗传算法对响应面模型进行寻优,优化目标为最小化总压损失,同时保证出口气流角和折合质量流量不变,优化结果显示叶型的总压损失系数大幅降低。

局部寻优算法的寻优速度快,但是容易陷入局部极值,而全局寻优算法有较好的全局寻优能力,但是寻优效率较低。鉴于两种方法各自的优缺点,有学者研究了将局部寻优算法与全局寻优算法结合起来的综合优化策略,综合利用两者的优点,从而达到了全局寻优能力强且寻优效率高的效果。Obayashi 对比遗传算法和基于梯度的优化算法在多目标优化时的寻优能力,通过优化某压气机叶栅,结果显示梯度的优化算法很难考虑各目标之间的平衡,考虑到基于梯度优化算法寻优效率高,将其解作为多目标进化算法的初始种群,得到初始种群后再利用遗传算法进行寻优,结果显示收敛速度大幅提高。

优化造型的最典型应用即可控扩散叶型(CDA),可控扩散叶型即通过对叶型表面速度分布进行优化得到的叶型,具有控制表面气流的扩散、减小附面层分离、削弱可能出现的激波强度等优点,它是美国普拉特-惠特尼公司在 20 世纪 80 年代初提出的一种新的叶型设计方法,在进口气流亚声速的叶型设计中,通过控制叶型叶背表面气流的压强梯度来防止附面层分离。在超跨声速情况下,控制压强梯度使叶背表面速度由超声速降为亚声速而不产生激波,该类型叶型称为超临界叶型。采用可控扩散叶型的压气机,多变效率约可提高 2%,每个叶片的压强可以提高约60%,这是一种与传统的叶型设计完全不同的新方法。

可控扩散叶型的主要设计准则如下:

(1)气流从前缘开始,沿吸力面保持连续加速,直到附面层转捩点,因为气流附面层在加速的情况下不会发生分离,这样可以防止层流附面层分离;

(2)吸力面最高马赫数控制在 1.3 以下,激波和附面层相互作用能引起附面层分离,在正激波的情况下,如果波前马赫数小于 1.3,不会发生分离;

(3)控制吸力面从最大马赫数点起到后缘这一段减速区内的气流的扩散度,以不产生激波,不发生分离,并且表面摩擦力最小;

(4)沿压力面气流速度分布接近于均匀。

图 6.15 为可控扩散叶型的设计特点。

在上述可控扩散叶型的基础上,美国普拉特-惠特尼公司又提出了第二代可控扩散叶型。设计时,除了采用第一代可控扩散叶型的准则,还要考虑端壁附面层的影响,以及叶片的叶尖和叶根处容易出现气体分离的现象。第二代可控扩散叶型克服了这一缺点,不仅提高了压气机的效率,而且增加了喘振裕度。

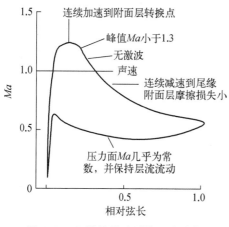

图 6.15 可控扩散叶型的设计特点

3. 反问题造型方法

前面所述的造型方法中,设计人员通过不同的几何方法完成叶片型线几何的构建,然后采用多种方法求解压气机气动性能。为了获取良好的气动性能,通常需要对压气机叶片进行反复优化迭代,直至满足设计要求,上述叶片几何分析求解的过程称为正问题分析过程。设计人员通常以正问题分析为基础,将叶片造型进行参数化描述,采用先进的优化算法进行优化求解,以期获取满意的气动性能[14]。

设计人员在压气机设计过程中发现,优化算法首先需要对不同优化变量的组合进行多次正问题计算,形成一个优化设计域,并以此为基础开展寻优计算。这些优化方法的计算时间与设计变量的个数紧密关联,设计变量数目越多,需要计算的正问题次数越多,计算时间越长。随着压气机三维几何造型参数的不断增多,优化设计的计算量往往变得难以接受,限制了叶型优化在压气机设计领域中的应用。

为了解决上述问题,设计人员提出了反问题造型方法。与正问题分析过程相反,反问题是通过给定叶片表面气动参数分布,直接求解压气机叶型几何的过程,在反问题设计过程中,设计人员直接控制叶片表面的气动参数分布,因此对压气机气流内部流动的控制更为直观,与压气机气动性能的联系也更为紧密。

与三维优化方法相比,反问题设计则具有自身的特点和优势,具体如下。

(1)计算量小且计算时间短。三维优化方法通常会计算上百个正问题,对计算机和存储介质的要求均非常高,而反问题计算的基本过程是在流场计算的同时,通过给定的气动参数分布不断调整叶片几何,叶片几何的调整与流场计算同步进行,当流场计算结果收敛时,叶片几何同时满足给定气动条件。因此,反问题计算时间与单次正问题计算时间基本相同。

(2)直观且精确的流场细节控制。反问题设计中设计人员给定的设计参数通常为叶片表面气动参数,因此能够通过设计参数对场中主要流动特征进行直接控制,如激波强度和位置、气流沿叶片表面速度变化等,从而有针对性地做出调整。而三维优化方法对叶片几何的优化是自动进行的,优化的目标通常只是压气机总体气动性能参数,对于流场细节无法直接控制,在得到优化结果前,设计人员无法获取压气机内部流动细节和变化规律。

(3)灵活的叶片几何参数化描述。反问题设计可将每个计算网格单元坐标直接作为控制变量,因此其对叶型几何的参数化是比较灵活的。而三维优化方法必须先对叶片几何进行解析化的描述,才能从明确解析式中选取优化变量和优化范围。早期的叶片解析化采用多项式曲线,通过多项式系数控制叶片几何,目前多采用一些参数化曲线如贝塞尔(Bezier)曲线、非均匀有理 B 样条(NURBS)曲线等,固定形式的叶片几何参数化描述方法不仅降低了设计的自由度,还减小了优化空间。

可以看出,反问题设计方法具有自身的特点和优势,能够为设计人员提供全新的设计手段和设计方法,以提升压气机的设计效率。

20 世纪 70 年代,Lighthill 最早提出反问题设计思想:给定叶片表面或流道的气动参数分布来反求叶片形状,其特点是物理意义明确,设计者可以根据物理规律和经验对重要的气动参数进行控制,直接针对减少叶型损失、改变激波强度或位置等目的进行优化,更具方向性,计算量一般比正问题优化小,缺点是不容易给出合适的叶片气动参数分布即反问题的定解条件。叶片造型反问题设计的流程如图 6.16 所示。

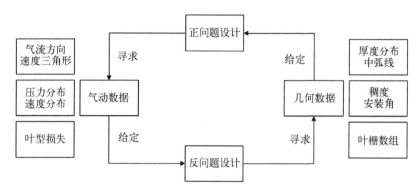

图 6.16　叶片造型反问题设计流程图

　　一般来说,给定叶型和合理边界条件的正问题计算总存在物理解,但对于反问题设计,任意给定的流场气动参数分布(即反问题的定解条件)却不一定有叶型与之对应。有学者就讨论过反问题解的存在性问题,并指出即使是在二维问题中,叶片表面的静压分布和自由来流速度也不能同时给定。由于反问题的适定性很复杂,之后的学者主要致力于研究工程上适用的气动优化设计方法,早期采用的保角变换、速度图、精确变换等方法只对流动进行大量的简化,并且局限于简单的二维外形,很难有所拓展,之后的反问题设计方法研究基本与正问题流场计算方法的发展相关联。

　　早期的轴流式压气机叶片气动反问题造型方法基于通流 S1 流面求解或势流方程求解,随着计算机计算能力的不断提升和计算流体力学的发展成熟,目前的气动反问题造型方法基本以 CFD 求解为基础。

　　反问题设计时,压气机叶片气动参数是设计变量,压气机叶片几何构型是设计目标。通常设计人员会根据设计需求,给定叶片气动参数分布。气动参数的给定有多种方式,可以给定叶片表面压力载荷,即叶片吸、压力面的静压差,也可以分别给定叶片吸、压力面的静压分布,以及速度分布等。叶型几何的求解方法也有多种,可求解叶片中弧线,也可求解叶片吸力面或压力面型线。按照不同的叶片表面气动参数给定方式,可以发展出不同类型的反问题设计方法,本书在国内外相关研究的基础上,结合工程实际需求,主要介绍两种反问题设计方法。

　　1) 载荷-叶片中弧面反问题设计方法

　　载荷-叶片中弧面反问题设计方法是以叶片表面压力载荷分布为设计变量叶片中弧面为设计目标,设计计算过程中,叶片厚度保持不变,中弧面不断改变,直至满足给定的叶片表面载荷分布。该方法的优点在于叶片载荷反映了叶片与气流之间的功的传递,通过调整载荷,可有效控制压气机叶片对气流的加功量,从而控制转子叶片出口总压比、静子叶片气流折转角等气动参数。

　　该方法的基本原理是通过流场计算过程中的叶片表面载荷分布与给定的设计载荷分布之差,求解出虚拟的中弧线移动法相速度,并以此求解出叶片中弧线的更新量,当流场中实际载荷$(p^+ - p^-)$与给定载荷Δp_{sp}相等时,虚拟移动速度为零,即满足了给定的气动参数分布,此时叶片不再进行更新。虚拟移动速度计算公式见式(6.11),叶片表面虚拟位移示意图见图6.17。

$$(v_n^+)_{new} = (v_n^-)_{new} = \frac{\Delta p_{sp} - (p^+ - p^-)}{\rho^+ c^+ + \rho^- c^-} \qquad (6.11)$$

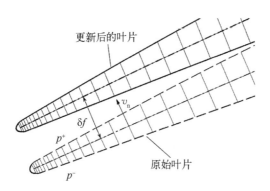

图 6.17　叶片中弧线虚拟位移

2) 静压-叶片型线反问题设计方法

　　静压-叶片型线反问题设计方法是以叶片吸、压力面静压分布为设计变量,叶片吸、压力面型线为设计目标,设计计算过程中,叶片吸、压力面型线在给定的静压分布作用下不断变化,直至满足给定的叶片表面静压分布。叶片表面虚拟位移示意图见图6.18。

　　该方法更为灵活,其主要优点在于能够对叶片表面附近和叶片通道内的流场实现更精细化的控制,从而达到抑制流动分离、优化叶片通道内流场结构等设计目的。

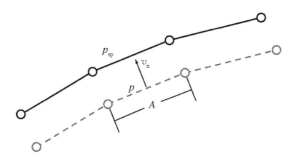

图 6.18　叶片表面虚拟位移

　　早期设计人员采用流场中实际静压与给定的叶片表面静压之差,求解网格面上虚拟的动量通量,通过网格面的移动对该虚拟的动量通量进行补偿,使得网格表面静压朝着给定静压不断趋近,最后趋于一致。该方法思路清晰,表达式十分简单,非常易于程序实现,但在实际计算中发现,该方法十分不稳定,需要较大的松弛因子,同时很容易导致叶型表面不光滑,表面需要引入光顺技术对叶片表面型线进行光顺处理。为了解决上述问题,设计人员发展了一种基于给定静压差特征关系的反问题设计方法。

$$(v_n^+)^{new} = \frac{2}{\gamma - 1} \sqrt{\frac{\gamma}{\rho^+}} (\sqrt{(p^+)^{new}} - \sqrt{p^+}) \tag{6.12}$$

　　这里 v_n^{new} 的物理意义为:叶片表面静压从 p 变化至 p^{new},该网格单元壁面需要移动的法向速度。至此,就建立起了叶片表面静压分布与叶片型线更新量的关系。从式(6.12)中可以看出,若 $p = p^{new}$,则 v_n^{new} 等于零,即壁面处气流静压若达到给定的静压,叶片型线的更新量为零,此时得到的叶片型线即满足给定静压分布的叶片型线。该方法的叶片表面虚拟位移图见图6.19。

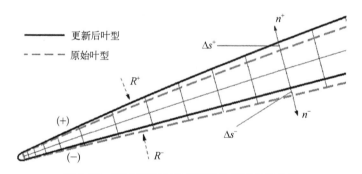

图6.19　通过特征关系求解叶片表面虚拟位移

　　虽然两种反问题设计方法在设计变量选取和设计目标上有所不同,但其本质仍然是通过给定气动参数分布修改叶片几何构型,因此其实施的流程基本一致。本书所发展的压气机反问题设计方法的主要流程如下:
　　(1)给定初始叶片几何和气动参数分布;
　　(2)流场数值求解;
　　(3)运用反问题边界条件实施叶片几何更新;
　　(4)计算网格更新;
　　(5)判断给定的气动参数分布是否达到以及流场是否收敛;
　　(6)若未能达到收敛标准,则返回第2步进行重复迭代。
　　图6.20为气动反问题基本流程。
　　以某压气机为实例,对叶根附近截面进行反问题改型设计。图6.21对比了原

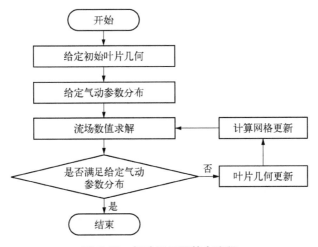

图 6.20　气动反问题基本流程

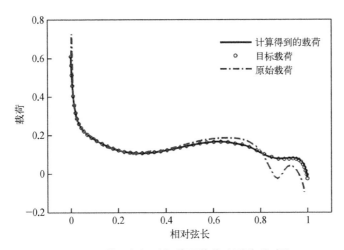

图 6.21　某压气机叶根截面载荷改型前后对比

始载荷(original load)、目标载荷(target load)以及反问题设计计算结果得到的载荷(inversed load)。从图中可以看出,反问题计算结果中叶根截面载荷分布很好地满足了给定的目标载荷分布。图 6.22 为叶根截面叶片型线对比。从图中可以看出,在给定载荷的驱动下,叶根截面靠近尾缘处的叶片弯角发生变化,改型后的弯角明显小于原始叶型。

图 6.23 为反问题设计改型后 5%叶高位置处叶片通道相对马赫数分布与原型的对比。从图中可以看出,由于对叶根尾缘处的载荷进行了合理的调整,叶片吸力面附近沿流动方向的相对马赫数变化更为平缓;同时,对叶片尾缘处载荷波动进行了光顺处理,使得气流在靠近尾缘处的流动更加合理,尾缘处的气流分离现象基本消除,达到了预期的设计目的。

图 6.22　叶根截面叶片型线对比

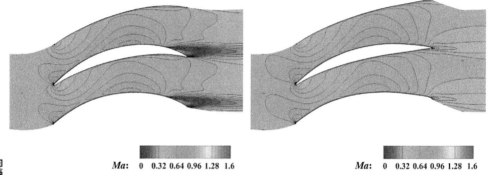

(a) 原型　　　　　　　　　　　　　　　　(b) 改型

图 6.23　改型前后叶片根部流动对比

6.2.3　叶片积叠设计

根据上述对于基于叶型的设计结果,选择合适的叶片积叠方式,进行叶片积叠,得到在子午面设计约束范围内的叶片实体。

叶片积叠的主要任务是将基元叶型按照径向特定的规律"叠加"成一个完整的三维叶片。叶片积叠的方式很大程度上决定了叶片工作状态时的强度应力分布情况。

叶片的积叠方式分为重心积叠、完全重心积叠、优化重心积叠、根截面重心积叠、固定弦长位置积叠。不同的积叠方式之间的差别在于所选择的积叠点不同,不同的积叠方式设计的三维叶型也有所不同。

在定制叶型设计程序中,不同积叠方式的特点如表 6.4 所示,叶片积叠示意图如图 6.24 所示。

表 6.4　不同积叠方式的特点

积叠方式	方　　式	特　　点
重心积叠	积叠点的轴向坐标为根截面重心坐标,周向坐标为各截面重心的周向坐标	叶片子午面发生变化
完全重心积叠	积叠点为各截面的重心坐标	叶片子午面发生变化

续 表

积叠方式	方　　　式	特　点
优化重心积叠	积叠点的轴向坐标为根、中、尖截面重心坐标中选出优化位置进行积叠	叶片子午面与流道子午面一致
根截面重心积叠	积叠点的轴向坐标为根截面重心坐标,周向坐标为各截面重心坐标的算术平均值	叶片子午面发生变化
固定弦长位置积叠	积叠点为根截面固定弦长处的坐标	叶片子午面与流道子午面一致

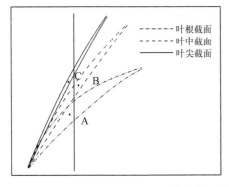
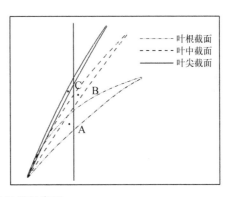

图 6.24　叶片积叠示意图

目前,随着高负荷风扇压气机的研发,为了改善端区的流动分离,静子采用弯曲设计,转子也采用沿径向方法的 S 形设计。其中,图 6.25 为静子的反 C 形设计,图 6.26 为转子的 S 形设计,弯曲的正方向为叶片往叶盆方向凸起,负方向为叶片往叶背方向凸起,可根据叶片实际的三维流动情况进行调整。

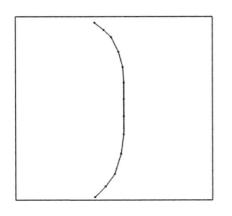

图 6.25　叶片周向反 C 形弯曲

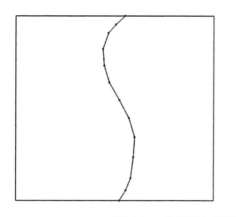

图 6.26 叶片周向 S 形弯曲

6.3 叶片设计参数选取

6.3.1 叶片设计流程及流面输入参数

1. 叶片设计流程

叶片设计方法包括传统的几何造型、优化造型和反问题造型三种不同的方法。目前压缩部件设计主要采用几何造型方法,在此基础上形成了大量的设计经验,并经过了大量的试验验证。本节主要介绍叶片的几何造型方法的设计流程和流面输入参数的定义。

叶片设计是压气机设计流程中重要的环节,是将流面设计结果中的气动参数转化成叶片实体的过程,从某种意义上来说,叶片设计是所有设计者思想、气动设计参数的集中体现。叶片设计主要从 S2 流面设计的气动参数开始,进行叶片的基元叶型设计,通过积叠形成一个完整的叶片三维实体,最后根据需要输出各类叶片数据,如可输出仿真分析数据、叶片数模设计数据,以及各类性能计算、强度计算与空气系统计算的数据等。叶片设计流程如图 6.27 所示。

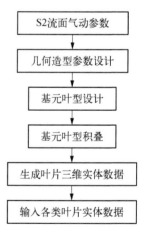

图 6.27 叶片设计流程图

2. 叶片设计的流面输入参数

叶片设计处于 S2 流面设计工作的下一个环节,除了叶片本身具有的几何参数作为输入参数,还有一部分输入参数来自流面设计结果的相关参数。下面以定制叶型设计方法为例,介绍在叶片设计过程中所采用的流面设计参数,对于进口参数以注脚“1”表示,出口参数以注脚“2”表示;所有的角度均是与发动机轴线的夹角。

（1）叶片的子午流道坐标。定制叶型设计方法是在锥平面上进行的叶片基元叶型设计，因此采用子午流道中的进出口坐标即可进行叶片的几何设计，进出口坐标分别用 (z_1, r_1) 和 (z_2, r_2) 表示，如图 6.28 所示。

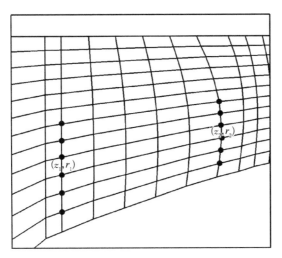

图 6.28　子午流道进出口尺寸示意图

（2）叶片进口与出口的气流角。为了确定叶型的进口几何角和出口几何角，需要流面设计结果中的进出口气流角，如图 6.29 所示。叶片的进出口气流角主要控制气流在叶片中的流动，将叶片的叶型表面型线根据既定的参数控制，使叶片基元叶型从进口到出口基本符合气体流动的速度三角形分布。

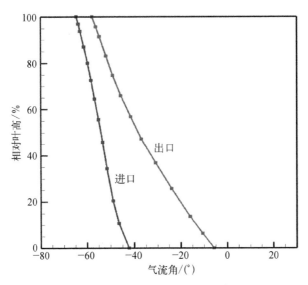

图 6.29　叶片进出口气流角示意图

6.3.2　叶片设计典型叶型参数定义与选取

在叶片设计过程中,根据转、静子叶片的设计经验,选择合适的叶型设计参数进行基元叶型的计算,主要包括叶型攻角、落后角、叶片最大厚度、叶片最大厚度位置、前尾缘半径、最大挠度位置等常规参数。下面将逐一给出实例进行说明。

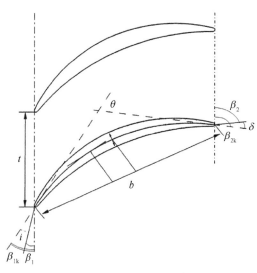

图 6.30　叶片攻角示意图

1. 攻角

叶片的攻角为进口气流角与叶型几何进口构造角之间的夹角,即 $i = \beta_1 - \beta_{1k}$。攻角的选择不仅与所采用的叶型有关,同时还与该叶型所在风扇、压气机中的级数位置、处于叶片径向位置有密切的关系,如图 6.30所示。

在多级压气机设计中,每一级叶片的攻角设计,与叶片所处的级数位置有关,每一级叶片都选择最小损失攻角在多级压气机中并不是最满意的选择。压气机实际工作时,中低转速下的攻角与设计点攻角差别很大,特别是进、出口级叶片的攻角变化非常大。为了照顾中低转速的性能,在100%转速下,选择攻角稍微偏离最小损失攻角,可以有效改善中低转速的性能。

在压气机设计中采用准三维设计方法时,攻角的选择难度较大,经验成分较多,需要进行大量的数据积累。军用发动机和民用发动机的压气机攻角选择有所区别,压气机进口有无导流叶片,进口级组的叶片攻角设计也不一样。具体设计时,还要考虑叶型的几何形状、不同的叶型弯度分布,特别要注意级与级之间的流量匹配和各叶片排流量沿径向的分布规律,还要考虑到环壁边界层沿轴向的增厚及径向掺混,在准三维设计中要完全解决上述问题是非常困难的,只有通过黏性全三维计算才能较好地解决上述问题。

对于超声速叶型、前加载叶型、预压缩叶型等,攻角应根据实际流动情况进行针对性的设计。

2. 落后角

叶片落后角对风扇、压气机的绝热效率和综合裕度都有影响。叶型落后角通常采用根据大量叶栅试验结果总结出的卡特公式进行计算。

叶型的落后角计算主要采用叶栅稠度、进出口气流角等参数进行计算。

落后角 δ 用卡特公式计算为

$$\delta = m\theta \sqrt{\frac{b}{t}} \tag{6.13}$$

其中,

$$m = 0.23\left(\frac{2a}{b}\right)^2 - 0.002(90 - \beta_2) + 0.18\delta = m\theta\sqrt{\frac{b}{t}} \tag{6.14}$$

式中, b 为弦长; t 为叶栅进口与出口栅距的平均值。进口气流角为 β_1 ,出口气流角为 β_2 ,攻角为 i , θ 为基元叶型的弯角:

$$\theta = (\beta_1 - \beta_2) - i + \delta \tag{6.15}$$

用卡特公式计算的落后角和实际流动中叶栅落后角之间存在误差,特别是在叶片根、尖部区域差别很大,所用的叶型不同,计算的落后角也不同,所以在设计压气机叶片时,必须对卡特公式计算的落后角进行修正。修正的落后角按式(6.16)计算:

$$\delta = \delta + X \tag{6.16}$$

式中, X 为修正量,一般情况下,叶中截面为 $0°{\sim}0.5°$,叶根截面为 $2°{\sim}3°$,叶尖截面为 $1°{\sim}2°$ 。修正量的具体值,主要根据不同的设计经验和试验数据库决定。随着风扇、压气机设计的负荷越来越高,卡特公式计算的落后角对经验严重依赖,越来越不能真实地反映气体流动,因此对于修正量的选取值也需要进行不同程度的调整。同时,对于一些特殊的叶型,如前加载叶型,以上的经验并不适用,应重新考虑落后角模型。

3. 最大厚度位置

最大厚度位置为叶型最大厚度处在整个叶型弦长上的百分比位置(图 6.31),它的选择主要取决于叶片进口马赫数的大小。在高压压气机设计中,进口级转子叶片的进口马赫数从根部到尖部变化比较大,该参数的取值也会发生一些变化。初次设计时可按如下对应关系进行设计。

进口马赫数范围为 $0.5{\sim}0.8$,最大厚度位置的选择范围为 $0.4{\sim}0.5$;

进口马赫数范围为 $0.8{\sim}1.1$,最大厚度位置的选择范围为 $0.45{\sim}0.6$;

进口马赫数范围为 $1.1{\sim}1.3$,最大厚度位置的选择范围为 $0.55{\sim}0.65$ 。

对于风扇设计,进口马赫数超过 1.3 时,最大厚度位置取值尽量大于 0.6 。

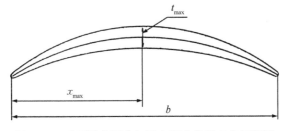

图 6.31　叶型最大厚度与最大厚度位置定义示意图

4. 最大厚度

对于传统的叶型设计,厚度分布很大程度上决定了叶片型面的曲线,对于风扇、压气机叶片,它们主要依靠叶型的型线来控制气体流动,因此厚度分布曲线会影响风扇、压气机叶片的设计结果。

由大量的叶片设计与计算结果分析可知,对于进口为亚声速的叶片设计,叶片前半段的厚度分布可采用圆弧形或椭圆弧形的曲线,这两种曲线在对气流加速控制上都具备较好的控制能力;在叶片进口马赫数为超、跨声速时,前半段厚度曲线可以采用相对比较薄的三次曲线,可以降低气流在叶背上加速的程度,有效控制激波位置和激波强度,可以获得较好的设计结果。

叶型的最大厚度选择要兼顾气动性能,特别是强度振动要求,厚度小,气动性能良好,但承受载荷,特别是振动载荷的能力会下降。一般多级压气机末级叶型最大厚度的最小值应大于 1 mm,其他级随叶片长度增大而增大。

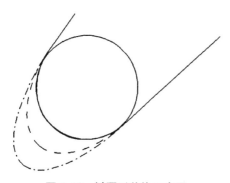

图 6.32 椭圆形前缘示意图

5. 前尾缘形状

叶片前尾缘的形状主要有圆弧和椭圆两种。早期考虑到设计与加工的方便,多数情况下采用圆弧形前缘,随着进口马赫数的增加,逐渐采用椭圆形前缘。采用椭圆形前缘可以减小叶型前缘气流加速,有效降低前缘的激波强度,如图 6.32 所示。圆弧形前缘只有一个参数,为前缘半径;对于椭圆形前缘,一般采用椭圆的椭圆度作为前缘的设计参数。通常情况下,考虑到结构与强度的因素,特别是要具备足够的抗外物损伤能力,叶片前缘要有足够的厚度。

6. 前尾缘半径

前尾缘半径也称为前尾缘厚度。在早期的设计中,前缘形状采用圆弧形前缘,前缘半径与前缘厚度均可以表征叶片前尾缘的大小。随着叶片设计的发展,前缘形状采用比较多的形式,有椭圆弧前缘、非对称前缘、任意曲线前缘等。尽管如此,前尾缘半径作为气动与强度设计的关键参数,依然是一个重要的经验参数。

前尾缘半径的大小与叶片的大小有直接关系,前尾缘的厚度可以分为相对值与绝对值,相对值为前尾缘半径与弦长的比值,其展向的分布一般呈线性分布,进口马赫数越高,前缘半径取值越小。从气动性能考虑,取值越小,流动损失越小,尤其是在进口马赫数较高时。从结构强度、抗外物损伤、寿命、工艺性等角度考虑,前尾缘半径的取值不宜过小,否则叶片易出现断裂、被击伤的风险。

7. 最大挠度位置

叶片的最大挠度位置是叶片设计完成后的计算参数,叶片的挠度主要反映叶片的弯曲程度,挠度位置为最大挠度处在叶型弦长处所占的百分比,主要表征叶型从前缘到后缘的弯曲变化范围,如图6.33所示。

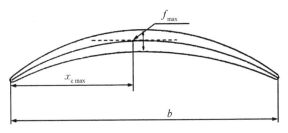

图6.33 最大挠度位置示意图

挠度位置的选择与叶型的进口马赫数有关,进口来流马赫数为亚声速,则最大挠度位置比较靠前,以控制前部分气流的加速;进口来流马赫数为跨声速,则最大挠度位置比较居中,气流加速与扩压比较均匀;进口来流马赫数为超声速,则最大挠度位置比较靠后,一般大于0.55,以防止气流在叶型的前半段加速过快而导致激波强度迅速增大,带来较大的叶型损失。另外,为了控制叶片最小喉道的位置,通常将最大挠度位置与最大相对厚度位置设计得较接近。由于转子叶片进口马赫数从根部到尖部呈递增的趋势,所以最大挠度位置也相应地从根到尖呈现递增的趋势。

6.3.3 叶片特征参数分析

1. 叶片弦长、栅距及稠度

中弧线与叶型型线的前后缘分别相交于A和B两点,A和B之间的连线称为弦线,弦线的长度称为叶片的弦长,用B表示,如图6.34所示。

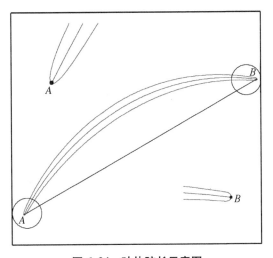

图6.34 叶片弦长示意图

叶片的叶型在根部与尖部的安装角不同,使得叶片的真实弦长在根部与尖部变化比较大。因此,在设计时应检查叶片尖根的弦长比例,通常尖部与根部的弦长比不宜超过 1.2,如图 6.35 所示。

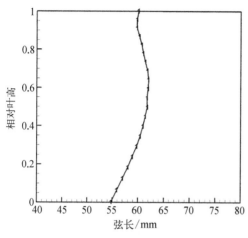

图 6.35　典型的进口级叶片各截面弦长沿径向的分布

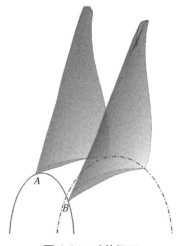

图 6.36　叶片栅距

栅距(又称叶距)表示相邻两个叶型对应点之间在回转面上的弧线长度,如图 6.36 中 AB 的弧长所示。一般情况下,栅距又分为进口栅距、出口栅距和平均栅距。进口栅距是叶片排进口根部截面在回转面上的弧线长度;出口栅距是叶片排在出口根部截面在回转面上的弧线长度;平均栅距是叶片排进出口栅距的算术平均值。在不同的计算分析软件中,对栅距有不同的计算要求。

在进行一维特性计算时,采用叶片平均中径上的进口栅距进行计算,在二维计算时,采用叶片进口沿径向的栅距进行特性计算。

叶片的稠度等于叶片真实弦长与栅距的比值,它表示叶片相对稠密的程度,也称为叶片的实度。

在流面设计中,采用子午弦长计算叶片稠度用于 D 因子的计算,以确定叶片负荷设计是否合理。流面设计弦长与真实弦长的差异、叶片根/尖安装角的差异,导致叶片根部与尖部的弦长不同。对于静子叶片,真实弦长与子午弦长的比例均小于 1.2,约为 1.1;对于转子叶片,根部两者比例为 1.2 倍左右,而尖部达到 2.2 倍。因此,如果需要计算叶片准确的 D 因子,还需要在叶片造型完成后,将准确的叶片稠度在流面设计中进行 D 因子的计算。

2. 叶片展弦比

叶片展弦比是叶片展向长度 h 与真实弦长 b 之间的比值,展向长度与真实弦长如图 6.37 所示。通常情况下,采用叶片进口处的展向长度,有些程序的计算中也采用进口与出口的平均展向长度进行展弦比的计算。

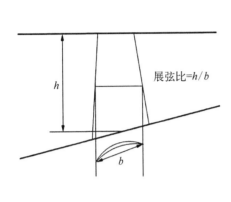

图 6.37　展弦比的示意图　　　　　图 6.38　最小喉道示意图

3. 叶片最小喉道面积比

叶片最小喉道示意图见图 6.38,除基准叶片外,在与转动方向相反的方向上,按锥面上栅距作叶盆,与基准叶片的叶背形成叶栅槽道。

基元叶片数据分析表明,叶片的最小损失发生在最小通道面积同其临界面积的比为 1.03~1.04 时,称为叶片最小喉道面积比。在压气机叶片设计过程中,为了使基元叶片在最小损失下工作,必须进行槽道最小喉道面积比的计算与调整。

6.3.4　典型叶片设计示例

下面将采用一种典型的多级压气机设计作为示例,根据子午流面的设计结果,对转静子叶片的设计过程进行详细的说明,从子午面的输入数据开始,选择合适的转静子叶片参数,完成一个多级压气机转静子叶片的设计。详细说明在多级压气机设计过程中,考虑压气机各级间不同的工作特征,说明设计参数的基本范围。

由于现阶段风扇压气机的设计负荷越来越高,在设计参数选择时,设计人员会根据气体实际的流动特征对相关参数进行优化设计。本书仅提供各类参数的基本设计情况。在设计过程中,设计人员需根据气体流动的实际情况、具体的设计需求,进行各类参数的详细优化,也可能会超过本书给出的设计参数选择范围,以达到发动机对压缩部件的设计要求。

1. 造型中需要用到的流面设计数据

根据某型发动机的要求,对压气机进行子午面设计,子午面数据如图

6.39 所示,该压气机为一个六级压气机,转子进出口的气流角如图 6.40 所示,静子叶片的进出口气流角如图 6.41 所示。把子午面的数据和各叶片的进出口气流角作为叶片造型的输入。按照图 6.27 的叶片造型的流程图中的顺序,详细说明压气机转静子叶片在设计过程中各造型参数的选择基本范围。

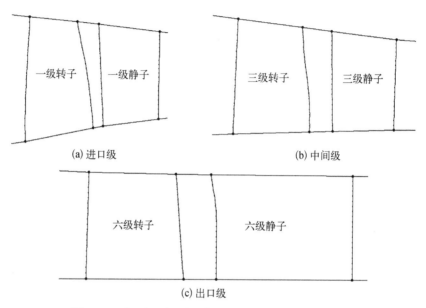

图 6.39　进口级、中间级、出口级叶片的子午数据示意图

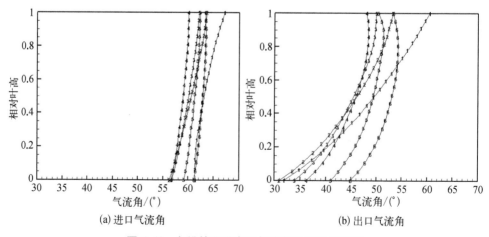

图 6.40　各排转子进出口气流角沿径向分布图

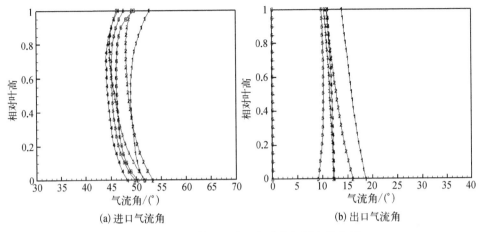

图 6.41　各排静子进出口气流角沿径向分布图

2. 转子叶片造型

在压气机的叶片构成中,转子叶片承担着主要的增压和做功能力,无论是低马赫数进口条件下通过叶型弯角提高压力,还是高马赫数进口条件下通过激波提高压力,转子的设计参数均呈现出不同的规律。根据转子叶片的工作特性,对所有造型参数进行设计,下面对转子叶片的各类参数依次进行说明。为了说明规律,下面给出第一级、第三级与第六级转子的参数作为示例。将第一级作为进口级,第三级作为中间级,第六级作为出口级。

1) 攻角

在多级压气机中,转子的叶片攻角设计值如图 6.42 所示。在多级压气机的设计中,前、后级叶片的级特性是不同的,根据压气机的工作原理,为了兼顾全转速下压气机的裕度和效率,保证各转速下压气机能够正常工作,通常情况下,进口级转子叶片攻角采用正值,出口级转子叶片攻角采用负值。而叶片的根部和尖部由于壁面附面层的影响,通常设计得比叶片中部小,一般设计成 $-1° \sim -2°$。

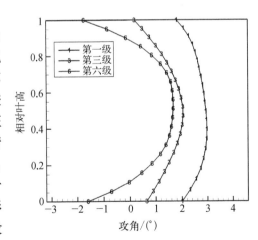

图 6.42　转子攻角的选择沿径向分布图

2) 落后角

叶片的落后角在叶片造型中也是一个很重要的参数,既能改变设计叶片的出口几何角,也会影响下一排叶片的进口气流角,通常情况下,转子叶片的落后角会根据卡特公式的计算值,再结合三维计算结果进行修正。图 6.43 为转子叶片的落后角分布图。对于进口级的转子叶片,落后角呈现根部大、尖部小的特征;对于中间级与出口级叶片,呈现中间小、根尖大的特征。

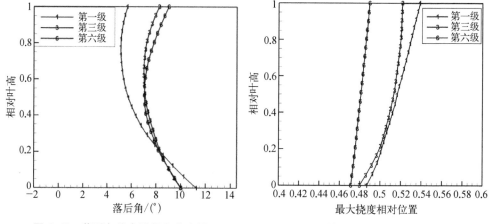

图 6.43   落后角分布沿径向分布图   图 6.44   转子最大挠度位置对比图
沿径向分布图

3) 最大挠度位置

转子的最大挠度位置一般根据叶片进口相对马赫数确定。对于进口为跨声速区的叶片,如进口级的转子叶片,根部一般设计在 0.45～0.5,尖部设计在 0.5～0.55。对于进口为亚声速带的叶片,如中间级的转子叶片,根部与尖部的变化不太明显,一般选择在 0.45～0.50;对于出口级的叶片,根部与尖部的变化不大,一般采用前加载叶型设计,最大挠度位置设计在 0.45 左右,如图 6.44 所示。

4) 最大厚度位置

一般情况下,最大厚度位置与叶片的最大挠度位置保持一致,根据叶片强度的计算结果,进行局部修正,通常情况下,沿叶片的径向方向上,进口级设计在 0.5～0.6,中间级设计在 0.45～0.55,而对于出口级,进口一般为亚声速状态,最大相对厚度位置选择在 0.5 以下。图 6.45 为一个典型的多级压气机进口级、中间级与出口级叶片的最大厚度位置分布图。

5) 最大厚度

叶片的最大厚度主要与叶片的强度有关。设计时,一般采用相对值,即最大厚度与弦长的比值。对转子而言,一般情况下根部的最大相对厚度都不小于 8%,尖部不小于 2%,如图 6.46 所示。在实际转子叶片的设计中,根据强度计算的结果,对叶片的厚度进行局部修正;同时,在不影响叶片气动性能的情况下,对沿径向方向的相对厚度进行局部优化,使叶片的强度振动计算结果满足各转速下的设计要求。

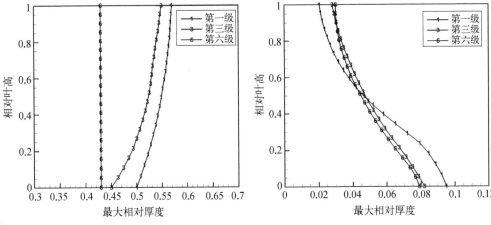

图 6.45 最大相对厚度位置沿径向分布图

图 6.46 最大相对厚度沿径向分布图

6）前尾缘半径

叶片的前尾缘半径值与叶片的大小有关,因此对于压气机和风扇,设计值有所不同。这里针对叶片高度为 60~70 mm,弦长为 50 mm 左右的压气机给出设计值。对于前缘半径,一般为根部大,尖部小,根部在 0.2~0.3 mm,尖部在 0.1~0.2 mm,一般情况下,进口级叶片的子午弦长比出口级叶片的子午弦长大,进口级的前缘半径比出口级的前缘半径略大。对于尾缘半径,沿径向方向上,一般也是根部大,尖部小,根部尾缘半径设计在 0.25~0.3,尖部的尾缘半径设计在 0.15~0.2,如图 6.47 所示。初选这两个参数后,应根据强度计算的结果进行局部优化设计。根据多年的设计经验,这两个值对于叶片的强度、振动、疲劳、寿命均有比较大的影响,各个压气机根据不同的要求,进行局部相应的修正。

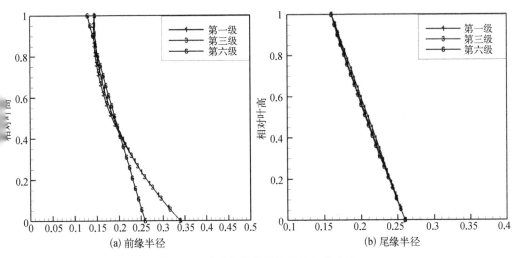

(a) 前缘半径

(b) 尾缘半径

图 6.47 叶片前尾缘半径沿径向分布图

3. 静子叶片造型

1) 攻角

在多级压气机中,静子叶片除了进行气流的整流作用,也使流经静子的气体速度进一步降低,增加静子出口的静压。通常情况下,静子叶片进口级采用负攻角设计,出口级采用正攻角设计,如图 6.48 所示,从进口级到出口级,静子叶片的攻角设计规律是从负到正,逐渐变化。进口级通常选择为-3°~-4°,中间级一般根据实际情况,选择在 0°左右,出口级选择为正攻角,通常情况下在 1°左右。在沿叶片的径向方向上,根尖设计值偏小,中间值偏大。在实际静子叶片的设计中,需要根据特性计算的结果,局部调整相关参数。

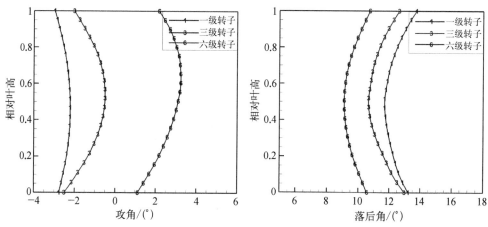

图 6.48 静子攻角的选择沿径向分布图   图 6.49 多级压气机各排静子落后角
                                                    设计沿径向分布图

2) 落后角

静子的落后角设计规律与转子有一些不同。一般情况下,进口级的落后角比较大,通常设计在 12°~14°,中间级静叶的落后角稍小,为 10°~12°,对于出口级,落后角一般在 10°左右。沿叶片的径向方向,一般是根部与尖部比中部稍大,如图 6.49 所示。

3) 最大挠度位置

根据静子叶片的进口马赫数,可以初步选定静子叶片的最大挠度位置,通常情况下,进口马赫数越高,最大挠度位置越大,进口马赫数越小,最大挠度位置越小。如果进口马赫数为 0.8 左右,一般将 x_{cmax} 值选择为 0.5 左右,如果进口马赫数为 0.7 左右,一般将该值设计在 0.45 附近。根据该多级压气机流面的设计结果,将进口级静子叶片和最大挠度位置设计在 0.5~0.55,出口级静子叶片的最大挠度位置设置在 0.45 附近,如图 6.50 所示。

4) 最大相对厚度位置

静子的最大相对厚度位置与最大挠度位置基本保持一致,遵循从进口级到出口级逐渐降低的趋势,进口级为 0.5~0.55,出口级基本在 0.4 左右,如图 6.51 所示。

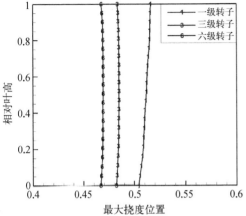

图 6.50　最大挠度位置沿径向分布图

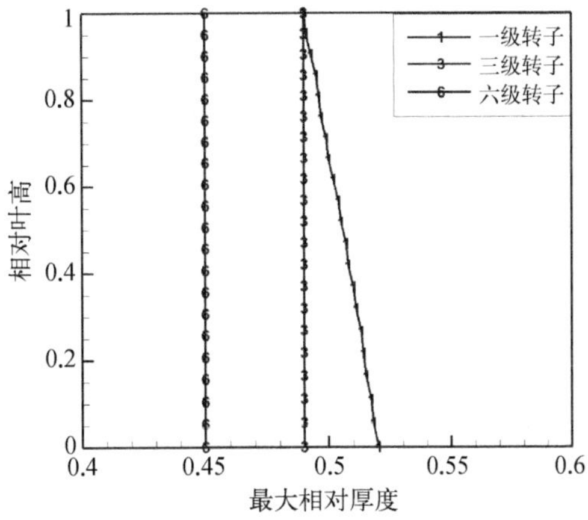

图 6.51　最大相对厚度位置沿径向分布图

5）最大相对厚度

静子叶片的最大相对厚度与强度相关联,该值与静子叶片的具体结构设计有关,带内环的静子叶片的设计参数与不带内环的不同。由于示例的多级压气机静子叶片是不带内环设计,因此根部选择在 4% 左右,尖部在 6% 左右;沿叶片径向方向上,尖部比根部取值大,如图 6.52 所示。

6）前尾缘半径

通常情况下,静子叶片的前尾缘半径取值与叶片的子午弦长有关,子午弦长越大,叶型的最大绝对厚度也越大,因

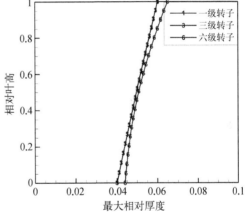

图 6.52　静子叶片相对厚度沿径向分布图

此,前缘半径也比较大,从进口级到出口级,前缘半径的数值逐渐减小;某些高压压气机在设计时,从进口级到出口级,叶片的子午弦长变化不太明显,也可以选用相同的前缘半径。在沿叶片的径向方向上,一般情况下,静子内环比静子外环小,静子内环的前缘半径大约为 0.15 mm,静子外环的前缘半径大约为 0.3,如图 6.53 所示。

静子的尾缘半径与前缘半径的设计原则类似,可以完全参考前缘的设计原则。

以上描述的是这两个参数的基本选择原则,可作为初始值在叶片设计之初选定,在随后各专业的迭代过程中,需要考虑压气机在发动机各状态下叶片强度、振动、寿命等因素,对这两个参数进行深入优化,以达到比较好的设计结果。

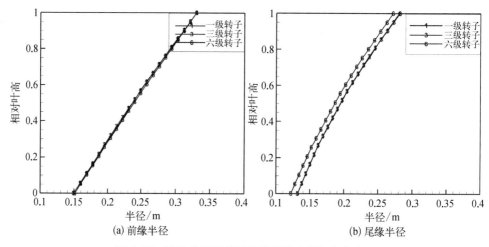

(a) 前缘半径　　　　　　　　(b) 尾缘半径

图 6.53　叶片前尾缘半径设计值沿叶片径向分布图

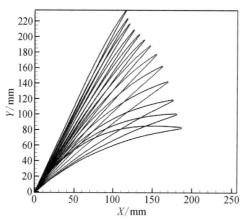

图 6.54　各截面的基元叶型示意图

4. 叶片积叠设计

根据以上各参数的设计结果,采用第一节中的叶片设计方法,进行叶片厚度分布曲线的设计,完成叶片基元叶型的设计,如图 6.54 所示。

在基元叶型设计的基础上,选择合适的叶片积叠方式,就可以得到三维的叶片数据。一般情况下,转子叶片采用重心积叠的方式;静子叶片通常采用弦长积叠的方式。

重心积叠分为重心积叠、完全重心积叠、优化重心积叠等方式。例如,转子叶片采用完全重心积叠,将各截面的基元叶型进行三维积叠,形成叶片的三维坐标,如图 6.55 所示。图 6.55(a)为沿着叶片积叠线,叶片的顶视图,图 6.55(b)为三维叶片在子午面上的投影图,图 6.55(c)为叶片的实体图。

对于高负荷的静子叶片,为了改善叶片在端区附件的流动状况,叶片采用沿径向方向的弯曲设计,主要通过在径向方向上添加周向偏置量的方法。根据这种设计,可以将叶片设计出径向具有 C 形弯曲(图 6.25)、S 形弯曲的叶片(图 6.26),也称为弓形叶片。静子叶片在设计时,弓形量不宜过大,初始设计时,不宜超过 8 mm;由于根尖部叶片存在倒圆,在根尖处,叶片倾斜角一般不宜小于 60°;对于转子叶片,根部也存在同样的问题,而尖部,气动力带来的叶片变形比较明显。所以,在转子叶片的 S 形设计时,也需要详细评估叶片的气动性能和强度振动情况。

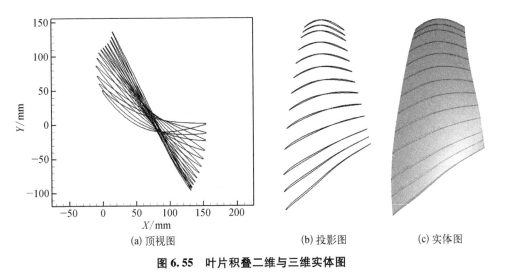

(a) 顶视图　　　　　　(b) 投影图　　　　　(c) 实体图

图 6.55　叶片积叠二维与三维实体图

6.4　S1 流场分析

6.4.1　S1 流面设计方法介绍

目前,在国际上求解叶栅 S1 流面流场的计算方法主要分为以下两大类[15]。

(1) 在叶栅槽道的主流区求解无黏的欧拉(Euler)方程,在叶片表面近壁面区域由于黏性流动特征更为显著,采用考虑附面层发展的有黏计算方法。应用此类求解方法的典型程序就是由美国麻省理工学院航空计算科学实验室发展的 MISES - S1 计算程序。该程序包括完整的前处理网格生成、计算分析和后处理绘图模块,能够进行无黏、有黏(考虑边界层发展)的计算,可以进行正问题分析和反问题设计。其分析程序可以计算求解欧拉方程和边界层方程,因此计算和收敛速度较快。该程序在处理超声速流动时,采用了多项措施(如人工耗散等),保证了求解超声速流时的收敛性和鲁棒性。

(2) 在 S1 流面计算的所有计算域都求解纳维-斯托克斯(Navier - Stokes)方程,采用全三维数值仿真的方法,将 S1 流面看成一个"薄片"的三维叶栅进行求解计算的方法。在国际上很多求解叶轮机的三维数值仿真软件(如 NUMECA 和 CFX 等商业软件)都具备 S1 流面计算功能。此类计算方法在理论上对黏性流体的求解更为精确,但计算收敛速度略慢,一般不能给定进气马赫数边界条件,需要调整出口背压,以保证叶栅进气马赫数满足要求,因此计算叶栅特性耗费的时间较长。

6.4.2　流场计算及分析

S1 流面流场的分析计算也称为正问题计算,就是对已知型面的叶栅 S1 流面流场进行求解,以获得叶栅 S1 流面槽道内包括压力、温度和马赫数等气动参数的流场信息,并通过多个状态点的计算获得在某一进气马赫数下损失、落后角和压升系数等参数随攻角变化的特性曲线或者在某一攻角下损失、落后角和压升系数等参数随进气马赫数变化的特性曲线。S1 流面分析计算可以配合平面叶栅试验验证帮助压气机设计人员了解叶栅的气动性能,辅助开展压气机叶型设计和多级匹配设计。

1. 计算数据准备工作

叶栅的 S1 流面计算一般需要准备的数据包括 S1 流面的叶型坐标、叶栅的稠度或栅距、计算叶栅在压气机中的流线形状和密流比等。

S1 流面计算的叶栅一般分为两种情况。

第一种情况为平面叶栅计算,即认为叶栅的端壁均为平直流路,密流比为1.0,此时准备的 S1 流面叶型即平面叶栅叶型数据,计算中给定栅距即可。

第二种情况为流线面叶型计算,即将压气机叶片上某一流线面上的叶型作为研究对象,不同的软件对"流线面叶型"的处理方法不同,有的软件是将叶片与某一锥面相切得到的叶型作为研究对象,有的软件是将叶片与流线面相切得到的叶型作为研究对象,流线面叶型可以展开到"$m'-\theta$"的坐标系下,其中 m' 为无量纲的子午面长度,θ 为周向的角度。沿流线面将叶型展开的方式更为严谨合理,图 6.56为流线面叶型定义的示意图。

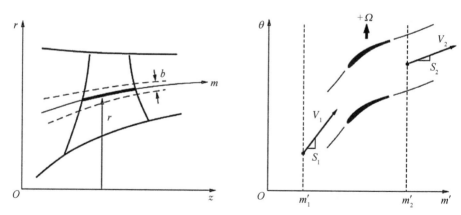

图 6.56　流线面叶型定义示意图

在第二种情况下,如果给定了流线形状,可以直接给定叶型栅距或叶片数,同时还应给定密流比。

如果计算中对叶型进行了无量纲化处理,则应该在计算中给定参考的雷诺数。

2. 计算网格的制作

S1 流面计算软件大都提供自动化的网格生成器,一般采用"H"形网格或"I"形网格。对于主流区求解欧拉方程、近壁面求解边界层方程的计算方法,一般网格数量不要求很多,而对于求解有黏纳维-斯托克斯方程的计算方法,则要求有足够的网格密度,如图 6.57 所示。

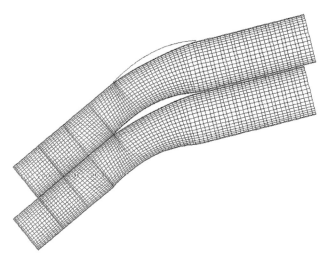

图 6.57　叶栅通道"H"形网格示意图

3. 计算边界条件的给定

S1 流面计算的边界条件一般在计算亚声速叶型时需要给定进口气流角和进口马赫数,对于超声速叶型在唯一攻角工作区域需要给定进口马赫数和出口背压。部分求解有黏纳维-斯托克斯方程的计算软件,在计算亚声速叶型时需要给定进口马赫数和出口背压或者进口气流角和出口背压。

4. S1 流面计算结果分析

为了辅助压气机设计,需要通过 S1 流面计算获得叶栅在不同进口马赫数和不同攻角条件下的损失、落后角、压升系数等性能参数,以及各个状态下叶片 S1 流面的马赫数等详细的流场参数信息。

一般需要绘制每一个叶栅在典型工作马赫数下,攻角-损失、攻角-落后角、攻角-压升系数(静压比)规律图线;在典型工作攻角下,马赫数-损失、马赫数-落后角规律图线;S1 流面的马赫数云图(等值线图)及叶片表面的等熵马赫数(压升系数)和形状因子的分布图线。

通过攻角-损失特性可以分析叶栅的可用攻角范围,帮助设计人员确定压气机叶片上每一个基元叶型的设计工况工作攻角,也可以确定在压气机稳定工作的范围内,叶型的可用攻角范围。如图 6.58 所示,损失达到最小损失的 2 倍或以上的攻角状态或工作点则视为叶型失速,所以定义损失小于 2 倍最小损失的攻角范围为叶栅的可用攻角范围,设计攻角的选取应当落在可用攻角范围内,并且距离失速正攻角仍有足够的可用攻角范围。

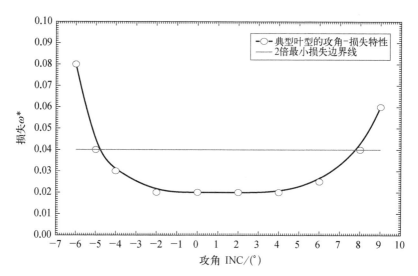

图 6.58   典型叶型的攻角-损失特性图

通过攻角-落后角特性,可以分析叶型的落后角随攻角的变化规律,帮助设计人员确定叶片造型时的落后角,如图 6.59 所示。

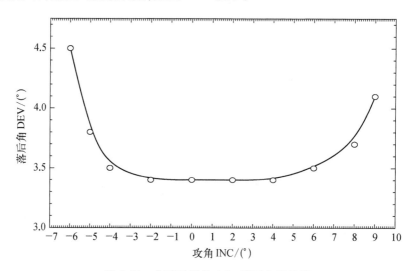

图 6.59   典型叶型的攻角-落后角特性图

通过攻角-压升系数(静压比)特性,可以配合攻角-损失特性,帮助设计人员确定叶片可用攻角范围,并选择合适的工作点攻角,如图 6.60 所示。

通过叶片表面马赫数分布和形状因子分布,可以对叶片槽道内附面层发展和速度扩散等详细的流场信息进行判断,分析叶片流场是否存在分离、流场结构是否合理。一般来说,对于亚声速流动,认为出口的形状因子高于 2.5 即存在分离。

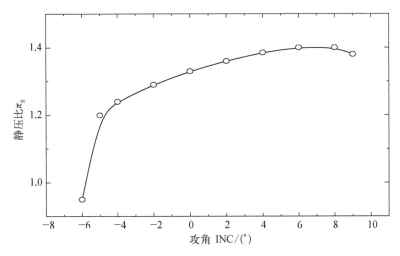

图 6.60　典型叶型的攻角-压升系数特性图

设计人员可以通过叶型表面马赫数图谱判断叶型设计的优劣,这是叶型优化的方向和准则之一。

6.4.3　典型叶栅流场计算案例分析

本书以某亚声速叶型的 S1 流面计算和分析为例,对前面介绍的 S1 流面正问题计算分析进行进一步的解读。

图 6.61 为亚声速叶栅,该叶栅设计点马赫数为 0.43,攻角为-5°,落后角为2.6°,损失系数为 0.03,气流弯折角为 42°,叶型弯折角为 49.6°。

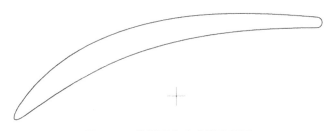

图 6.61　典型亚声速叶栅示意图

图 6.62 为采用 S1 流面计算的该示例叶型的攻角特性,图 6.62(a)~(c)分别为攻角-落后角特性曲线、攻角-损失特性曲线和攻角-静压比特性曲线。

一般认为,叶栅损失系数低于最小损失系数 2 倍的攻角范围为该叶栅的可用攻角,如图 6.62 所示,该叶栅可用攻角为-16°~5°,共有 21°可用攻角,其中由设计攻角(-5°)向正攻角方向有 10°可用攻角,由向负攻角方向有 11°可用攻角。该叶栅计算设计攻角下落后角为 2.6°,损失系数为 0.03,均满足设计要求,同时该叶栅具有弯角大、损失低、可用攻角范围较宽等特点。

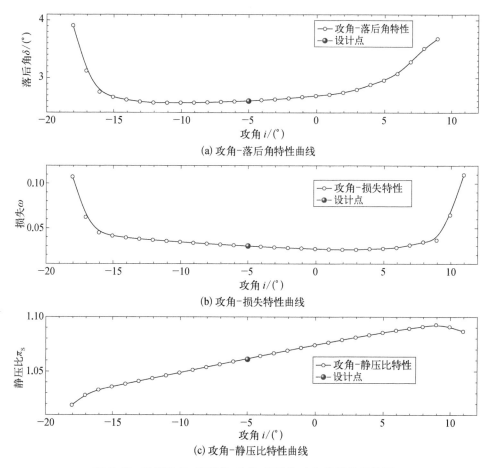

(a) 攻角-落后角特性曲线

(b) 攻角-损失特性曲线

(c) 攻角-静压比特性曲线

图 6.62   叶栅攻角-落后角、攻角-损失和攻角静压比特性图

如图 6.63 和图 6.64 所示,叶栅吸力面的表面马赫数在 15% ~ 20% 弦长处达到了峰值,最大值小于 0.60,由马赫数峰值到尾缘处吸力面速度平缓连续下降,压力面马赫数波动较小,表明该叶型具有典型的可控扩散叶型设计特征;由于采取了连续曲率前缘,吸力面前缘没有吸力峰,吸力面和压力面在前缘交汇处呈闭合状,表明叶栅来流的驻点位置应在前缘的中点附近,设计攻角选择合理。同时,叶片表面的形状因子由前缘到尾缘均小于 0.3,20% 弦长后吸力面形状因子基本保持平直,低于 2.0 水平,表明叶片表面没有分离,满足叶型设计要求(一般地,对于亚声速叶栅尾缘吸力面的形状因子大于 2.4 即认为存在分离,在叶型设计中应尽量避免)。

图 6.65 为叶栅 S1 流面槽道内静压分布图。由图可见,叶栅前缘驻点基本在前缘中间位置,表明攻角下的流动较为合适,所选攻角既不偏正也不偏负,这与叶片表面马赫数分布的线图的分析结果是一致的。由等值线图分布规律可知,在叶栅槽道内由压力面前缘至尾缘压力均匀平缓增加,无分离区存在。

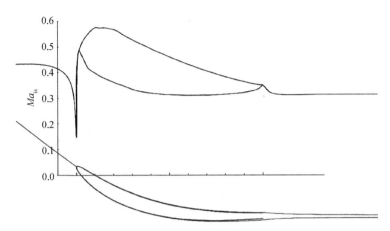

图 6.63　设计攻角下叶栅表面马赫数分布图

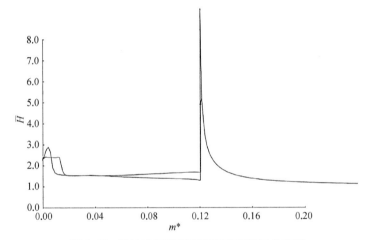

图 6.64　设计攻角下叶栅表面形状因子分布图

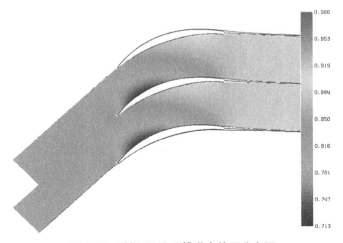

图 6.65　叶栅 S1 流面槽道内静压分布图

图 6.66 为叶栅在不同马赫数下攻角-落后角、攻角-损失和攻角-静压比特性的对比。由图可见,进气马赫数由 0.40 增加到 0.80,叶栅静压升能力逐渐增加,可用攻角范围逐渐降低,同时随着马赫数的增加,堵塞攻角方向(负攻角方向)的叶型损失和落后角急剧增加,堵塞攻角方向的有效攻角范围急剧缩小,最小损失攻角有向正攻角方向移动的趋势。进气马赫数为 0.40~0.70 时,叶栅设计攻角和最小损失攻角下落后角和损失基本保持不变,同时仍能保持 10°以上可用攻角范围,表明该叶型虽然在马赫数为 0.43 下设计,但适用范围很宽,可以在很宽的马赫数范围内工作且均保持低的损失和良好的气动稳定性。

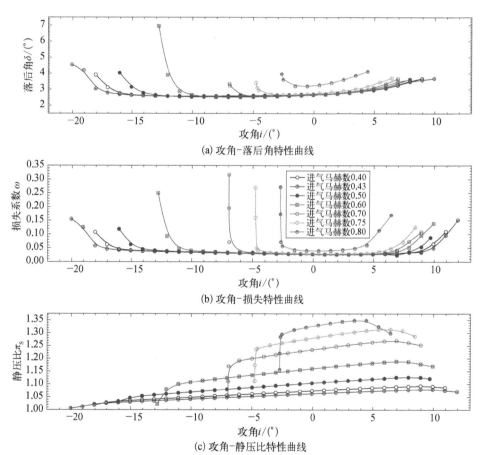

(a) 攻角-落后角特性曲线

(b) 攻角-损失特性曲线

(c) 攻角-静压比特性曲线

图 6.66 叶栅在不同马赫数下攻角特性对比图

由图 6.67 可以更为清晰地发现,当进气马赫数达到 0.70 以上后叶栅损失和落后角急剧增加,可以进一步确认该叶栅的临界马赫数在 0.70 附近,即示例叶栅的叶型适用于马赫数为 0.70 以下的工况,同时根据压气机设计需求,也可以考虑应用在进气马赫数为 0.70~0.80 条件下。

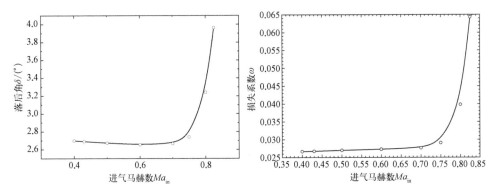

图 6.67　0°攻角下叶栅落后角和损失随马赫数变化分布图

上述分析表明,该示例叶栅是一种设计性能良好的可控扩散叶型,压气机设计人员可以根据分析结果,判断如何适用该叶型,并根据实际应用情况予以适当的修正。

6.5　非常规叶片设计

6.5.1　串列叶片

压气机是由动叶排和静叶排相互间隔排列构成的,而串列叶片实际上就是将两排动叶片或两排静叶片排列在一起构成的,如图 6.68 所示。就单个叶排的几何参数而言,串列叶片的前、后排叶片分别与普通叶片完全相同。但是,串列叶片还有两个表示前、后排叶片相对关系的重要几何参数,为前、后两排叶片的轴向距离和前、后两排叶片的周向偏距[16]。

串列叶栅能得到较大的气流转角,其原因就是具有两排叶栅,气流在两排叶栅中完成大的转折角。但是,两排叶片的串列叶栅的损失在设计合理的情况下是比单个叶片的气动损失小,当气流在第一排叶栅中减速扩压时,附面层逐渐增长,直到前排叶片出口。随后又在后排叶片上重新开始形成新的附面层。减速扩压的过程是分别在两个比较薄的附面层上完成的,

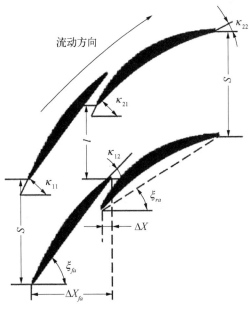

图 6.68　串列叶栅示意图

不会产生附面层分离,损失也相应减小。此外,在非设计工况条件下,前排叶片处于不利的非设计进口条件下,而其出口气流方向变化不大,也就是后面的叶片进口气流方向基本不变,仍然处于有利的设计进口条件下,前排叶片实际上对后排叶片起到了导向作用。因此,串列叶栅能在比单排叶栅更宽广的攻角范围内工作而损失并不显著增加,喘振裕度也得到提高。应该指出的是,串列叶片更适合大转折角的情况,当单排叶片无法实现更大的气流转折时,采用串列叶片是一种较好的选择。但是,在单排叶片可以实现的小转折角情况下,采用串列叶片可能不但不能降低损失,而且会使结构更加复杂。

目前串列叶片已经在国外多种航空发动机中轴流压气机的末级静叶得到了实际的运用,如透默 IIIC、J85、威派尔 522、J69 等航空发动机;也有用于末级风扇静子的,如 JT15D、阿杜尔、JT8D、CF6 - 6 等航空发动机;为满足米格 29 歼击机高空、高速性能的需要所研制的 RD - 33 涡扇发动机,在第 4 级静子和第 9 级静子都采用了串列叶栅设计,保证了压气机内的气流稳定,其综合性能得到提升;也可以用于高增压比离心式压气机的导风轮及扩压器中。国内在高负荷风扇设计中采用了串列转子和串列静子的气动布局方式,不但取得了不错的效果,还突破了单级风扇设计的气动极限;同样在压气机末级静子上开展了串列叶片的设计研究工作。

就单个叶片的几何参数而言,串列叶栅的前、后排叶片与普通叶片完全相同。就整个叶栅来说,串列叶栅因为由两排叶栅组成,所以还有表示前、后排叶栅相对位置的几何参数。

(1)总弦长 b_T。 前叶片中弧线与前缘的交点和后叶片中弧线与后缘交点的连线称为串列叶片的总弦长。

(2)总弯角 θ_T。 前叶片中弧线在前缘点的切线和后叶片中弧线在后缘点的切线之间的夹角称为总弯角。

(3)总安装角 γ_T。 总弦长 b_T 和叶栅轴线之间的夹角称为总安装角,它表示串列叶片在叶栅中的安装位置。

(4)轴向距离 a。 前、后两排叶栅之间沿轴向的距离称为轴向距离,或者用相对于前叶片弦长 b_F 的相对值 a/b_F 表示。当 $a > 0$ 时,前、后两排叶栅在轴向不重叠,当 $a < 0$ 时,在轴向有一部分重叠。

(5)周向偏距 h。 前、后两排叶栅在圆周方向错开的距离称为周向偏距,或者以相对栅距 t 的相对值 h/t 表示。

串列叶片的总参数(总弦长、总弯角、总安装角),可以由前排叶栅和后排叶栅的参数根据简单的几何关系求出:

$$b_T = \left\{ \begin{array}{l} \left[b_F \sin \gamma_F (t - h) - R_{2F} \sin(\gamma_F - x_{2F}) - R_{1R} \sin(\gamma_R + x_{1R}) + b_R \sin \gamma_R \right]^2 + \\ \left\{ b_F \cos \gamma_F + R_{2F} [1 - \cos(\gamma_R + x_{1R})] + b_R \cos \gamma_R + a \right\}^2 \end{array} \right\}^{1/2}$$

$$(6.17)$$

式中, R_1 为叶片的前缘小圆半径; R_2 为叶片的后缘小圆半径;

$$\tan \gamma_{\mathrm{T}} = \frac{b_{\mathrm{F}}\sin \gamma_{\mathrm{F}} - (t - h) - R_{2\mathrm{F}}\sin(\gamma_{\mathrm{F}} - x_{2\mathrm{F}}) - R_{1\mathrm{F}} - R_{1\mathrm{R}}\sin(\gamma_{\mathrm{R}} + x_{1\mathrm{R}}) + b_{\mathrm{R}}\sin \gamma_{\mathrm{R}}}{b_{\mathrm{F}}\cos \gamma_{\mathrm{F}} + R_{2\mathrm{F}}[1 - \cos(\gamma_{\mathrm{R}} - x_{1\mathrm{R}})] + b_{\mathrm{R}}\cos \gamma_{\mathrm{R}} + a}$$

$$\tag{6.18}$$

$$\theta_{\mathrm{T}} = \theta_{\mathrm{F}} + \theta_{\mathrm{R}} + \beta_{1\mathrm{kR}} - \beta_{2\mathrm{kF}} \tag{6.19}$$

对于串列叶栅的栅距 t, 一般前、后排是相等的。

德国、日本一般习惯采用上述几何参数,美国一般采用以下几何参数。

(1) 重叠度 L。后叶片前缘圆心和前叶片后缘圆心的连线在前叶片外弦上的投影长度称为重叠度。它表示前、后叶片沿前叶片外弦方向重叠的程度。

(2) 缝隙流道宽度 G。前叶片后缘和后叶片吸力面之间的缝隙流道宽度称为缝隙流道宽度。从前叶片后缘圆心作一垂直于前叶片外弦的直线,此直线与前叶片后缘小圆的交点到此直线与后叶片吸力面的交点的长度即缝隙流道宽度 G。

(3) 缝隙流道收敛度 F。缝隙流道进口宽度 $F \times G$ 和出口宽度 G 之比称为缝隙流道收敛度。缝隙流道进口宽度的测量方法如下:从后叶片前缘圆心作一垂直于前叶片外弦的直线,此直线与后叶片前缘小圆的交点和此直线与前叶片压力面的交点的连线。

(4) 弯度比 $\theta_{\mathrm{R}}/\theta_{\mathrm{F}}$,是后叶片弯度角和前叶片弯度角之比,表示后叶片和前叶片之间气动负荷的分配关系。

(5) 弦长比 $b_{\mathrm{R}}/b_{\mathrm{F}}$,表示后叶片弦长和前叶片弦长之比。

(6) $k_{\mathrm{b-b}}$ 角,表示前叶片中弧线同 $F \times G$ 延长线的交点处的切线角度与后叶片中线前缘处的切线角度的插值,近似表示后叶片上中心流的攻角。

串列叶栅的大多数气动参数与普通单列叶栅相同或相似。现介绍两个特殊的气动参数。

(1) 扩压速度比 DVR。它的定义是叶片吸力面上最大速度与尾缘速度的比值,即 DVR $= V_{\max}/V_2$。这个参数是叶片表面上扩压度的度量,也是有关边界层产生分离趋势的度量,类似被广泛应用的扩散因子。从叶片表面边界层发展情况来看,当 DVR > 1.32 时,前叶片吸力面边界层将出现分离。

(2) 双列性系数 k。它是通过缝隙流道流过的气流的动量与叶栅通道内按气流平均参数确定的动量的比值,即

$$k = \frac{\rho_{\mathrm{G}} W_{\mathrm{G}} H_{\mathrm{G}}^2 G}{\rho_{\mathrm{m}} W_{\mathrm{m}}^2 t\cos \gamma_{\mathrm{T}} - \rho_{\mathrm{m}} W_{\mathrm{m}}^2 G} \tag{6.20}$$

式中，ρ_G 为流过缝隙流道的气体密度；W_G 为流过缝隙流道的气流速度；G 为缝隙流道的宽度；ρ_m 为串列叶栅通道内的气流平均密度；W_m 为串列叶栅通道内的气流平均速度，也就是进口速度和出口速度的向量平均值；γ_T 为串列叶片的总安装角。

双列性系数 k 说明了双列叶栅叶片通道内的能量，以及在主气流和通过缝隙流道的气流之间分配的情况。气流转角最大时的双列性系数 $k = 0.04 \sim 0.07$。

以上参数的选择，经过理论计算结果的比较和大量试验数据的综合，推荐表 6.5 所列的数值。

表 6.5　串列叶栅主要参数的推荐值

h/t	α/b_F	$k_{b\text{-}b}$	b_R/b_F	θ_R/θ_F	b_T/t
$0.75 \sim 0.85$	$-0.02 \sim 0.1$	$-9° \sim -5°$	$0.68 \sim 1.0$	2.0	$2.2 \sim 2.5$

轴向距离的相对值 a/b_F 应该与周向偏距的相对值 h/t 相匹配，可以用式(6.21)计算：

$$\left(\frac{h}{t}\right)_{opt} = 0.730 + 0.824 \times \left|\frac{a}{b_F}\right| + 0.042 \tag{6.21}$$

6.5.2　大小叶片

提高单级压气机的增压比是减小压气机质量和尺寸的主要方法，但叶片的高气功负荷会引起较大的出口气流落后角，将导致其性能大幅度下降。气流流过压气机叶片叶背表面时，在其前半部分为加速流动，附面层很薄，不易分离，而在后半部分的扩压程度较大，附面层较厚，若转折角过大则容易产生严重的分离。为了解决这个问题，Wennerstrom 等[17]于 20 世纪 70 年代提出了大小叶片的思想，如图 6.69 所示。

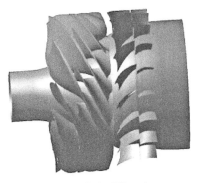

图 6.69　大小叶片示意图

大小叶片工作的基本原理在于：气流最容易在叶背后段分离，从而导致气流落后角增大，在转子叶片通道的后半部分加上一个小叶片，局部增加叶栅的稠度，这样既可抑制气流分离，又可避免因增加全长叶片引起堵塞、效率下降和质量增加。但是，当时的试验结果并不令人满意，总性能低于设计要求，但小叶片对控制气流落后角确实非常有效。受到当时计算技术发展水平的限制，人们无法详细研究大小叶片转子的复杂流场，直到 20 世纪 90 年代初，美国国防部、NASA 和工业部门联合实施"综合高性能涡轮发动机技术"计划中将大小叶片作为核心关键技术进行试验研究和验证，利用全三元流场数值计算程序对原设计的大小叶片转子流场进行了详细分析,发现在叶尖区域,小叶片前缘发出的激波与大叶片吸力面相交后,出现了大的分离区,原因在于尖部叶片弯度过大,导致激波过强。在试验和三元流场数值分析的基础上,采用与原设计相同的基本参数,重新进行了大小叶片转子的设计,消除了转子叶背的分离区。美国已完成了一系列大小叶片的压气机转子标准台架试验,单级增压比与F100-200的三级风扇相当,并具有较高的效率。在大小叶片技术的研究中,全三元流场数值模拟技术对于保证得到好的大小叶片流场起到了至关重要的作用。进入 21 世纪,科研工作者越来越重视高性能压气机的研制和开发,为满足高性能压气机高压比、高推重比、低损失和小尺寸等诸多要求,大小叶片技术已成为设计过程中的一项重要措施。

20 世纪 90 年代初开始,国内在关注国外大小叶片技术的发展情况的同时,也开始了相关研究,并在压缩系统全三维数值模拟分析方面积累了丰富的经验,开展了以全三维数值模拟为主的气动方案研究工作,完成了多级大小叶片三维数值模拟程序,基本摸清了大小叶片方案的能力、关键技术问题和解决这些问题的措施。此外,还对单级压比为 3.6 的大小叶片风扇以及用两级和三级大小叶片级替换六级核心压气机做了大量的气动、强度计算和分析研究工作,并取得了比较满意的效果。从初步设计结果看,采用两级和三级大小叶片级设计后,原核心压气机的轴向长度分别缩短了 41% 和 39%。这一阶段的基础研究和程序开发工作为尽快掌握轴流大小叶片先进气动布局、大幅度缩短我国与美国在高性能轴流压缩系统上的差距及后续的工程应用研究打下了扎实的基础。

根据大小叶片的研制情况,对大小叶片的相关参数进行详细分析,并提出与常规风扇有所差别的特征参数。

1) 当量栅距

大小叶片由于小叶片的引入,叶片进气边与排气边的栅距差别比较大,因此,对于稠度的计算、叶型落后角的计算都有影响。因此,引入当量栅距的概念,如图 6.70 所示,计算栅距时采用加权方法,如式(6.22)所示:

$$T = T_1 \frac{L_1 - L_2}{L_1} + T_2 \frac{L_2}{L_1} \quad (6.22)$$

2) 当量弦长

加入小叶片后,整个大小叶栅的弦长实际上会发生变化,对于大小叶片的弦长,应采用弦长加权的方法来计算当量弦长,即

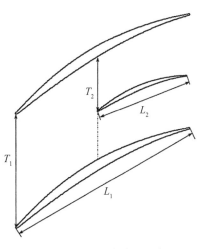

图 6.70　大小叶片叶栅示意图

$$L_{\mathrm{N}} = (L_1 - L_2) + L_2\left(1 + \frac{L_2}{L_1}\right) \tag{6.23}$$

3) 当量稠度

叶片的稠度是叶片设计时一个比较重要的参数,它影响叶片的落后角、叶型损失等叶片的设计结果,由于带小叶片的大小叶片形式的稠度在前后段部分不同,因此稠度的计算方式不同于传统的计算方法,稠度计算时采用以上当量栅距的计算方法,如式(6.24)所示:

$$\sigma = \frac{L_{\mathrm{N}}}{T} \tag{6.24}$$

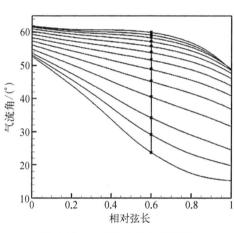

图 6.71 小叶片气流角示意图

4) 小叶片的重叠度

小叶片的弦长设计受大叶片表面气体分离的影响,因此小叶片在大叶片中的位置是可以优化的,采用弦长的比值 L_2/L_1 作为小叶片设计时的重叠度,用来评估大小叶片的设计能力。

5) 小叶片的气动弯角

小叶片的进气边在大叶片的槽道中间,进口气流角受大叶片表面的气流角影响,因此对于小叶片的进口气流角的计算,应采用大叶片相应位置的叶片表面气流角作为小叶片的进口气流角,如图 6.71 所示。

参考文献

[1] 楚武利,刘前智,胡春波. 航空叶片机原理[M]. 西安:西北工业大学出版社,2009.

[2] 程荣辉,周拜豪,余华蔚. 定制叶型技术及其在压气机设计中的应用[J]. 燃气涡轮试验与研究,2000,13(1):15-22.

[3] Frost G R, Wennerstrom A J. The design of axial compressor airfoils using arbitrary camber lines[R]. Ohio:Aerospace Research Laboratories, 1973.

[4] 黄萍,安利平. 基于 Bézier 曲线的新型叶片造型技术研究[J]. 燃气涡轮试验与研究,2008,21(2):19-23.

[5] 安利平,黄萍. 一种基于计算几何控制无量纲参数的叶片造型方法[J]. 燃气涡轮试验与研究,2013,26(4):8-12.

[6] 朱心雄. 自由曲线曲面造型技术[M]. 北京:科学出版社,2003.

[7] 施法中. 计算机辅助几何设计与非均匀有理 B 样条[M]. 北京:科学出版社,2000.

［ 8 ］　汪光文,周正贵,胡骏. 基于优化算法的压气机叶片气动优化[J]. 航空动力学报,2008,23
　　　　(7):1218 - 1224.

［ 9 ］　西北工业大学航空发动机专业叶片机组. 轴流跨声速压气机级的气动设计方法及计算机
　　　　程序(第一部分,计算方法)[M]. 西安:西北工业大学,1977.

［10］　Crouse J E, Janetzke D C, Schwiriam R E. A computer program for composing compressor
　　　　blading from simulated circular-arc elements on conical surfaces [R]. Cleveland: Lewis
　　　　Research Center, 1969.

［11］　冀国锋,桂幸民. 轴流/离心压气机叶片通用任意中弧造型设计方法[J]. 航空动力学报,
　　　　2009,24(1):150 - 156.

［12］　《航空发动机设计手册》总编委员会. 航空发动机设计手册第 8 册——压气机[M]. 北京:
　　　　航空工业出版社,2000.

［13］　彭泽琰,刘刚,桂幸民,等. 航空燃气轮机原理[M]. 北京:国防工业出版社,2008.

［14］　刘昭威. 多级轴流压气机全三维粘性反问题设计方法研究[D]. 西安:西北工业大
　　　　学,2017.

［15］　Drela M, Youngren H. A User's Guide to MISES 2.4[Z]. MIT Computational Aerospace
　　　　Sciences Laboratory, 1996.

［16］　Bammert K,Staude R. Optimization for rotor blades of tandem design for axial flow compressors
　　　　[R]. ASME 79 - 67 - 125, 1980.

［17］　Wennerstrom A J, Frost G R. Design of a rotor incorporatingsplitter vanes for a high pressure
　　　　ratio supersonicaxial compressor stage[R]. ARL - TR - 74 - 01110, AD786025, Aerospace
　　　　Research Laboratories Wright-Patterson Air Force Base, 1974.

第 7 章
三维流场分析

计算流体力学(CFD)能够用于分析流体机械的气动性能和流动细节,一定程度上弥补了物理试验无法观察到流体真实流动的不足,是风扇压气机设计过程中不可或缺的工具。基于 CFD 的数值模拟技术本身就是机理复杂的独立学科和面向对象的系统工程技术,仅用一章篇幅难以面面俱到,本章将聚焦于风扇压气机气动模拟在工程中的正确有效理解和应用,并利用典型案例说明三维流场分析所需注意的问题。

7.1 三维流场 CFD 方法

7.1.1 三维流场分析的常用 CFD 方法

1. 控制方程及数值方法简介

20 世纪 70~80 年代,研究人员开始利用空间网格节点计算 Euler 方程以获得无黏流场,从而开启了现代数值模拟(numerical simulation,或译为数值仿真)技术快速发展的时代。80 年代末基于求解雷诺平均 N-S(RANS)方程的黏性流动分析方法兴起,目前已成为常用分析工具,近十余年来大涡模拟方法(large eddy simulation,LES)也开始进入工程领域。由于航空风扇压气机流动是可压缩流,下面仅针对可压缩流动的 CFD 方法进行介绍。

为保证数值离散过程中的守恒性,工程适用的数值模拟软件大多采用求解积分形式的流体控制方程的方法,如有限体积法和有限元法,有限体积法概念明确、方法简捷,是当前主流软件的首选,如 NUMECA、FLUENT 及大多数自主软件,有限元法主要用于固体力学模拟,在流体力学模拟中也有应用,如 CFX 软件的流体计算模块就采用了带有有限元离散特征的单元重构,可视为有限体积和有限元的某种结合。

现代工程适用的数值模拟软件均以求解 N-S 方程为基础,能够计及包括激波和黏性损失在内的所有损失。同时,积分方程和数值离散格式共同保证了流量、动量、能量在计算域内的守恒,这对于内流问题尤其重要。由于篇幅所限,相关离散方法可以参阅 Versteeg 等[1] 和张德良[2] 的著作。

在上述离散方法的基础上,还需要对控制方程中对流通量和黏性通量进行离散。黏性通量由于其耗散特性,离散相对简单,在网格质量较好的条件下,通常二阶精度的中心差分格式就能够满足要求。对流通量则相对复杂,是数值误差的重要来源之一。在 RANS 范畴内,对流通量数值格式主要分为两大类,分别为基于人工黏性的中心型格式和基于迎风分裂概念的格式(也称迎风型格式)。前者以 Jameson 中心型格式为代表,其计算量小、流场平缓区域有二阶空间精度、稳定性好、与加速收敛方法(如残差光顺和多重网格)配合容易实现定常流场的快速模拟,但较大的人工黏性会污染物理黏性的求解,对激波的分辨也不够好;后者数值黏性小,但需要额外使用重构方法获得二阶及以上的空间精度,计算量较大。另外,还有一部分常用格式被称为 TVD 格式,基于 TVD(总变差减小)概念构造,也可大致归类到上面的中心型格式和迎风型格式中。从 RANS 模拟准确性角度考虑,对流通量离散格式应当首选迎风型格式或 TVD 格式。

对于离散的方程组,求解方法有显式和隐式两类算法。显式算法以 Runge – Kutta 方法为代表,但需要搭配加速收敛方法(如多重网格等)才能在收敛速度上具有竞争力,例如,NUMECA 软件采用了显式算法,但对对流通量格式的选择有一定限制,例如,若使用迎风型格式,则加速方法对收敛速度的提升效果往往会减弱。隐式算法沿时间推进收敛速度快,计算稳定性好,但单步的计算量大,内存需求高,如 CFX 软件采用了该算法。

对于非定常模拟,大多数软件采用了双时间步方法(也称虚拟时间步方法),它在控制方程中额外添加虚拟时间导数项,在沿物理时间推进求解时,在每个物理时间步内沿虚拟时间迭代,相对于虚拟时间的"定常"收敛解,也是当前物理时间步的非定常瞬态解。风扇压气机非定常模拟中需要特别注意的是物理时间步长的确定。在一般的转静干涉问题中,叶片排相对运动一个栅距的距离所需时间往往需要约 100 个物理时间步(甚至更多)来离散,获得的解才是与时间步长基本无关的解。当然,具体步长的选择,与转静交界面上下游流场的周向非均匀性和计算网格密度等因素有关,应通过逐步降低物理时间步长测试后确定。

2. RANS 湍流模型及转捩模型

采用雷诺平均的方法使 N–S 方程组出现了雷诺应力张量,RANS 湍流模型就是利用模型使整个方程组封闭。从模型层面上,对模拟结果有直接而重要影响的就是 RANS 湍流模型。Jeffrey 等[3] 指出,当前及未来相当长的一段时间内,RANS 模拟将仍是工程流动问题求解的主流方法。另外,提升 RANS 湍流模型在复杂湍流中准确性的研究进展缓慢,目前仍没有具有普适性的湍流模型,能同时满足各类复杂湍流问题,从而准确模拟风扇压气机流动,又无法利用过去的试验数据修正这些模型。

　　RANS 湍流模型大致可以分为两大类,即基于标量涡黏性假设的湍流模型和雷诺应力模型。标量涡黏性模型将湍流对雷诺平均流的影响集中到一个标量涡黏性系数上,相当于将湍流脉动比拟为分子热运动,相应地可将涡黏性系数叠加到分子黏性系数上,RANS 方程与原始 N-S 方程的不同之处仅仅是扩散项中的黏性系数。如果在湍流模型中给出湍动能 k 的具体值,则可在压力项和总能量中计及湍动能对压力和平均流总能量的贡献[4]。雷诺应力模型则是对雷诺应力张量中的每个分量进行建模,因此需要再增加六个模型方程。由于其计算量大、求解难,所以有研究者提出了代数雷诺应力模型[5],以两方程涡黏性模型为基础,将雷诺应力张量用平均流的高阶特性和求解两方程模型所得到的湍流尺度进行模化,从而反映湍流的各向异性特性,但计算量增加有限。从理论上讲,雷诺应力模型更能反映湍流对平均流影响的本质,因而在复杂湍流模拟中具有明显的优势,但受限于其计算量大和具体求解上的困难,雷诺应力模型并未在工程中得到广泛应用,涡黏模型仍是当前数值模拟中的主流模型。

　　涡黏模型,又可分为代数模型和基于输运方程的模型。后者根据偏微分方程数量及其性质,又分为半方程模型(求解的是一个常微分方程)、一方程模型和两方程模型。代数模型因其简单、计算量小,在一些外流问题中得到了广泛应用,但在风扇压气机这类几何边界复杂、上游影响显著、二次流明显的黏性流动问题中,其适用性值得怀疑。而输运方程模型虽然需要求解额外的控制方程,但相对更加适合。下面将介绍几种风扇压气机模拟中常用输运方程模型的各自特点。

　　Spalart-Allmaras 模型(简称 S-A 模型)[6]是一方程模型中应用最为成功的代表。该模型首先从各向同性湍流出发,利用湍流生成与耗散的平衡建立最初的模型框架,然后通过添加源项拓展到非平衡的自由剪切流,对方程添加输运项和时间项考虑上游的影响,最后在源项中添加近壁修正从而得以实现对壁湍流的模拟。另外,S-A 模型中还在源项中添加了转捩项,在指定转捩位置后,通过控制生成耗散项的大小,可以模拟边界层存在转捩的流动。从学术角度讲,S-A 模型没有较好的理论基础,更像是基于一系列简单湍流的认识和实验结果"拼凑"而成的模型,不像其他一方程模型多是基于湍动能方程进一步模化而来。

　　自 20 世纪 90 年代以来,研究人员开展了大量的校验工作,结果表明,S-A 模型总体上能够给出与两方程模型精度相当的结果,甚至在一些算例中表现得更好。另外,S-A 模型特别适用于工程的一个优良特性是其方程因变量在近壁区与到壁面的距离的关系是接近线性的,从而对近壁网格密度的需求要远小于其他绝大多数低雷诺数模型。也正因如此,在一些计算资源受限的模拟中,S-A 模型的表现优于其他模型并不一定是模型本身的准确性更高,而是其网格敏感性更低,其他即使很优秀但对网格分辨率要求很高的模型,在同等较粗的网格密度下会丧失其理论精度。从已有的 S-A 模型评估结果来看,它在壁面湍流上的模拟准确性较好,而对于尾迹型流动,它往往会过低地估计尾迹的掺混和恢复,结果相比于实际情况,下游尾迹区的速度亏损过大、尾迹区过窄。自 S-A 模型被提出以来,陆续有一些改进措施,如近壁区修正[7]、针对大曲率壁面和旋转效应的修正[8]以及考虑湍流能量反转机制的修正[9]等,这些修正措施在不同情况和层面上进一步提升了 S-A 模型的准确性。

相对于一方程模型,两方程模型具有所谓的完备性,即能够对应两个湍流尺度,而湍流长度、速度、时间三个尺度只要知其二则可全部确定。k-ε 模型是两方程湍流模型中版本最多的一大类。自标准 k-ε 模型[10]提出以来,在其上所做的各类改进和近壁修正很多,如基于经验型近壁修正的低雷诺数 k-ε 模型、基于重整化群理论(RNG)的 k-ε 模型、Realizable k-ε 模型等。这些版本的 k-ε 模型各有特点,这里仅讨论其共性。

k-ε 模型在自由剪切流和二次掺混流动等方面具有较高的准确性,这对于风扇压气机中的叶片尾迹、间隙泄漏流、篦齿封严等流动结构及其掺混损失的模拟是有利的。而对于边界层流动,由于标准 k-ε 模型本身不能直接积分至壁面,所以,搭配壁面律使用或者添加额外的近壁修正方法形成能够进行壁湍流模拟的低雷诺数模型。

边界层模拟的壁面律方法是将近壁区的速度型用壁面律(如 Spalding 律)代替,从而避免了对湍流模型必须沿壁面法向求解至壁面的要求,近壁区也无须划分很密的网格来获得整个边界层速度剖面。在使用壁面律的情况下,一般第一层计算网格的 $y+$ 可达 $20 < y+ < 100$,这样近壁网格尺度较大,可大大提升计算收敛速度。壁面律大多基于零压力梯度的平板边界层速度剖面得到,虽然可以考虑流向压力梯度作用,但与风扇压气机这类多壁面复杂流动的情况相差甚远。就此一点,采用壁面律计算得到的边界层速度型比实际情况更饱满,边界层若发生分离,则分离位置会预测得靠下游。另外,壁面律在边界层内存在倒流时理论上已失效,所以下游分离流场的模拟准确性难以评价。

近壁修正方法大体上是针对壁面湍流生成和耗散的影响及湍流尺度的压制作用,在 k-ε 方程源项中添加修正项,从而改变生成和耗散项在近壁区的量值,使其成为能够正确模拟壁湍流特性的低雷诺数模型。理论上讲,低雷诺数 k-ε 模型在边界层模拟上要比壁面律方法好,但代价是近壁区计算网格密度必须满足具体低雷诺数模型的要求,一般需要第一层网格的 $y+$ 小于 1.0。最后需要提及的是,使用 k-ε 模型时,需要注意在前缘滞止点容易出现滞止点异常现象[11],即在滞止点附近计算的湍动能会过高,然后随流体输运向下游,导致下游边界层被污染。针对该问题已有一些限制器方法,但实际模拟时仍需注意,应对模拟得到的湍动能场进行查验。

另一类两方程模型是 k-ω 模型,与 k-ε 模型的不同之处是针对湍流比耗散率 ω 建立控制方程,与 k 方程联合使用。由于湍流耗散率 ε 与比耗散率 ω 的关系

为 $\omega = \varepsilon/k$，所以也可由 $k-\varepsilon$ 方程导出 ω 方程。在 $k-\omega$ 模型中，具有代表性且应用较为成功的是 Wilcox 提出的若干版本[12]。$k-\omega$ 模型能够积分至壁面，而无需像 $k-\varepsilon$ 方程一样对壁湍流做特殊修正，这是其最显著的优点。然而，$k-\omega$ 模型对来流湍流度过于敏感，湍流度不大的变化就可能造成涡黏性系数成倍的改变，这显然是不可接受的。Wilcox 在其后续版本的 $k-\omega$ 模型中添加了额外的修正处理，能够在一定程度上弱化以上问题。

Menter 的 SST 模型[13]开辟了湍流模型的新思路。Menter 提出 SST 模型的初衷部分是为了解决 $k-\varepsilon$ 模型不能直接用于壁湍流和 $k-\omega$ 模型对来流湍流度过于敏感的问题。Menter 利用了一个过渡函数，实现了模型在近壁区表现为 $k-\omega$ 模型，而远离壁面区域则切换为 $k-\varepsilon$ 模型。$k-\omega$ 模型和 SST 模型在壁湍流和自由剪切流模拟中表现良好，特别是 SST 模型在各类内外流模拟中获得的认可度很高。然而，这两种模型如果不使用壁面律，则对近壁网格密度的要求很高：近壁第一层网格的 $y+$ 至少要小于 1.0，甚至一些测试结果指出，在 $y+ < 1$ 的范围内，应当沿壁面法向布置至少 3 层网格。在工程 CFD 模拟中，满足这种密度的网格规模是阻碍其保证模拟准确性的一大障碍。

对于一般的湍流模型，如果不做特殊设定，壁面边界条件满足水利光滑表面假设。若要计及壁面粗糙度的影响，可以在高雷诺数模型的壁面律中体现，也可以在低雷诺数模型的壁面边界条件中考虑。在风扇压气机流动中，是否需要考虑壁面粗糙度需要根据特定问题具体分析，如雷诺数较低时，粗糙度对风扇压气机气动性能的影响更大。

正如 Bradshaw[14]指出，三维、有壁面曲率、可能分离、壁面旋转、非定常的湍流流动都属于复杂湍流，目前还没有一个 RANS 湍流模型能给出令人满意的预测结果。而不同湍流模型对计算网格的要求是不同的。因此，影响湍流模型准确性的因素不但在于模型自身，还有针对具体问题网格设计、计算资源等。这时，进行湍流模型的网格无关性测试是必要的。

除了湍流模型，还有边界层转捩问题。S-A 模型和 $k-\varepsilon$ 模型默认流动是全湍流，大多不能直接用于模拟边界层转捩过程，需要添加额外的转捩模型，如代数 AGS 模型[15]、与 S-A 模型搭配的 γ 方程模型[16]、与 SST 模型搭配的 $\gamma - Re_\theta$ 模型[17]等。$k-\omega$ 模型由于不需要添加额外的近壁修正，原则上可以直接模拟转捩。在风扇压气机流动中，静子叶片边界层都存在转捩，但在转静干涉作用下，其转捩过程远比外流流动复杂；而转子叶片是否存在转捩，抑或是在潜流作用下完全或局部改变了传统意义的转捩特征，目前尚未得到证实。因此，在低雷诺数条件下，进口导流叶片等前面级动静叶，在有条件的情况下应当考虑转捩问题，但转捩模型可能不同；而将后面级动静叶表面及端壁边界层视为全湍流也具有逻辑依据。高雷诺数条件下，目前还只能接受全湍流数值模拟。

3. 大涡模拟方法

LES 是介于直接数值模拟(DNS)与 RANS 之间的一种方法,基于小尺度湍流结构的各向异性弱于大尺度湍流结构,于是直接模拟大尺度湍流结构,而用适应各向同性的湍流模型模化小尺度湍流。这大大提高了湍流的模拟精度,同时计算量比 DNS 小很多。

LES 在 20 世纪 70 年代就被提出,但真正获得大规模工程应用是在近 20 年,这归功于计算能力的大幅度提高。LES 理论上是求解滤波的 N-S 方程,与雷诺平均类似,滤波后控制方程中出现了亚格子应力项,与网格尺度一致的湍流作用需要采用亚格子模型模化。就此而言,大涡模拟不存在网格无关解。工程中,LES 目前更适用于射流、自由剪切流等无边界层的湍流流动,对于壁湍流,近壁亚格子模型还不具有普适性和准确性。另外,高雷诺数下壁湍流计算量巨大、进口湍流边界条件较难给出等问题阻碍了 LES 的应用。

针对这些问题,二十余年来已有不少解决方案,其中工程应用潜力较大的是 RANS/LES 组合模拟方法。该方法可以通过人工定义 RANS 和 LES 区域来缩减计算量和降低模拟难度,也可以通过重新定义 RANS 湍流模型中的长度尺度,使模型在近壁区表现为 RANS 湍流模型、远离壁面的区域表现为 LES 亚格子模型。这类方法中应用最成功的是脱体涡模拟方法(detached eddy simulation,DES)。由于近壁区是 RANS 模拟,所以或者湍流场与壁面边界层关系不大,如大迎角翼型绕流、起落架之类的钝体绕流等;或者 RANS 湍流模型/转捩模型能够准确模拟边界层,否则整个流场解就可能偏差较大。风扇压气机是多壁面边界、逆压梯度流动、边界层二维分离、二次流三维分离共存的机械,DES 不一定能够给出优于 RANS 的结果,并且其计算量也难以承受。图 7.1[18]和图 7.2[19]是大涡模拟的计算结果,相对于 RANS 其流动细节结构分辨得更好。Tucker[20](图 7.3)介绍了大涡模拟用于航空发动机的现状,并针对不同的流动问题如何正确使用大涡模拟进行了分析。

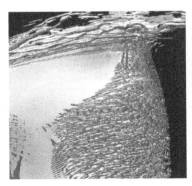

(a) 激波后边界层及叶尖泄漏旋涡结构

(b) 风扇根部平均流流线

图 7.1　跨声速风扇的大涡模拟

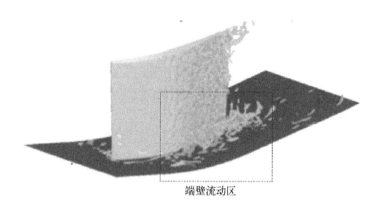

端壁流动区

图 7.2 压气机叶栅流场的大涡模拟

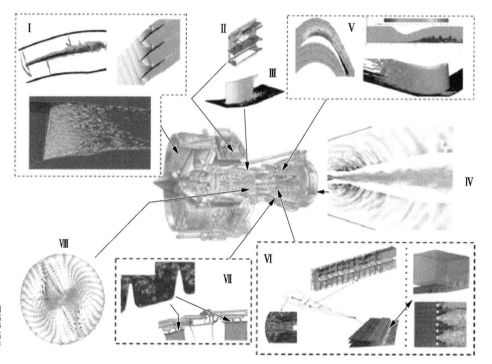

图 7.3 大涡模拟在航空发动机中的应用

4. 风扇压气机网格设计

网格设计是对计算域的空间离散。风扇压气机模拟中,一般采用贴体网格,即网格线/面以包容几何外形的方式对计算域进行离散,不穿透几何外形。其优点是可以方便地定义壁面边界条件、易于进行近壁区加密以保证边界层流动的分辨率,同时使网格线/面与主流方向接近,从而降低数值格式的计算误差。

对于风扇压气机三维流动问题,计算网格的设计具有其特殊性和复杂性,不仅需要尽量保证网格的正交和光顺以及对几何/流动细节区域足够的分辨率,同时还要兼顾能够方便地为计算域边界定义边界条件。与一般的 CFD 应用一样,风扇压气机计算网格可采用结构化网格,也可用非结构网格。相对而言,在风扇压气机中更多使用的是结构化网格,主要原因是它能够更好地保证模拟准确性,且相应的 CFD 求解器的计算效率也更高。另外,在一般的流动问题中,结构化网格就已经可以很好地对计算域进行离散。

总体而言,对于 RANS 模拟,网格和计算域的设计原则如下。

(1) 计算域进出口应设计在流动均匀性好的位置,通常应设计一个弦长以上的距离。速度越低,上游边界应距离叶片排越远;速度越高,则下游边界应越远,特别应避免在计算域出口存在分离流动。这样能够方便定义边界条件,并可以降低扰动在边界处的数值反射。

(2) 叶片表面和端壁的网格密度需要尽量保证,以确保能够很好地分辨叶片表面边界层和端壁边界层中流场变量的梯度。网格加密程度与选择的湍流模型有关,在经验不足时,计算完成后应当检查壁面第一层网格 $y+$ 的大小是否满足湍流模型的要求。

(3) 对叶片前尾缘、叶尖间隙、叶片根部倒角等细节结构,在几何建模上应尽量与实际结构一致,同时计算网格应保证对细节结构及其周围的流场有足够的空间分辨率。对于叶尖间隙,当网格密度不足时,可以考虑适当减小间隙值,以补偿间隙内收缩效应分辨不出来而导致的间隙泄漏流量计算过大的情况,一般经验上建议间隙内展向网格只有 10 个左右时,间隙可取为实际间隙的 70% 左右。

(4) 在流动梯度较大的区域尽量保证网格正交性和局部加密程度,如跨声速压气机通道激波区域、叶片排尾迹区、叶尖泄漏涡区域、角区旋涡区域等。另外,网格密度和质量应当与 CFD 求解器中具体的空间离散格式相匹配,以降低网格质量对格式精度的影响。

(5) 计算网格应当方便在进出口边界、周期性边界以及转静子交界面等处定义边界条件,例如,进出口边界和转静子交界面处如果有一簇网格线是等半径的,边界条件的定义和结果后处理将会方便不少;再如,在周期性边界处两侧的网格如果能够连续对接,则边界条件的精度就更容易得到保证。

以上只是对计算网格设计的一般性要求。随着对 CFD 结果准确性的要求越来越高、对复杂几何及流动条件考虑得越来越周到,在网格生成上也需要给予更多的重视。在不少工程实际问题中,计算网格的质量问题所带来的计算误差甚至比 CFD 数值格式和流动模型还高,而这部分误差是 CFD 各误差成分中最容易避免或降低的。

7.1.2　常用边界条件定义方法

风扇压气机数值模拟中的边界条件主要有进口条件、出口条件、周期性边界、壁面边界、叶排交界面等。从可压流流动机理角度产生更为合理的边界条件定义，是数值模拟结果更为准确的保证。

1. 进口条件

首先是风扇压气机的进口条件，其进口轴向马赫数均小于1。对于亚声速流场，CFD 三维控制方程五个未知量中，从内部外推一个条件而其他四个条件则需要人为给定。物理上，与流量相关的马赫数小于1时，整个流场处于亚声速状态，下游扰动能够向上游传播，所以进口必须给定不受前传扰动影响的条件。通常情况下，选取绝对总压、绝对总温、周向预旋气流角和子午面俯仰气流角。外推条件可以是静压、速度大小或者利用特征/无反射边界条件方法确定的一个外推参量。例如，模拟单转子流场的情况，可以给定进口相对参数，但可能带来不符合物理的解。这时，可以在进口增加虚拟的非旋转计算域，以适应绝对总压、绝对总温的进口条件。另外，对于带输运方程的湍流模型，需要在进口给定所有的因变量。例如，对于 S - A 模型，其因变量可取为分子黏性系数的 0.01 ~ 1；对于两方程模型，可以给定来流湍流强度和涡黏性与分子黏性之比或湍流长度尺度，进而确定模型的两个因变量。

在一些具体的风扇压气机模拟中，在进口条件定义上还需要注意以下几个问题。

（1）在设置计算域进口时，应将其位置取在距离第一排叶片至少一个弦长距离的上游。这是一个较粗略的建议，主要原因是考虑到消除或降低边界反射对下游流场的影响。

（2）当实际结构中进气流道较长而计算域又没有考虑时，应在边界条件中设置进口轮毂和机匣的边界层。在考虑边界层时不仅需要修改进口总压的展向分布，还需要考虑到来流端壁是湍流边界层，所以应根据边界层速度型及其他参量计算边界层内湍流模型的因变量分布，如可以用一个简单代数模型计算出涡黏性。如果 CFD 软件没有能力完成这种情况下边界条件的设定，则需要将计算域进口向上游延长，以确保端壁边界层能被正确反映。若进气道与风扇机匣端壁边界层较厚，则相当于径向总压畸变，风扇的工作点性能和裕度都有可能受影响，用"干净"的进口条件就可能造成计算偏差。高压压气机更是如此。

（3）在确定计算域进口位置时，应避免将其放置在当地轮毂/机匣半径变化剧烈之处。原因在于，在流道型线变化较大时，进口沿展向气流分布不均匀性较高，这时，在给定如气流角条件时，误差就会较大，甚至会造成模拟结果错误。图 7.4 为由于进口位置不合适（进口给均匀总压和总温，周向气流角取 0，俯仰角在端壁处与壁面方向一致，从轮毂至机匣线性渐变）造成计算错误的一个示例，可以看到边界条件使轮毂附近的流场完全计算错误。

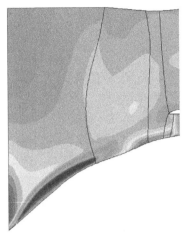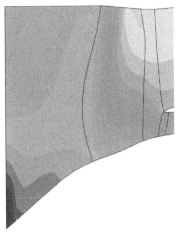

(a) 绝对马赫数周向平均云图　　　　　　　(b) 静压周向平均云图

图 7.4　进口位置不合适造成计算错误的示例

2. 出口条件

当子午流场亚声速时,通常给定压力出口边界条件,其他从流场中外推。考虑到边界反射问题,应将出口放置在叶片排下游至少一个弦长处。由于流出的气流周向绝对分速通常不为 0,常见的做法是给定径向某处的压力,利用径向平衡通过周向平均的密度和速度获得径向压力分布。这里假设的出口压力等参数均沿周向均匀。对于在径向何处给定压力,则应根据失速发生的区域而定,通常对于单级风扇,失速首先发生于叶尖区域,则应给定机匣处的静压;对于多级压气机高转速,失速首发于后面级轮毂,则应给定轮毂处的静压。其目的就是要使失速区背压尽量不受流场切向分速计算不确定性的影响。由于出口边界条件利用的是简单径向平衡方程,通常应设置虚拟流道,将出口位置放在流道半径不变的区域。当模拟多级风扇压气机前面级或中间级时,如果不设置虚拟流道,则应根据 S2 结果直接给定出口压力的展向分布。

另外,还有给定流量边界条件的方法。实际上,给定流量边界条件的一般做法与给定压力是等同的,只是 CFD 程序是在计算过程中根据流量实时调节压力,直至流量达到给定值。严格的流量边界条件方法可能只能用调节出口流道几何或者在出口模拟节流阀特性来实现。

3. 周期性边界

周期性边界是风扇压气机三维模拟中一种常见的特殊边界。当只用非全环计算域进行定常/非定常模拟或采用时间/空间周期性流动的建模方法进行模拟时,都涉及在周向边界处定义周期性边界条件。对于定常模拟,可以设置简单周期性边界条件,即周向上一侧边界处的流场变量等于对面一侧的流场变量,若速度是用笛卡儿坐标系描述,则还需将速度矢量根据两侧边界的周向转角进行相应旋转。对于非定常模拟,若计算域不是全环,而是一个扇区,也可以使用以上周期性条件,但这里需要特别说明的是,采用了周期性条件,就意味着默认了非定常流场在空间上是周期性的,其波长是所取扇区的周向宽度及其整数倍分之一,在时间上也只允许满足相应时间周期性的扰动频率及其整数倍频率存在。这种隐含的限制条件在一些情况下可能会造成问题。例如,叶尖泄漏流/涡在一些条件下会出现明显的自激非定常性,其频率未必会与周期性条件所隐含的非定常频率一致,这时周期性条件或者会抑制其自激非定常流,或者会迫使其频率与周期性频率一致。除此以外,还有旋转失速流场模拟、流固耦合模拟以及存在较大分离/角区旋涡等流动结构的非定常模拟等,也有可能出现以上情况,所以在划分计算域前必须注意。对于以上问题,有时只能通过取全环计算域,从而避免设置周期性条件来解决。

除了以上直接定义周期性条件的方法,还有一类常用方法是相延迟(phase-shift)周期性边界条件方法,以 He[21] 提出的基于傅里叶级数的形修正相延迟方法为代表。相延迟周期性边界条件方法可用于非定常模拟,也可用于如谐波平衡法这类时间周期性流动建模方法,其主要作用是能够将计算域缩减为单个叶片通道,从而大幅降低计算量。然而,该类方法仍然需要事先给定周期性假设,所以上面提及的问题也会存在。

4. 壁面边界

壁面速度条件分为滑移条件和无滑移条件,前者一般只用于无黏流动模拟,后者则用于黏性流动模拟。壁面处密度和压力的确定还需要两个附加条件,对于风扇压气机,常使用壁面处给定的压力梯度条件和壁面绝热条件。通常根据边界层理论,法向压力梯度为0。但是,对于旋转机械,接近壁面的流动速度趋于壁面切线速度,壁面法向压力梯度通常不趋于0。这时,应当根据当地壁面切线速度和径向平衡方程,计算出径向压力梯度,然后计算其壁面法向压力分布。

对于壁面绝热条件,一般情况下是成立的。但是当压气机压比较高时,后面级流体的温度也会较高,压气机主流道向外部的散热不再可以忽略,这时应当根据压气机的具体情况(如机匣材质、机匣外对流条件、环境温度等)定义壁面非绝热条件。

有了压力梯度条件和壁面(非)绝热条件后,可以计算得到密度和压力,因此平均流控制方程的所有未知量可得。除了以上需要考虑的壁面边界条件问题,实际模拟中可能还需要考虑壁面粗糙度问题,显然它仅对黏性湍流流场模拟有意义。

5. 转静交界面

存在相对运动的转静交界面是叶轮机中特有的一类边界。对于定常模拟,转静交界面常用的边界条件方法有冻结转子法和掺混面方法。冻结转子法是假设转静子之间虽然有相对运动,但其相对位置始终不变,从而可在交界面处直接传递流场信息(若两侧网格不是连续对接的,则需要使用非连续对接边界的处理方法,如插值法等)。该方法仅仅是数值上的处理,违背了实际的物理过程,所以模拟结果是有问题的,例如,上游尾迹的轨迹在穿过交界面后会非物理弯折、划分网格时转静相对位置不同则模拟结果也有所不同等。但在一些问题中,冻结转子法仍然有用,例如,离心压气机转子出口接一非轴对称排气蜗壳,转子与蜗壳之间必须设置交界面,这时利用冻结转子方法可以将此本质上的非定常问题简化为定常问题,计算量得以大幅降低,而其引入的误差在工程上仍可接受,而若采用下面将介绍的掺混面方法反而不能反映排气蜗壳施加于转子出口的周向非均匀反压。

　　掺混面方法则是定常模拟中最为常用的转静交界面建模方法。该方法最早是由 Denton[22] 提出的,其基本思想是假设转子和静子两个相邻计算域之间存在一个足够长的流向距离,使周向非均匀扰动得到充分掺混,从而将非定常问题转化为定常问题,进而为两侧计算域分别给定物理上恰当的边界条件。可见,掺混面并不是单纯的数值处理方法,有其基本的物理含义。另外,由于带来流动非定常性的是叶片排间的周向相对运动,所以需要在从轮毂到机匣的一系列回转面上分别应用掺混面条件,而掺混面前后流场参数的展向分布规律应是连续的。对于掺混面的数值建模,早期较常见的是周向平均方法,即在转子与静子之间的交界面处分别对转子出口和静子进口的流场参数进行周向平均,然后将转子出口周向平均的流场参数作为静子进口边界条件,将静子出口周向平均的流场参数作为转子出口边界条件。这种方法实现简单,不增加计算量,但除了在平均哪些参数、如何平均等方面的不确定性,其最大的问题是周向平均本身只是近似模拟了流动的掺混,当转静子之间的轴向间距较小时,周向平均可能会带来较大的误差。相对于周向平均更好的方法是通量平均(或通量平衡)[23]。该方法能够在交界面处保证两侧对流通量的守恒,但是在具体实现上如果处理不好,则在交界面处存在部分倒流的情况时容易导致计算发散。一种通过求解交界面处掺混模型方程的松弛方法[24]可以在满足通量守恒的同时保证计算鲁棒性。虽然掺混面方法使得在多排叶片条件下可以采用定常模拟,大大降低了计算量,但其优劣也是影响多级风扇压气机模拟准确性的重要因素之一。除了具体处理方法,掺混面从物理上引入的误差主要有两个方面。其一,掺混面忽略非定常效应带来的误差。掺混面是将非定常问题简化为定常问题,所以无法计入物理上转静之间的非定常干涉效应。若风扇压气机负荷高、结构紧凑,则掺混面的定常简化本身就有可能带来较明显的误差。其二,掺混面对转静子时均流场径向匹配关系的偏差。掺混面所模拟的掺混过程是沿周向的,这实际上隐含了一个假设,即 S1 流面是回转面,这与实际物理显然不符。由此,当 S1 流面翘曲明显以及二次流及尾迹与主流流向相差较大及湍流掺混较强(即由二次流和湍流所致的径向掺混较强)时,掺混面就会造成上下游叶片排边界条件及其匹配关系的偏差。由此表明,掺混面的适用范围应当是常规负荷、设计状态附近的风扇压气机数值模拟。当负荷高、级数多、流场中分离及二次流明显时,一定要清醒地认识掺混面所带来的误差。

对于非定常模拟,转静交界面则需要采用非连续对接边界的参数传递方法(如插值法或数值积分法)进行信息交换,这是相对纯数值的处理方法,这里不再赘述。

7.1.3　常用初场给定方法

风扇压气机三维流场模拟是初边值问题,在模拟前需要给定合适的初场,否则可能得不到正常工作状态下的解。

对于定常流场模拟,合适的初场给定主要有以下两种方法。

第一种方法是给定进口总温总压、叶片排进出口气流角(或用叶片排几何角近似)、各排叶片出口压力展向分布条件,再利用沿流线转子转焓不变、静子总焓不变等简化假设,即可计算出子午流场参数的初始分布,并认为周向流场参数均匀,即得到初场。其思路与S2流场计算一致,当然也可以使用一个S2正问题计算程序来生成初场。该方法的优点是能够快速获得初场,直接开始目标转速下的三维流场模拟;不足之处则是在一些情况下(特别是当级数较多时),叶片排间参数不易给出,或者生成的初场由于级间匹配及流场参数分布得不合理,可能会造成三维计算发散。

第二种方法则是模拟了风扇压气机从低转速至设计转速的启动过程,即在一定迭代步数内,让风扇压气机从低转速开始,逐步提升转速,出口反压同样逐步提高,直至目标转速,然后将在此过程中获得的流场模拟结果作为初场。这种方法避免了人工给定叶片排间参数的困难,也更容易获得相对合理的初场,如果再配合一些技巧(例如,在从低转速拉升的过程中,将后面级的转速取为高于前面级,利用转差防止过渡过程中发生失速;再如,可在级间设置放气条件,利用放气来防止失速等),通常都可获得用于目标计算转速下正常工作点流场模拟的初场。当然,其缺点是计算量较大,一般需要计算一个工作点的流场解所需的时间推进步数。

另外,如果已经获得了风扇压气机一个工作点的流场解,则可以以该流场作为下一个工作点流场模拟的初场,这样依次计算,可获得风扇压气机的整个特性。

对于非定常模拟,初场通常可用定常模拟结果。

7.1.4　三维非定常流动建模技术

风扇压气机中的非定常流动主要包含两类:第一类是确定性的非定常流动,即转静相对运动所带来的非定常流动,如果考虑流固耦合问题,则强迫响应下的流动也可以归为这一类;第二类则是非确定性的非定常流动,主要包含旋转失速、非定常分离、旋涡脱落以及流固耦合下的颤振等,其非定常脉动频率与转速没有直接的关系。对于后者,大多数是出现在叶轮机非正常工作状态,对这些流动现象的模拟也只能采用时间推进的非定常模拟方法,而且往往还需要全环模拟,否则周期性条件就有可能会破坏流动自身的频率信息,获得非物理解。而对于前者,正如前面所介绍的,利用掺混面方法可以将其简化为定常问题求解,但这样会抹掉转静子之间的非定常干涉效应,当叶轮机负荷较高时,这种简化会带来较大的计算误差。另外,在考虑叶片气弹和气动噪声等问题时,也需要获得流场的非定常解。就目前来看,在设计和数值评估中逐步考虑非定常效应是风扇压气机气动的发展趋势。

考虑风扇压气机的非定常效应最基本、最准确的方法是时间推进的非定常方法,但同时也是计算代价最大的。例如,Weide 等[25]利用非定常 RANS 方法对 PW 公司某发动机的压气机进行了全三维非定常数值模拟,如图 7.5 所示,其计算网格达到 2.2 亿,采用 600 个 CPU 并行计算,仅转子一个旋转周期的计算时间就需要 3 500 h。为此,发展针对非定常流动的简化建模方法、大幅降低计算量是十分必要的。

到目前为止,已有不少可用于确定周期性的非定常流动建模方法,可参见表 7.1。下面简要叙述这些简化方法的基本原理、计算精度、计算速度及其发展现况。

图 7.5　压气机的三维全环非定常数值模拟

表 7.1　叶轮机非定常流动模拟建模方法

周期性流动模化方法	提　出　者	年　份
确定性应力法	Adamczyk	1985
叶片数模化法	Rai	1989
相延迟法: 　直接存储 　时间倾斜 　形修正	 Erdos Giles He	 1977 1988 1990
谐波方法: 　时间线化方法 　非线性谐波法 　谐波平衡法	 Ni 和 Sisto He 和 Ning Hall 等	 1976 1998 2002

1. 确定性应力法

1985 年,美国 NASA 刘易斯研究中心的 Adamczyk[26]通过引入系综平均、时间平均和通道平均三个平均算子,建立了描述叶轮机内确定性非定常流动的通道平均方程。系综平均是对空间点的流场变量做采样平均,把湍流脉动通过雷诺应力项体现,这也是研究统计定常湍流的基本方法。时间平均是针对由转静子相对运动所致的流场参数周期性变化,从而得到时均分量和确定性的非定常脉动分量,其时间尺度远大于湍流脉动的时间尺度,得到的时均方程相比于系综平均方程增加了一些相关项,在动量方程中称为确定性应力项,在能量方程中称为确定性能量项,它们代表了确定性的周期性非定常脉动对时均流场的作用。通道平均用于计入多级叶轮机中的时序效应。在多级叶轮机中,由于时序效应,同一叶片排内不同叶片通道内的时均流场是有差别的。因此,对各个叶片通道内的时均流场再做平均,即通道平均,所得的新方程相比于时间平均方程又多了一些相关项,它们反映了时序效应对通道平均流动的影响。这样,通过上述三个平均算子的引入,便可把湍流随机脉动引出的雷诺应力、确定性的非定常脉动引出的确定应力以及叶片排时序效应引出的通道非均匀脉动应力体现在最终的通道平均方程中。

Adamczyk[27]在 APNASA 程序中加入了确定性应力模型,在4.5级低速研究性压气机、10 级高速压气机及 3.5 级高速压气机的计算校验中表现较好,对设计工况和非设计工况的性能都给出了较准确的预估。Rhie 等[28]在三维 RANS 方程中利用体积力来考虑叶排之间的势干扰,利用确定性应力来考虑尾迹的轴向和径向的堵塞与掺混效应,基于此建模思路编写了程序 NASTAR-Ⅱ,并利用某单级压气机进行校核,与采用传统掺混面的 NASTAR-Ⅰ 程序相比,其计算的总特性和出口总温/总压分布与实验吻合得更好(图 7.6)。

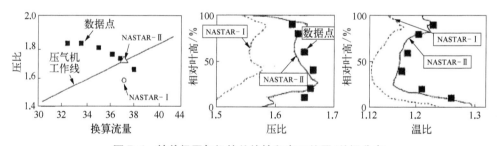

图7.6　某单级压气机的总特性和出口总压/总温分布

虽然确定性应力方法在计及非定常效应的全面性以及计算速度上有很大的优势,但由其三种平均所引出的应力项中,除了雷诺应力可以用已有的湍流模型模化,另两类应力项在复杂程度上不比雷诺应力小,对其进行模化难度同样很大,这限制了该方法的广泛应用。

2. 叶片数模化法

在直接采用非定常模拟方法对叶轮机转静干涉流动进行模拟时,每个叶片排往往需要包含多个叶片通道才能保证所计算的转静子通道有相同的周向扇面角,从而应用周期性条件。然而,在叶轮机设计中从气动及振动的角度考虑所确定的叶片数,使得叶片通道能约化的程度往往很小甚至不能约化,后者意味着需要采用全环非定常模拟。为了减少计算量,Rai[29]提出了叶片数模化法,其基本思想如下：保证叶片关键几何参数不变,如叶片稠度和喉道面积(图7.7),对叶片数进行适当的增减,从而能够约化各排叶片数,减少所需模拟的叶片通道。例如,一个单级压气机,其转静子的叶片数为 16∶23,采用叶片数模化法将其叶片数改为16∶24,同时根据稠度不变原则缩小静子弦长,这样只需非定常模拟 2∶3 个叶片通道。自叶片数模化法提出以来,由于实现简单,不需要更改已有的非定常计算程序,同时降低了计算规模、加快了计算速度,在转静干涉等非定常计算中得到了广泛的应用。但由于该方法实际上改变了原来的稠度,计算误差也是显而易见的。另外,该方法也难以在气动声学模拟中应用,因为声波的传播模态对叶片数很敏感,采用叶片数模化法计算准确性难以保证[30]。

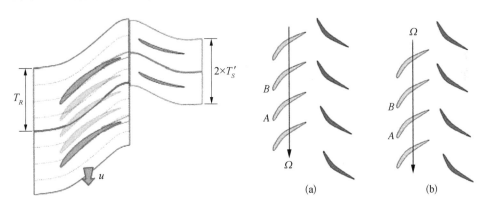

图 7.7 叶片数模化法示意图　　　　图 7.8 "相位延迟"的示意图

3. 相延迟法

在转静非定常流动中,相邻两个叶片通道之间没有直接的周期性,但是存在一个"相位延迟"的周期性。如图7.8所示,设某时刻叶片排相对位置如图7.8(a)所示,当转子叶片运动到图7.8(b)所示的位置时,可以看到 A 叶片感受到的流场和上一个时刻 B 叶片(相差一个叶片栅距)感受到的流场完全一样,只是两者存在一个时间差,即一个相位延迟角。

Erdos 等[31]在风扇级的二维无黏非定常模拟中首先利用了相位延迟周期性概念,在计算中转静子叶片排只采用单个叶片通道,时间推进的过程中存储周期边界和转静子交界面处最新一个周期内的流场变量,然后根据相位延迟角,用所存储的一个周期内对应时刻的结果来更新当前时刻周期边界和转静子交界面上的流场变量值。该方法称为直接存储相延迟方法。计算域可以只取单叶片通道,所以计算量可以大大减少。但是该方法往往需要占用很大的存储量,特别是当转静子叶片数互质时要存储边界处整周的信息,而且存储量越大,其收敛速度就会越慢。

Giles[32]提出了另一种单通道模拟的相延迟方法,称为时间倾斜方法。他将欧拉方程进行了时间变换,使得可以在相位延迟周期边界上应用简单的周期性边界条件,从而避免了如直接存储相延迟方法的大存储量问题。但该方法也有明显的缺点,例如,在低马赫数时收敛性差,而且对转静子栅距比有一定的限制,当其远大于1时,会有严重的计算稳定性问题,只能通过增加叶片通道数来缓解。而限制该方法应用的最大问题是由于在变换中只考虑了一个栅距比,所以只能用于单级的转静非定常模拟。

为了减少直接存储相延迟方法对内存的需求,He[21]提出了基于傅里叶级数的"形修正"相延迟方法。其思路是将周期边界和转静子交界面上的流场变量在一个周期内的值用傅里叶级数表示,从而只保存傅里叶系数即可,这样可以使得存储量大大降低,傅里叶系数可以每隔一个周期更新一次。随后,He[33]将上述方法扩展到了可模拟流场中存在多个不同扰动基频的情况。该方法的收敛速度和计算时间与直接存储相延迟方法相当,但大大减少了内存需求,尤其是对于低频扰动优势更明显,所以得到了广泛的应用。除了转静子干涉流动问题,该方法还可以用于振荡叶栅以及进气畸变等问题的非定常模拟。图7.9给出了部分采用该方法模拟的

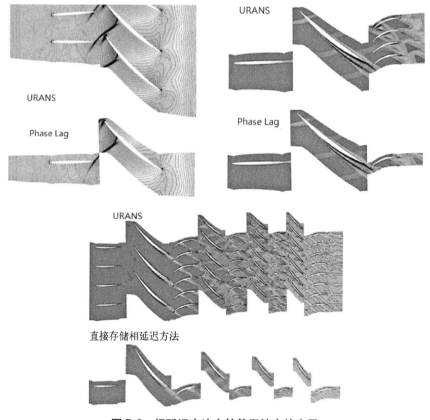

图7.9　相延迟方法在转静干涉中的应用

单/多级压气机非定常流动示例,可见与多通道直接非定常模拟结果吻合得很好。直接存储相延迟方法这种单通道非定常模拟方法是不能捕捉时序效应的,这是其固有的缺陷。但相对于多叶片通道的直接非定常模拟,其计算资源需求大大减少,并且能够反映相邻叶片排的非定常干涉作用,所以在工程中颇具吸引力。

4. 谐波方法

在时间推进求解转静子非定常流场时,实际上大部分计算时间是耗费在从初场推进到所需要的周期性状态的过渡过程中。因此,如果能够直接模化和求解这种时间周期性流场,那么就有可能大大降低总的计算量。由于转静子干涉流动的时间周期性,将流场变量表达为同样具有周期性特点的傅里叶级数的形式是一个自然的想法,这也是谐波方法的基本出发点。实际上,也可以把谐波方法看成对确定性应力的一种建模方法。

在谐波类非定常简化方法中,最先出现的是小扰动法[34]。该方法以小扰动方程为基础,将扰动量分解为不同频率脉动之和,而单个频率的扰动以其一阶傅里叶级数表示,并利用傅里叶级数的正交性,获得每个单一频率扰动量的线化方程。由于对定常流方程和每个频率扰动量的线化方程求解的是其定常解,并且只需要求解单个叶片通道的流动,所以其计算量只与定常模拟相当。小扰动法已经应用到叶轮机中的二维/三维无黏流动和黏性流动,主要用于颤振和转静干涉的计算。从实际应用来看,小扰动法一般只需要考虑少量频率就能得到较准确的解。其缺点也很明显,即由于采用小扰动线化假设,当流动中存在较强的非线性作用时该方法不再适用。

为了解决小扰动法的以上问题,He 等[35]进一步提出了非线性谐波法,用于克服线化方法的缺点。与小扰动法中将非定常流场变量分解为定常量和小扰动量不同,非线性谐波法是将非定常变量分解为时均量和脉动量,经过一系列方程推导,略去高阶项,可以获得一个时均方程和 $2N_p$ 个脉动方程,这里 N_p 为所考虑的扰动频率的数量,对它们需要进行耦合求解,计算量和求解 $2N_p + 1$ 个定常流方程相当。非线性谐波法数学物理概念清晰,能够计及时序效应,与时域的非定常模拟相比,在保证工程精度的同时大大节省了计算时间,目前已经获得了很多成功的应用(图7.10)[36]。但是该方法也有一些缺点,例如,虽然方法中包括时均方程和脉动方程的相互作用,但是忽略了高阶项以及不同频率谐波之间的交叉耦合作用;另外,在湍流模拟时,为了避免对非线性湍流模型的线化,在计算中假定了涡黏性系数不变,这些简化和假设会引入一定的计算误差。在方法的具体实施上,该方法需要在频域中求解控制方程,并且对计算格式也有特殊的要求,编程相对复杂,所以在推广应用上有较大的限制。

与非线性谐波法相对应,Hall 等[37]则提出了同样基于傅里叶级数但可直接在时域求解的谐波平衡法。该方法直接将周期性的流场变量用傅里叶级数展开,选

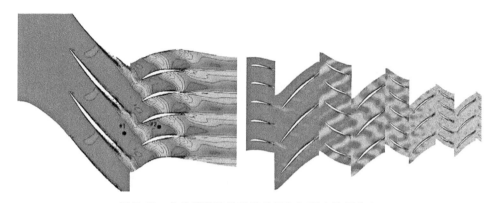

图 7.10 非线性谐波法计算的压气机瞬态熵增分布

择有限的阶数 N,然后代入原始的流场控制方程,并注意到正弦函数的正交性以及守恒变量的傅里叶系数可通过一个时间周期内均匀分布的 $2N+1$ 个时刻的守恒变量通过傅里叶逆变换得到,从而最终得到 $2N+1$ 个控制方程,可以采用定常方法求解,其解代表一个周期内 $2N+1$ 个时刻的瞬态解。Du 等[38]的文章对该方法做了进一步解释,实际上它可以认为是对守恒变量的瞬态解在一个周期内以傅里叶级数为基函数进行拟合的时间谱方法,进一步地,也提出了以周期性样条函数作为基函数的时间拟合方法。谐波平衡法的主要优势在于,其求解的是时域内的方程,所以很容易在已有的 CFD 程序中实现,对湍流模型的处理方式也可以和主流控制方程一致。另外,如果在计算量允许的情况下能够考虑所有相关的模态,则该方法可以反映周期性流动的所有非线性特征,当然一般只需要较少阶数的模态就足够分辨主要的周期性非定常扰动了。自 Hall 提出谐波平衡法以来,该方法得到了许多研究者的应用(例如,如图 7.11 所示,计算时使用了相邻转子叶片排间和相邻静子叶片排间存在缓慢相对转速的方法,以计入时序效应,否则谐波平衡法不能计及纯空间周期性),与传统的时间推进法相比,其计算速度可提高 1 或 2 个数量级。

在上面的内容中,简要概述了目前已有的周期性非定常流动的模化方法,这些方法在模型的复杂程度和适用范围、模拟准确性、程序实现的难易、计算量等方面有各自的优缺点。采用哪种方法为宜,则应视具体的问题而定。

7.2 影响 CFD 准确性的因素

在风扇压气机 CFD 模拟中,影响准确性的主要因素有计算网格空间离散误差及网格质量对数值格式精度的影响、流动模型的准确性、边界条件的准确性、几何细节及几何不确定性等。对于非定常模拟,还有时间步长对结果的影响(时间离散

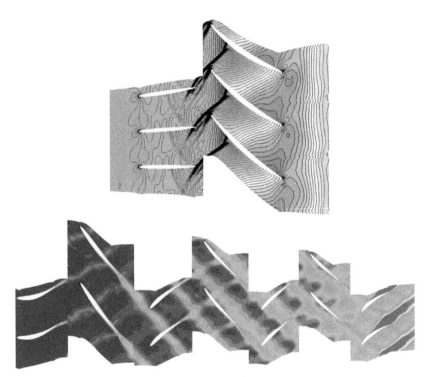

图 7.11　谐波平衡法非定常流场计算结果示例

误差）。本节将针对这些因素进行简要介绍，同时对如何看待 CFD 模拟准确性展开部分讨论。

7.2.1　网格分辨率及几何细节的影响

近年来，网格生成技术在 CFD 中的重要地位已被越来越多的人所认识并予以相应的重视。虽然 CFD 计算格式的精度得到了很大提高，但如果网格质量不高，会掩盖高精度格式所带来的好处。事实上，一方面网格的几何和拓扑结构将关系到数值方法的选取和实现，另一方面网格的正交性、光顺性以及加密程度等都会直接影响计算结果的准确程度。大量数值试验表明，计算网格质量的好坏，可以在很大程度上对计算结果产生决定性的影响，因此网格质量是 CFD 工程应用的关键条件之一。

1. 网格密度

现有的航空发动机压气机设计趋势表明，压气机进口级通常是跨声速的，即叶片部分展向相对马赫数大于 1.0，且主要通过组织激波增压，同时产生激波与边界层的干涉，以及由此引发的展向二次流使流场复杂性大大提高。正因如此，小展弦比高速压气机设计的挑战性主要来自复杂流动控制以及 CFD 性能预测的精度。

通常而言,网格拓扑和网格密度对 CFD 求解的精度影响是显而易见的。叶轮机网格拓扑由早期流道与叶片统一的简单 H 形,发展到当今普遍采用的流道 H 形+叶片 O 形的组合形式,充分反映了网格技术对叶轮机流场的适应性发展改进。从网格密度来说,所有壁面附近网格密度需求都较高,即便网格规模越大越好,但工程 CFD 中的网格规模总归是有限的,因此需要将有限的网格布置到最需要的位置。对压气机来说,要准确反映流道、叶型壁面附近曲率、叶片前尾缘大曲率变化、转子叶尖间隙与机匣流道、根部流道与篦齿封严处,这些位置相对主流而言,需要较高的网格密度。

需要注意的是,网格的详细设计需要根据工程问题、精度需求和时间成本进行权衡。对于全新的压气机方案设计,可采取相对简单的网格设计,避免时间成本的无效耗费。这时,仅需要对主流道和叶型壁面进行加密,以支持"overnight design"。图 7.12(a)为一个压气机叶片快速评估的拟 S1 面低密度网格,图 7.12(b)为拟 S1 面高密度网格。前者近叶片表面附近网格进行了加密,后者在前者基础上不仅对近壁区加密,对主流区也进行了 1.5 倍加密。图 7.13(a)、图 7.13(b)为拟 S2 面网格加密对比,近轮毂和近机匣的流道附近网格密度以及主流区网格密度差异比较清晰。

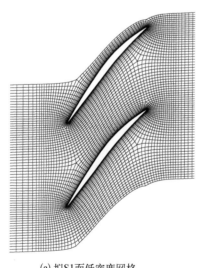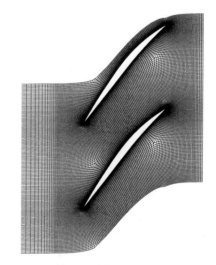

(a) 拟S1面低密度网格   (b) 拟S1面高密度网格

图 7.12 拟 S1 面网格

通常而言,对于压气机单个叶片排,网格密度的选取主要关注网格规模无关性,以及满足所选无壁面函数湍流模型的网格法向密度要求。网格规模虽是越大越好,但前提是布置在壁面速度梯度位置附近加密,而且网格无关性取决于所采用

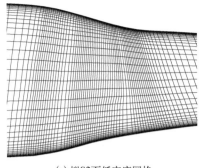
(a) 拟S2面低密度网格

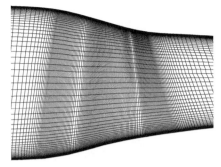
(b) 拟S2面高密度网格

图 7.13　拟 S2 面网格

的 CFD 工具的求解格式对网格规模的敏感程度。网格无关性对数值计算非常重要,但需要保持一个清醒的认识,即网格质量、密度、规模带来的误差与求解该类问题本身的误差范围比较。当使用者需要一个非常高精度的解时,就需要将网格无关性工作做仔细,如果能容忍数值计算的结果误差在一定范围内,那么不妨适当放宽网格无关性的标准,允许数值解与网格规模有一定程度的相关性,采用经济的网格来节省时间成本。网格密度和网格规模一般取在压气机性能变化随网格规模和网格密度增加趋势平缓的小值附近。

2. 转子叶尖间隙

虽然压气机结构设计以尽可能满足气动设计需求为原则,但它与理想的气动设计几何结构之间仍然存在一定差异,几何结构不同会带来局部流场偏离理想设计。结构设计不可避免地将产生额外的气动损失,而转子径向间隙会对压气机流量、效率、裕度都产生显著的影响。因此,在 CFD 计算中间隙大小的选取对计算的准确性影响也十分显著。

如前所述,由于网格密度的原因,CFD 计算中转子叶尖间隙的选取值与结构设计的间隙值并不能完全等同。从工程设计的角度,推荐 CFD 计算中转子径向间隙值选取真实间隙的 70% 左右。

以某四级压气机为例,选取多组转子叶尖间隙进行全三维数值模拟特性计算,对比转子叶尖间隙对压气机性能产生的影响。方案设计采用叶尖间隙值 RTC = 0.3% 叶高、0.9% 叶高、1.5% 叶高三个算例,探讨转子叶尖径向间隙对性能影响的规律性。图 7.14 为考虑转子叶尖间隙的四级压气机计算网格示意图,叶尖间隙网格采用蝶形网格。

图 7.15 为不同转子叶尖间隙下的压气机计算特性对比,从图中反映出的趋势可知,叶尖间隙对流量、效率和失速压比影响明显,叶尖间隙越小,流量越大,效率和失速压比越高。当转子叶尖间隙为 0.3% 叶高时,预估的性能偏高。当叶尖间隙为 1.5% 叶高时,失速压比偏低,流量小于设计指标。

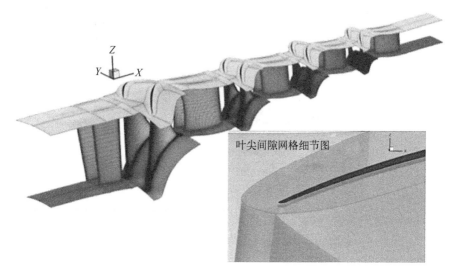

图 7.14 考虑转子叶尖间隙的四级压气机计算网格示意图

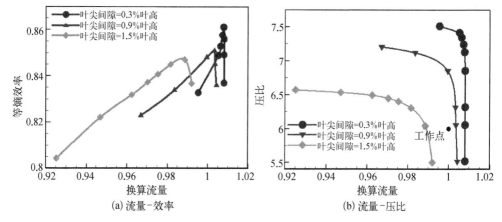

(a) 流量-效率   (b) 流量-压比

图 7.15 不同转子叶尖间隙压气机特性对比

图 7.16 为转子叶尖间隙 RTC = 0.3% 叶高、0.9% 叶高方案在近叶尖位置(90% 叶高处)拟 S1 面的相对马赫数分布比较。从图中可以看出,压气机叶尖处,转子叶尖间隙为 0.9% 叶高方案的第一级和第二级转子激波位置发生了较明显前移,且激波后部等值线有明显叶尖泄漏涡特征。

图 7.17 为叶片中部位置拟 S3 面转子叶尖泄漏影响区域比较,可以看到,与 RTC = 0.3% 叶高相比,RTC = 0.9% 叶高的转子叶尖泄漏涡流对展向影响区域从 3.2% 扩大至 12.5%。泄漏涡在转子叶片通道内的发展,扩大涡流损失区,堵塞了尖部通道,使得转子激波前移,是流量和效率均有所降低的重要原因。

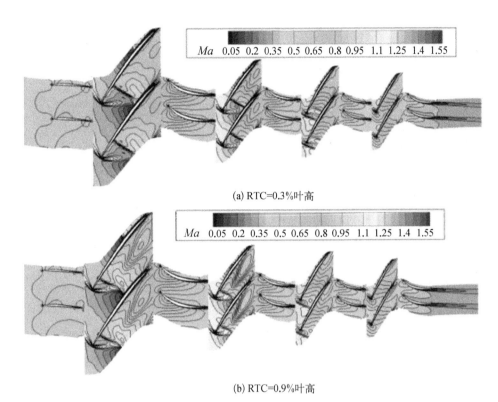

(a) RTC=0.3%叶高

(b) RTC=0.9%叶高

图 7.16 拟 S1 面相对马赫数分布比较(90%叶高)

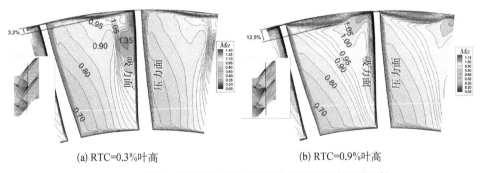

(a) RTC=0.3%叶高 (b) RTC=0.9%叶高

图 7.17 叶片中部位置拟 S3 面转子叶尖泄漏影响区域比较

在 CFD 计算中压气机转子叶尖间隙值的选取对计算评估的准确性有较大的影响,选取的间隙值过小或过大都会使结果偏离真实结果,因此 CFD 计算需慎重考虑转子间隙值。

3. 可调静子局部间隙

如图 7.18 所示,压气机可调静子存在着局部间隙,并且因安装角调节使得该间隙随转速而变化。该间隙同样影响着压气机气动性能及其匹配,并越来越得到数值模拟的关注。

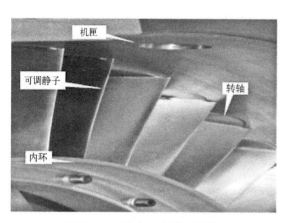

图 7.18　压气机可调静子结构

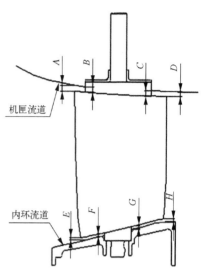

图 7.19　可调静叶间隙结构示意图

如图 7.19 所示,通过三维实体建模和实际测量发现,某压气机在相对转速为 1.0 时,可调静叶(VSV)为设计角度,圆台前叶尖与机匣流道之间的装配间隙(A 值)最大;在相对转速为 0.7 时,VSV 角度关闭 40°,圆台后叶根与内环流道装配间隙(H 值)最大。

图 7.20 为可调静叶根部圆台前后间隙网格。数值模拟如图 7.21 所示,结果表明叶片前缘间隙泄漏导致静子根部前缘发生较大尺度的三维流动分离。可见,在 CFD 计算中应考虑可调静子圆台与真实间隙,使压气机流场的模拟更加准确。

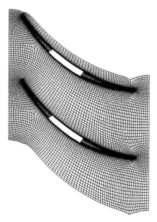

图 7.20　可调静叶根部圆台
前后间隙网格

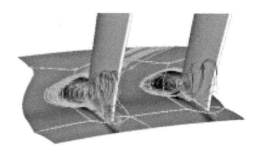

图 7.21　可调静叶根部流场

4. 前缘

前缘形状直接影响前缘边界层的转捩和分离,从而影响叶型表面负荷分布和叶型损失,对压气机性能影响显著。因此,在采用 CFD 方法对前缘形状进行网格设计时,需要特别注意前缘附近的网格质量。早期的网格拓扑,如果只采用 H 形,即便进行全域加密,也不能实现对前缘附近高质量分网,而 HO 形拓扑却可以使用较少的网格数实现前缘高质量网格而减少不必要的主流区网格密度。

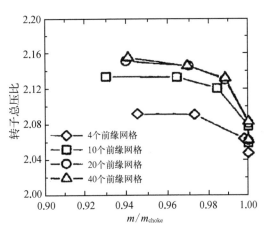

图 7.22　前缘网格数量相关性

Andrea 等[39]对网格的影响进行了研究,图 7.22 表明,当前缘网格达到 20 个以上密度后,压气机性能基本保持不变。

5. 根部倒圆

压气机叶片端壁倒圆不但是强度设计的要求,也是气动设计中消除角涡(马蹄涡)的重要手段。如图 7.23 所示,通过对转子根部叶片倒圆的优化设计,有效降低了边缘应力集中,提高了叶片强度储备。而在气动数值模拟中也有必要对倒圆进行真实模拟,以产生有效的工程设计评估。

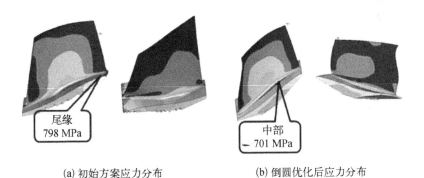

(a) 初始方案应力分布　　　　　　(b) 倒圆优化后应力分布

图 7.23　根部倒圆优化前后强度对比

为了提高压气机效率,减少悬臂静子引起的泄漏流,现代高负荷压气机设计中通常采用整环静子,如图 7.24 所示,静子叶片根、尖部与端壁间都存在倒圆。压气机后面级静子根尖部倒圆区域占叶身高度的比例超过 15%,对叶片通道内部流动的影响十分显著。

在三维数值模拟时,为了简化计算模型,通常会忽略这些结构细节,从而造

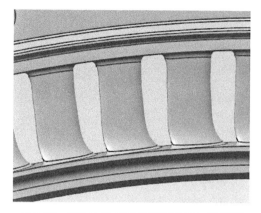

图 7.24 某压气机出口级整环静子三维模型

成数值模拟结果与试验结果的偏差。尤其是压气机负荷越来越高,三维效应更趋明显,流场细节的准确捕捉对压气机精细化设计、提高效率尤为重要。

图 7.25 为 R1 转子根部无倒圆和倒圆的计算网格,图 7.26 为转子根部倒圆区域 UG 实体和不同倒圆网格的对比,相对于均匀倒圆网格,真实倒圆网格与结构实体更吻合。

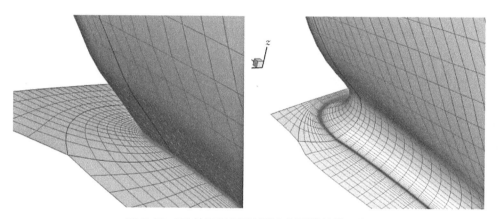

图 7.25 R1 转子根部无倒圆和倒圆的计算网格

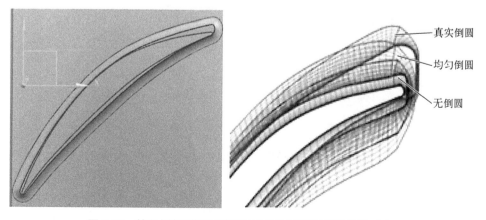

图 7.26 转子根部倒圆区域 UG 实体和不同倒圆网格的对比

图 7.27 比较了 R1 转子根部无倒圆、均匀倒圆、真实倒圆三种倒圆网格处理方式的数值模拟结果。与无倒圆相比,均匀倒圆的 R1 出口气流角增加了 2°,而真实倒圆气流角增加了 4°,这对根部气流角匹配产生较大影响。

图 7.28 为对应的三种不同的转子根部倒圆网格处理方式的流场,从图中可以看出,真实倒圆的根部出口马赫数更高。从流场数值模拟精度来看,真实倒圆网格形式更真实地反映了叶根附近的气体流动细节,提升了多级压气机仿真近轮毂附近的精度。

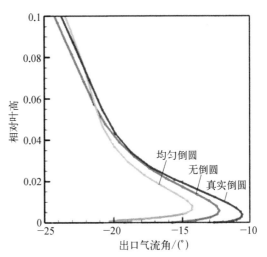

图 7.27 转子根部无倒圆、均匀倒圆和真实倒圆出口气流角比较

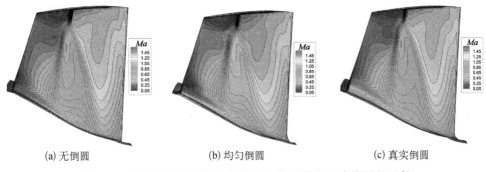

(a) 无倒圆   (b) 均匀倒圆   (c) 真实倒圆

图 7.28 转子根部无倒圆、均匀倒圆和真实倒圆 R1 根部流场比较

7.2.2 湍流模型的影响

叶轮机中的湍流流动都属于复杂湍流,除非采用直接数值模拟或大涡模拟,否则没有一种基于 RANS 的湍流模型能够准确地模拟所有叶轮机的湍流流动。这一点早在 1994 年 ASME 国际叶轮机分会所组织的 NASA Rotor 37 转子盲题测试的结果中就已部分说明。文献[40]给出了 Dunham 在后期收集归纳的数据,其中包含多个 CFD 程序使用十余种从代数模型到两方程模型的计算结果。由图可见,没有一个 CFD 程序及湍流模型能够给出同时在转子特性和出口展向分布上与实验符合较好的结果。当然,后来的研究也发现该转子实验条件下可能存在着进口轮毂轴向间隙泄漏流,而模拟中的几何模型并不保真,可能带来计算误差。另外,计算中采用绝热壁面条件也会造成误差。但不能否认,湍流模型是带来误差的主要因素。而从 20 世纪 80~90 年代至今,基于 RANS 的湍流模型在准确性上并无实质性的提高。

　　湍流模型误差总体上可分为两部分。首先是模型本身对湍流的模化误差,这也是被关注最多的部分。在叶轮机领域中,如果适当放宽对模拟准确性的评价,一般认为对于常规负荷水平的叶轮机,模拟设计状态下的流场,则通常的代数模型乃至输运方程模型的模拟准确性都还可以接受。但是在负荷很高、非设计工况或者考虑二次掺混流动的情形下,流场中存在较明显的分离、强激波、较强的端区二次流及涡结构等类型的流动时,湍流模型的误差通常都较大。另外,当雷诺数较小时,还会有转捩问题进一步带来的误差。对于转捩流动的模拟,虽然一些低雷诺数两方程模型本身具备转捩预测能力,但结果往往都不太理想,所以还需要专门的转捩模型,例如,代数 AGS 模型[15] 和 $\gamma - Re_\theta$ 模型等[17]这类以经验关系为基础的模型。在具体应用上,对转捩模型准确性的把握可能比湍流模型还要难,转捩点以及转捩过程对来流湍流度、边界层在压力梯度环境下的发展情况、层流边界层是否有分离、壁面粗糙度等因素很敏感,并且预测的转捩位置的细微差别就有可能对下游边界层的状态造成显著影响。如果再考虑在多排叶片环境中,上游尾迹对下游叶片边界层的周期性激励等,则转捩问题会进一步复杂化。图 7.29 给出了一个压气机环形叶栅的实验结果和模拟结果[41]。从实验油流显示可以看到,叶片吸力面叶中位置存在分离泡,并且在两侧角区也有较大的分离。采用完全湍流模拟和转捩模拟得到的结果分列两侧,可见完全湍流模拟没有预测到吸力面分离泡,并且轮毂一侧角区的分离尺度更大,而在考虑了转捩后,吸力面分离泡以及角区分离区的大小与实验吻合得更好。

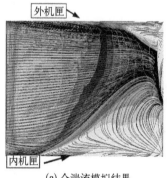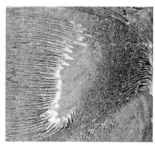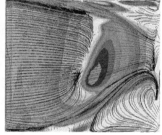

(a) 全湍流模拟结果　　　　(b) 实验结果　　　　(c) 使用$\gamma - Re_\theta$模型的计算结果

图 7.29　对压气机环形叶栅全湍流模拟结果与实验结果以及使用 $\gamma - Re_\theta$ 模型的计算结果的对比

　　湍流模型误差的第二部分是由模型的求解引起的。例如,代数模型在具体的实施上任意性较大,特别是三维多壁面流动问题,这自然会带来误差。对于湍流输运方程模型,在源项的计算上也容易带来误差,例如,在需要计算流场内某一点到壁面的距离或对应壁面处的摩擦速度或摩擦应力等情况时,具体的处理方式对结果会有较大的影响。另外,对模型方程的离散也可能会带来较大的误差,例如,一些两方程模型中的因变量为耗散率 ε 或比耗散率 ω,它们在接近壁面时其值与到壁面距离的倒数的幂成正比。Wilcox 在书中进行了分析,指出这种与壁面距离的关系会使得 ε 或 ω 的空间离散误差越靠近壁面越大,在壁面第一层网格处误差可以达到 78%,对于这种类型的误差必须采用针对性的措施来消除,否则其结果就会对壁面附近的网格敏感。最后,湍流模型的边界条件的不确定性同样是误差的重要来源,如来流湍流度、端壁边界层涡黏性的大小以及壁面边界条件的给法等都会对下游湍流的模拟结果造成影响。

　　总之,在叶轮机 RANS 模拟中,湍流模型存在较大的误差是必须接受的事实,无论是简单的代数模型还是理论上更合理的雷诺应力模型都是如此。在这样的情况下,我们在分析一个 CFD 软件和某湍流模型的性能时,更多的不是考察它与实验相比是不是准确,而是它在不同的算例中是否误差的偏离方向和大小是比较一致的,如果是这样,我们在使用时就更容易把握计算误差的规律。所以,在一个 CFD 软件进入叶轮机的工程应用前,大量的算例校验是必不可少的。

7.2.3　边界条件及流动细节的影响

　　在叶轮机模拟中,边界条件的给定以及一些流动细节有可能对模拟结果造成较大的影响。这部分影响因素不是 CFD 本身的问题,而是属于定解条件准确与否的范畴。下面将举几个简单的例子,以说明边界和流动条件对 CFD 结果的影响。

　　在前面关于定解条件的章节中,已介绍了叶轮机进口条件的给法。在具体的计算中,进口条件有时是难以给准的,特别是与进口环壁边界层有关的条件,其中主要包括边界层总压亏损以及边界层内沿展向的气流角分布。Harrison[42] 就对进口端壁边界层条件对叶栅流动的影响进行了模拟分析,如图 7.30 所示,其中进口边界层的最大正/负预旋量为 30°。由图可以看到,进口边界层条件显著影响叶栅端壁区的二次流动结构,其中正预旋条件下端壁损失最大。这个例子一方面指出在一些情况下准确给定边界条件的重要性,另一方面也说明 CFD 可以为相应的实验研究提供指导,例如,在这个例子中 CFD 结果显示了来流边界层是否有预旋对结果的影响很大,所以如果要组织实验研究工作,则应考虑这一问题。在进口条件中,来流湍流度也是一个重要参数,但此问题除了湍流模型是否有能力计及其影响,最大的困难是很难在具体的算例中给出正确的湍流度。因此,在这些不能准确给定边界条件的情况下,CFD 模拟与实际情况的偏差就不可避免。

　　在 7.2.2 节中给出了 NASA Rotor 37 转子的模拟结果,其中绝大部分计算程序及湍流模型都明显地低估了转子的绝热效率。Bruna 等[43] 在 2013 年对该问题进行了模拟研究,考察了机匣壁面边界温度条件的影响。从模拟结果中可以发现(图7.31),如果在机匣壁面上给等温条件,温度值取为大气总温,则计算的转子特性

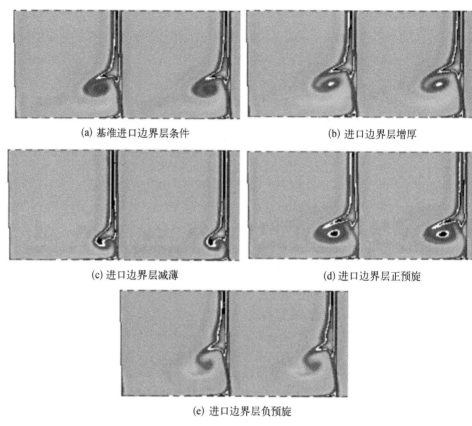

(a) 基准进口边界层条件　　　　　　　　(b) 进口边界层增厚

(c) 进口边界层减薄　　　　　　　　　(d) 进口边界层正预旋

(e) 进口边界层负预旋

图 7.30　不同进口边界层条件下某叶栅角区流动的模拟

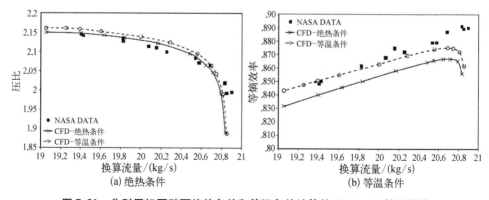

(a) 绝热条件　　　　　　　　　　(b) 等温条件

图 7.31　分别用机匣壁面绝热条件和等温条件计算的 NASA 67 转子特性

与实验的符合程度会显著提高,等温壁面主要影响了转子在近叶尖处的气动条件,降低了转子出口近机匣的总温,从而提高了转子效率。其研究进一步说明了边界条件对模拟结果的显著影响,也指出了即使是对冷端部件在一些情况下考虑多学科耦合是非常必要的。

除了边界条件,还有一些细节流动条件会对模拟结果产生影响。这些细节流动可与主流有相当强的非线性相互作用,如转/静结构之间轴向间隙的泄漏流等。虽然这些二次流的质量流量一般占主流流量的份额很小,但却可以改变局部乃至整个流场的结构,从而影响叶轮机的气动特性。作为示例,图 7.32~图 7.34 给出了某多级压气机在考虑了静子叶根篦齿封严泄漏后的模拟结果比较。静子 S1~S7 共七排叶片均考虑了根部篦齿封严泄漏,计算的工况有无泄漏、篦齿叶尖间隙取 0.1 mm、0.2 mm、0.3 mm。由总特性可以看到,静子根部泄漏使得压气机的流量、压比、效率、裕度全面降低,泄漏量越大,降低越明显。从各级流量系数和效率的展向分布可以看到,静子根部泄漏造成轮毂端区的流动堵塞增强,这进一步影响各排叶片的展向匹配关系,对压气机性能造成不利影响。

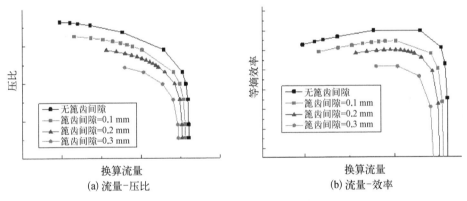

(a) 流量-压比　　　　　　　　　(b) 流量-效率

图 7.32　某多级压气机总特性

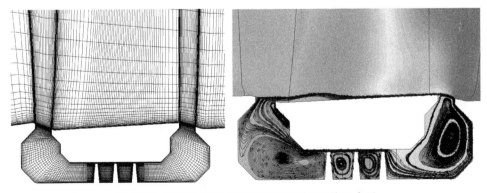

图 7.33　静子叶根篦齿封严网格和流场结构示意图

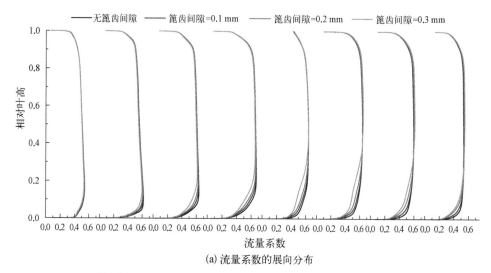

(a) 流量系数的展向分布

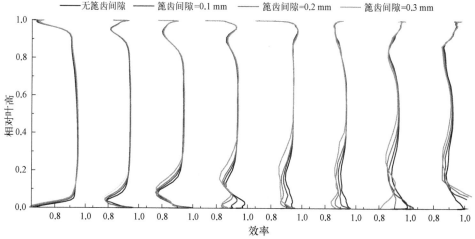

(b) 效率的展向分布

图 7.34　设计点各级流量系数和效率的展向分布

7.2.4　非定常模拟时间步长的影响

众所周知,计算网格代表空间分辨率,其尺度对模拟结果有直接影响。同样,对于非定常模拟,时间步长代表时间分辨率,它同样对非定常模拟结果有直接影响。作为示例,Pullan 等[44]用一个简单的尾迹无黏输运问题进行了时间步长影响的测试(文献[44]中实际上求解的是标量对流方程)。图 7.35 为文献[44]所给出的算例计算域,网格块 1 和 3 为相对静止,而网格块 2 沿 Y 方向有运动速度,在各网格块的上下边界定义周期性边界条件,网格块 1 左侧给定带有一尾迹速度型的入口条件,网格 3 右侧为出口。图 7.36 为采用不同时间步长获得的计算结果(图中给出的是一个周期的时间推进步数)。由图 7.36 可知,只有当一个周期采用

100 个时间步时,所获得的解才基本与理论解吻合,较少的时间步(时间步长更多、时间分辨率更低)则会造成尾迹非物理的耗散。

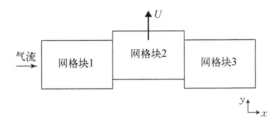

图 7.35　文献[44]中用于测试时间步长影响的算例计算域

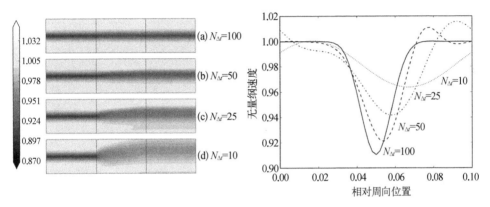

图 7.36　不同时间步长计算得到的非定常瞬态场及出口处速度型

从文献[44]中的算例可以看出,在时间步长的选择上,也需要仔细分析,甚至需要采用与网格无关性测试相同的方法,通过对具体模拟对象用不同时间步长进行模拟,从而可进一步确定满足精度要求的步长取值。

7.2.5　CFD 准确性评价及应用原则

在前面的各小节中陆续介绍了一些 CFD 的误差来源,如果将 CFD 计算误差分为 CFD 本身的误差和 CFD 应用上的误差,那么前者主要包含流动模型(湍流模型、转静子交界面模型等)和数值格式误差,后者主要包含网格空间分辨率、非定常时间步长、边界条件不确定性、对几何和流动细节的考虑等方面的误差。即使不能明确以上哪个方面的误差占据了主导地位,但从所涵盖的范围而言,应给予 CFD 在应用过程中的误差以足够的重视。在工程应用中如何降低 CFD 计算误差影响的几个一般性建议如下。

(1)开展全面的校核计算,根据需求在不同阶段针对不同的设计工作和不同种类的计算工作选取不同的计算模型与方法。针对某一软件开展计算校核时,应对多个算例,分别采用不同湍流模型、不同数值格式、不同转静子交界面模型以及不同数量的网格进行校核计算,从总性能、分级特性和气动参数沿展向分布形式等多个维度对计算结果和实验结果进行对比分析。针对各种压气机不同的流动特点,分别确定其计算时应当采用哪种湍流模型、哪种数值格式、哪种转静子交界面模型、哪种网格以及网格数量等。在用实验对计算进行标定后,积累下的 CFD 使用经验和计算结果分析经验,可以帮助计算分析人员在后续的设计中更为准确地预估压气机性能并较为准确地描述流场细节。

(2)同类别的压气机计算性能进行相对比较。鉴于不同的湍流模型对不同流动特征捕捉能力不同,在应用压气机 CFD 计算结果进行相对比较时应确定一系列的相似比较准则,如压气机种类相同、级数相同、负荷相近、转子叶尖切线速度相近、轮毂比相近以及叶片展弦比接近等。这样特征或参数越是接近的两个算例或方案的计算对比结论就越是可靠。

(3)对压气机的结构细节开展建模和仿真计算。在开展 CFD 计算时应当尽量让计算模型接近真实模型,尤其对倒圆倒角、叶片热态变形、转静子热态径向间隙和篦齿封严容腔效应等进行细致的分网和计算,同时积累计算修正经验。总体来说,计算几何越接近真实几何,计算的网格数越多,离散格式和湍流模型等计算精度越高,最终的计算结果与真实性能越接近。

当然,以上讨论仅是从一般性角度所做的总结,在实际问题中往往更为复杂,对 CFD 的准确性也很难做出明晰的判定,因此工程人员的背景知识和经验就相对更重要。对于风扇压气机部件,其内部流动的极端复杂性、大量的几何和气动条件不确定性、实验测量的困难和测量误差,使得在部件级上对 CFD 进行客观的评价难度很大。即使与实验相比,CFD 结果存在一定偏差,这并不意味着 CFD 不可用,工程人员应将对 CFD 的应用从关注绝对性能参数转移到更多关注性能的相对变化量及具体流场结构及其物理机理上。

最后有一点值得讨论的是,在工程中经常发现,当一台风扇或压气机设计较成功、实验指标良好时,CFD 模拟结果也往往与实验结果吻合得较好。通常认为这是因为该风扇压气机设计得好,从而内部流动组织得较好,无分离或分离影响小,所以湍流模型等能够准确预测。但从另一个角度讲,一个好的设计往往也对几何和气动偏差不敏感,即鲁棒性好,这时即便 CFD 模拟存在一些误差,该设计的"容忍度"也较高,计算误差不一定会在总特性中体现。利用多软件共同参与对设计方案的评估和分析对提高设计方案的气动和几何鲁棒性是有好处的。

7.3 风扇压气机三维 CFD 结果分析

本节将针对风扇压气机三维 CFD 结果的后处理和分析方法进行一般性简要介绍。① 对数据后处理方法进行一些讨论,其主要目的并不是给出具体方法,而是为读者指出在数据后处理上仍可能存在的不一致性问题和注意事项;② 分别简单介绍定常和非定常模拟时可以采用的常规方法及所需注意的问题等。

7.3.1 气动特性数据后处理

风扇压气机的气动特性数据主要包含总特性和级间周向平均的特性参数沿展向的分布等,这些参数的计算都涉及从三维到一/二维的降维操作,必须采用某种平均方法。Cumpsty 等[45]指出,应针对具体的守恒性和降维前后特性参数的一致性要求采用合理的平均方法,否则在流场不均匀性较大时就有可能带来一定的误差。三维 CFD 能够提供足够的流场信息,所以平均方法可以依据需要来定。下面分别对总特性和展向分布周向平均参数的处理方法进行介绍。

总特性数据包括流量、压比、绝热效率,计算它们需要在风扇压气机进出口截面上对所需参数进行平均。流量的计算比较简单,只需在风扇压气机进口或出口截面离散并计算如下面积分即可:

$$\dot{m} = \int \rho V \cdot \mathrm{d}S \tag{7.1}$$

式中,ρ 为密度;V 为绝对或相对速度矢量;S 为面积矢量。注意,积分面的子午投影面积必须为 0。对于压比和绝热效率,首先可以明确的两个条件如下:① 若取某截面做平均,则平均前后的总焓通量不变(因为总焓是被输运量,对所有被输运量通量应守恒);② 若取进口/出口截面做平均,则平均前后风扇压气机加功量不变。对于第一个条件,当进口或出口截面上可以分别认为是定比热容时,它相当于总温不变,所以可用流量加权平均方法获得进口及出口的平均总温:

$$\overline{T}^* = \frac{1}{m} \int T^* \, \mathrm{d}\dot{m} \tag{7.2}$$

对于第二个条件,可以推导得到基于能量加权平均的总压计算式:

$$\overline{P}^* = \left\{ \frac{\int T^* \, \mathrm{d}\dot{m}}{\int \left(T^* / P^{* \frac{\gamma-1}{\gamma}} \right) \mathrm{d}\dot{m}} \right\}^{\frac{\gamma}{\gamma-1}} \tag{7.3}$$

有了进出口的平均总温和总压后,可得到压比和绝热效率。需要说明的是,若考虑变比热容,则绝热效率需要用原始定义:

$$\eta_{\mathrm{ad}} = \frac{h_{2,is}^* - h_1^*}{h_2^* - h_1^*} \tag{7.4}$$

式中,h_1^* 和 h_2^* 分别为进口和出口的总焓;$h_{2,is}^*$ 为从状态 1 沿等熵过程到状态 2

的总焓,由于从状态1到2的比热容是变化的,所以通常需要利用数值积分计算。

对于级间参数的展向分布,需要对部分参数做周向平均,其他参数可由它们进一步计算得到。例如,可以对总温、总压、轴向/周向/径向速度分量做周向平均,也可将其中的总压替换为静压。总温和总压的平均方法仍可用上面介绍的流量和能量加权平均。静压作为表面力,应当使用面积加权平均,即

$$\overline{P} = \frac{1}{S} \int P \mathrm{d}S \tag{7.5}$$

对于三个方向的速度,平均方法应当满足动量通量守恒,所以可采用流量加权平均。这里有一点不太明确的是,从平均参数的物理意义的角度而言,总压和静压似乎应当都直接平均,总压通过能量加权平均来保证平均前后转子做功量不变,静压通过面积加权平均来保证平均前后流体沿子午面流向的受力不变。但是,如果这样做,则与流量加权平均的三个速度分量合在一起,它们不是"自恰"的,即用静压和速度计算得到的总压未必等于直接平均得到的总压。实际上,只要对过多参数做平均,就会有此问题,当流场的非均匀性很强时,差别可能就会比较明显。

若将 CFD 模拟结果与实验特性和级间测量数据进行比较,以上后处理方法严格上不能再用,而是应该用与实验一致的数据处理方法。

由于实验测量数据有限,所以在后处理时常常采用简单的平均,例如,用出口周向/展向若干个位置测量的总压/总温做面积加权平均来获得平均值,当出口截面参数很不均匀时,这样得到的特性会与前述 CFD 结果的后处理结果有较大的偏差。例如,在某高压压气机出口,计算得到的绝对总压和绝对总温分布如图 7.37 所示,可以看到它们在出口截面上的相对变化区间可以达到 $-4\% \sim 3\%$ 和 $-2\% \sim 3\%$。若实验测量时探针覆盖的区域较少,设测量得到的总压和总温比 CFD 结果后处理得到的值分别高 1% 和低 1%,则效率就会有约 1 个百分点的差别,可见在数据处理上的一致性非常重要。

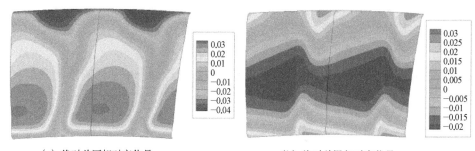

(a) 绝对总压相对变化量 (b) 绝对总温相对变化量

图 7.37　某高压压气机出口 CFD 模拟得到的绝对总压和绝对总温分布

另外,对于级间稳态测量,周向位置固定的探针或静子叶片前缘布置的测点测量得到的数据相对于上游转子出口流动相当于时间平均,但对于静子本身,空间平均是没有的,其结果是若测点与静子相对位置不同,则测量的数据也不一样。对于总参数(总温和总压)还好,但若是静参数和气流角这些参数,问题可能会较为突出。

这些由于实验测量的局限性和数据处理的不一致性自然会导致偏差,在对CFD 进行校验比对时应当予以重视。从 CFD 的角度而言,较好的做法是在流场中设置数值探针,其位置和提取数据的方法可与实验一致,以避免以上问题。

7.3.2 流场 CFD 结果分析

本节是给初涉 CFD 应用和叶轮机气动的读者提供参考。在利用 CFD 完成某风扇压气机的定常模拟或者非定常模拟时,首先需要对模拟结果的基本正确性做一判断,然后则是对模拟结果的流场分析和模拟对象的性能进行分析,这是本节所要介绍的主要内容。由于 CFD 模拟对象千差万别,不能说哪些模拟就是典型的,也为了防止误导读者,这里不准备用特定具体算例进行介绍。

1. CFD 流场计算收敛性和正确性的定性分析

作为 CFD 用户,假设在模拟前已正确考虑了网格划分、边界条件、计算过程设定等相关前处理工作,则 CFD 计算的收敛性自然是可以期望的。首先讨论定常模拟。在一般情况下,我们通过监控控制方程残差下降的程度,或者监控风扇压气机的性能参数(流量、压比、效率)随时间推进迭代的变化,即可判断出一个定常流场是否已达到收敛状态。例如,通常工程上认为残差下降 3~4 个数量级可认为流场解已收敛,或者流量、压比、效率基本不再变化可认为已获得定常流场解(一般效率收敛最慢)。若在计算过程中采用了网格序列(grid sequencing)加速收敛方法,则应分析网格达最密后的收敛史。然而,在实际较为复杂的问题中,以上判断方法仅仅是理想化的,在定常模拟时,往往会出现持续振荡的收敛过程。图 7.38 给出了某六级压气机在利用三维 CFD 计算其等转速特性时得到的进口流量随计算步数的收敛史。图中,每个压气机工作点计算 5 000 步,然后提高反压,用上一个工作点的流场作为初场计算新工作点的流场,如此依次计算,直至达到数值失速点,从而得到压气机在该转速下的特性。从图中可以看到,在前 5 个工作点,流量收敛得很好,每个工作点的计算步数后期流量基本不再变化,而之后的几个工作点流量则持续存在小幅振荡。这时我们应该如何看待计算收敛性? 实际上,在定常计算过程中,如果出现这种现象,则意味着流场里出现了一定程度甚至较大程度的分离或者某种能量较高的自激振动流动结构,前者往往本质上是非定常的,而后者更是如此。若流动本身是非定常且物理上脉动能量不低,由于定常模拟也通常是采用时间推进方法,所以即使采用诸如当地时间步长这些加速收敛措施,则推进求解过程在一定程度上仍能反映出非定常性,这是图7.38出现流量振荡的原因。从严谨的CFD或流体力学理论研究者的角度,这时应当采用非定常模拟,但显然从工程角度难以承受且不一定必须如此,可以从两个方面处理和看待该问题:一方面从特性参数的角度,可以在一定计算步数内取振荡参数的平均,从而获得该工作点的特性;另一方面则应当仔细查看计算的流场解,分析振荡的来源,是各条件的设置有误还是可以确认的流动非定常性,前者不必分析,若为后者则需要注意,定常流场解对这些非定常流动在尺度和结构上的描述是不准确的,受其影响的其他流动区域和特征也是如此。用定常模拟方法"强制性地"模拟存在非定常性的流场某种程度上相当于对非定常流场做了时间平均,所以工程上这样的流场解不是不可信和不可用,而是在用的时候要更谨慎一些。

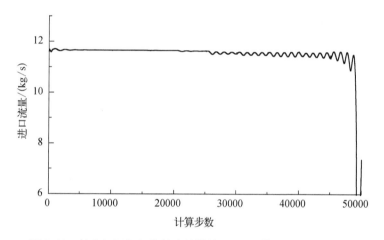

图7.38 某多级压气机等转速特性的CFD计算进口流量收敛史

风扇压气机模拟中一个特有的情况是对失速点的模拟和判断。通过全环非定常模拟来获取失速边界的位置显然代价难以承受,而实际上虽然定常模拟从物理上似乎不能用于严格判断风扇压气机是否发生了失速,但至少能说明一台风扇压气机是否仍有增压能力,这与经典的压气机失速临界攻角理论暗合。另外,与低速压气机常常在总压比不升时仍有很大的流量裕度不同,航空风扇压气机至少在高转速时其失速点往往也是最高总压比点。所以,在一般情况下,将定常模拟中最后一个能流量稳定的工作点作为失速边界是初步合理的。如图7.38所示,在最后一个工作点的模拟中,流量持续下降(甚至断崖式下跌),此工作点已失速(严格应称数值失速),而前一个点可作为失速边界点。另外,还有三点需要特别说明。① 对于航空风扇压气机,等转速特性的CFD模拟通常采用出口压力边界条件即可。若要相对细致地获取失速边界,则在逼近它时出口压力的提升幅度应较小,具体提升量则与模拟对象的压比相关,可通过测试来获得经验。② 在判断失速点时,需要区分数值失速还是数值发散。在一些情况下,如果 CFD 软件的鲁棒性不够好,则由于临近失速时流场紊乱、流动梯度大,有可能造成计算发散,但其实这时风扇压气机仍未进入失速状态。③ 在风扇压气机中低转速下,低速压气机、部分离心压气机的特性线平坦,甚至可能出现正斜率的压比特性,这时若要抓取失速点,可能需要采用出口流量边界条件。

对于非定常模拟,在物理时间步层面上我们不能说"收敛"了,因为每个时间步计算的流场都是该时刻的瞬态解。若计算的非定常流场是时间周期性流场,则在经过最初的过渡状态后,可称流场解达到了良好的周期性状态。由于工程中多数非定常模拟都采用了虚拟时间步方法,在每个物理时间步内的虚拟时间迭代上,是有"收敛性"的。一般情况下,虚拟时间迭代方向上残差下降 3~5 个数量级可以认为达到了收敛性条件,即获得了当前物理时间步的瞬态解。

至于定常模拟和非定常模拟的结果正确性的定性分析,只要有叶轮机气动知识背景,通过查看如速度、马赫数、压力等流场参量后不难判断。但是除此以外,这里建议工程人员多关注一些"延伸"变量,如涡黏性系数,由于它仅对平均流方程中的扩散通量发生作用,所以即使计算有误(如湍流模型或其边界条件设置不对),在一般的平均流场参数中未必能反映出来。再如,熵分布或熵增/熵产分布,通过查看它们,可能发现由于网格或边界条件等问题,造成了局部不合理的熵增。作为示例,图 7.39 给出了一个为研究 IGV -转子非定常干涉而得到的非定常模拟结果,初看结果很好,IGV 尾迹涡脱落和转子激波及其传播和影响都被分辨得较好。但如果仔细查看,可以发现在转子前缘与相邻叶片前伸激波之间,存在熵等值

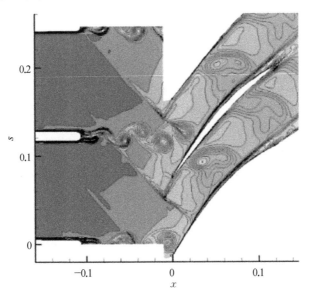

图 7.39　IGV -转子干涉非定常模拟得到的瞬态熵通量云图

线集中的现象,表明局部熵变化剧烈,与气动力学客观规律不符。由图 7.39 给出的计算域不难判断,其计算网格为简单 H 形,该处网格密度很大,进而再由具体位置,可以判断出以上熵通量梯度大的区域恰好处于转静交界面,显然与该处流场参数插值(或重构)方法不够好有关。这个例子一方面说明前述建议的重要性,另一方面也通过它来说明在绘制云图时,应尽量同时显示等值线,它们能更好地分辨出一些局部容易被忽视之处。

2. 流场模拟结果的分析方法

在获得了流场模拟结果后,如何对其进行分析实际上并无太多技巧,根本上还是依赖 CFD 使用者在叶轮机气动方面的经验。对三维流场解进行进出口面平均(见 7.3.1 节)即可获得风扇压气机的性能参数,通过对叶片排进出口进行周向平均可获得流场参数的展向分布。这些后处理除了在平均方法上需要注意,还需要注意平均操作的位置,例如,在叶片排下游不同位置进行平均,则尾迹损失的计入程度会有不同;再如,当流道横截面积变化较大时,平均位置的变化就会使流向速度、静压等参数有明显不同。这些事项,在与 S2 设计数据进行对比时有时需要注意。另外,还需要指出的是,当利用周向平均参数计算一排叶片的总压比和效率(转子)或总压恢复系数(静子)的展向分布时,有时会得到压比小于 1、效率大于 1(转子)或总压恢复系数大于 1(静子)的看似不合理的情况。实际上,出现这类结果的原因主要有两方面:一方面是用叶片排进出口周向平均参数计算这些参数时,它们不是在同一流面上,这可以根据流片流量的展向分布插值得到同一流面上相关参数的方法解决;另一方面是由于实际流动是三维的,效率或总压恢复系数这类参数的展向分布实际上在径向掺混剧烈的区域已经不能代表该展向位置处的实际情况了。所以,即使出现上面提及的“不合理”情况,并不意味着模拟结果有问题,三维流动的局部结果与一维平均结果具有质的不同。

对于三维流场的查看和分析,主要是在二维屏幕上进行观察,所以需要将三维场截取为准二维场,常用的有 S1 流面流场分布、周向平均后子午面流场分布、轴截面流场分布、沿流向的法向方向截面上的流场分布、叶片表面压力分布和极限流线等。但也因为切取了近似 S2 流面的二维场,以及目前称之为 S3 截面的中弧线法向平面二维场,在这些二维场云图中观察到的流动结构有时容易造成曲解。例如,在 S1 流场分布中看到叶片吸力面一侧有分离,就容易想象到分离区流体的倒流,而如果查看壁面极限流线,则看到所谓的倒流是叶片表面二次流在该处有相对于主流方向有负的速度分量。除叶片表面分离可以归为二维分离外,三维流场中的分离本质上具有三维拓扑结构,一般称为三维分离。仍就这个例子反过来说,从叶片表面极限流线上看到有不小的倒流区域也并不意味着分离很大,可能倒流仅限于叶片表面很薄一层,所以还需要通过 S1 流面分布来进一步查看。除了以上流场分析,还可以采用如旋涡识别法则分析流场中的涡结构、将三维速度场与流向的法向平均速度相减从而获得二次流速度场、将非定常模拟得到的瞬态场与时均场相减获得脉动场、在流场中设置数值探针从而得到具体空间位置处流场的时间演化史等方法,这里不再赘述。

　　总而言之,在需要细致分析流场时,应尽可能从不同角度观察各个参数的空间分布和时间演化(对于非定常模拟),结合理论知识勾勒出背后的物理过程和机制。若能在此基础上,提取关键流动结构的特征参数,然后利用低维模型定量分析,建立与设计参数的关联,则是分析能力更进一步的做法。

参考文献

[1]　Versteeg H K, Malalasekera W. An introduction to computational fluid dynamics: Finite volume method[M]. 北京: 世界图书出版公司, 2010.

[2]　张德良. 计算流体力学教程[M]. 北京: 高等教育出版社, 2010.

[3]　Jeffrey P, Slotnick A K, Juan J A, et al. Enabling the environmentally clean air transportation of the future: a vision of computational fluid dynamics in 2030[J]. Philosophical Transactions of the Royal Society A, 2014, 372(2022): 1 – 15.

[4]　Wilcox D C. Reassessment of the scale-determining equation for advanced turbulence models [J]. AIAA Journal, 1988, 26 (11): 1299 – 1310.

[5]　Rodi W. A new algebraic relation for calculating the Reynolds stress[J]. ZAMM, 1976, 56: T219 – T221.

[6]　Spalart P, Allmara S. One-equation turbulence model for aerodynamic flows[C]. Reno: 30th Aerospace Sciences Meetings, AIAA, 1992.

[7]　NingF, XuL. Numerical investigation of transonic compressor rotor flow using all implicit 3D plow solver with one-equation Spalart-Allmaras turbulence model[C]. New Orleans: ASME Turbo Expo 2001: Power for Land, Sea, and Air, 2001.

[8]　Spalart P R, Shur M. On the sensitization of turbulence models to rotation and curvature[J]. Aerospace Science and Technology, 1997, 1(5): 297 – 302.

[9]　周大高, 柳阳威, 文晓庆, 等. 改进 SA 模型对翼型分离流动的数值模拟[J]. 北京航空航天大学学报, 2012, 38(10): 1384 – 1388.

[10]　Lauder B E, Spalding D B. The numerical computation of turbulent flows[J]. Computer Methods in Applied Mechanics and Engineering, 1974, 3: 269 – 289.

[11]　Strahle W C. Stagnation point flows with freestream turbulence — the matching condition[J]. AIAA Journal, 1985, 23(11): 1822 – 1824.

[12]　Wilcox D C. Turbulence modeling for CFD[M]. DCW Industries, 2006.

[13]　Menter F R. Zonal equation turbulent model for aerodynamic flows[J]. AIAA, 1993 (6): 2906.

[14]　Bradshaw P. Turbulence modeling with application to turbomachinery[J]. Progress in Aerospace Science, 1996, 32(6): 575 – 624.

[15]　Abu-Ghannam B J, Shaw R. Natural transition of boundary layers-the effect of turbulence, pressure gradient, and flow history[J]. Journal of Mechanical Engineering and Science, 1980,

22(5): 213 - 228.

[16] Medida S, Baeder J D. Application of the correlation-based γ-$\overline{Re_{\theta t}}$ transition model to the Spalart-Allmaras turbulence model[C]. Honolulu: 20th AIAA Computational Fluid Dynamics Conference, 2011.

[17] Menter F R, Langtry R B. A correlation based transition model using local variables part 1 — model formulation [C]. Vienna: ASME Turbo Expo 2004: Power for Land, Sea, and Air, 2004.

[18] Bhaskaran R, Wood T H, Paliath U, et al. Large eddy simulation of a 3D transonic fan[C]. Washington: 46th AIAA Fluid Dynamics Conference, 2015.

[19] Tucker P, Eastwood S, Klostermeier C, et al. Hybrid LES approach for practical turbomachinery flows: Part 2 — further applications[C]. Glasgow: ASME Turbo Expo: Power for Land, Sea, & Air, 2010.

[20] Tucker P G. Computation of unsteady turbomachinery flows: Part 2 — LES and hybrids[J]. Progress in Aerospace Sciences, 2011, 47(7): 546 - 569.

[21] He L. An euler solution for unsteady flows around oscillating blades [J]. Journal of Turbomachinery, 1990, 112(4): 714 - 722.

[22] Denton J D. The calculation of three-dimensional viscous flow through multistage turbomachines [J]. Journal of Turbomachinery, 1992, 114(1): 18 - 26.

[23] Giles M B. Nonreflecting boundary conditions for Euler equation calculations [J]. AIAA Journal, 1990, 28(12): 2050 - 2058.

[24] Ning F. MAP: A CFD package for turbomachinery flow simulation and aerodynamic design optimization[C]. Düsseldorf: ASME Turbo Expo 2014: Turbine Technical Conference and Exposition, 2014.

[25] Weide E, Kalitzin G, Schluter J, et al. On large scale turbomachinery computations[C]. Stanford University: Annual Research Briefs 2005, 2005.

[26] Adamczyk J J. Model equation for simulation flows in multistage turbomachinery[J]. ASME Paper, 1985, No. 95 - GT - 226.

[27] Adamczyk J J. Aerodynamic analysis of multistage turbomachinery flows in support of aerodynamic design[J]. Journal of Turbomachinery, 2000, 122(2): 129 - 189.

[28] Rhie C M, Gleixner A J, Spear D A, et al. Development and Application of a Multistage Navier — StokesSolver: PartI-Multistage Modeling Using Body forces and Deterministic Stresses[J]. Journal of Turbomachinery, 1998, 120(2): 205 - 214.

[29] Rai M M. Three-dimensional Navier-Stokes simulations of turbine rotor-stator interaction: Part I-methodology[J]. Journal of propulsion and Power, 1989, 5(3): 305 - 311.

[30] Gerolymos G A, Michon G J, Neubauer J. Analysis and application of chorochronic periodicity in turbomachinery rotor/stator interaction computations[J]. Journal of Propulsion and Power, 2002, 18(6): 1139 - 1152.

[31] Erdos J I, Alzner E, McNally W. Numerical solution of periodic transonic flow through a fan stage[J]. AIAA Journal, 1977, 15(11): 1559 - 1568.

[32] Giles M B. Calculation of unsteady wake/rotor interaction [J]. Journal of propulsion and Power, 1988, 4(4): 356 - 362.

[33] He L. Method of simulating unsteady turbomachinery flows with multiple perturbations[J]. AIAA Journal, 1992, 30(11): 2730 - 2735.

[34] Ni R, Sisto F. Numerical computation of nonstationary aerodynamics of flat plate cascades in compressible flow[J]. Transactions of the ASME: Journal of Engineering for Power, 1976, 98: 165 - 170.

[35] He L, Ning W. Efficient approach for analysis of unsteady viscous flows in turbomachines[J]. AIAA Journal, 1998, 36(11): 2005 - 2012.

[36] Vilmin S, Lorrain E, Hirsch C, et al. Unsteady flow modeling across the rotor/stator interface using the nonlinear harmonic method[C]. Barcelona: ASME Turbo Expo 2006: Power for Land, Sea, and Air, 2006.

[37] Hall K C, Thomas J P, Clark W S. Computation of unsteady nonlinear flows in cascades using a harmonic balance technique[J]. AIAA Journal, 2002, 4(5): 879 - 886.

[38] Du P, Ning F. Simulating periodic unsteady flows using a cubic-spline based time collocation method[C]. San Antonio: ASME Turbo Expo 2013: Turbine Technical Conference and Exposition, 2014.

[39] Andrea A, Ennio C, Michele M. Grid dependency study for the NASA Rotor 37 compressor blade[C]. Orlando: ASME 1997 International Gas Turbine and Aeroengine Congress and Exhibition, 1997.

[40] Dunham J. CFD validation for propulsion system components[R]. AGARD-AR-355, 1998.

[41] Likki S R, Suzen Y B, Huang P G, et al. A correlation-based transition model using local variables — part II: test cases and industrial applications[J]. Journal of Turbomachinery, 2006, 128(3): 423 - 434.

[42] Harrison S. The influence of blade lean on turbine losses[C]. Brussels: ASME 1990 International Gas Turbine and Aeroengine Congress and Exposition, 1990.

[43] Bruna D, Turner M G. A rothalpy analysis for the isothermal boundary condition at casing applied to the rotor 37 transonic axial flow compressor[C]. San Antonio: Turbine Technical Conference and Exposition, 2013.

[44] Pullan G, Adamczyk J J. Filtering mixing planes for low reduced frequency analysis of turbomachines[J]. Journal of Turbomachinery, 2017, 139(9): 091009.

[45] Cumpsty N, Horlock J. Averaging nonuniform flow for a purpose[J]. Journal of Turbomachinery, 2006, 128(1): 120 - 129.

第8章
风扇压气机结构设计

8.1 布 局 设 计

结构设计对航空发动机研制与使用有着重要影响,是连接性能、强度、制造、试验、使用和维修的桥梁,综合性强。优秀的结构特征都是在长期发展过程中继承优点、克服缺点而逐步形成的,对航空发动机的性能、可靠性和耐久性提高起着重要的作用。

轴流式压气机一般由转子、静子和功能系统(如叶片角度调节系统、防冰系统)等组成。转子由转子叶片、轮盘、鼓筒和连接轴等构成,静子主要由机匣、静子叶片、内部封严等结构构成。压气机总体结构设计与发动机方案设计关系密切,既服从于整机方案,又为整机方案设计提供技术支撑。

与航空燃气涡轮发动机其他主要部件相似,压气机的典型结构设计过程包括可行性论证、方案设计、技术设计、详细设计,后续还包括生产验证、装配验证、部件试验验证、整机试验验证(包括台架试车和飞行试验)、使用、维护、修理等工作。压气机除了要具有良好的性能,结构上还应考虑结构简单、维护方便、制造与维护成本低、工作寿命长、可靠性高、性能衰减慢,并符合国家、军方(使用方)和行业的各种规范、标准、大纲、准则及技术条件的要求。

8.1.1 中小涵道比风扇的结构布局

推重比高的航空发动机更多地适用于战斗机,新研制的高性能战斗机都采用加力式涡扇发动机作为动力(图 8.1)[1]。20 世纪 70 年代推重比为 7~8 的小涵道比涡扇发动机是第 3 代战斗机的动力,21 世纪初第 4 代战斗机动力投入使用。中等涵道比发动机的结构布局与小涵道比发动机相似。

1. 单元体设计

发动机维修性设计主要考虑各组成部分是否便于拆装与维修,维修性影响飞机出勤率和维护费用。采用单元体设计可使得发动机结构模块化,便于拆装,可缩

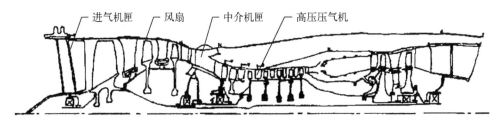

图 8.1　美国 F119 - PW - 100 发动机

短维修时间,降低维修成本。单元体应在功能和结构上具有互换性,单元体间界面清晰、连接结构简单,装拆可达、能够外场更换,内部转子预先平衡、不需在台架上调整。小涵道比发动机风扇部件通常包括进气机匣单元体、风扇单元体,中介机匣单元体设计也需与风扇部件协同考虑。风扇单元体可进一步划分为转子单元体和静子单元体(图 8.2)[1]。单元体间的连接应结构可靠、定心精密,与其他单元体转子间连接采用圆弧端齿传扭与螺栓或套齿传扭、大螺母固紧,流道部分平滑过渡防止出现迎风台阶。风扇单元体设计时还应考虑外场维修时更换故障叶片的可能性。

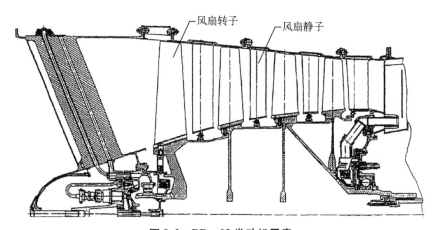

图 8.2　RD - 93 发动机风扇

2. 承力设计

　　航空发动机的静子承力系统用于承受和传递作用在各结构单元上的载荷,将转子载荷由轴承座传递到发动机安装节。典型的小涵道比发动机,其承力系统的承力框架一般包含风扇进气机匣承力框架、中介机匣承力框架和涡轮后承力框架,有时也将燃烧室作为承力框架(图 8.3)[1]。

　　航空发动机构件承受的力有三类,即气体产生的气动力、运动产生的惯性力和温度分布变化带来的热应力,有时这些力也以力偶的形式出现。由于气流变化、机动飞行以及温度场变化存在不确定性,构件受力复杂多变,结构失效也主要由静应

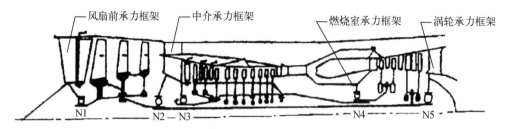

图 8.3　F100 - PW - 100 发动机转子支承

力和动应力叠加、高周和低周交变载荷作用引起。考虑到发动机工作载荷的复杂多变,确定转子系统采用的支点数量和布局、支承结构,对传递转子载荷、发动机稳定工作起着重要影响。转子支承方案选择要综合考虑转子动力特性、对性能的影响、装配方案、对其他构件的影响等因素确定。以低压转子为例,小涵道比发动机风扇转子与低压涡轮转子通过联轴器相连,共同构成低压转子。在风扇部分一般设有两个支点,前支点安装在进气机匣内环上,后支点安装在中介机匣上。低压转子只能有一个滚珠轴承(也称止推轴承),它一般布置在温度较低的风扇转子处。支承结构需要为轴承及其附属的弹性支承、阻尼器等配套构件提供润滑、封严和冷却作用。

转子支承系统引起的发动机整机振动问题是航空发动机设计中应努力避免的重大技术关键,有必要正确设计与分析转子动力特性、采取必要的减振措施。风扇转子的直径和长度尺寸、质量分布、支点跨距受总体方案、气动设计的制约,只能在有限的范围内进行调整,不一定能完全实现转子动力学优化。支承刚度对转子支承系统的临界转速有显著的影响,改变支承刚度可以明显改变转子的临界转速,本机平衡、在支承处增加挤压油膜阻尼器(图 8.4)[1]和弹性支承(图 8.5 和图 8.6)是比较常见的有效发动机减振措施。但低刚性弹性支承设计,会带来一些副作用,如在转子重力和飞机机动飞行时的惯性力与陀螺力矩作用下,支承处可能发生较

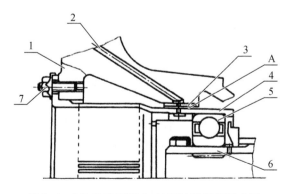

图 8.4　J69 发动机弹支-挤压油膜阻尼器支承

1-机匣;2-阻尼器供油孔;3-油膜环;4-弹性支承;5-球
轴承;6-转子轴颈;7-螺栓;A-挤压油膜

大的变形而导致发动机转静子发生碰磨故障,弹性支承也可能超过承载极限而产生疲劳损伤。因此,还需要采取措施限制弹性支承的变形,如设置限幅环。

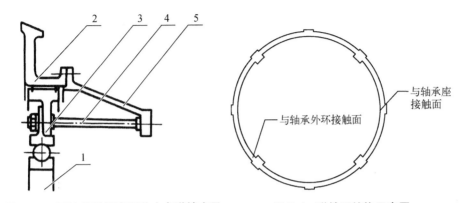

图 8.5 V2500 发动机高压前支点弹性支承
1-轴承;2-机匣;3-轴承座;4-螺杆;5-承力锥体

图 8.6 弹性环结构示意图

低压转子的轴向力为风扇转子轴向力和低压涡轮转子轴向力抵消后的合力,高压转子的轴向力为高压压气机转子和高压涡轮转子轴向力抵消后的合力。滚珠轴承将低压转子轴向力传到轴承机匣,通过固定滚珠轴承的进气机匣或中介机匣传递到发动机与飞机连接的安装节。低压转子的径向力通过滚珠轴承、滚棒轴承机匣传到静子机匣。低压转子的振动、转静子叶片的振动等都会传到静子机匣,在风扇静子机匣、进气机匣、中介机匣设计时需要充分考虑这些振动的影响,减小工作时由振动引起的机匣变形或损伤,降低对部件及发动机工作和可靠性的影响。

3. 传力路径设计

航空发动机静子承力系统承受和传递作用在结构单元上的载荷,是轴承座到发动机安装节之间的承力结构的统称,包括承力框架和承力机匣。大多数小涵道比涡扇发动机有三个承力框架,即风扇进气机匣承力框架、中介机匣承力框架和涡轮后承力框架,中介机匣作为主承力框架和安装基准,主安装节布置在中介机匣上。

风扇转子、静子受的轴向力和径向力通过轴承机匣、进气机匣、风扇机匣等传到中介机匣,由中介机匣上的安装节传到飞机。中介机匣还连接着高压压气机静子、外涵机匣等,高压压气机、燃烧室、涡轮受的轴向力等也要传递到中介机匣,径向力传递到中介机匣和涡轮后承力机匣(图 8.7)。中介机匣、风扇机匣和外涵机匣外部还为附件机匣等外部结构固定支架提供安装结构。风扇机匣、进气机匣为其内部的导向叶片提供安装结构、气流通道,设计时要考虑其工作时机匣自身的刚性,尽量保证机匣的圆度,防止机动飞行时转子和静子的轴向、径向碰磨。

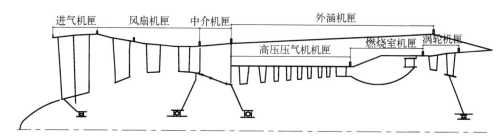

图 8.7 传力路线图

4. 防冰系统

当发动机在空气湿度较大、温度接近 0℃ 的条件下工作时可能在进口结冰。冰层附着在进气帽罩、导向叶片表面,会减小空气流通面积、改变叶片型面,影响进气流场使其分布不均匀,使得发动机性能变差,轻则出现畸变降低发动机工作稳定性,严重时引起发动机喘振导致熄火停车。在发动机振动等因素的作用下,附着的冰块可能破裂脱落进入发动机流路,造成叶片等损伤影响发动机安全。

为了防止发动机结冰,最常用的方法是对可能结冰的部位进行加热(图 8.8),小涵道比、高推重比发动机要对进气机匣、可变弯度进口导叶的固定支板和帽罩进行加热,热源来自发动机的高温气体。压气机增压时,不可避免地会加热空气,通常一级的温升超过 50℃,因此可以对进气机匣或转子帽罩进行加热。当控制系统接通防冰系统时,高压热空气由防冰管路引入进气机匣外的环腔,加热机匣后流向固定支板内的空腔,部分热空气从支板表面流出防止支板结冰,部分热空气继续流过帽罩后排入主通道。

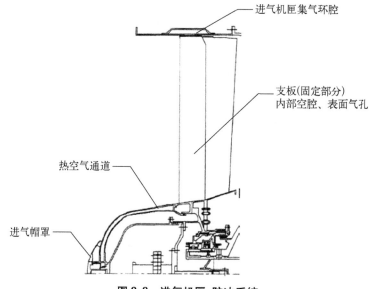

图 8.8 进气机匣-防冰系统

综上所述,进气机匣除了具备调整进口气流方向的功能,还具备进气防冰等功能;工作时还支承着低压转子前支点,需要提供支点供回油、密封用气的通道;固定支板承担着支点径向力传递,滚珠轴承设在前支点时还要参与传递轴向力。进气机匣工作条件复杂,方案设计时要考虑功能实现、振动影响,预判机匣变形对功能和任务实现的风险。

5. 转静子间隙设计

为了避免转静子在工作时发生碰磨,在转静子之间要留有足够的间隙。压气机转子与静子之间的间隙包括径向间隙和轴向间隙。转静子径向间隙控制是一个涉及气、固、热的多学科耦合的复杂问题,要在全工况内协调考虑安全工作和密封,可以考虑采用双层机匣、整环机匣、转静子热变形匹配等技术。间隙的初始值,特别是转子叶片叶尖与机匣流道的径向间隙,是考虑发动机加工公差、工作变形并结合使用经验确定的,根据发动机使用情况适当调整,有时在发动机定型后仍会对间隙进行调整。影响间隙的主要因素有加工制造公差、零件的热变形、轴向力和离心力等载荷引起的变形、发动机过渡态和飞机机动等工作状态变化、设计间隙带来的零件工作位置变化、机构运动引起的构件位置变化等。

图 8.9 给出了转子叶片径向间隙设计过程主要考虑的因素。

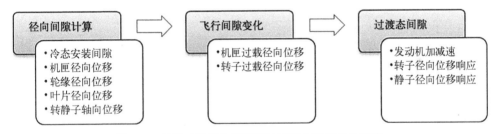

图 8.9　转子叶片径向间隙设计过程主要考虑的因素

图 8.10 是某发动机加速、减速工作时压气机转子叶片径向间隙变化情况,这种变化与转速和温度相关。在考虑各种影响因素后,压气机转子叶片径向热态间隙一般选取为 0.1~0.2 mm。

6. 冷热态设计

发动机工作时由于转子转速高、流过通道的气流被逐级变热,在气动力、离心力和温度作用下,轮盘、机匣和叶片均会产生变形,而且转静子变形量不一致。为了减小对流经通道气体的影响,在进行结构设计时应预先考虑这些工作变形,制定应对措施。相对高压压气机和涡轮部件,风扇部件总体温度偏低,轮盘变形主要是由离心载荷引起的,这种变形使气体通道变小;风扇转子叶片尺寸较大,在气动力和离心力综合作用下叶片变形较大,叶片有较大扭角,使转静子轴向距离变小,空气流动改变。

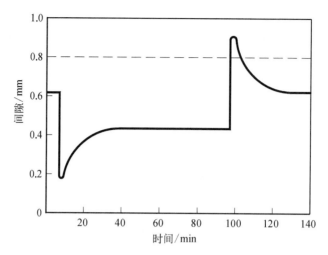

图 8.10   某压气机转子叶片径向间隙变化

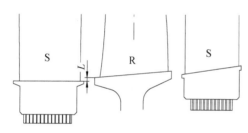

图 8.11   转子前流路迎风台阶示意图

在设计阶段预先对转静子变形进行分析,对构件冷态尺寸进行调整,保证其工作变形下的安全和气动性能,是冷热态设计的解决方案。发动机气体通道中,一旦出现迎风台阶(图 8.11),会使气流偏转、局部流场出现旋涡,影响部件和发动机的性能。因此,对轮盘进行冷态预调整时,不仅要保证高状态时冷热态流路光顺,还要保证低状态时流路不出现迎风台阶。

7. 安装设计

发动机在飞机上的安装方式主要取决于飞机设计,现代战斗机的发动机大都布置于飞机机身内,发动机安装节、承力系统和承力机匣的设计均与安装载荷相关(图 8.12[2])。

发动机的安装节是发动机与飞机的连接点,将发动机的各种载荷传至飞机,这些载荷主要包括发动机推力、重力、机动飞行的惯性力;同时安装节应能承受发动机在飞机安装条件下的载荷,有足够的刚度、强度和可靠性,安装简单、维护方便。安装节分为两种,即主安装节和辅助安装节,它是发动机的重要构件。前面章节已经介绍过,小涵比高推重比发动机的主安装节大都布置在温度较低的中介机匣,也有一些发动机将主安装节布置在静子机匣安装边上的支架上。主安装节是发动机推力传到飞机的重要构件,也是发动机安装在飞机上的主要定位。设计时要尽量减小转子滚珠轴承与主安装节的轴向距离,保证机匣具有足够刚性和强度,减小发动机工作时转静子轴向间隙变化。

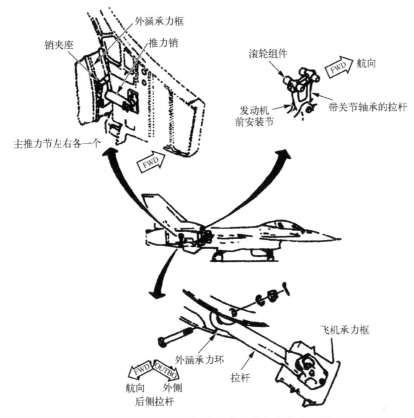

图 8.12　F100 发动机安装节及其与飞机的连接

　　小涵道比航空发动机空间小,结构布局紧凑,各机匣还要为发动机附件等提供安装接口。例如,进气机匣需要提供与飞机进气道的接口;中介机匣上提供主安装节、风扇机匣、高压压气机机匣、外涵机匣、轴承机匣、中央传动、附件机匣等安装结构;进气机匣、风扇机匣、中介机匣还要提供管路、附件等支架的安装接口。发动机工作时的振动会通过这些机匣传到连接件上,设计时应考虑减小机匣振动传递,防止支架和安装接口因振动引起结构破坏。

　　8. 空气系统设计

　　为了保证发动机的支点封严、热端部件冷却与隔热、转子叶片径向间隙调整、进气防冰和飞机引气用气,调整各转子轴向力在轴承载荷范围内,空气系统需要从压气机部件的适当位置(主要是高压压气机)抽取压缩空气。对小涵道比风扇发动机来说,主要是风扇转子支点的封严和进气防冰,支点封严一般使用风扇出口的气流,防冰用气多来自高压压气机,这部分用气最终要排到主流道内。引气、排气会增加流道内主流流动的阻力损失和可能的不稳定流动,相关功能构成件增加了发动机和部件的结构复杂性,引起制造难度增加、产品成本上升、质量增加,降低工作可靠性。

8.1.2 大涵道比风扇的结构布局

大涵道比发动机风扇气动布局与小涵道比发动机存在较大差别,现役的大风扇基本采用单级风扇+多级增加级,风扇转子前没有进气机匣(图 8.13)。

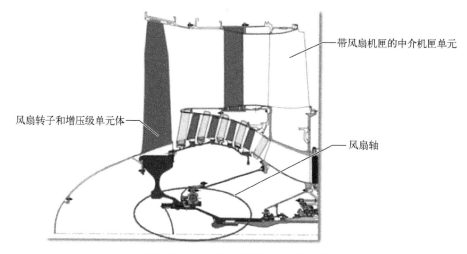

风扇转子和增压级单元体

带风扇机匣的中介机匣单元

风扇轴

图 8.13　PW4000 发动机风扇单元体

1. 单元体设计

发动机构件数量很多,为了便于组织生产、装配和后期维护,现代发动机通常采取单元体设计思路。目前主流的大涵道比发动机风扇一般分为风扇转子和增压级单元体、带风扇机匣的中介机匣单元体(图 8.13 和图 8.14)。风扇转子通过风扇轴与低压涡轮相连,通过布置在风扇轴上的轴承和轴承机匣支承在中介机匣上。

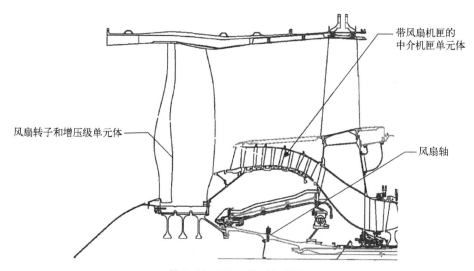

带风扇机匣的
中介机匣单元体

风扇转子和增压级单元体

风扇轴

图 8.14　GEnx 发动机风扇

2. 承力系统设计

大多数双转子大涵道比发动机有两个承力框架,主要包括中介机匣和涡轮后或涡轮间承力框架、燃烧室承力框架,中介机匣作为主承力框架。风扇转子多采用悬臂支承,风扇轴上有两个轴承,分别为滚珠轴承和滚棒轴承,两个轴承通过共同的轴承机匣支在中介机匣内机匣上。由于风扇转子内流路较低,轮盘内部空间有限,很少有发动机将轴承布置在风扇轮盘前。由于风扇盘和叶片的质量较大,为减小风扇盘悬臂,前支点布置时要尽量离风扇盘近一些;为了提高支承可靠性,风扇后支点应布置得离中介机匣近一些。另外,也有一些发动机采用三转子结构。

图 8.15(a)所示的发动机为双转子发动机,低压转子采用 0-2-1 支承形式,风扇和增压级转子由两个支点悬臂支承,高压转子采用 1-0-1 支承形式,有 2 个承力框架;图 8.15(b)所示的发动机为三转子发动机,高压转子采用 1-0-1 支承形式,中压转子采用 1-1-1 的 3 支点支承形式,低压转子采用 0-2-1 的 3 支点支承形式,有 4 个承力框架。

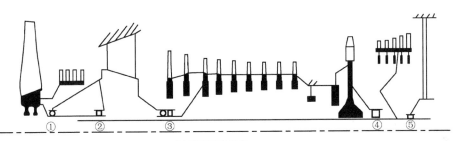

(a) 双转子发动机

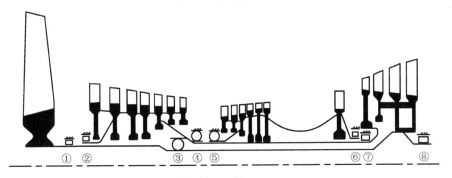

(b) 三转子发动机

图 8.15　某大涵道比发动机支点的布局

①-1 支点;②-2 支点;③-3 支点;④-4 支点;⑤-5 支点;⑥-6 支点;⑦-7 支点;⑧-8 支点

3. 传力路径设计

大涵道比发动机多选择中介机匣作为发动机主承力框架。风扇/增压级和低压涡轮转子的轴向力通过风扇部分的轴承机匣传到中介机匣,高压压气机和高压涡轮的轴向力高压由高压轴传到中介机匣上。发动机各转子的径向力通过滚珠轴承和滚棒轴承传到发动机的各承力框架上,各静子的轴向力通过机匣和主承力框架传到安装节。

4. 降噪设计

飞行噪声由发动机噪声和飞机噪声两部分组成,而发动机的噪声远大于飞机。而风扇噪声是发动机噪声的主要来源之一,近些年航空发动机公司均加强了降噪技术的研究。特别是民航发动机,为降低噪声,在气动设计上采取大量措施,同时在结构设计上大量采用声衬(图 8.16)。声衬布置在风扇转子前、后的机匣壁面。

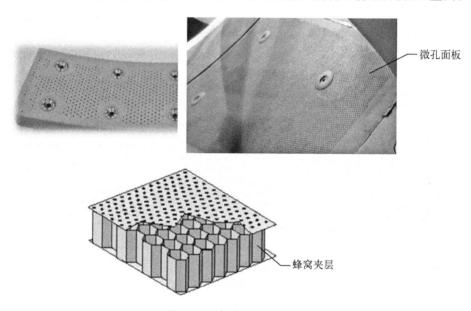

微孔面板

蜂窝夹层

图 8.16　发动机降噪声衬

5. 防冰设计

大涵道比发动机具备结冰条件的构件主要是进气帽罩,部分发动机增压级进口导叶也有可能结冰。进气帽罩典型的防冰方式包括热气防冰和结构防冰,主要方式有:引增压级出口的热气到帽罩内加热需要防护的表面,使冰融化或水蒸发以防止结冰;帽罩尖头采用橡胶,工作时随转子振动橡胶头摆动,防止表面结冰;采用优化的风扇内涵进气流路、涂憎水涂层帽罩的结构防冰(图 8.17)。

6. 安装设计

大涵道比发动机的主安装节大多在中介机匣上(图 8.18),承受发动机的推力、重力载荷;当主要装节设于涡轮机匣时,中介机匣上的辅助安装节承受发动机的重力、扭矩和侧向载荷。

风扇设计时还要考虑提供发动机在飞机或试验台架的安装结构、发动机运输、

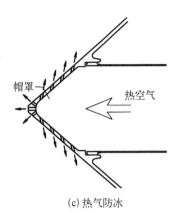

(a) 橡胶帽尖　　　　　　(b) 结构防冰(憎水漆)　　　　　(c) 热气防冰

图 8.17　三种防冰方式

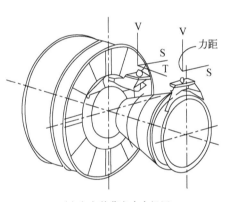
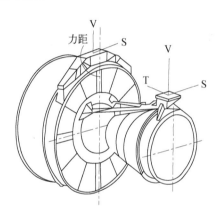

(a) 主安装节在中介机匣　　　　　　　　　　(b) 辅助安装节在中介机匣

图 8.18　安装方式

装配吊挂安装结构、单元体运输安装结构。风扇部件设计时除考虑发动机自身载荷外,还要考虑发动机安装到飞机后附加的载荷,如飞机短舱的影响。

8.1.3　高压压气机的结构布局

高压压气机工作环境恶劣,气流最高温度超过 1 000 K、最高压力超过 4 MPa、最大线速度超过 500 m/s,高温、高压、高速而又要求高可靠性、长寿命和低重量的要求是结构设计的难点。当气体流动过程中发生失速、喘振等不稳定现象时,叶片在更复杂的流场中流动,承受更大的气动力、热应力和振动应力。

1. 单元体设计

根据部件气动布局和总体结构、维护性等要求,高压压气机基本分为转子单元体和静子单元体,考虑引气、机构调节等要求,可再细分为静叶调节机构、前静子、后静子等单元体(图 8.19[1]和图 8.20[3])。

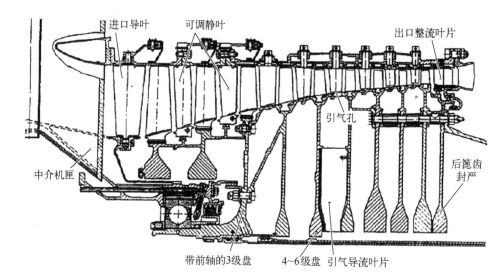

图 8.19　RD‑93 发动机高压压气机

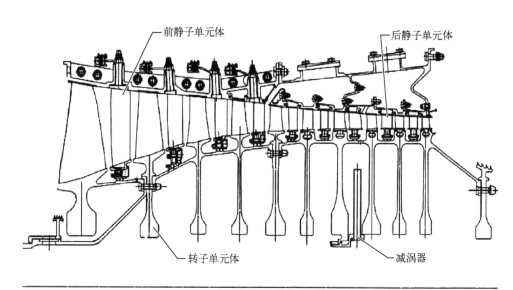

图 8.20　GEnx 发动机高压压气机

2. 支点和传力路径设计

高压压气机转子与高压涡轮转子共同构成高压转子,现代航空发动机高压转子的支承方式主要有 1-0-1 或 1-1-0,也有一些发动机采用 1-1-1 的支承方式。1-0-1 支承方式指高压压气机前和高压涡轮后各有一个支点(图 8.21),压气机和涡轮之间没有支点,这种结构要求转子的弯曲刚性好;1-1-0 支承方式指高压压气机前有一个支点,压气机和涡轮之间有一个支点,高压涡轮后没有支点,这种结构对涡轮轴的弯曲刚度要求高;1－1－1 支承方式指高压压气机前、压气机和涡轮之间、高压涡轮后各有一个支点,设计要考虑工作时三个支点的同轴度,压气机和涡轮转子间采用柔性联轴器连接是一种有效的解决方案,由于支点多,密封和供回油系统相对复杂。

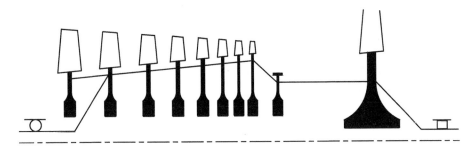

图 8.21　某发动机高压转子支点布局(1－0－1 支承方式)

3. 冷热态设计

轴流式高压压气机进出口级叶片尺寸、重量、工作温度差别大,轮盘轮缘和转子叶片叶尖变形主要影响因素不同。前面级转子叶片重量大、工作温度低,影响流路热变形的主要因素是离心力;后面级转子叶片工作温度高、叶片重量小,影响流路热变形的主要因素是温度;影响静子流路热变形的主要因素是温度。在进行冷态流路设计时,预先考虑流路热态变化,对流路进行预调,防止工作过程中转静子流路出现迎风台阶,影响性能。流路从冷态到热态的变化过程中,有预调转子冷态流路、预调静子冷态流路和同时预调转静子冷态流路几种方案,不同的方案对高压压气机流路通道高度、环面积影响也不同,选择调整方案时应综合考虑性能和强度影响。相对于风扇叶片,高压压气机叶片尺寸较小,叶片型面的冷热态变化不大,大多是不需要对冷态叶型进行预调整。

有的发动机为了提升部件性能,对高压压气机后面级采用主、被动间隙控制,以减小转子叶片叶尖径向间隙。

4. 空气系统设计

发动机和飞机工作过程中用气主要来自风扇和压气机,特别是高压压气机需要提供飞机引气、防冰引气、高温部件冷却用气、支点封严等多种用途。在进行引气结构设计时,应预先分析引气沿程流通情况和损失,避免在引气中途路径出现节流。由于主通道气流速度高,设计引气口时应考虑对主通道的影响,在流路引气口和管路引气口之间应考虑设置集气腔,减小对主通道影响的同时提供均匀稳定的引气条件。

5. 防止钛着火设计

钛合金在现代航空发动机中有着广泛应用,高压压气机的轮盘、转子叶片、机匣、静子叶片等在温度许可时是首选。但在使用中,在一定条件下,钛合金的转子旋转件与静子碰摩可引起自燃、着火,严重时会烧毁发动机。国外多型发动机在研制和使用时出现过钛火故障,如 CF6、PW4000、F404 等发动机,严重影响飞行安全。钛合金着火过程扩展迅速,5~10 s 就能烧毁压气机。转静子碰摩的原因众多,最有效的预防措施是在可能引起钛火的部位避免钛合金转静子直接接触,如钛合金转子相邻级静子采用钢叶片、钢内环,钛合金转子叶片与机匣间采用钢衬等(图8.22),一些民机为了降低成本采用钢机匣。随着材料技术的发展,阻燃钛合金正逐渐被新研发动机采用,可预防发动机钛火问题。

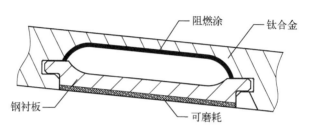

图 8.22　防钛火结构

8.2　转 子 设 计

压气机转子是对气流做功的主要部件,主要包括叶片、轮盘、鼓筒、轴(轴颈)等。转子设计在满足气动设计要求的同时,工作中应有足够的强度储备、可靠性高、寿命长、重量轻、成本低且易于维修。

8.2.1　设计输入与要求

气动专业输入:子午流路、叶型子午投影、各级叶片数量、叶型、主要工作转速、静叶角度调节规律、各叶片排温度、压力等气动参数。

总体结构专业输入:压气机转子布局、界面接口要求、外廓尺寸要求、重量指标等。

空气系统专业输入:根据其他部件冷却、封严要求,提出转子引气位置及引气量要求。

其他要求:压气机转子设计还应满足可靠性和寿命要求。各零部件都要经过强度计算,具有足够的强度储备;结构上保证准确定心和可靠连接;保证足够的刚度,尽量减小惯性力和力矩造成的变形,且易于满足平衡精度的要求,以减小振动,使转子工作平稳。同时,为了降低转子费用,转子结构要尽可能简单,要尽量选用生产效率高、加工费用低的工艺方法;还要考虑装配、检查和维修方便。

8.2.2 转子连接结构设计

转子的结构形式主要有盘式、鼓式和盘鼓式,其连接形式主要有螺栓连接、焊接、花键连接和销钉连接等。

现代压气机转子多采用盘鼓混合式结构,并且在保证可装配的前提下,盘鼓之间尽量少采用螺栓、销钉等连接结构而多采用焊接方式,这样可使转子结构简单,零件数量减少,装配方便,有利于转子的可靠性和平衡性,同时可以减轻重量。

随着现代焊接工艺技术的成熟和质量控制的稳定,焊接转子得到了广泛应用。轮盘与轮盘之间的焊接方法推荐使用电子束焊和惯性摩擦焊,设计时应视转子具体结构和尺寸,结合生产工艺能力,选择适当的焊接方式。另外,焊缝处的强度一般低于材料基体本身的强度,设计时需评估其对转子强度和寿命的影响。

一般轮盘与轴(轴颈)连接都采用螺栓形式(图 8.23),也可将轴颈与轮盘设计为一体化结构,减少零件数量和连接止口,提高转子连接稳定性(图 8.24)。

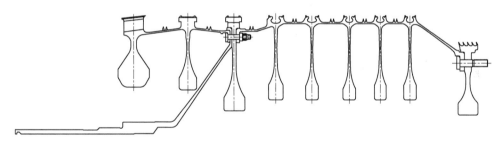

图 8.23 盘鼓混合式转子

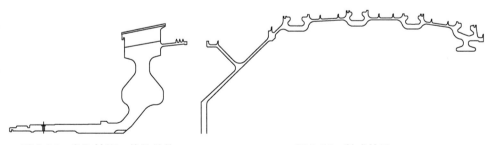

图 8.24 盘和轴颈一体化结构　　　　　**图 8.25 鼓式转子**

只有对于叶片较小或转速较低的转子,如高压压气机转子的后面级(叶片较小)或增压级转子(转速较低且叶片较小),才可以考虑采用鼓式转子(图 8.25)。

鼓式转子的一般结构较为简单,内腔空间大,可采用整体锻造成型,也可采用焊接结构。

为保证发动机工作时转子的工作平稳,必须保证工作时各级转子(轮盘)的可靠定位,包括轴向定位和径向定位。转子的径向定位方式通常有两种,即止口定位和精密螺栓定位,考虑到发动机转子拆装的方便,一般不用销钉定位。采用止口定位方式时,主要需要考虑三个参数。第一个参数为止口的半径(或直径),第二个参数为止口配合面的宽度,第三个参数为止口配合面的配合公差带。为了保证转子在工作时的稳定性,止口的配合公差带可以选取小过盈或过渡配合。采取精密螺栓的定位方式时,需要考虑精密螺栓的数量、螺栓与孔的配合公差带和螺栓的拧紧力矩等参数。

8.2.3　转子叶片连接结构设计

叶片和轮盘多以榫头/榫槽的形式连接。按照榫头/榫槽对称面的方向可分为轴向榫头/榫槽、周向环形榫头/榫槽和圆弧形榫头/榫槽。按榫头/榫槽的横截面的形状可分为燕尾形榫头/榫槽、纵树形榫头/榫槽、销钉形榫头/榫槽等。

在叶片较小且数量较多时采用周向燕尾形榫头/榫槽,可以方便加工和装配,周向燕尾形榫头叶片可通过叶片锁紧钉周向定位(图 8.26)。当叶片数量较少且叶片比较大时,常采用轴向燕尾形榫头/榫槽,轴向燕尾形榫头叶片可通过销钉或卡圈形式轴向定位(图 8.27)。

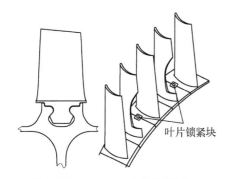

叶片锁紧块

图 8.26　周向燕尾形榫头/榫槽

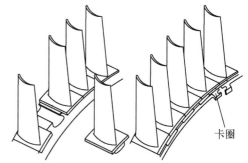

卡圈

图 8.27　轴向燕尾形榫头/榫槽

通常轴向燕尾榫头是直线形的,便于加工和装配。现代大涵道比发动机的涵道比不断增加,风扇转子叶片弦长越来越宽,导致叶片叶根和轮盘榫槽的应力也相应增加,为了降低应力,采取圆弧形榫头设计,可以减小榫头/榫槽的横截面尺寸,降低轮盘和叶根应力(图 8.28)。圆弧形榫头叶片可通过在榫头两端设置压紧压板实现榫头轴向定位。

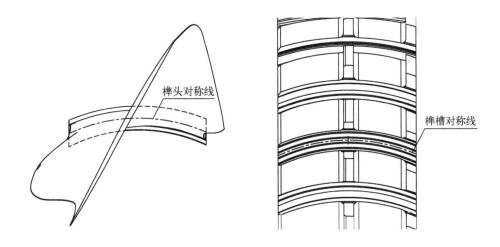

图 8.28　圆弧形轴向榫头/榫槽

8.2.4　转子引气设计

由于盘腔、轴承腔密封和冷却的需要,在转子上设计引气结构,将温度较低、压力较高的气流引入其他部位。常用的转子盘腔引气结构主要有叶片式引气结构和管式引气结构。

叶片式引气结构是在转子上开孔,将主流道气流引入盘腔,通过导流叶片,将气流引入设定的位置,达到引气目的(图 8.29)。

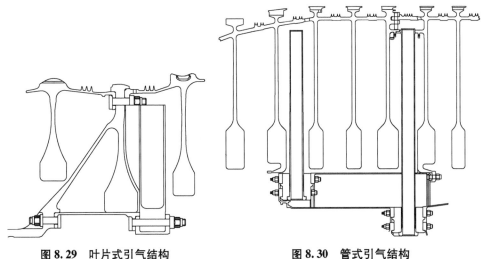

图 8.29　叶片式引气结构　　　　　　　图 8.30　管式引气结构

管式引气结构是通过在盘腔固定几根引气导管,将通过轮盘上引气孔流入盘腔的主流道气流引入盘腔设定位置,达到引气目的(图 8.30)。管式引气结构设计要注意引气管的固定方式,以及对轮盘强度和寿命的影响。

8.2.5　转子平衡

由于转子为高速转动的部件,为减小整机的振动,结构设计时必须考虑转子的动平衡。结构设计时需要确定转子的平衡校正面、平衡精度和修正不平衡量的技术措施。

根据工作转速与第一阶临界转速的关系或者根据工作时转子的变形情况,可以将转子分为刚性转子、准刚性转子和柔性转子等。刚性转子是指工作转速低于第一阶临界转速的转子。一般而言,刚性转子的最高连续使用转速应小于转子系统第一阶弯曲临界转速的70%。当转子转速接近或高于第一阶临界转速时,不平衡力会使转子产生较大变形,不平衡量也会显著增大,此时转子应视为准刚性转子。多数的压气机转子都可以当作准刚性转子来处理。

对于多级转子的平衡,一般采用单级分步平衡的方法,即各级转子(包括封严篦齿环等)分别采取静平衡,组合后的转子在前后两个校正面上进行低速动平衡。对于焊接结构的多级转子,必须严格限制焊接变形,焊接后的转子必须对各端面和径向面的跳动严格限制。

低速动平衡是进行刚性转子和准刚性转子平衡以及控制柔性转子初始不平衡量的最基本方法。对于柔性转子,应该采用高速平衡的方法。刚性转子的平衡校正面理论上可以选转子前后的任意两个面,但为平衡方便,平衡校正面一般选在转子的第一级和最后一级的轮盘上。

对于单级转子,可以用低速动平衡机在仅有的一个校正面上平衡。对于两级盘式转子或盘(鼓)式转子,可以用低速平衡机在两个轮盘上进行平衡。对于多级盘(鼓)式转子,需要先对各级盘进行平衡后装配或采用分步装配、分步平衡,并且最终装配后用低速平衡机在转子的两个校正面上平衡。对于盘(鼓)式转子,可用低速动平衡机在试验的基础上确定两个最佳的校正面进行平衡。

转子的不平衡量通常表示为质径积 L,单位为 g·mm。初始设计转子时,可以根据转子的支撑形式,参考以前具有相似结构的转子的平衡精度来确定初始不平衡量,最终的不平衡量建议采用 ISO1940 推荐的 G2.5 级平衡精度。刚性转子允许的总不平衡量计算方法可参考 ISO1940。

消除不平衡量的方法很多,如增加平衡配重、去材料、串动叶片、螺栓等,设计时可根据转子具体结构,采用适当的平衡方式。平衡配重的结构一般可以采用在轮盘安装边上拧平衡螺钉(图8.31)、铆接平衡块等方式,还可以采取在轮盘的榫槽内加平衡块的方式。另外,也可在轮盘上非重要区域设计去材料凸台,通过测量不平衡量的大小和方位,在零件上局部去除轮盘材料以达到减小不平衡量的目的。由于叶片、螺栓等零件的个体重量存在差异,还可通过调整其周向装配位置的方式来改变重量分布,降低不平衡量。

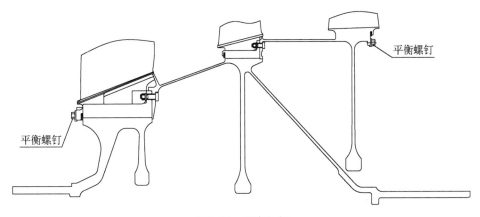

图 8.31　平衡螺钉

8.2.6　典型零件结构设计

构成转子的主要零件有叶片、轮盘(整体叶盘)、轴(轴颈)等,下面给出典型的转子零件结构设计说明。

1. 叶片设计

转子叶片一般由叶身、缘板和榫头组成,个别叶片还设计有伸根、凸肩、加强筋等特征(图 8.32)。

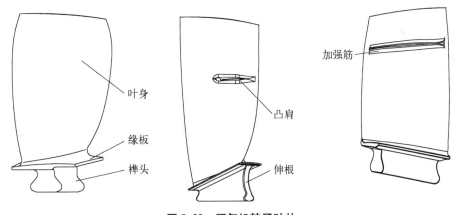

图 8.32　压气机转子叶片

叶身一般为经过特殊气动设计的曲面,由处在不同截面高度上的多个离散点构成的闭合曲线组成,这些离散点都处于同一坐标系下,由气动设计提供(图8.33)。叶身型面尺寸及形状直接影响气流损失程度和叶片做功能力,结构设计时要严格控制叶身型面的精度,特别是前后缘的形状、叶身截面的轮廓度、扭转及偏移量,在工艺水平允许的情况下,尽可能接近气动设计状态。叶身型面的标注要求可参照 HB 5647 - 1998《叶片叶型的标注、公差与叶身表面粗糙度》要求的规定。

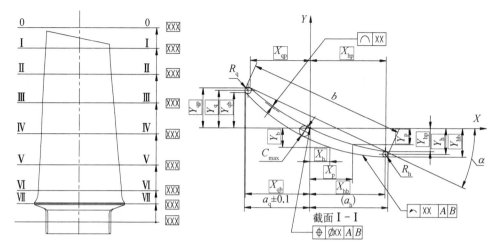

图 8.33　叶片截面示意图

图 8.34 所示的几种前后缘形状会加大气流分离,在生产加工时是不允许的。

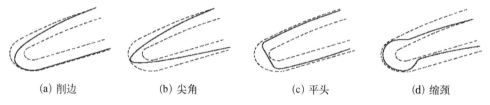

(a) 削边　　　　(b) 尖角　　　　(c) 平头　　　　(d) 缩颈

图 8.34　不允许的前缘形状

叶身与缘板的转接应采用圆弧转接,圆弧大小根据气动设计和强度评估确定。

为了防止叶片工作时发生强烈振动,一些展弦比较大的叶片常常在叶身设计阻尼台(凸肩)结构。两相邻叶片阻尼台的对接面应正确吻合并保持适当的贴紧度。由于阻尼台对接面在发动机工作时要承受接触应力和振动摩擦,应当采取强化措施提高表面耐磨性,常用的方法是在对接表面涂覆耐磨涂层。

转子叶片常用的榫头形式有轴向燕尾形、周向燕尾形榫头和枞树形榫头等,燕尾形榫头的设计可参考按照 HB 5964 - 2002《燕尾形榫头、榫槽尺寸标注与技术要求》,枞树形榫头的设计应按照 HB 5965 - 2002《枞树形榫头、榫槽尺寸标注与技术要求》。对于叶片宽度较大、根部稠度大的叶片,可采用圆弧形榫头,圆弧形榫头的横截面可根据实际载荷设计成燕尾形或枞树形。榫头与轮盘接触并承受叶片离心力的表面称为榫头工作面,主要承受叶片离心力和微动摩擦,设计时可对榫头工作面喷涂抗微动磨蚀涂层。

叶片设计还应采取防错措施,避免叶片进排气边装反,以及不同级叶片的错装,一般可通过设计不同榫头尺寸和缘板尺寸来防错。

2. 轮盘设计

转子轮盘的主要作用是固定转子叶片,形成内流路。轮盘的常用结构一般有单轮盘结构、盘鼓结构等(图 8.35)。

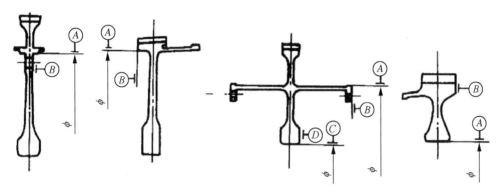

图 8.35　转子轮盘常见结构形式及基准选择

轮盘的基准应设置在装配定位或加工定位精度高且稳定的表面,转子组合后的公差累计小,转子的初始不平衡量小,转子和静子之间的相对位置公差累计也小。一般选择径向、角向和端面(轴向)三个基准。

应该按照转子总体方案确定轮盘的连接形式,常用的连接方式有螺栓连接、焊接、花键连接或销钉连接等,根据选定的连接方式,设计相应的焊接面、螺栓连接安装边或者花键等相应特征,图 8.36 为盘鼓式轮盘示意图,单盘式可参照设计。

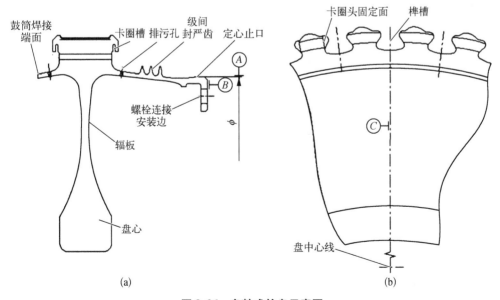

图 8.36　盘鼓式轮盘示意图

　　焊接结构的盘鼓组合件在现代航空发动机上应用比较广泛,常用的焊接方法有电子束焊和摩擦焊等。电子束焊具有焊接变形小、定位精度高的优点,但焊缝强度低于基体,需在焊缝部位进行加强设计。摩擦焊具有焊缝强度高、焊接效率高的优点,但摩擦焊设备昂贵,工艺参数不易控制,且多为专用设备。

　　榫槽形状和尺寸根据经验与强度计算的结果而选择,与转子叶片相配。榫槽结构要素可参照 HB 5964 - 2002 和 HB 5965 - 2002 设计。一般风扇叶片较大、数量少,多选用轴向燕尾榫槽;高压压气机叶片较小、数量较多,多选用周向燕尾形榫槽,可方便加工和装配;圆弧形榫槽结构一般用在榫槽较宽的风扇轮盘上。按照榫槽和叶片榫头的结构形式,可根据经验选择适当的叶片锁紧方式,在轮盘上设计相应特征,防止叶片轴向或周向串动,推荐的锁紧方式有卡圈和锁紧块,如图 8.36 所示的卡圈槽结构。

　　轮盘辐板及盘心的尺寸一般按照强度计算结果和经验确定,在满足静强度、寿命的同时,还应考虑重量尽可能轻。盘心尺寸确定时还应考虑是否有轴、空气导管等零件穿过,以及是否有盘腔引气要求等。

　　在轮盘盘腔最高点处可设计排污孔,发动机工作时可将漏入盘腔的滑油等污物排出去,避免引起转子不平衡,见图 8.36。

　　两个轮盘之间常设计篦齿结构,与静子件组成封严结构,避免气流级间泄漏。封严篦齿通常有直齿、斜齿、台阶齿等几种结构(图 8.37)。为了增加篦齿的耐磨性,可在篦齿部位喷涂耐磨涂层,如三氧化二铝等。

图 8.37　典型篦齿结构

　　轮盘上其他结构形式如花键、套齿等参照相关的国标或国军标等设计即可。

　　由于轮盘高速旋转,受力复杂,一旦发生故障,危害性很大,一般都做关键件控制,对轮盘的热处理制度、无损探伤方式等都可做关键特性或重要特性控制。为了提高轮盘的疲劳强度和寿命,对轮盘表面完整性要加严要求,轮盘表面应该进行喷丸等强化处理,对倒圆、倒角等细节设计应格外关注,避免应力集中。为了避免产生大的不平衡量,要严格控制轮盘整体的加工精度。为了保证转子工作时的稳定性,连接止口处一般采用过盈配合。

　　3. 叶盘设计

　　常规的压气机转子是将叶片和轮盘分开为两个零件分别进行设计,近年来随着设计水平和加工工艺水平的进步,整体叶盘结构越来越多地被用于先进发动机的设计。整体叶盘结构是将叶片与轮盘设计成一体化结构(图 8.38),可大大减少零件数量、降低转子重量、提高转子的稳定性和可靠性。

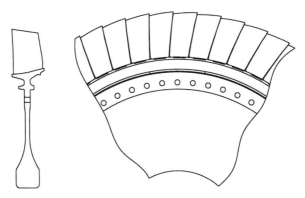

图 8.38　整体叶盘结构

整体叶盘设计时可分别参照叶片和轮盘设计,但应重视其振动特征、平衡和修复工艺等问题。整体叶盘由于取消了盘榫连接,失去了盘榫连接的阻尼效应,不利于叶片振动的抑制,因此在设计整体叶盘时,要特别注意控制叶片的共振风险。

整体叶盘的制造主要有三种方式,一是由整体直接加工而成,如高速数控铣削加工、电化学加工,高速数控铣削加工目前得到广泛应用,其制造技术比较成熟,电化学加工是采用电解液去除材料的方法形成叶片几何形状,常用于热端难切削材料,如高温合金整体盘的精密高效加工;二是焊接式整体叶盘,如采用线性摩擦焊、电子束焊、真空固态扩散连接等方法将叶片和轮盘焊接成整体(图 8.39);三是小型整体叶盘有时采用整体铸造成型。

图 8.39　线性摩擦焊焊接整体叶盘的加工过程

整体叶盘对锻件的力学性能、金相组织、超声波探伤等都有严格的要求。对盘而言要有好的断裂韧性、高的抗裂纹扩展能力、蠕变强度和低周疲劳;叶片要有高的强度、高周疲劳性能、好的塑性和热稳定性以及更高要求的超声波探伤要求。整体叶盘锻件组织性能控制是影响整体叶盘工程化应用的关键技术。

整体叶盘转子结构在加工和服役过程中可能出现的各种损伤缺陷,如转子叶片在工作中被外来物打伤,造成卷边、开裂、掉块或由振动造成的裂纹等。整体叶盘不能更换单片叶片,可能因一片叶片损坏而造成整个叶盘的报废。为了更好地解决整体叶盘被外来物打伤的问题,除了在结构设计中采取措施,如叶片叶型采用抗外物打击能力强且不易颤振的宽弦叶片,对叶片表面喷丸以及叶片边缘激光冲击强化来提高叶片的抗疲劳寿命,还需发展可行的维修技术。常用的修复技术有熔焊、激光熔覆和线性摩擦焊等,对于损伤较小的叶尖、叶角等直接打磨将缺陷去除即可。

4. 轴(颈)设计

压气机轴或轴颈的作用是支撑转子或连接压气机与涡轮转子。一般都用空心结构,一方面可以达到减重的目的,另一方面也可用作引气等通道。

轴颈一般为具有大小端的锥形结构(图8.40),基准多选在与盘或者与鼓筒相连接的大端表面,可使小端处保持准确的形位公差。对于比较重要的配合面,应规定精度较高的形位公差,如跳动、垂直度及同轴度等,以保证转子连接的稳定性,同时保证转子的装配精度,降低转子不平衡量。

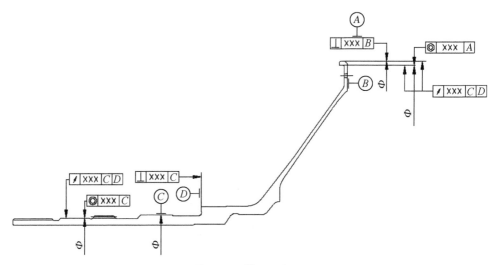

图8.40 轴颈示意图

轴端根据结构功能需要,设计螺纹、花键等特征,可参考相关国家标准进行设计。对与轴承内圈等零件配合的表面可喷涂耐磨涂层,如碳化钨涂层等。有些轴及轴颈上还需设计封严篦齿,可参照轮盘设计部分篦齿特征设计。

由于轴颈要支撑整个转子、传递转子扭矩,载荷较大,通常作为关键件管理,毛坯多选锻件或模锻件,零件表面进行强化处理,如喷丸等,以提高疲劳寿命。零件加工过程及最终状态要进行荧光、X光、超声波等无损探伤检查,钛合金轴颈还要进行腐蚀检查。

8.3 静 子 设 计

无论是大涵道比还是小涵道比发动机,无论是风扇、增压压气机还是高压压气机,其静子结构组成和功能原理都基本相同,都由各级机匣、静子叶片、调节机构、封严结构、连接结构及其他附属零件或特征共同组成(图 8.41)。

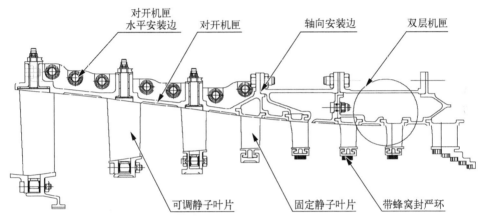

图 8.41 典型轴流压气机静子组件结构

8.3.1 设计输入与要求

气动专业输入:子午流路、叶型子午投影、各级叶片数量、叶型、主要工作转速、静叶角度调节规律、各叶片排温度和压力等气动参数。为提高压气机中低转速稳定工作裕度,部分压气机有中间级放气或调整静子叶片角度的要求。

总体结构专业输入:压气机转子布局、界面接口要求、外廓尺寸要求和重量指标等。

空气系统专业输入:为满足热端部件冷却、支点密封、进口防冰和飞机引气的需求,提出静子引气位置及引气量要求。

其他要求:静子设计还需要满足强度准则、"六性"、制造工艺性等方面的要求。机匣的密封性和级间封严也是静子设计需要关注的两个方面。

8.3.2 机匣设计

1. 机匣结构功能

风扇、压气机静子机匣的功能包括形成流道、包容各级转子叶片、安装固定各级静子叶片、转子定心、传递载荷等功能,提供测试、孔探检查等结构特征,具有喘振后能持续工作的能力。

静子机匣构成流道的部分应尽可能保证其表面完整性、尺寸精度(考虑冷热伸长)和表面粗糙度。

静子机匣工作中需要承受多种载荷,包括机匣自身和静子叶片等附属结构传递的气动载荷、转子叶片断裂的飞出载荷、燃烧室等部件传递的载荷和机匣所有构件产生的质量惯性载荷。静子机匣应提供有效的包容,当叶片断裂时,飞出的叶片不能击穿机匣。

静子机匣不仅应具有良好的刚性和定心能力,还要有足够的纵向刚性以保证转子系统的稳定可靠工作,且转静子应同心以保证均匀的工作间隙。

2. 机匣结构形式选取

压气机机匣具有非常多的复杂结构特征,其安装边数量的设置、具体结构形式(整环还是分半、单层还是双层)的选取需要结合长期的工程实践并考虑整机要求确定。压气机机匣结构选取要考虑发动机总体布局,特别是压气机转子支承和安装节连接方式,设计需要考虑结构弯曲、机动载荷、热匹配、喘振等影响因素。

压气机机匣主要包括以下四种结构形式:整体式、分半式、分段式和双层结构式。

整环机匣在周向上保证了刚性的连续,其横截面面积恒定且材质均匀,在承受轴对称载荷时,仍能保持较好的圆度。因此,从变形控制和制造成本角度,都应该尽可能选用整环结构,但整环机匣的应用常受到装配性要求的限制。

对开机匣在轴向安装边处的结构不连续,当内部压力高时安装边处向内卷曲,外部压力高时向外变形。在轴向安装边上加尽可能多的螺栓会使得上述效应大大减弱。然而,增加的质量会使轴向安装边处的时间常数增加。因此,当机匣承受横向温度梯度时,热卷曲和变形就会发生,此时机匣会变形为椭圆形,这对于压气机工作稳定性来说是极为不利的。

分段式整环机匣能很好地解决机匣周向刚性不足的问题,当转子是不可拆卸的多级压气机时,需采用沿轴向分段式整环机匣来实现装配。分段式整环机匣的缺点是机匣分段多、安装边多,容易导致机匣重量增加,同时增加了装配工作量。

双层机匣结构常见于现代压气机设计,这为径向间隙控制提供了有利条件。由于内、外层机匣的功能分开,外层主要传递载荷,内层构成流道,可以避免外层机匣因机动载荷或热负荷等导致的大变形影响到内层流道。同时,外层机匣的直径较大,提高了机匣纵向刚度,有利于发动机可靠工作。

由英国 RR 公司、德国 MTU 公司、意大利 FIAT 公司和西班牙 ITP 公司联合研制的推重比为 10.0 一级、用于 EF2000"台风"战斗机的 EJ200 发动机共经历了验证机、原型机和生产型高压压气机三个研制阶段(图 8.42~图 8.44)[4]。

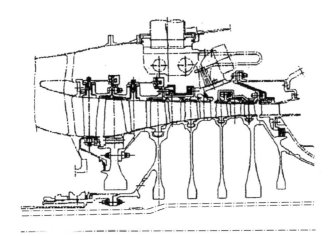

图 8.42 EJ200 发动机验证机高压压气机

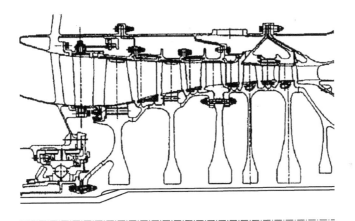

图 8.43 EJ200 发动机原型机高压压气机

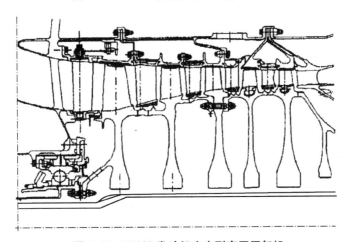

图 8.44 EJ200 发动机生产型高压压气机

　　在验证机(图 8.42)中,高压压气机采用了 1 排可调进口导流叶片和 1 排可调静子叶片。对应的 1~3 级机匣为单层整环机匣,为满足装配性,1~3 级机匣分为三段,采用短螺栓连接。第 4、5 级机匣为双层机匣,因为沿发动机轴线看,内涵机匣中高压压气机后几级机匣处直径最小,俗称"缩腰"。发动机出现缩腰后纵向刚性变弱,在飞机机动飞行时,机匣会变形造成后几级处叶尖间隙沿圆周不均匀,甚至出现叶尖碰磨机匣的现象。为此,绝大多数发动机在缩腰处做成双层机匣,内机匣仅作为气流的包容环和固定静子叶片的环形件,承受气动负荷;外机匣则作为承力结构,一般将其直径加大很大,以增强发动机的纵向刚性。

　　在原型机(图 8.43)、生产型发动机(图 8.44)中仅采用 1 排可调进口导流叶片。1~3 级机匣采用双层结构,减少了发动机在承受过大的机动载荷时对叶尖间隙的不良影响。为了保持每 1 级沿圆周有较均匀的叶尖间隙,内机匣设计为多段整环结构,各段间用短螺栓连接。第 4、5 级内机匣做成三角形结构,以加大缩腰处的纵向刚性。

　　宝马/罗·罗(BMW - RR)公司研制的 BR700 系列发动机(图 8.45 和图 8.46),其高压压气机前 4 排静叶可调,为了方便装配和分解,对应的机匣采用对开设计。对开机匣对间隙控制而言是不利的,但是对压气机前面级而言,压力水平相对较低,对喘振裕度的影响比后面小,并且叶片较长,适当放大叶尖间隙以弥补变形带来的不利对性能影响较小。

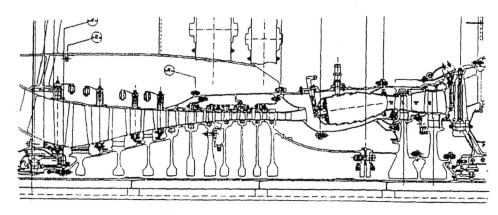

图 8.45　BR700 发动机核心机部件

　　后面级机匣采用整环双层机匣设计,内机匣作为气流的包容环和固定静子叶片的环形件,承受气动负荷;外机匣则作为承力结构,其直径远大于内层机匣,以增强发动机的纵向刚性。内层机匣根据静子的级数分为若干段整环机匣,相邻两段通过短螺栓连接,并将机匣间的安装边设置在转子正上方,以此来减缓机匣在过渡态的热响应,从而使得过渡态转静子的热响应更加匹配。这种设计使得转静子间

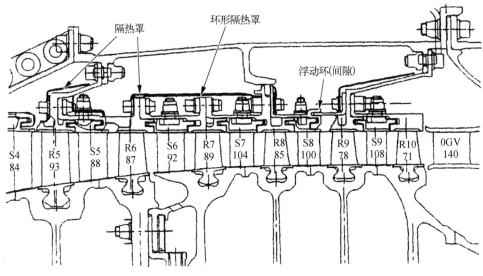

图 8.46　BR700 发动机高压压气机部件

的径向冷态装配间隙减少,进而保证了稳态工况时压气机转子在较小的叶尖间隙状态下工作,从而获取更优的压气机性能。外层机匣为一直径较大的整环机匣,该结构形式增加了机匣的纵向刚度,主要用于传递载荷。

3. 名义厚度确定

压气机机匣承受复杂的多种载荷,虽然现代航空发动机压气机总压比达到 30 或者更高,但压力载荷通常仅有 $0.5 \sim 10 \text{ N/m}^2$,远小于材料的屈服极限,故在估算机匣厚度时可忽略不计。压气机的轴向载荷主要来自安装在机匣上的静子叶片气动力和发动机推力,设计时大部分轴向载荷可以被平衡掉。如果忽略机动载荷,且轴向载荷为 $0.2 \sim 0.5 \text{ N/m}^2$,机匣厚度设计时可以不考虑。

在方案初始阶段,采用基于包容性的机匣名义厚度设计方法来初步确定机匣的名义厚度,即将转子叶片的包容要求作为其名义厚度的决定性因素,机匣设计时要包容叶片断裂时所有丢失的金属部分。这对为设计者提供一个初始参考和机匣重量预估具有一定的工程意义。

转子叶片断裂飞失的包容能力是影响静子机匣厚度设计的主要因素。目前的设计方法是利用非稳态有限元法模拟叶片的损伤,这种设计要求复杂的计算能力。目前国内压气机机匣包容性分析时多采用经验公式或图表得到包容该动能及断叶所需的叶片包容系数。

对于压气机前面级或者中间级,通过包容性经验公式计算的理论厚度值与设计值的吻合度较高,其厚度比例为 $80\% \sim 90\%$;对于后面级,计算值与设计值偏差较大,产生这种现象的主要原因是:出于压气机转静子径向间隙控制及满足整机机匣刚性的需要,设计时在后面级采用双层机匣,分层机匣的单层厚度需要满足机匣径向刚度的要求,这使得压气机后面级机匣产生冗余厚度,即机匣实际厚度比强度准则要求偏厚。

综合以上分析,压气机机匣厚度设计时主要考虑叶片断裂的包容性,可以通过机匣最佳厚度值公式进行预估。当然,未来压气机的负荷进一步提高时,这个设计方法也需要重新被评估,并且压力载荷也需要在设计中考虑进来。

4. 机匣安装边连接设计

螺栓连接的机匣通常分为轴向连接和周向安装边连接两种形式。

机匣安装边连接的设计要求:① 维持结构整体性;② 将泄漏限制在可接受范围内;③ 尽可能减小机匣变形对相配件的影响;④ 定心。

螺栓连接机匣的定心形式可以采用带止口定心、精密螺栓定心,也可以采用止口和精密螺栓联合定心的结构形式。

止口定心的机匣,其安装边采用标准螺栓连接。与精密螺栓定心的结构相比,止口定心的优点是具有连续的密封面、气体泄漏量小、加工容易、成本低、便于装配维修、可用非精密螺栓连接等;其缺点是:当通过螺栓夹紧提供的摩擦力不足以传递扭矩时需要配合使用精密螺栓或者销子;止口结构的另一个缺点是重量会增加。安装边的止口可分为内止口和外止口,内止口可以减小泄漏量,外止口则会影响装配目视检查安装边是否连接到位。

精密螺栓定心的机匣,其安装边没有单独的止口特征。精密螺栓同时具有轴向连接、定心和扭矩传递作用。现在的标准是采用精确公差的螺栓,这样就没有必要对螺栓孔进行组合加工。一种结构形式是半精密孔连接,同时有止口定心,但螺栓的公差在精密和一般之间。这种结构避免了精密螺栓和孔的加工成本,并且螺栓可以传递安装边之间的扭矩。

机匣安装边的结构形式有用于对开机匣的纵向安装边和用于整环机匣的轴向安装边两种,典型的机匣安装边结构形式如图 8.47 所示。

机匣安装边受力主要有:① 使机匣间分离的轴向力;② 使机匣相对滑移的剪切力;③ 结合面内使机匣相对转动的扭矩;④ 垂直于结合面使两机匣间相对翻转的弯矩。

连接螺栓的受力有:① 精密螺栓的剪切力;② 安装边受弯矩引起螺栓拉伸力。

连接螺栓的设计主要包括以下内容:① 螺栓选取;② 拧紧力矩和预紧力计算;③ 安装边密封性要求;④ 螺栓轴向载荷的确定;⑤ 安装边摩擦传扭设计;⑥ 安装边摩擦传剪设计;⑦ 螺栓强度设计。

根据工作温度选择螺栓、螺母材料;根据分度圆直径和所受外力大小确定螺栓直径 d;根据装配空间和用途选取螺栓与螺母的形状,如六角头螺栓、十二角头螺栓、D 头螺栓。

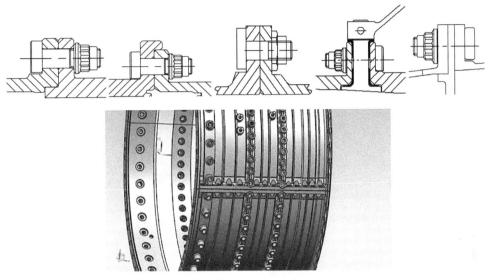

图 8.47　典型的机匣安装边结构形式

根据气密性要求初选螺栓间距 d_j,机匣螺栓孔间距一般取 $d_j<(3\sim7)d$,螺栓数量 $n=2\pi r/d_j$。机匣由前往后,随着气体压力越高,螺栓间距取值由前往后逐渐减小。

安装边在未受到工作载荷前要对螺栓施加预紧力,预紧力使螺纹和连接件在未受工作载荷前压紧,防止机匣受外载后分开或气流从安装边结合面漏出。

为保证机匣间结合面的密封性,要求在承受工作载荷时,安装边上的任一点不允许有分离,因此螺栓有效预紧力之和应大于机匣所受轴向载荷。对于非精密螺栓,要求靠安装边端面摩擦力可靠地传递扭矩。

对于止口定心的安装边,机匣的工作剪力主要由止口承担;对于精密螺栓定心的安装边,剪力主要由精密螺栓承担;对于无止口非精密紧固螺栓的安装边,要求靠安装边端面摩擦力可靠地传递剪力。

8.3.3　静子叶片设计

根据发动机压气机性能设计要求,压气机静子叶片分为可调、固定和可变弯度三种结构形式(图 8.48)。此外,根据静子叶片的强度要求,还可将静子叶片设计成带内环和不带内环的结构形式。静子叶片与机匣的固定可采用带轴颈、焊接、铆接、周向 T 形缘板等形式。

无论是哪种类型的静子叶片,叶型是设计的核心。结构设计要根据气动给出的叶型(图 8.49 和图 8.50)准确建立三维模型,并进行强度振动计算,工程设计阶段需要将模型转化为二维工程图。

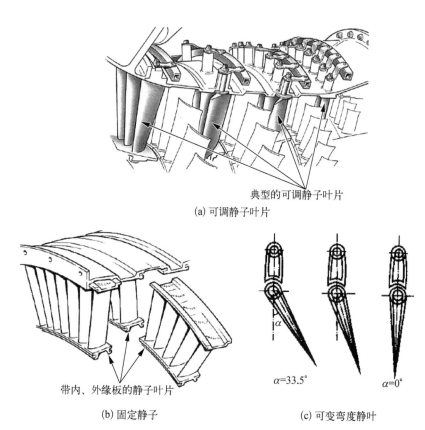

(a) 可调静子叶片

带内、外缘板的静子叶片

(b) 固定静子

$\alpha=33.5°$ $\alpha=0°$

(c) 可变弯度静叶

图 8.48　典型静子叶片的结构形式

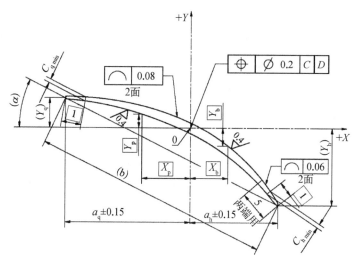

图 8.49　叶型截面示意图

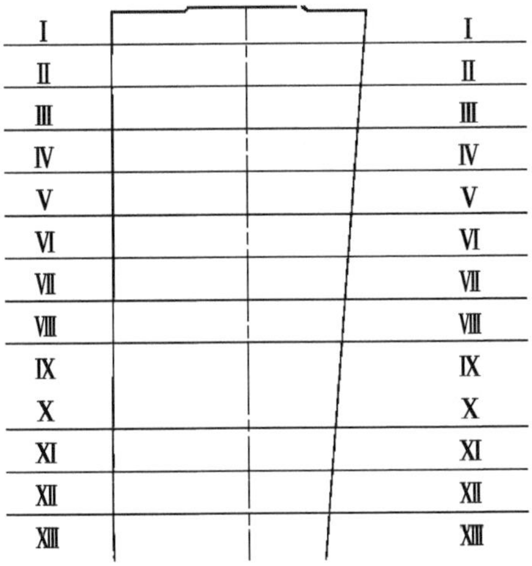

I		I
II		II
III		III
IV		IV
V		V
VI		VI
VII		VII
VIII		VIII
IX		IX
X		X
XI		XI
XII		XII
XIII		XIII

图 8.50　叶型检测截面位置分布图

　　以下是各类结构静子叶片共有的设计参数：叶型检测截面位置；叶型前后缘形状和最小厚度值；叶型轮廓度；积叠轴位置度；叶型表面和流道面的粗糙度；前后缘距积叠轴的轴向尺寸；叶身与流道面的倒圆；流道面的轮廓度。

　　1. 可调静子叶片

　　在压比较高的多级压气机中，一般将前几排静子叶片设计成安装角可调的结构形式。通过静叶安装角的改变为下游转子提供可接受的进气角度，作为改善压气机在中低转速稳定工作裕度的主要手段。可调静子叶片通过上端的转轴穿过机匣上的叶片孔固定，通过作动筒、摇臂、联动环等组成的调节机构对叶片的角度进行调节，使其达到合适的进气角度（图 8.51）。

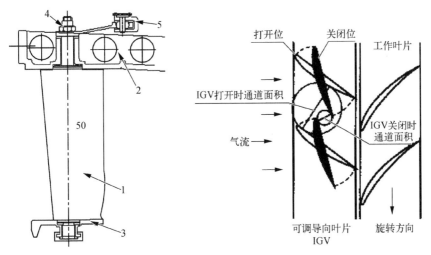

图 8.51　可调静叶结构原理

1-可调叶片；2-机匣；3-内环；4-螺母；5-调节机构

可调静子叶片结构的设计要点如下。

1）安装结构

可调静子叶片的安装方式根据强度设计要求一般分为简支和悬臂两种,即对应带内环和不带内环两种结构形式。

对于带内环结构,可调静子叶片通常带内、外轴颈。上端的转轴穿过机匣上的叶片孔,并用螺母直接固定在机匣上,下端轴颈配合内环孔,在调节机构作用下驱动转轴转动从而实现叶片安装角改变(图 8.52)。内、外轴颈上均可设置非金属衬套,既可保证叶片能灵活转动,又能保证密封,如图 8.53(a)、(b)所示。

典型可调静子叶片

图 8.52　可调静子叶片的结构形式

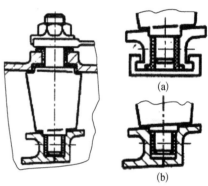

(a)

(b)

图 8.53　可调静叶简支结构

如果采用可调叶片不带内环结构,则需要在转子鼓筒上设置耐磨涂层。

2）圆台结构

可调静叶一般在叶型与上下轴颈的过渡区设计一个将叶型包裹的圆台,这种设计可以降低叶片端部的应力水平(图8.54)。若因分度、机匣强度等原因不能实现上述设计,也应将圆台直径设计得越大越好,这不仅能保证叶片有较好的转动刚性,还尽可能减小对气流的影响。

3）间隙预留

压气机可调静叶与机匣和内环的径向间隙对发动机性能、安全性等具有较大影响。径向间隙设计过小,在发动机工作状态变化时,很可能因机匣、内环变形等原因导致可调叶片与机匣和内环碰磨,甚至导致调节机构出现卡滞,使发动机无法正常工作。径向间隙大,从叶盆到叶背的二次流增大(图 8.55)。

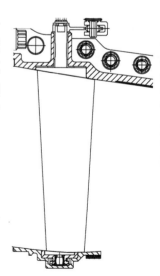

图 8.54　圆台结构

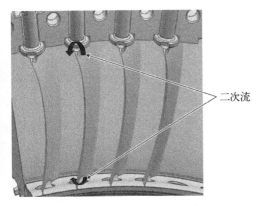

图 8.55　可调导叶二次流示意图

图 8.56　叶根倒圆与流道面干涉示意图

可调导叶径向间隙设计需考虑以下因素。

（1）叶片的旋转导致间隙的变化。叶片上、下缘板与机匣和内环的径向间隙不是一个恒定值，流道越陡峭，该径向间隙的变化量越大，为避免卡滞，应保证在调节范围内的最小间隙满足要求。

（2）热态变形对间隙的影响。当可调叶片、内环、机匣等零件材料不同时，线膨胀系数不同，径向间隙冷热态也会存在一定差异，设计时应对压气机的可调叶片、内环、机匣等在温度和压力载荷下的变形进行计算分析。

（3）避免叶根卡滞。应确保在调节范围内的任意角度位置，叶片叶身与凸台过渡圆角不与内环或机匣流道面发生干涉（图 8.56）。

（4）冷热态变形的影响包括可调叶片与机匣的间隙变化和可调叶片与内环的间隙变化。可调叶片与机匣和内环的装配结构如图 8.57 所示，可调叶片与机匣通常采用相同材料，冷热态变化对该间隙几乎无影响。可调叶片叶身下缘与内环的

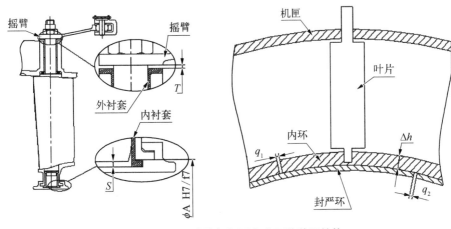

图 8.57　可调叶片与机匣和内环的装配结构

间隙受机匣、叶片、内环和封严环变形的影响,机匣变形会使得热态间隙增大,而叶片、内环和封严环的变形会使热态间隙减小。

2. 固定静子叶片

固定静子叶片根据安装支撑方式也分为简支和悬臂两种,两者的区别就在于是否带内环结构。不同于可调叶片的"分体式"独立结构,固定静子一般成组以"扇形段"或整环形式装配于机匣。

1) 安装结构

固定静子叶片与机匣的固定可采用焊接、插入、铆接、周向 T 形缘板等。对于焊接固定(图 8.58),叶身两端带安装缘板,直接点焊在一个单独的外环上和一个单独的内环上。为便于装配和分解,可将内、外环设计成多个扇形段。对于铆接结构(图 8.59),将静子叶片外缘板设计成 T 形或燕尾形的结构形式装入机匣的相应槽内,内环用铆钉固定于叶片的下缘板上。此种结构适用于对开式机匣。

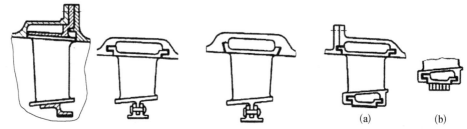

图 8.58　焊接固定　　　图 8.59　铆接固定　　　图 8.60　周向 T 形缘板固定

比较常见的是周向 T 形缘板结构(图 8.60),静子叶片外缘板设计成 T 形结构,安装在机匣上对应的 T 形槽内。内环也设计成 T 形结构,装于静子叶片内缘板的 T 形槽内。内环也可设计成带蜂窝的封严结构,如图 8.60(b)所示。

对于不带内环的固定静子叶片,通常称为悬臂静子(图 8.61),采用悬臂静子结构时静叶叶尖对应位置需要喷涂耐磨涂层,该结构形式避免了转子根部容腔特征,从而减小了根部"容腔效应"带来的性能损失。

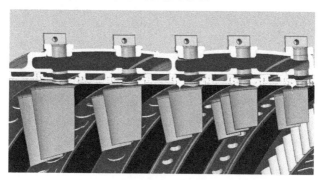

图 8.61　悬臂静子叶片结构形式

2) 设计细节特征

通常在固定静子 T 形缘板与机匣 T 形槽之间设计有前、后静叶衬套,以减小两者间的微动磨损,保护机匣安装槽(图 8.62)。此外,还通常在静子与其对应的封严环组件之间设有阻尼弹簧片,用来增加静子阻尼,减少静子叶片的低阶振动(图 8.63)。

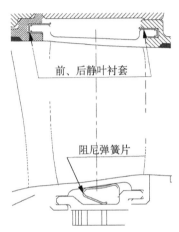
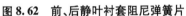

图 8.62　前、后静叶衬套阻尼弹簧片

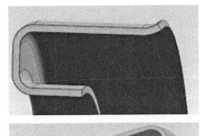
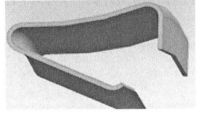

图 8.63　静叶衬套和阻尼弹簧片

带缘板的静子叶片设计除了考虑静子叶片缘板和机匣安装槽的磨损,还需重点考虑以下几点:缘板和机匣安装槽的配合间隙;静子叶片的周向防转和轴向限位;静子和内环的配合尺寸和周向限位;静子和机匣膨胀量之差。

对于通过 T 形缘板安装在机匣上的静子扇形段或整环静子,通过安装止口,静叶只被轴向和径向限位,静叶与机匣间存在周向窜动的风险,此时需要单独的限位防转结构,通常在机匣和静子间加周向防转销特征。缘板和机匣的配合间隙一般选用 H7/h6,缘板和安装槽之间的间隙需要根据实际合理给出,图 8.64 中给出的间隙 0.05~0.1 mm 可以作为设计参考。工作温度高的级,其机匣和静子容易粘在一起,导致发动机分解过程中,拔出机匣而带出静子叶片,从而碰伤转子叶片,为了避免这一情况,采用轴向限位装置使机匣和静子叶片不分开,轴向限位方式可以采用径向插销或者其他专用限位装置。静子和内环之间也要周向防转,一般在内环一周上安装几处过盈销,内环和静子的配合间隙可选用 H7/h6;随着发动机运转过程

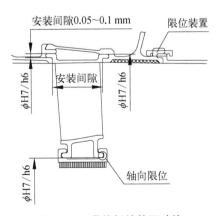

图 8.64　带缘板的静子叶片

中工作温度的升高,静子和机匣膨胀量之差可能导致受力加大,腔压和腔温进一步升高,所以考虑设计公差之后的静子和机匣,应留有轴向间隙。

此外,为了获得较好的转静子同心度,通常在静子组件中对封严蜂窝或涂层结构进行组合加工。

3. 可变弯度叶片

为了保证在进行可调静叶角度调节时,不致使通道面积发生太大变化,风扇结构中经常采用一种可变弯度的叶片,可变弯度叶片由固定的前部和可转动的后部组成,如图 8.65 所示。叶片的前部作为机匣承力构件的一部分,其前部与机匣都采用刚性连接,为了提供前支点滑油供油、回油,滑油腔通风、防冰引气等通路,导流叶片前部应设计成空心结构。

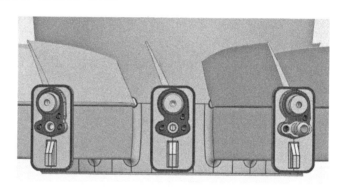

图 8.65　可变弯度叶片结构形式

可变弯度叶片的设计需考虑以下几方面因素:
(1) 旋转轴线选择;
(2) 导流叶片前后部之间的封严;
(3) 导流叶片后部两端与机匣的径向间隙。

风扇进口导叶选用最大厚度较靠前的亚声速叶型,且需要转动的是导流叶片后部,长度占叶片弦长的 60% 左右,因此导流叶片后部的旋转轴线往往难以安排在以最大厚度位置为积叠点的积叠轴线上。后部旋转轴线与各剖面叶型的交点应位于叶型中线上。在后部最大转角位置上,不出现强烈的气流分离,在旋转轴位置处,沿径向最好能具有相等叶型厚度,旋转轴线尽量与机匣内壁相垂直,以减少旋转过程中叶片端部与机匣之间的径向间隙变化。

可变弯度进口导流叶片的可旋转后部两端轴颈分别安装在机匣和内环的孔中,为减少摩擦阻力矩和轴颈磨损,在轴颈与机匣之间设置耐磨衬套,且轴颈与衬套采用小间隙配合 H7/h6。

当导流叶片叶型弯度改变时,叶片两面的压差将引起气流在前后部分间隙之中流动。为避免这种情况,在前后叶片之间采用封严措施,可在叶片前部凹槽底部设置橡胶封条,密封条与安装槽之间有足够过盈。

导流叶片后部在转动过程中,导流叶片与机匣的径向间隙是变化的,风扇工作温度较低,风扇设计时一般不进行冷热态流道的转换,在热态流道基础上降低约 0.1 mm 即可,装配时检查是否在设计转动角范围内和机匣内壁有干涉,并允许局部抛修。

8.3.4　静叶调节机构设计

压气机调节机构主要为可调静叶的在线调节提供驱动力。发动机的可靠运行需要静叶调节机构能够在全飞行包线范围内可靠、稳定工作,并且要有较高的角度控制精度。静叶调节机构较为复杂,其工作能力直接决定压气机甚至发动机能否正常工作,因此非常重要。

静叶调节机构设计时主要考虑以下因素。

1) 载荷

调节机构承受的主要工作载荷为叶片气动力。稳态工况的叶片气动力可以精确计算。叶片调节转轴的位置与气动力作用点的位置关系将决定叶片扭矩大小,叶片转轴应尽量与压力作用中心靠近。一般很难在整个工作范围内实现单向的叶片扭矩,但是需要在巡航及以上工况避免调节机构承受摆动的气动力。

除了稳态气动载荷,调节机构设计还需要考虑压气机喘振条件下叶片承受的气动载荷,喘振和其他非稳态气动力很难精确计算,但是可以通过试验得到大概值。

设计时需要考虑衬套、连接处的调节摩擦力以及惯性载荷。

2) 机构失效

在调节机构失效、静叶自由转动时,需要考虑以下两种情况:一种情况是可调静叶或者导叶角度偏关,该情况会导致压气机与涡轮转速快速增加以及喷管温度增加,甚至有发生喘振导致机械损伤或者由于转速限制和喷管温度限制出现动力丧失的可能;另一种情况是可调静叶或者导叶角度偏开,该情况下发动机没有动力丧失或者超转的风险,但是有在低转速发生喘振的危险,这是目前更多采用的失效模式,因为该模式在失效后能够提供更为安全和连续的工作特性,在调节机构设计过程中需提出设置机构失效警报系统和位置指示系统的要求。

3) 其他因素

静叶调节机构设计还需要考虑衬套的磨损或腐蚀、零件微动磨损、静叶颤振或者脱离联动环、喘振后连接损伤、作动器不起作用、作动器作动力和作动频率的不足、控制系统不起作用、控制信号系统的集成或系统安装和设置的误差等因素。

静叶调节机构设计一般分为以下步骤:调节方案选取、机构参数计算与确定、机构仿真分析。

1. 调节方案选取

一般调节方案的调节机构传力图如图 8.66 所示,首先由作动筒驱动驱动组件,然后由驱动组件驱动联动环,最后由联动环通过摇臂驱动叶片转动。

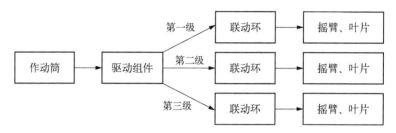

图 8.66 调节机构传力图

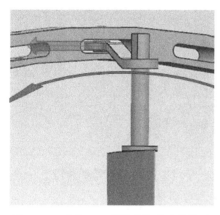

图 8.67 联动环通过摇臂带动叶片转动

其中,联动环到叶片这个传递过程的传动方案如图 8.67 所示,联动环周向转动,带动摇臂和叶片绕叶片转轴旋转。

从作动筒到联动环这个传递过程,由于结构空间大小以及各类结构约束的不同,驱动组件的传动方案也是各式各样的。这一部分的主要设计工作是设计主副曲柄以及拉杆的结构形式和布局。以某典型压气机的调节机构驱动组件为例(图 8.68),工作过程中,作动筒推动主曲柄旋转,主曲柄通过拉杆拉动各级曲柄,各级曲柄通过各级连杆驱动各级联动环周向转动,各级联动环再带

动摇臂旋转,然后再带动叶片转动。

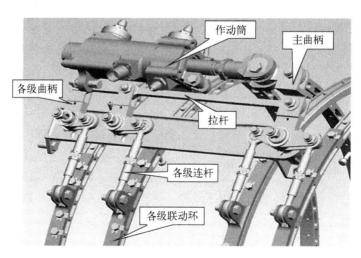

图 8.68 典型压气机调节机构驱动组件

机构设计过程中要绘制平面机构方案图（图 8.69）[5]，一般是先根据导叶的结构布局，大致搭建结构模型。

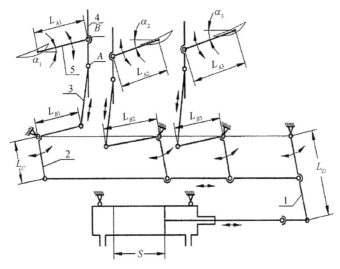

图 8.69 平面机构方案图

传动方案以及布局设计要尽可能满足以下要求：

（1）力的传输路径尽可能短，以满足调节精度的需要；

（2）力沿主要构件传输，以保证驱动的稳定性；

（3）各级驱动力可以设置相互抵消，减小作动筒的负载；

（4）力的传输过程中，要限制传递误差，即机构局部的变形间隙误差不会随着机构传动放大；

（5）驱动组件模块化设计、标准化设计、可替换设计。

2. 机构参数计算与确定

在搭建好大致结构布局之后，需要确定机构的主要参数：作动行程、行程比和作动筒推力。其中，行程比由各类连杆的臂长和空间位置决定。图 8.70 是作动筒的结构简图。

作动行程的选取：由于空间的限制，作动筒的行程不可能选取得过大。从整个机构系统分析，在相同作动筒位移控制精度下，作动筒行程越长，整个机构的调节精度越高。

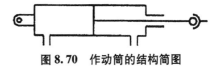

图 8.70 作动筒的结构简图

行程比的确定：根据导叶需要调节的角度以及作动筒的行程（初步预估的行程）确定各级行程比。行程比=作动行程（作动筒活塞杆的工作行程）/静叶工作转动角度。

在上述调节机构中主要影响行程比的参数有：主曲柄的臂长、副曲柄的臂长、摇臂的长度。

作动筒推力计算：主要考虑各级静叶的气动扭矩和机构摩擦力。

在驱动组件设计过程中，可以通过变换连杆的方向，使得各级驱动力互相抵消，尽可能地降低作动筒的负载。

考虑到安全问题，作动筒的推力一般取实际所需推力的 2~4 倍。

3. 机构仿真分析

机构仿真分析主要分为运动学仿真和动力学仿真，用 Adams 或者 Systemslab 商业软件可分析机构正常工作和失效状态。

运动学仿真的作用：一是验证调节机构的系统是否静定，即作动筒输出一个位移，其余构件的位移有且唯一，运行过程中不存在干涉；二是验证各级传递函数之比和调节规律之比是否一致。严格意义上说，机构行程比不等于机构的传递函数，通过行程比初步确定机构连杆的各个参数之后，再通过运动学仿真来模拟实际驱动过程中的机构响应。

动力学仿真主要从两个方面分析可调导叶的调节精度：一是构件的刚度；二是连接的间隙。

构件的刚度主要指联动环的截面刚度以及驱动组件系统的刚度。

连接的间隙主要指连杆之间定位销配合间隙、联动环和定位销之间的间隙以及摇臂和叶片连接的间隙。

通过构件刚度分析，根据分析结果，可以适当地增加部分支撑结构(如联动环支撑)，或局部增强刚度。这样可以使得力的传递路径尽可能短，系统更加稳定可靠。

连接间隙设计：间隙过小，装配困难，并且运行过程中因热负荷的存在，容易导致卡滞。间隙过大，导致机构运行过程中存在空行程、偏摆，导叶调节误差扩大。调整间隙可使得动力学分析的角度调节误差在一个相对较小的范围内。

8.3.5 静子封严结构设计

转子和静子之间间隙的预留要能够满足压气机在全工况范围内安全可靠工作的需要。为了尽可能减小转静子间隙的漏气量，通常需要在转静子配合处设置简单有效的封严结构。通常在转子叶尖对应的机匣上喷涂可磨耗涂层，在转子与静子内环对应鼓筒设置封严篦齿，内环喷涂可磨耗涂层或钎焊蜂窝(图8.71)。

封严设计要允许在机动、重力加速度载荷时发生碰磨，不至于引起机械损伤、着火或者过度磨损。同时，通过涂层的设置允许轻微碰磨，保证更好同心，实现更高效率和喘振裕度。设计时的考虑要点主要有以下方面。

(1)静子内层机匣应选用低线膨胀系数的合金，目的是使静子机匣的热伸长

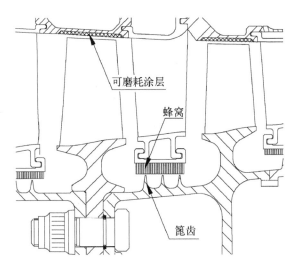

图 8.71　常见级间封严结构

量与弹性伸长量之和小于转子的伸长量。这会导致间隙的"关闭"特征,在转速增大时,允许最大状态的间隙减小,反之在小状态时间隙增大。

（2）机匣可磨耗涂层分为底层和面层,底层的作用是粘接层,其属于硬涂层,面层为可磨耗涂层,根据工作温度选定不同牌号。确定涂层厚度的基本原则是:应满足在机械损伤导致转子不平衡工作时,叶片不能刮到机械金属,对于钛合金转子叶片,不能刮到底层,底层较硬,可能引发钛火。

（3）机匣涂层轴向位置应保证在热变形和公差累计情况下叶片仍处于涂层范围内。喘振和回弹则不用考虑,因为这时叶片会远离机匣壁。

此外,封严结构设计还要综合考虑以下方面,以实现在全工况范围内最佳的封严效果及安全性。

（1）采用双层机匣结构,将机匣承受载荷和流道功能分开,避免流道机匣产生大变形、造成间隙不均匀。

（2）利用隔热层,以减少热变形和不必要的热响应,仔细设计空气系统引气部分,利用环形引气等结构使得引气区域变形减到最小,在必要的地方使用热防护和绝缘体。

（3）保证机匣周向刚性的一致性,避免局部刚性的不连续。

（4）用引气加热机匣避免瞬时叶尖摩擦。引气加热用在发动机工作的间隙最小的工作状态,避免叶尖碰磨。

（5）冷空气主动控制。用引气对转子叶尖对应机匣进行冲击冷却,从而减小起飞、爬升和稳定巡航状态时的叶尖间隙。

（6）压力主动控制。通过内外壁面压差控制转静子径向位移量。

8.4　选材设计

8.4.1　选材原则

风扇压气机主要零件的材料选择要求:在满足使用要求的前提下选择比强度、比刚度好的材料;选择易加工、成本低的材料;在量产产品的材料选择时,还要考虑材料制造稳定性;尽量减少材料牌号和品种,便于管理。

材料的选择应符合下列原则:

(1)综合考虑材料的先进性、经济性、工艺性和继承性,优先选用国内外同类发动机已经成熟使用的材料及其工艺,在材料性能相当的条件下,应主选国产材料;

(2)材料在不同温度下的力学、物理、化学性能和环境适应性等综合性能应满足零件的结构、强度、功能、可靠性和耐久性设计要求;

(3)在满足强度设计要求的情况下,优先选用比强度、比刚度好、低密度的材料,以便于减轻发动机重量,在提高单位推力的同时提高发动机的推重比;

(4)尽可能选用工艺成熟、性能稳定,以及性能数据和技术条件齐全的材料,或者选用国内近期可工程化的材料;

(5)盘应选用高韧性、淬透性好、持久、蠕变强度好的材料;

(6)材料应具有稳定可靠的供货来源;

(7)在满足零件使用要求的前提下,选材应考虑通用化、系列化,尽量减少材料牌号;

(8)在性能满足零件设计要求的条件下,材料加工工艺性应满足零件成形和加工制造技术要求;

(9)对于关键件、转动件选用没有使用经验但必须采用的新材料新工艺,需坚持采用材料试验、零部件试验和发动机挂件试验的原则;

(10)在满足零件设计要求和不降低可靠性与耐久性的前提下,优先选用成本低、有利于批产的材料。

8.4.2　主要材料选择

材料发展促进了航空发动机的更新换代,例如,第一、二代发动机的主要结构件均为金属材料,第三代发动机大量选用钛合金,并开始应用复合材料,第四代发动机广泛应用复合材料及先进的工艺技术,体现了一代新材料、一代工艺、一代新型发动机的特点。

一、二代航空发动机压气机的主要结构件均为结构钢、铝合金等传统金属材料。三代航空发动机大量选用了比强度高、耐蚀性好的钛合金,高温合金在高压压气机后几级得到广泛使用,耐磨涂层、封严涂层、抗氧化涂层等先进涂层材料也开始广泛应用。四代机压气机转子大多采用钛合金和高温合金的整体叶盘结构,树脂基复合材料由于具有质量轻、费用低、阻燃能力优良等特点,在国外发动机中大量使用。下一代发动机压气机级负荷、效率、出口温度更高,高温钛合金、金属基复合材料、金属间化合物、粉末合金等材料将得到更广泛的应用,整体焊接转子叶盘、金属基复合材料叶环、空心叶片等新工艺也将得到广泛使用。为了满足发动机的"包容"和前向雷达隐身要求,全复合材料进气机匣、风扇叶片涂敷防冰/隐身一体化功能涂层也是未来发展方向。

转动件工作条件恶劣,工作时主要受离心负荷、气动负荷和热负荷。转子零件材料应有高的持久强度和抗腐蚀能力,以及高的疲劳强度和抗振性,比强度高的材料在转子上得到大量应用。现代航空发动机风扇和压气机前几级,由于温度较低,以铝合金、钛合金为主,复合材料用于大风扇叶片、风扇包容机匣等;压气机后几级温度升高,以高温合金、耐高温钛合金为主,粉末合金也有一定应用。此外,在风扇、压气机上大量使用封严涂层等辅助材料。

1. 铝合金

铝合金具有高的比强度和比刚度,可减轻航空发动机的重量、增加结构的稳定性,且生产加工工艺简单,价格低廉。铝合金在涡喷6、涡喷7、涡扇10、涡扇11、涡桨6、涡桨9、涡轴8、涡轴9等发动机上都有应用,由于其使用温度相对较低,主要用在压气机盘、低压整流叶片、进气机匣、整流帽罩等方面。常用的变形铝合金有6A02(LD2)、2A70(LD7)、2A11(LY11)、5A02(LF2)等,有棒材、板材、管材、锻件和线材等;铸造铝合金包括Al-Si系合金和耐热铝合金等,铸造合金主要用于砂型铸造和金属型铸造,少数使用熔模铸造,一般以热处理状态交货。

新型快速凝固耐热铝合金的某些性能与钛合金相当或者更高。例如,快速凝固耐热Al-Fe-Zr-V合金的比强度与Ti-6Al-4V合金相当,在150℃和230℃的屈服强度分别为449 MPa和391 MPa,已经超过了Ti-6Al-4V合金。由于其价格便宜、密度低,在230~350℃时具有较强的竞争力。

综合考虑制造难易程度、价格等因素,铝合金在发动机的低温部件中仍有应用潜力。

2. 结构钢和不锈钢

结构钢价格低、工艺性好,但由于其耐蚀性差、使用温度低等原因,在现代航空发动机的压气机中使用数量逐渐变少。不锈钢由于耐介质性好、化学稳定性好等优势,在二代机和三代机有广泛应用,在现代航空发动机的风扇压气机部件中主要用于环境温度高于钛合金使用范围的部位,还用于需要高刚度或高弹性的特殊结构。不锈钢的耐蚀性主要取决于铬含量,只有当铬含量高于约12%时钢的化学稳定性才产生质变,钝化而不锈;随着铬含量增高,钢的抗腐蚀能力也随之提高。不锈钢常添加一定数量的镍、锰、硅、钼、钨、钒、铌、钛、铜、铝、硼、氮等一种或多种元素及一定数量的碳。这些元素及其相互影响,一方面起调整组织作用,另一方面起强化作用,从而赋予钢不同的特性。

3. 钛合金

钛合金具有密度小、比强度高、耐蚀性好等优点,20 世纪 50 年代开始广泛应用于发动机,是压气机的主要材料,使用占比越来越高,曾出现"全钛压气机"。国外三代发动机 F100 的钛合金用量为 25%,四代发动机 F119 的钛合金用量达 40%,我国第二代发动机钛合金用量为 13% ~ 15%,第三代发动机钛合金用量达 25%。高温钛合金的大量应用使得发动机推重比进一步提升。

钛合金按照组织结构分为 α 型合金、α+β 型合金和 β 型合金。α 型钛合金的切削加工性好,组织稳定、抗氧化能力强,高温强度和抗蠕变性能保持较好,室温强度不高。α+β 型钛合金的切削加工性一般,具有良好的综合性能,组织稳定性好,有良好的韧性、塑性和高温变形性能,高温强度高,热稳定性仅次于 α 型钛合金。β 型钛合金的切削加工性比另外两种差,其热稳定性差,所以不宜在高温下使用。

各工作温度下的钛合金牌号及其主要使用部位见表 8.1 和表 8.2。

表 8.1　各国的钛合金

工作温度	中　国	俄罗斯	欧　美
350℃	TC1 TC2 TC4	BT6 BT22	Ti－64
400℃	TC6 TC17	BT3－1	Ti－6246 IMI550 Ti－17
450℃	TA11	BT8M	IMI679 Ti－811
500℃	TC11 TA7 TA15	BT9 BT20	IMI685 Ti－6242
550℃	TA12	BT25	Ti－6242S IMI829
600℃	Ti60	BT18y BT36	IMI834 Ti－1100
阻燃 钛合金	Ti40	BTT－1 BTT－3	AlloyC
650℃	TD3 (Ti₃Al)	—	Ti25Al10Nb 3V1Mo

表 8.2　欧美几大公司航空发动机各部位用钛合金情况

发动机型号	发动机各部位用钛合金					
	风扇盘	风扇叶片	中、高压压气机盘	动叶片	静叶片	涵　道
JT90	Ti64	Ti64	Ti6242	Ti6242		
F-100	Ti6242	Ti811	Ti624 Ti811	Ti811 Ti626	Ti6246	
PW2037	Ti64	—	Ti6242	Ti6242		
CF6-80	Ti64	Ti64	Ti64 Ti6242	Ti6242		
RB211-53E4	Ti64	Ti64	IMI829 IMI685	IMI829	—	
Adour R/R-Turbomeca	Ti64	Ti64	Ti64 IMI685	Ti64 IMI685	—	Ti64 Ti6242

TC4(ZTC4)属 α+β 型钛合金,组成为 Ti-6Al-4V,有良好的综合性能,成本低,生产和使用稳定,主要用于制造 400℃ 以下工作的风扇和压气机叶片、压气机盘、鼓筒等。

TC17 钛合金与美国 GE 公司的 Ti17 合金类似,名义成分为 Ti5Al2Sn2Zr4Mo4Cr,属于可固溶强化的近 β 型两相钛合金,蠕变抗力比 TC4 更好,主要用于制造发动机的风扇盘、压气机盘等要求承载力较高的零件,CFM56 发动机高压压气机 1~3级盘选用的是 Ti17 合金。

TC6 是一种综合性能良好的马氏体型两相钛合金,相当于俄罗斯牌号的 BT3-1,其变形抗力小、塑性高,可进行各种机械加工和焊接。该合金可在 400℃ 以上长时间工作 6 000 h 以上或者 450℃ 工作 2 000 h 以上,主要用于制造发动机的风扇叶片、压气机叶片等。

TA11 是一种近 α 型钛合金,组成为 Ti-8Al-1Mo-1V,具有较高的弹性模量和较低的密度,它的比刚度是工业钛合金中最高的,与美国的 Ti-811 合金类似,主要用于制造发动机的高压压气机转子叶片。

TC11 是一种 α+β 型热强钛合金,其综合力学性能好,可进行焊接和各种方式的机加工,主要用于制造 500℃ 及以下使用的发动机压气机叶片、盘、鼓筒等零件。

TA19 是一种近 α 型钛合金,组成为 Ti-6Al-2Sn-4Zr-2Mo,其加工性能和焊接性能较好,主要用于制造前机匣等零件。国外类似的钛合金主要用于制造盘、叶片等。

钛合金导热性差易产生"钛火",一旦发生危害严重,因此出现了阻燃钛合金,它主要有 Ti-V-Cr 系和 Ti-Cu-Al 系两种合金系。阻燃钛合金可用于制备高压压气机机匣、静子叶片、喷口调节片等零件。

Ti - Al 系金属间化合物(TiAl、Ti3Al)的使用温度高达800℃且比强度高,对航空发动机未来发展有着重要影响,预计使用部位包括高压压气机叶片和低压涡轮叶片。Ti3Al 在美国已制成多种零件并试车考核,如 F100 发动机压气机机匣、F100 发动机加力燃烧室扩张喷管封口等。

4. 变形高温合金

变形高温合金是指将合金元素熔炼浇铸成铸锭,通过热加工或冷加工变形制成各种型材或零件毛坯,最后制成热端零件的一类高温合金。变形高温合金的产品往往多种多样,一种合金可以制成棒材、板材、管材、丝材等。

变形高温合金中以 GH4169 合金的应用最为普遍,用量约占整个高温合金用量的60%。GH4169 是 Ni - Cr - Fe 基沉淀硬化型变形高温合金,长时使用温度范围为-253~650℃,短时使用温度可达800℃。合金在650℃以下强度较高,具有良好的抗疲劳、抗辐射、抗氧化和耐腐蚀性能,以及良好的加工性能、焊接性能和长期组织稳定性。GH4169 合金可以进行锻、轧、挤压、拉拔等变形,可以制成盘、环、棒、板、带和管等各种锻件和型材,主要用于制造高压压气机后几级轮盘、转静子叶片、轴、机匣和紧固件等。

5. 树脂基复合材料

树脂基复合材料具有比强度高、比模量高、耐疲劳与耐腐蚀性好、阻噪能力强等优点,在风扇机匣、风扇叶片、进气机匣等方面有广泛应用。

美国 GE 公司的 GE90 发动机和 GEnx 发动机的风扇叶片均采用碳纤维增强环氧树脂复合材料,其抗颤振等方面优于金属叶片,减重效果明显,是大涵道比、超大涵道比发动机发展的重要支持。GEnx - 1B 发动机的风扇叶片采用与 GE90 发动机同样的复合材料,其风扇机匣也采用了碳纤维增强树脂基复合材料,这是将复合材料首次用于民用航空发动机风扇机匣上,减重效果明显,且复合材料风扇机匣的抗外物打伤能力优于铝机匣。

芳纶纤维具有很高的抗拉伸性能,能有效吸收叶片断裂时甩出去的断片能量,具有很强的包容能力,在民用航空发动机上大量用于包容机匣的制造。

树脂基复合材料在航空发动机上已经得到了广泛应用,未来将致力于高温(400℃以上)环境下长期使用的探索。

8.4.3　新材料发展

未来先进航空发动机将追求更高的推重比和热力循环参数,所以对材料专业提出了新的发展需求,下面就先进高温钛合金、金属间化合物、复合材料加以介绍。

1. 先进高温钛合金

当使用温度不高于650℃时,高温钛合金具有强度、塑性、韧性、蠕变和疲劳性能之间的良好匹配,在服役温度下具有高的抗氧化性和组织稳定性。中高温长时蠕变和持久性能是高温钛合金的特征指标。与铁基和镍基高温合金相比具有明显优势,仍是现代航空发动机用关键结构材料。近年来,随着先进发动机对高温钛合金的迫切需求,600℃高温钛合金、阻燃钛合金成为新型高温钛合金的发展重点。

1) 600℃高温钛合金

600℃被认为是普通钛合金的"热障"温度,进一步提高工作温度受到蠕变、持久、组织稳定性、表面抗氧化等性能的限制。在 500~600℃时,与 GH4169 高温合金相比,600℃高温钛合金在比强度、低周疲劳性能、抵抗疲劳裂纹扩展性能等方面有明显优势。因此,基于减重和提高推重比的目的,新型先进发动机对 600℃高温钛合金有迫切需求。

目前成熟高温钛合金的最高使用温度是 600℃,代表合金有英国的 IMI834、美国的 Ti-1100、俄罗斯的 BT18y 和 BT36,合金体系均为 Ti-Al-Sn-Zr-Mo-Si 系,差异之处在于合金化含量不同以及加入其他不同的 β 稳定化元素,如 IMI834 加 Nb、BT36 加 W。其中,研制最早、技术最成熟的是 1984 年由 IMI 公司和罗·罗公司联合研制的 IMI834 合金,其已经在 Trent700、EJ200 和 PW350 等发动机上得到应用,国外涡桨发动机离心叶轮也选用了 IMI834 合金;Timet 公司研制的 Ti1100 合金主要用于汽车和摩托车发动机阀门(在 760℃下使用),在莱康明公司 T55-712 改型发动机上也获得应用;俄罗斯的 BT18y 是一种比较成熟的高温钛合金,推荐使用温度为 550~600℃,它已经在俄罗斯 AL-31 发动机上大量应用。十几年来,国内几家科研院所在 600℃高温钛合金方面开展了大量研究,如北京航空材料研究院研制的新一代 600℃高温钛合金 TA29(图 8.72)、中国科学院金属研究所研制的 TA33 和 Ti60 等。

图 8.72　TA29 钛合金整体叶盘

2) 阻燃钛合金

俄罗斯阻燃钛合金采用 Ti-Cu-Al 系,美国采用 Ti-V-Cr 系。由于 Ti-Cu-Al 系阻燃钛合金的高温力学性能没有达到设计要求而未进入工程化生产阶段。我国在阻燃钛合金领域的研究开展了二十余年,Ti-VCrVCr系阻燃钛合金是我国新型钛合金的研究重点和发展方向之一。以Alloy C(Ti-35V-15Cr)合金的成分为基础,研制了能在500℃长期使用的TB12(Ti-25V-15Cr-0.2Si)合金和在550℃长期使用的TF550(Ti-35V-15Cr-0.3Si-0.1C)合金。目前,我国已突破铸锭成分均匀性控制、棒材挤压开坯、环锻件轧制和阻燃性能评价等关键技术,并在阻燃机理研究方面取得重要进展。TB12合金和TF550合金的变形抗力大、工艺塑性低,传统的锻造设备和工艺方法不适于阻燃钛合金的变形,国内北方重工集团有限公司利用大型挤压设备尝试了包套热挤压开坯,由$\phi620$ mm铸锭一次挤压成$\phi300$ mm棒材,后续通过轧制和等温模锻,分别获得了尺寸为742 mm×604 mm×320 mm的机匣环锻件和半环锻件(图8.73)。

(a) 环锻件 (b) 半环锻件

图8.73 阻燃钛合金压气机机匣锻件

2. 金属间化合物

金属间化合物重量轻、强度高,是目前高温结构材料中研究最广泛、最活跃的领域之一。TiAl、NiAl及难溶金属硅化物等金属间化合物,由于晶体中金属键与共价键共存,因此能够同时兼有金属的韧性和陶瓷的耐高温性能,且比陶瓷热传导性好,作为高温结构材料使用时冷却效率高而热应力小;某些金属间化合物(如TiAl、NiAl)可以采用常规的冶金方法进行生产,从而大大降低制造成本。

Ti-Al系金属间化合物(Ti3Al、TiAl、TiAl3)具有较低的密度、较高的比强度和抗氧化性,成为目前提高飞机发动机推重比的理想材料。以TiAl合金为例,它是一种新型轻质的耐高温结构材料,其密度不到镍基合金的50%,具有轻质、高比强、高比刚、耐蚀、耐磨、耐高温以及优异的抗氧化性等优点,并具有优异的常温和高温力学性能,使用温度可达到700~1 000℃。在未来推重比为15~20的发动机上,使用温度可能达到705~982℃,TiAl基合金有可能成为压气机叶片、机匣、转子和空心风扇叶片的主要材料。

基于金属间化合物在航空航天材料中展现出令人瞩目的发展前景,目前已成为新一代高温材料的代表之一,被当作先进军民用飞机发动机高压压气机及低压涡轮叶片的潜在首选材料,是各国竞相研究的热点。

常见的金属间化合物的牌号及主要用途见表8.3。

表8.3　金属间化合物牌号及主要用途

合金牌号	主　要　用　途
JG1101(TAC-2)	TiAl 基铸造高温材料,750℃以下长期使用,用于航空发动机用增压涡轮、涡轮盘、叶片和气门阀等
JG1102(TAC-2M)	TiAl 基变形高温材料,750℃以下长期使用,用于航空发动机用压气机叶片等
JG1201(TAC-3A)	Ti2AlNb 基金属间化合物,750℃以下长期使用,短时可达1 000℃,用于航空发动机用压气机机匣和燃烧室隔热套
JG1204(TAC-3D)	钽元素固溶强化的 Ti2AlNb 基金属间化合物,750℃以下长期使用,短时可达1 000℃,可用于生产具有轻质、高强度、优异氧化性能的零部件
JG1301(TAC-1)	添加铌、钒和钼元素以改善塑性和韧性的 Ti3Al 基金属间化合物,650℃以下长期使用,短时可达950℃,用于航天发动机涡轮泵壳体
JG1302(TAC-1B)	添加铌元素以改善塑性和韧性的 Ti3Al 基金属间化合物,650℃以下长期使用,短时可达950℃,用于航空发动机低压涡轮导叶内环组件、喷管调节片拉杆等
JG4006(IC6)	Ni3Al 基的定向凝固柱晶高温材料,1 150℃以下长期使用,用于涡轮导向叶片等
JG4006A(IC6A)	Ni3Al 基的定向凝固柱晶高温材料,是在 JG4006 基础上发展的,成分中增加了稀土元素(Y)1 150℃以下长期使用,用于涡轮导向叶片等
JG4006E(IC6E)	Ni3Al 基的等轴晶铸造高温材料,1 150℃以下长期使用,用于高压涡轮导向叶片的上、下缘板等
JG4010(IC10)	Ni3Al 基的定向凝固柱晶高温材料,1 100℃以下长期使用,用于涡轮叶片等
JG4246A(MX246A)	Ni3Al 基的等轴晶铸造高温材料,1 100~1 200℃以下长期使用,用于矢量喷管调节片系列部件、高温抗烧蚀承力部件等

3. 复合材料

复合材料在航空发动机上的应用比例将不断提高,是发动机减重、提高推重比、降低耗油率的关键。SiC 纤维增强金属基复合材料、耐高温树脂基复合材料是风扇/压气机用复合材料的重要发展方向。

1) SiC 纤维增强金属基复合材料

连续 SiC 纤维增强钛基复合材料(TMCs)在高温环境下具有相比于钛合金更高的比强度、比刚度以及更加优异的抗蠕变、抗疲劳性能,被公认为是未来高性能航空发动机 $600\sim800℃$ 部件的理想轻质结构材料,可以满足设计对关键部件的选材需求。报道称,TMCs 整体叶环与钛合金整体叶盘相比,减重效果可达 $30\%\sim40\%$,与传统盘片分离结构相比,减重可达 70%。

20 世纪 80 年代,美国 IHPTET 计划中研制的 TMC 整体叶环(直径 400 mm),

就已在验证发动机上进行了成功测试。90 年代,德国 MTU 公司研究的 SiC(f)/TMC 整体叶环完成了低循环疲劳旋转试验。英国也在 TMC 的制造、特性和设计等方面进行了研究。目前,国外已将纤维增强钛基复合材料整体叶环技术应用于在研和改进的发动机上,未来还将用在推重比为 25~30 的发动机上。随整体叶环结构的发展应用,SiC 纤维增强金属基复合材料将成为航空发动机风扇/压气机用复合材料的一个重要发展方向,如图 8.74 和图 8.75 所示。美国 TeXtron 公司采用 Ti-1100 钛合金作为基材制造了 SiC(f)/Ti 复合材料整体叶环,使用温度可达 700~800℃,结构质量减轻 50%。

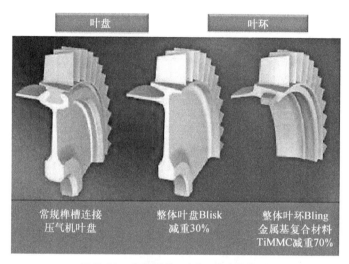

图 8.74　盘榫结构、叶盘、叶环结构对

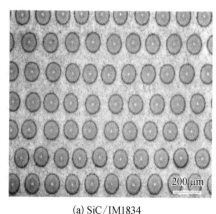

(a) SiC/IM1834

(b) 整体叶环

图 8.75　罗·罗公司研制的 SiC/IM1834 复合材料和整体叶环

由于制作成本高、工艺水平要求严、制备流程复杂,我国纤维增强金属基复合材料整体叶环的研究起步较晚,刚开始仅少数科研院所、高校等单位进行了研究,

与国际先进水平差距较大。近年来,先进航空发动机研制需求的增强,推动了金属基复合材料强度理论的应用和航空发动机结构件的研制。另外,国内开展了钛基复合材料环形件、板材、转动轴部件的研制。针对复合材料板材,成型后会发生变形,应力调控成为难点。整体叶环回转体结构成型过程中容易发生整体断裂,需要综合考虑结构、缠绕、成型等多方面因素。通过多年的技术攻关,我国解决了整体叶环制备过程中复合材料的断裂问题,制备了整体叶环试验件,如图 8.76 所示。

图 8.76　整体叶环试验件

复合材料构件的使用还需要开展如下研究工作:① 材料的稳定性仍需提高;② 复合材料力学性能数据测试;③ 整体叶环性能表征;④ 失效机理及寿命预测;⑤ 无损探伤微观尺度的检测;⑥ 加工过程复合材料与整体叶环同心精确控制;⑦ 制定设计准则及考核验证。需要在纤维材料、基体材料以及高温抗氧化涂层、批次稳定性、生产效率、工艺标准、材料制件规范等方面加强研究,逐步解决和完善钛基复合材料制备、使用过程中出现的问题。

2）耐高温树脂基复合材料

树脂基复合材料在国外发动机低温部件已经有了广泛应用(图 8.77 和图8.78)。随着发动机整体热力循环参数不断提升,风扇/压气机部件的工作温度不断提高,迫切需要提高树脂基复合材料的耐温能力。双马树脂基复合材料和聚酰亚胺树脂基复合材料是目前使用温度较高的两类树脂基复合材料,也是未来的发展方向。3D 机织结构/耐高温双马树脂基复合材料具有纵横交错的空间网状纤维交织结构和定向排列的连续纤维,从结构上增强了复合材料的整体性和稳定性,并且显著提高了复合材料的抗冲击能力和抗分层能力,特别适用于有较高抗外物冲击需求的发动机结构,已经成为目前高性能复合材料叶片研制的主要增强结构形式和发展重点。高抗冲击梯度结构双马复合材料同时采用碳纤维作为结构承载层,聚酰亚胺纤维作为抗高速冲击功能层,使复合材料同时具有良好的抗高速冲击性能和力学性能,可以满足包容机匣承载和包容功能需求。新一代 RTM 成型聚酰亚胺复合材料具备 350℃ 以上的耐温能力,面向外涵机匣及喷管调节片等冷端部件应用,可实现大推力、轻量化。耐 370℃ 以上聚酰亚胺复合材料的热压成型工艺,突破了热压成型聚酰亚胺树脂性能调控和制备、预浸料制备和热压成型工艺稳定化控制等关键技术,建立了树脂、预浸料及复合材料标准和制备工艺规范,可支撑耐 370℃ 热压成型聚酰亚胺复合材料在未来发动机喷管外调节片上应用。在不断改进现有复合材料体系的同时,开发新的制备工艺、发展新的耐温性更高的树脂基体也是未来提升树脂基复合材料性能的重要手段。

图 8.77　复合材料风扇机匣

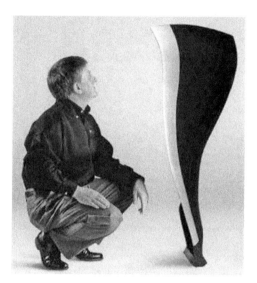

图 8.78　复合材料风扇叶片

8.5　六性设计与分析方法

六性指安全性、可靠性、维修性、测试性、保障性和环境适应性。

8.5.1　安全性设计与分析方法

压气机安全性设计,主要包括初步故障树分析(fault tree analysis,FTA)、压气机故障模式与影响分析(failure mode and effect analysis,FMEA)、压气机故障树分析和压气机安全性评估。

(1) 初步故障树分析是通过故障树分析的方法,将发动机分配至压气机的失效状态概率要求分解至零组件,并基于已有的零组件失效率数据,判断基于当前压气机架构分解出的安全性要求能否被满足,若安全性要求无法被满足,则需要通过修改架构或提高零组件可靠性的方法,直到分解出的安全性要求能够被满足。在故障树分析过程中会产生一些定性的要求,将这些要求汇总即压气机组件(成附件)、零件安全性设计要求。

(2) 压气机 FMEA 分析了压气机零组件故障模式的影响、故障检测方法、使用补偿措施、设计改进措施,并提供了故障模式失效率。零组件故障模式失效率是压气机定量故障树分析的输入。

(3) 压气机故障树分析是在完成初步的压气机结构设计后,基于零组件失效率数据,计算压气机失效状态发生的概率,若计算结果小于发动机分配至压气机的失效状态概率要求,则认为当前设计满足安全性定量要求。

(4) 压气机安全性评估是综合 FMEA 和 FTA,以评判压气机对安全性需求的设计符合性的过程。本节将针对压气机初步故障树分析和故障树分析进行介绍。

压气机结构树是由装配图和零部件明细表产生的,以树状方式描述零组件层次关系的一种结构图,主要用于展示分析对象的组成及结构层次,其最低层次建议选择维修可更换单元。压气机功能框图是表示压气机各组成部分所承担的任务或功能间的相互关系,以及压气机各零组件之间的功能逻辑顺序、数据(信息)流、接口的一种功能模型。任务可靠性框图描述了压气机在完成任务过程中各单元的预定用途以及单元之间的逻辑关系。若有多项任务,则应针对不同任务分别建立相应的任务可靠性框图。完成压气机结构树、压气机功能框图和任务可靠性框图后,安全性分析人员可清楚地了解压气机的工作原理和物理结构,以便开展故障树分析。首先需要确定位于故障树顶端的顶事件,即分的目标。顶事件是指在分析中最不希望发生的故障事件,它对系统技术性能、经济性、可靠性和安全性有显著影响。顶事件来源于安全性设计要求。例如,安全性设计要求中提出"高压压气机发生非包容高能碎片的概率不超过 0.001 次/1 000 发动机飞行小时",该条要求即压气机初步故障树分析的顶事件。因此,应通过初步故障树分析,分析安全性设计要求文件中所有对压气机提出的定量要求。

依据结构树、功能框图和任务可靠性框图,分析导致顶事件发生的直接原因,即中间事件,并用逻辑门将这些中间事件与顶事件相连接。依据结构树、功能框图和任务可靠性框图,逐层向下演绎,直至分析无法继续向下展开,此时的事件为故障树底事件,底事件为零组件的随机失效,不包括人为因素(如维修不当)和环境因素(如火山灰)。中间事件、底事件的描述为结构树中大组件、零组件的故障模式,建议的描述方式为"结构+故障模式",如"盘鼓组合件断裂""螺栓断裂",最后依据结构树、功能框图和任务可靠性框图,选用合适的逻辑门将底事件与中间事件相连接。图 8.79 给出了高压压气机初步故障树分析的示例。

在明确定义系统接口和进行合理假设的情况下,可以对所建故障树进行必要的规范化处理。规范化处理后的故障树仅包括顶事件、中间事件、底事件以及与

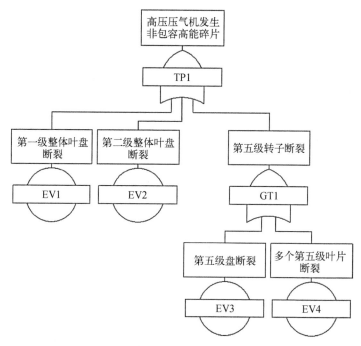

图 8.79 高压压气机初步故障树分析

门、或门和非门。

故障树定性分析包括求故障树的最小割集和定性重要度分析。故障树定性分析的目的在于寻找导致顶事件发生的底事件或底事件的组合,即识别导致顶事件发生的所有故障模式集合,有助于进行故障定位和故障排除,对于重要度高的底事件,如轮盘断裂,在设计中应着重提高对应零组件的安全性和可靠性,尽可能避免由单点故障导致灾难性、危害性的顶事件发生。

定性重要度能够确定最小割集对顶事件的影响程度。根据最小割集内底事件的数目,将最小割集按升序排列,定性地确定割集和底事件对顶事件的影响程度。最小割集和定性重要度分析能够帮助识别压气机的薄弱环节,应在设计中重点关注单点失效和重要度高的最小割集或底事件。在绘制故障树的过程中,还会产生一些定性的要求,如通过故障树分析得知叶盘断裂会产生非包容,则应对叶盘飞散轨迹进行评估,并要求在安装其他管路、线缆时,应尽量避开叶盘碎片飞散区域,或对管路、线缆进行防护设计,降低叶盘碎片的影响。

在初步故障树分析中,定量分析是将安全性要求分解至零组件的过程,指标分解的方法遵循布尔运算逻辑。通过初步故障树分析和架构设计的迭代,直至最终形成的零组件安全性要求能够被满足,此时初步故障树定量分析结束,最终得到的定量要求即零组件安全性要求,零组件设计人员基于该要求进行设计。

8.5.2　可靠性设计与分析方法

可靠性与故障是矛盾对立的两个方面,产品故障率高其可靠性就低,相反如果要提高产品的可靠性,就必须降低其故障率。因此,可靠性分析方法就从分析故障着手,提供分析故障、处理故障方法,以确保产品的可靠性。

1. 可靠性设计流程

可靠性设计需要与产品设计过程融合才能达到预期的效果,图 8.80 给出了压气机可靠性设计流程。可靠性设计在每个设计阶段都要进行分析、评估并指导设计工作。

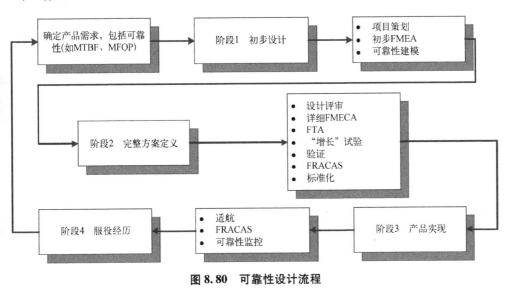

图 8.80　可靠性设计流程

2. 故障模式、影响及危害性分析(failure mode, effect and criticality analysis, FMECA)

进行 FMECA 的目的是分析产品故障对发动机工作所产生的影响,并将每一故障按规定进行严酷度分类,为设计的更改提供依据,也为确定航空发动机的维修工作需求提供输入。随产品研制进展,FMECA 分析需要不断更新,图 8.81 给出了压气机 FMECA 工作流程及示例。

3. 故障树分析

FTA 以一个不希望的系统故障事件(或灾难性的系统危险)即顶事件作为分析的目标,通过由上向下的严格按层次的故障因果逻辑分析,逐层找出故障事件的必要而充分的直接原因,最终找出导致顶事件发生的所有原因和原因组合。在具有基础数据时计算出顶事件发生概率和底事件重要度等定量指标。FTA 应与 FMECA、初步安全性分析等工作项目协调配合,相辅相成,更全面地查明系统薄弱环节。

FTA 示例如图 8.82 和图 8.83 所示。

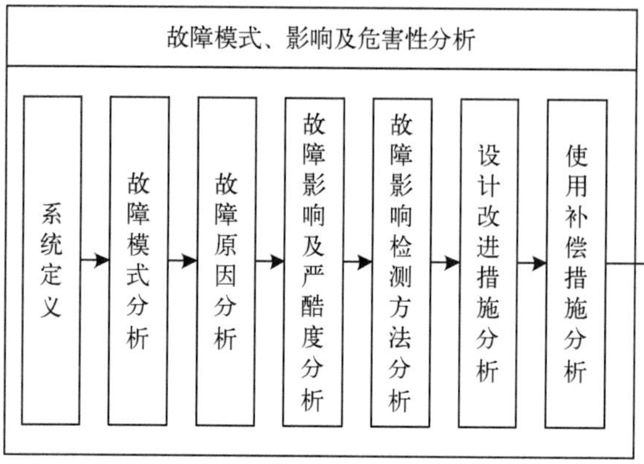

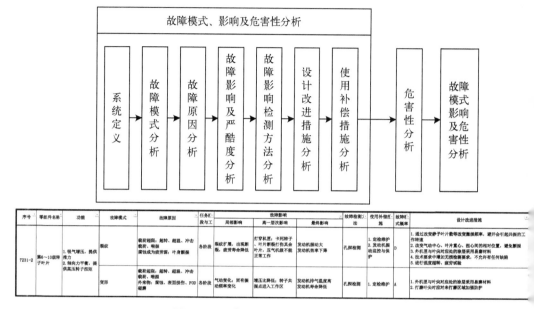

序号	零组件名称	功能	故障模式	故障原因	任务阶段与工	故障影响			故障检测方法	使用补偿措施	故障模式概率	设计改进措施
						局部影响	高一层次影响	最终影响				
7231-2	第6～10级转子叶片	1. 吸气增压，提供推力 2. 轴向力平衡，提供高压转子扭矩	裂纹	载荷超限：超转、超温、冲击载荷、喘振 腐蚀成为疲劳源；叶身颤振	各阶段	裂纹扩展，出现断裂，疲劳寿命降低	打穿机匣；卡死转子、叶片断裂打伤其余叶片，压气机级不能正常工作	发动机振动大 发动机效率下降	孔探检测	1. 定检维护 2. 发动机振动监控与保护	D	1. 通过改变静子叶片数等改变激振频率，避开会引起共振的工作转速 2. 改变气动中心、叶片重心、扭心间的相对位置，避免颤振 3. 外机匣与叶尖对应处的涂层采用易磨材料 4. 技术要求中增加无损检测要求，不允许有任何缺陷 5. 进行强度超转、疲劳试验
			变形	载荷超限：超转、超温、冲击载荷、喘振 外来物：腐蚀、表面损伤、FOD碰磨	各阶段	气动变化；固有振动频率变化	增压比降低；转子共振点进入工作区	发动机排气温度高 发动机寿命降低	孔探检测	1. 定检维护	A	1. 外机匣与叶尖对应处的涂层采用易磨材料 2. 打磨叶尖时应对未打磨区域加强防护

图 8.81　压气机 FMECA 工作流程及示例

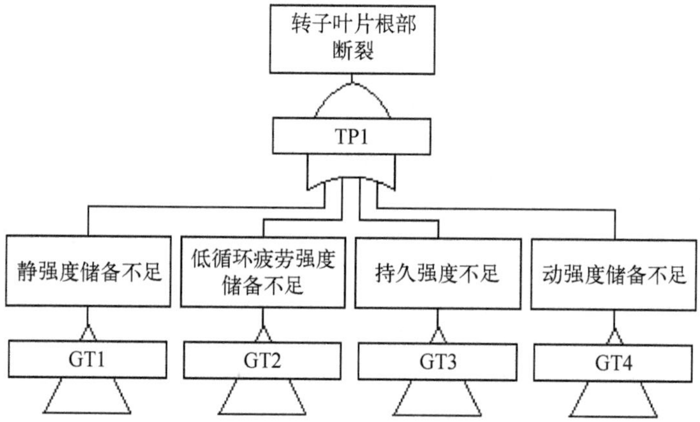

图 8.82　顶事件分解

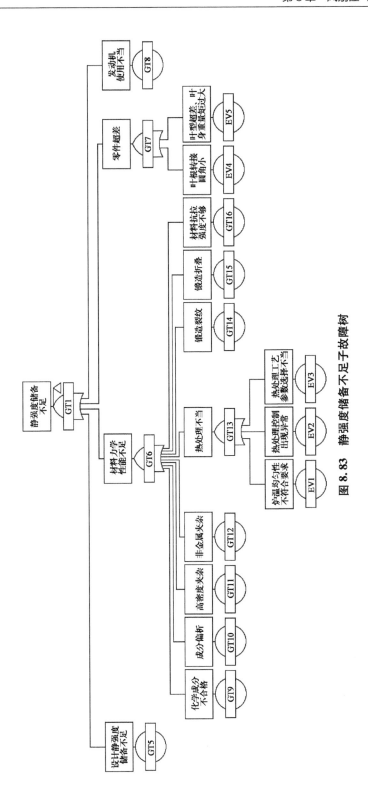

图 8.83　静强度储备不足子故障树

4. 结构可靠度计算

在结构设计中,通常将施加于产品或零件上的物理量,即促使产品或零件产生故障的物理量,统称为应力,以 S 表示;而对产品或零件能够承受这种应力的能力,统称为产品或零件的强度,以 r 表示。传统的结构设计认为,产品或零件的应力和强度均有确定的单值,因此安全系数也有确定的单值。只要安全系数大于某一根据使用经验确定的数值,就认为该产品或零件是安全可靠的。结构可靠性设计则认为,应力和强度都是随机多值的,即呈分布状态。结构是否故障,不仅取决于应力和强度的平均值,还取决于两者的离散程度即分布规律。当强度均值大于应力均值,且两个分布的尾部不发生重叠即干涉时,结构不会发生故障。但如果强度和应力的分布尾部发生干涉,则将出现应力大于强度,即不可靠的可能性。

如图 8.84 所示,图中阴影区即代表发生故障。

图 8.84 应力-强度干涉模型

在应力和强度的分散性很小时,选定适当大的安全系数可以保证结构的可靠性,但如果分散性很大,即使安全系数较大,仍不能完全保证结构的可靠工作。

8.5.3 维修性设计与分析方法

1. 维修性分配与预计

在民用航空领域,发动机的维修性要求很高。良好的维修性是商用航空发动机成功运营的关键因素之一。在研制过程中进行设计、分析、验证,必须有明确和具体的维修性指标要求,否则,就不会有系统的维修性工作。这些指标和要求分为定性的和定量的,它们是由维修性总目标确定的,是由具体发动机的需求转化来的。

维修性分配是系统进行维修性设计时要做的一项重要工作,即根据提出的产品维修性指标,按需要把它分配到各层次及其各功能部分,作为它们各自的维修性指标,使设计时明确必须满足的维修性要求。例如,根据整机的维修性需要和已有的经验,在将发动机整机的维修性定量指标分配给风扇叶片时,提出风扇叶片的平均更换时间不超过 60 min,为了便于风扇叶片更换、减少操作时间,在设计时就要考虑维修性的要求,风扇叶片垫板拆下后的进出路线应保持直线或平缓的曲线,即移出路线不要绕弯或颠倒处理。

2. 维修性分配常用方法

进行维修性分配时应优先采用 GJB/Z57 - 1994 所推荐的维修性分配方法,包括等分配法、按故障率分配法、相似产品分配法、按故障率和设计特性的加权因子分配法和按可用度和单元复杂度的加权因子分配法。以风扇增压级的按故障率和设计特性的加权因子分配法为例,具体分配模型如下:

$$\mathrm{MRT}_i = \frac{K_i \overline{\lambda}}{\overline{K} \lambda_i} \mathrm{MRT}_{\text{风扇}} = \frac{K_i}{\sum_{i=1}^{n} K_i / n} \frac{\sum_{i=1}^{n} \lambda_i / n}{\lambda_i} \mathrm{MRT}_{\text{风扇}} \tag{8.1}$$

$$n = \sum_{j=1}^{L} Q_j \tag{8.2}$$

式中, K_i 为风扇增压级第 i 个可更换单元的维修性加权因子,表征维修过程的复杂程度; $\overline{K}$ 为风扇增压级可更换单元的维修性加权因子的平均值; Q_j 为风扇增压级第 j 种可更换单元的数量; L 为风扇增压级 LRU 种类的数量; n 为风扇增压级 LRU 的总数量; λ_i 为风扇增压级第 i 个可更换单元的故障率,不包括任何未检测出故障的故障率; $\overline{\lambda}$ 为风扇增压级可更换单元的平均故障率; MRT_i 为风扇增压级第 i 个可更换单元的平均更换时间; $\mathrm{MRT}_{\text{风扇}}$ 为风扇增压级平均更换时间。

3. 维修性预计

维修性预计是根据经验和相似产品的风扇及压气机维修性数据,对新研产品的设计构想或已设计结构或结构方案,预测其在预定条件下进行维修时的维修性参数量值,以便了解满足维修性要求的程度和识别影响维修性的薄弱环节。

维修性预计的参数应与规定指标的参数一致,最经常预计的维修性参数是平均修复时间,根据需要也可预计最大修复时间、工时率和预防性维修时间。

4. 维修性分析与验证

风扇及压气机的维修性验证包括维修性定量指标和维修性定性要求验证。验证有不同的方法,如维修性分析、维修性演示试验(包括虚拟维修仿真及实操验证)。虚拟维修仿真可结合整机的三维模型,模拟航线维修场景,通过虚拟维修软件对风扇及压气机相关 LRU 的拆装程序进行仿真,对风扇及压气机相关 LRU 的维修性进行分析验证;实操验证主要通过生产线上实物发动机进行风扇及压气机相关 LRU 的拆装专项分析验证试验,从而得出风扇及压气机维修性定量及定性要求的符合性。

风扇及压气机维修性验证,主要是验证相关 LRU 的平均更换时间及可达性、互换性等定性要求。风扇及压气机的维修性验证工作是发动机整机级验证工作的重要输入,一般应先于整机级验证工作开始。

5. 虚拟维修仿真

基于虚拟维修仿真的维修性分析技术是对实际维修过程在虚拟环境下的再现或预演,将真实反映与描述产品、维修人员与维修工具所发生时各种行为和经历各种状态。基于维修过程的仿真实现,对产品进行可视性分析、可达性分析、操作空间干涉分析及维修姿态分析,并通过量化标准对各分析结果进行评定,以达到有效的分析验证效果[6]。

以风扇叶片垫板维修过程的姿态分析为例,根据风扇叶片垫板更换步骤,结合规定的方法和评价准则,运用虚拟维修仿真分析软件进行维修姿态分析,结果如表8.4所示。

表8.4 风扇叶片垫板维修姿态分析结果

更换步骤 (维修姿态最严苛)	分析结果(OWAS 分类等级及颜色标识)	结果说明	评分
分解进气锥后段 连接螺栓	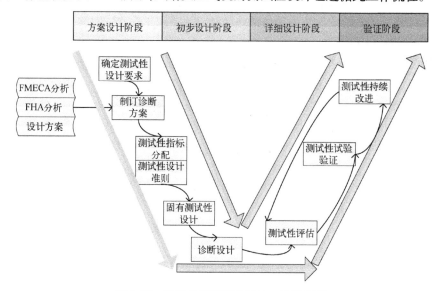	姿势有轻微危害,虽无须立即改变工作姿势,但近期必须采取改善措施	3

8.5.4 测试性设计与分析方法

航空发动机是典型的复杂机电一体化产品,其结构复杂、部件强耦合、功能复杂、研制周期长、测试性设计工作难度大,应充分结合产品功能、结构等特点按标准要求形成发动机测试性设计流程,并明确流程中每项工作的具体内容。发动机测试性设计的工作流程如图8.85所示,风扇及压气机的测试性设计也遵循此工作流程。

图8.85 发动机测试性设计的工作流程图

1. 确定测试性设计要求

测试性设计要求分为定量与定性测试性设计要求,主要内容见图 8.86。风扇
及压气机相关的定性设计要求如下:如果风扇及压气机的故障和异常检测涉及机
载检测设计,则应识别本专业所负责的检测设计工作中可能引发虚警的情况,并开
展防虚警设计。

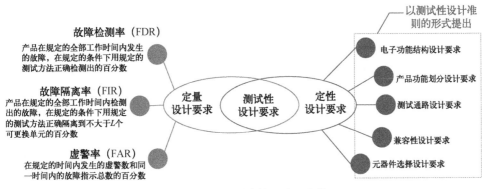

图 8.86　发动机测试性设计要求体系

2. 制订诊断方案

诊断方案是对诊断对象如何进行故障诊断的总体构想,是确定嵌入式诊断、外
部诊断设计以及后续测试性设计工作的基础,也是固有测试性设计、诊断设计的重
要输入。产品的诊断方案应满足产品使用与维修要求。

诊断方案的分析要素包括诊断对象、范围、功能、使用方法、诊断要求、能力以
及对应的维修级别等。

以高压压气机叶片为例,利用高压压气机叶片 FMECA 中的故障模式作为诊断
对象输入,分析其使用及维护场景,最终制订其诊断方案,如表 8.5 所示。

表 8.5　高压压气机叶片诊断方案

序号	故　　障	诊断场景	诊断方式	诊断方法
1	转子叶片裂纹	航线诊断	人工检测	孔探检测
		车间诊断	人工检测	目视检测 渗透检测 磁粉检测
2	转子叶片变形	航线诊断	人工检测	孔探检测
		车间诊断	人工检测	目视检测 渗透检测

3. 测试性指标分配

测试性指标分配是将要求的产品测试性和诊断指标逐级分配给子系统、部件

或组件,作为其各自的测试性定量要求提交至设计人员处,以指导设计工作,保证产品的最终设计满足测试性要求。

在进行发动机测试性指标分配时,应综合产品的功能、结构特性,以及是否有历史产品、测试性相关数据是否齐全等条件,确定指标分配方法,完成指标分配,形成合理的定量设计要求,以进行有效的测试性设计工作。

常用的测试性指标分配方法有经验分配法、等值分配法、故障率分配法、综合加权分配法等。

4. 测试性设计准则

测试性设计准则是在产品设计中为提高测试性而应遵循的细则,根据在产品设计、生产、使用中积累起来的行之有效的经验和方法确定。在测试性设计工作中,作为定性测试性设计要求的形式提出,指导测试性设计工作。测试性设计准则的条款应元子化、无歧义,便于设计人员理解与落实。通过测试性设计准则的落实与符合性评估,可实现基于测试性的发动机设计工作,进而提升发动机的测试性水平。

压气机测试性设计准则举例如下:针对压气机中故障率较高、使用中需要频繁维护且非拆卸情况下目视不可达的零部件,应设置观察窗或孔探孔。

5. 固有测试性设计

固有测试性设计指仅取决于产品设计而不受测试激励和响应数据影响的一种测试性度量,表明产品设计对测试过程的支持程度。进行固有测试性设计,可使产品的硬件设计便于故障检测与隔离。

固有测试性设计,以测试性指标分配及测试性设计准则为输入,通过产品和系统硬件设计,保证产品具有便于测试的设计特性。固有测试性设计是满足测试性设计要求的基础,因此建议在产品设计过程中尽早开展固有测试性设计工作。

6. 诊断设计

诊断设计是以产品设计方案、固有测试性设计以及测试性设计要求等作为输入,进行诊断策略设计、确定测试顺序以及优选测试点等设计工作。具体分析内容包括:① 嵌入式诊断设计;② 外部诊断设计;③ 测试需求文档;④ 与外部测试设备接口控制文件。

在固有测试性设计的基础上进行诊断设计的内容包括:确定测量参数和测试点位置;建立被测对象相关性矩阵以分析并优选测试点;形成产品诊断策略。其中,诊断策略是故障检测与隔离时所用的测试顺序,根据优选测试点和分割矩阵的结果,可形成诊断策略。

7. 测试性评估、验证和改进

测试性评估是评估测试性设计要求是否得到满足,并可找出产品设计不足、改进设计。测试性评估包括定量测试性评估与定性测试性评估。其中,定量测试性评估是验证测试性设计是否满足产品测试性指标要求;定性测试性评估是通过符合性检查的方法,分析产品的设计是否满足定性测试性设计要求。评估若不满足产品测试性设计要求,则应考虑调整指标、要求或修改设计,通常在产品详细设计阶段进行。

测试性试验验证,是在发动机中注入一定数量的故障,用测试性设计规定的测试方法进行故障检测与隔离,按其结果来评估发动机的测试性水平,并判断是否达到了规定的设计要求,决定接收产品或拒收。通过测试性试验验证获得的"测试性评估水平"比测试性评估的结果更符合产品的实际水平,但并不等于产品的"实际测试性设计水平"。产品实际测试性水平需通过收集产品使用数据并对其进行分析评估后获取。

随着产品研发的推进,对于在测试性评估及测试性试验验证过程中暴露的产品设计问题,需与设计部门沟通,提出有效、合理的产品设计改进措施,并在设计中落实完善。

在满足产品功能要求的前提下,不断提升产品性能与市场竞争力;例如,在产品使用及维护阶段发现产品测试性设计缺陷,需要反馈、记录缺陷信息,并在后续的产品设计、改型中不断完善,逐步提升产品测试性水平。

8.5.5　保障性设计与分析方法

对于保障性的设计工作,在明确总体保障要求的基础上,需要进行压气机保障的功能分析,在压气机与保障系统之间进行保障功能的分配,提出压气机自身的保障设计特性和保障系统的具体要求。随后,通过开展压气机和保障系统的同步研制工作,确保最终实现压气机的保障要求。由此可知,保障性的设计过程,必须采用系统工程过程的方法,逐一开展明确保障要求、建立保障功能结构、实现保障要求的分配、建立压气机与保障系统的物理结构等活动。保障性工程活动包括保障性设计、分析与评价等。保障性设计工作流程如图 8.87 所示。

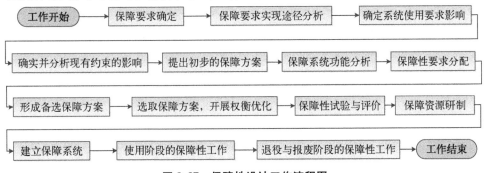

图 8.87　保障性设计工作流程图

8.5.6 环境适应性设计与分析方法

环境适应性是产品在其寿命期内可能遇到的各种环境条件作用下能实现其所有预定功能和性能而不被破坏的能力,是产品的重要质量特性之一。产品环境适应性设计是确保产品在可能的使用环境中发挥应有效能的重要环节,已经上升到与产品性能设计同等重要的地位。

环境适应性设计工作包括环境工程管理、环境分析、环境适应性设计及环境适应性试验与评价。

8.6 常见故障模式

在国军标 GJB 451-1990《可靠性维修性术语》中,将故障定义为:产品或产品的一部分不能或将不能完成预定功能的事件或状态。发动机研制中的故障标准为:由于航空发动机、燃气轮机及其地面保证设备质量问题导致试飞(试用)、试验(含型号规范规定试验)提前结束,或由于成附件质量问题导致试飞(试用)、试验(含型号规范规定试验)中断,以及发动机分解故检中出现或发现的零组件变形或磨损导致不能完成预定功能的状态或事件均列入故障。

由于航空发动机使用条件极其复杂,工作条件恶劣多变,航空发动机发展是伴随着故障的频繁发生、排除、再发生与再排除的过程。通过获取故障信息、确认故障件、确定故障模式、寻找故障机理、进行综合系统的分析,从而明确故障发生的原因,在此基础上提出改进措施,最终排除故障。用以指导航空发动机的设计、制造、维修和使用的宝贵的工程经验,许多都是在故障分析处理的过程中获取的。

故障模式的危害性是指对产品中每个故障模式发生的概率及其危害程度的综合度量。严酷度是指故障模式所产生后果的严重程度。GJB/Z 1391-2006 中根据故障模式最终可能出现的人员伤亡、任务失败、产品损坏(或经济损失)和环境损坏等方面的影响程度对故障模式的严酷度类别(或等级)进行了定义(表 8.6),要减少严酷等级,只能通过设计变更来实现。例如,风扇叶片断裂击穿机匣严酷度是灾害性的,更改设计后将机匣设计为包容的,这样对有多发的飞机来说,严酷度就由灾难性的(I 类)降为致命性的(II 类)。

表 8.6 武器装备常用的严酷度类别及定义

严酷度类别	严重程度定义
I 类(灾难性的)	引起人员死亡或产品损坏、重大环境损害
II 类(致命性的)	引起人员的严重伤害或重大经济损失或导致任务失败、产品严重损坏及严重环境损害

严酷度类别	严重程度定义
Ⅲ类(中等的)	引起人员的中等程度伤害或中等程度的经济损失或导致任务延误或降级、产品中等程度的损坏及中等程度环境损害
Ⅳ类(轻度的)	不足以导致人员伤害或轻度的经济损失或产品轻度的损坏及环境危害,但它会导致非计划性维护或修理

航空发动机各类零件的主要结构故障模式主要有以下几类。

(1) 断裂类:裂纹、局部断裂、整体断裂、涂层掉块、涂层脱落等;

(2) 磨损类:局部磨损、整体磨损等;

(3) 变形类:尺寸变化、局部变形、整体变形等;

(4) 蚀损类:烧蚀、锈蚀、腐蚀、磨蚀等;

(5) 连接类:粘接、开焊、松动、松脱、剥落等;

(6) 渗漏类:空气渗漏、燃气渗漏、滑油渗漏、燃油渗漏等;

(7) 生成物:积碳、结焦等。

在风扇和压气机部件中,故障模式主要出现在转/静子叶片、轮盘、鼓筒/轴类零件、机匣、连接件等零组件中。

8.6.1　叶片常见的故障模式

风扇压气机的转/静子叶片工作在逆压力梯度环境,且为了保证气动性能需要,叶片很薄,因此易出现各种裂纹、断裂故障,叶片的常见故障模式主要有: 叶片叶身裂纹、掉角、断裂;转子叶片榫头裂纹/断裂;静子叶片缘板裂纹/掉角,下面介绍几种典型的故障模式。

1. 尾流激振引起的叶片断裂

在某型发动机研制过程中,发现一片风扇第一级转子叶片在燕尾榫头与伸根转接 R 处断裂。随后,其他发动机试车后检查又发现一片转子叶片榫头在相似部位裂纹,榫头工作面有明显磨蚀痕迹。

该型发动机风扇是采用带可变弯度导向器的风扇,第一级风扇叶片叶身有减振凸肩,凸肩接触面喷涂耐磨涂层,采用轴向燕尾榫头,榫头带伸根,叶片材料为优质 TC4 钛合金模锻件,在该级转子叶片前有可变弯度导流叶片,风扇叶片结构简图如图 8.88 所示。

经检查,断口为高周疲劳断裂,通过分析确定

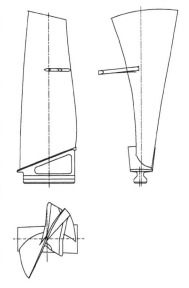

图 8.88　风扇叶片结构简图

故障原因是工作时由进气支板尾流激起该风扇叶片发生共振,在裂纹源区部位的振动应力超过许用动应力,导致叶片萌生裂纹,并扩展。

进一步分析表明,叶片榫头安装角对叶根截面对叶根界面的包容设计不合理,在叶背侧包容少,导致榫头盆侧应力过高。同时,榫头工作面夹角 α 是榫头的重要几何参数,如图 8.89 所示。随着榫头工作面夹角的减小,榫头的动态应力降低,应力集中减小,榫头相对疲劳极限值增加,当工作面夹角为 90° 时,其疲劳极限具有最小值;当工作面夹角为 40° 时,其疲劳极限具有最大值。而该一级转子叶片榫头采用了 90° 夹角,加之榫头及周边转接圆角较小,对应力集中的影响较大。

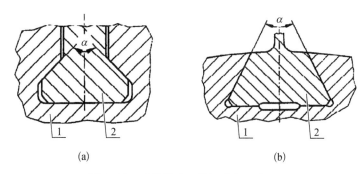

图 8.89   叶片榫头工作面夹角示意图
1-带榫槽的轮盘;2-叶片榫头

为了排除此故障,在不改叶型前提下,瞄准解决振动问题的目标,从以下四个方面采取综合处置措施。

(1)利用调频法。通过修改榫头和伸根设计,改变叶片固有频率,避免发生共振。

(2)利用调激振力法。通过改变激振因素或降低激振力的幅度降低叶片的振动应力。调整激振因素——支板和可调叶片的数量,对叶片的振动应力和频率影响明显。增加支板数量,在保证稠度不变的情况下,缩短支板和可调叶片弦长,扩大转静子的轴向间隙,进而降低尾流激振能量。经验证,采取此方法,共振转速降低约 14%,最大振动应力降低近 60%。

(3)阻尼减振法。利用阻尼材料兼有黏性液体运动状态下损耗能量和弹性固体材料储存能量的特性,在叶片缘板和轮盘形成的空腔中设计了橡胶黏弹性阻尼器(图 8.90)。台架动应力测量表明,故障点附近振动应力明显下降,验证了阻尼器的减振效果。

(4)增加叶片的抗振强度。通过调整叶片结构参数、工艺强化(喷丸),来降低应力集中、提高叶片榫头的疲劳强度。

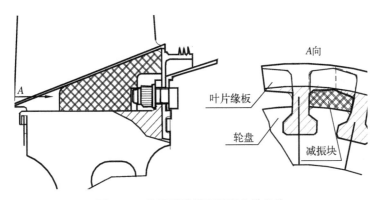

图 8.90　橡胶黏弹性阻尼器安装结构

2. 阻尼失效引起的转子叶片掉角

某型发动机研制时曾发生过风扇转子叶片叶尖掉角故障,断口分析表明,叶尖前缘有穿透性裂纹,凸肩工作面磨损严重。故障叶片及断口形貌如图 8.91 所示。

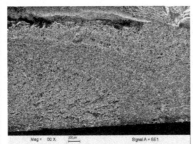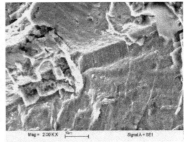

图 8.91　风扇转子叶片故障件及断口形貌图

试验和分析表明,故障的原因是前两级静子叶片的尾流激起该级转子叶片的高频边角振动。叶片凸肩间过盈量较小或有间隙时,在预计转速下凸肩接触面之间的挤压应力较小,凸肩的阻尼作用不能有效抑制叶片振动,从而使凸肩工作面的摩擦振幅加剧,导致涂层磨损甚至损伤叶片基体,阻尼作用进一步减弱,叶片振动加剧产生高周疲劳裂纹,最终导致叶片叶尖掉角。

针对故障原因,一般采取如下改进措施。

(1)加大凸肩紧度。增加工作状态凸肩配合紧度,确保在任何转速下凸肩的阻尼作用。

(2)改变凸肩涂层材料。凸肩防磨材料由等离子喷涂的碳化钨涂层改为钎焊的列立特硬质合金,改进后涂层具有更好的耐振动冲击性、抗磨损性。

（3）改进叶型降低振动应力。调整叶型,避免尖部叶型的过度减薄,以降低叶尖振动应力水平。

（4）提高叶尖端面表面质量要求。在叶尖端面的棱边上增加小倒圆,以减少叶尖端面应力集中,同时对叶尖端面及棱边抛光,降低叶尖表面粗糙度,减少局部的应力集中,提高叶尖抗高循环疲劳的能力。

3. 气动失谐引起的叶片断裂

某型发动机在工作时喷口突然喷火,分解检查后确认高压压气机第一级转子叶片根部出现高周疲劳断裂,造成高压压气机各级转子叶片不同程度的打伤。该叶片采用 TA11 模锻件机加工而成,叶身表面采用振动光饰和喷丸进行表面处理。

经过故障分析排查,确定故障的原因是该发动机在慢车转速附近高压第一级转子叶片存在非整阶次振动。其机理是：在发动机慢车转速附近,高压压气机第一级转子叶片攻角偏大,叶尖部位气流发生局部分离,流动堵塞,导致尖部流动不稳定,并与转子叶片相互作用,引发叶片振动,造成叶片动应力偏大,降低叶片疲劳寿命,在使用中断裂。该故障还与以下因素有关：高压压气机可调静子叶片级内、级间角度偏离设计状态较大和操纵系统阻力矩较大,引起气动失谐;第一级转子叶片频差偏小,造成叶片对气动激振力敏感。

针对故障原因,采取如下改进措施：

（1）关小故障转速零级静子叶片角度,减小第一级转子叶尖流场分流;

（2）控制可调静子叶片角度偏差和操纵系统阻力矩,减小气动失谐;

（3）控制第一级转子叶片频差和分布,减小叶片气动激振敏感性。

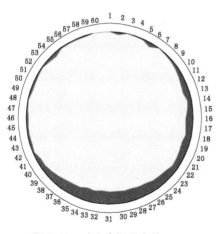

图 8.92　叶尖磨损分布情况图

4. 转子叶尖碰磨引起的叶片掉角

某发动机使用过程中高压压气机第三级转子叶片出现多处叶尖严重磨损和叶尖裂纹、掉角现象。叶尖磨损分布情况如图 8.92 所示,叶尖磨损形貌如图 8.93 所示。

经故障分析得出故障原因如下：发动机热启动阶段高压转子产生较严重热弯曲,同时高压压气机机匣涂层硬度偏高,叶尖与机匣外环块封严涂层的严重摩擦导致叶尖局部过热卷边,产生裂纹;在尾流激振力和摩擦激振力综合作用下,裂纹向叶身继续扩展,造成叶片叶身裂纹和叶尖掉角。

转子热弯曲是发动机启动或工作停车后,发动机零件和内部气体温度仍很高,在自然冷却过程中,发动机内热空气上浮,冷空气下沉,转子上下热膨胀变形不一致,导致转子发生暂时性弯曲,产生很大不平衡而引起发动机较大振动。温度均匀

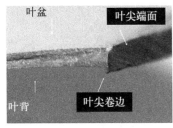

(a) 叶尖端面卷边　　　　　　(b) 叶尖裂纹　　　　　　(c) 叶尖端面磨损

图 8.93　叶尖磨损形貌

后,转子的热弯曲就会消失。转子热弯曲通常发生在发动机热起动过程或热起动即将结束进入慢车转速时。叶尖磨损叶片集中分布在转了的半个扇面内,是转子热弯曲造成的转静子件摩擦的典型特征。

根据故障原因,采取以下措施排除故障:合理调整转子叶尖与机匣的间隙;更换涂层,采用可磨耗性更好的涂层,降低叶片叶尖的磨损;提高叶尖端面表面光洁度,减少应力集中与微裂纹的产生。

8.6.2　轮盘/轴常见的故障模式

风扇压气机轮盘是航空发动机的关键转动部件之一,它的主要功能是传输功率和固定支撑的作用。轮盘在工作状态下受到很高的离心载荷和气动力的作用,高压部件还会有热应力。随着现代航空技术的不断发展,对航空发动机的推重比要求越来越高,发动机的部件越来越轻,而应力水平也在大幅上升,如今因轮盘的局部区域应力而导致的轮盘低循环疲劳失效已经成为轮盘失效的最主要因素。

1. 轮盘破裂

轮盘破裂是最严重的轮盘故障,通常是非包容性的,造成的后果往往是灾难性

的。轮盘疲劳断裂后的碎片可能打穿飞机上的关键部件,如油路、控制系统、油箱等,导致机毁人亡的重大飞行事故的发生。

某发动机在研制过程中出现高压压气机某级轮盘非包容断裂故障,该级轮盘旋转破裂后飞出,导致低压涡轮轴断裂,高压压气机机匣和外涵道机匣在圆周 3/4 范围内被轮盘碎块击穿撕裂,部分机匣外部附件被打坏。轮盘故障件损毁形貌如图 8.94 所示。

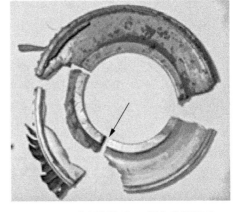

图 8.94　高压压气机 IV 级盘残骸形貌

该级轮盘采用高强 GH4169 模锻制成。盘件的强度储备和寿命储备都满足设计要求,已完成规范规定的转子超转、轮盘破裂和低循环疲劳等试验。

断口分析表明,破裂断口属瞬时断裂。经过分析,故障原因是该故障件锻件由于终锻温度偏低,在模锻过程中产生"层状形"锻造裂纹(图 8.95),轮盘存在穿透性宏观缺陷。由于该缺陷的取向特殊性,缺陷面与盘表面形成较大夹角,加之超声检查探头灵敏度问题,超声检查未能发现。在较低应力下缺陷处发生瞬时破坏,直接导致轮盘破裂。

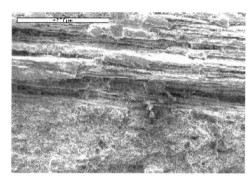 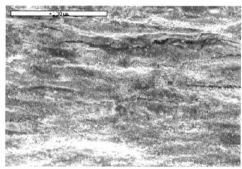

(a) 断口层状区域   (b) 层状间开裂

图 8.95　断口锻造裂纹

根据故障原因,采取以下改进和预防措施: 对于 GH4169 合金模锻工艺的特殊性和盘件的重要性,严格控制锻造工艺过程;改进无损监测措施,采用水浸超声自动监测提高监测可靠性;加强仪器和探头校验和控制;增加盘件和饼环坯超声横波检验与荧光检验。

2. 轮盘鼓筒篦齿裂纹

某型发动机试车后,风扇第三级轮盘鼓筒篦齿部位出现裂纹。断口分析表明,裂纹属疲劳裂纹,裂纹起源于篦齿齿尖,径向扩展至篦齿根部,沿轴向向两侧扩展(图 8.96)。

试验表明,篦齿齿尖端面与镍石墨封严涂层发生摩擦后,产生了硬质的摩擦产物层,并产生多条轴向平行微裂纹扩展至篦齿基体(图 8.97)。篦齿齿形设计较单薄,其抗疲劳能力较弱;同时,鼓筒在工作转速范围内存在强迫共振(如篦齿碰磨),篦齿部位动应力水平较高,在篦齿与涂层不均匀碰磨产生的冲击应力、热应力和强迫共振振动应力综合作用下,篦齿尖部的微裂纹逐渐扩展形成宏观裂纹。

根据上述原因,采取以下相应措施。

(1) 合理调整鼓筒壁厚,将共振频率调整出发动机工作转速范围,大幅度降低振动应力;

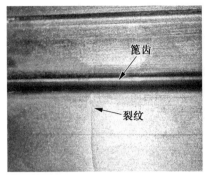 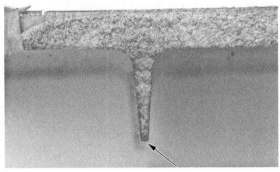

(a) 宏观裂纹　　　　　　　　　　　　　(b) 裂纹断口

图 8.96　三级鼓筒篦齿裂纹

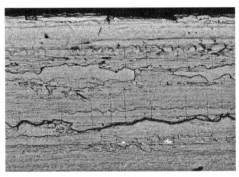 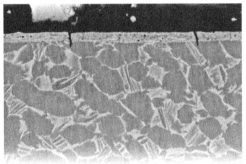

(a) 篦齿齿尖微裂纹　　　　　　　　　　(b) 篦齿齿尖微裂纹扩展

图 8.97　篦齿齿尖端面微裂纹

（2）篦齿齿形设计应具备抗疲劳能力；

（3）选择与篦齿材料具有更好磨耗相容性的易磨耗涂层,避免在篦齿尖部形成微裂纹；

（4）控制机匣变形,合理设计篦齿与涂层冷态径向间隙,减少对篦齿的不均匀磨损。

8.6.3　机匣常见的故障模式

1. 焊接工艺不当导致的机匣裂纹

某型发动机装配试车,进气机匣防冰集气罩环形焊缝出现 112 mm 裂纹,裂纹沿焊缝周向扩展。

该进气机匣具有防冰功能,集气腔由集气罩和机匣焊接组成,防冰空气进入集气腔后再流入整流支板空腔,防冰空气一部分经整流叶片前缘流入流道,另一部分经内环和帽罩进入流道,进气机匣焊接件结构示意图如图 8.98 所示。

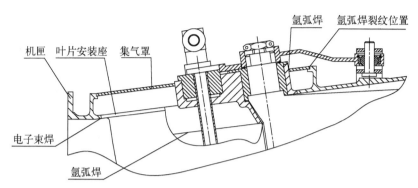

图 8.98　进气机匣焊接件结构示意图

进气机匣(TC4 环锻件)中间部位设置两处的环形立筋,用于放置集气罩,焊接集气罩前,先用电子束焊将若干个叶片缘板与机匣上的型孔焊接,然后集气罩先后与机匣环形立筋和叶片安装座凸台通过氩弧焊接,最后形成盒式结构的防冰空气腔。

经故障分析后确定故障原因为:焊接工艺不合理,焊缝内部缺陷较多,导致试车后因振动应力产生裂纹。针对焊接结构较多的薄壁机匣结构,应注意控制焊接

(a) 更改前结构　　(b) 更改后结构

图 8.99　集气罩与机匣间搭接止口的改进设计

工艺参数,保证焊缝的焊透性,尽量采用自动(氩弧)焊,避免人工焊接时焊接参数可能出现的不稳定,保证所有焊接位置参数的一致,焊后增加工艺试片的焊后 X 光检查。结构设计上应合理设计焊接连接结构,提高焊接工艺性,通过改进集气罩与机匣间搭接止口的位置和壁厚,使焊缝接近对接焊,更易焊透(图 8.99)。

2. 焊接应力导致的机匣焊缝裂纹

某型发动机在研制阶段试车后多次出现风扇机匣的静子叶片上缘板疲劳裂纹的故障(图 8.100),裂纹起源于机匣与叶片缘板的焊接边缘。

该发动机风扇一级机匣组合件由机匣、静子叶片、静子内环和飞附吊挂组成,机匣为整环 TC4 焊接结构,与相邻机匣间通过止口定心、螺栓连接。静子叶片带上、下缘板,上缘板沿机匣的四边形型孔用电子束焊焊接成一体;下缘板直接插入内环型槽,用胶体密封和减振。

通过对焊缝高周疲劳性能和焊接内应力两个方面的分析,确定了出现裂纹的主要原因是:电子束焊缝的材料抗疲劳性能下降,并存在较高焊接残余应力,在发动机高转速状态,风扇静子叶片上的静应力和振动应力的叠加作用,导致焊缝处拉应力超过材料疲劳抗力,裂纹萌生并逐渐扩展。

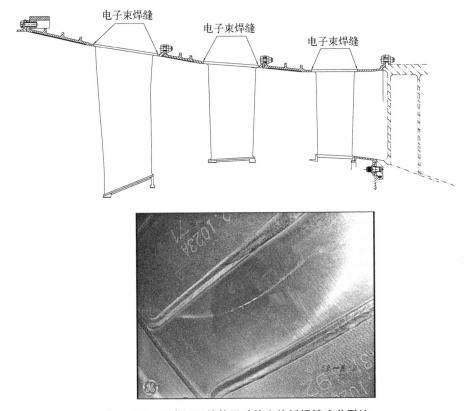

图 8.100　风扇机匣的静子叶片上缘板焊缝疲劳裂纹

机匣焊接过程是不均匀的加热和冷却过程,焊接时焊缝区域的材料受热速度远高于周围区域,局部呈熔融状态。温度升高,材料的屈服强度降低,导致热应力超过屈服强度,在焊缝区域形成凸起的塑性变形区。冷却时熔融状态的焊缝从外侧向内逐渐凝固、收缩,焊缝周围结构制约了焊缝塑性变形区域的自由收缩,产生不均匀的拉应力,形成焊接残余应力。另外,焊缝区域组织由锻造组织变为类似于铸造组织,若焊缝表面的表面完整性差容易导致应力集中,会进一步降低焊缝区疲劳强度。

控制机匣的焊接应力应从工艺和设计两方面采取措施。工艺上采取焊后热处理降低焊接应力,如 TC4 钛合金焊后高温真空热处理;同时,优化焊接参数和控制焊缝宽度,降低焊接应力,并结合宽频时效措施降低焊接内应力。结构设计上,加厚焊缝部位的结构厚度,降低应力水平。

8.6.4　其他故障模式

1. 机匣与叶片的共振引发的故障

1973 年 11 月 3 日,美国国家航空(NA)27 航班 DC – 10 – 30 型飞机飞行中 3

号风扇叶片脱落击中机身、右侧机翼、1#和 2#发动机……事故原因是: 叶片与机匣发生碰磨,并且在碰磨发生的转速下,叶片第 6 阶振动模态与机匣第 6 阶振动模态发生共振。共振时的巨大作用力使该发动机的 38 片风扇叶片中的 32 片脱落。针对这次故障的改进措施包括: CF6 风扇罩的连接支架数量由 12 个增加到 21 个;榫头结构重新设计,榫齿连接机匣强度由 66.7 kN 增加到 266.9 kN;增加风扇叶片叶尖与机匣的径向间隙。

机匣与叶片的共振可能会带来巨大的破坏作用,发动机设计时需要保证在发动机正常工作转速范围内不发生叶片与机匣的共振。

2. 钛火

自 20 世纪 60 年代以来,钛合金在航空发动机中得到广泛应用。两个钛制零件(如钛转子叶片与钛合金静子叶片或机匣)相互高速摩擦时,会产生大量摩擦热引起钛合金自燃着火。钛火的发生,与周围环境空气参数(温度、压力和速度)有关,在较高的空气压力和温度下,钛合金极易燃烧,且压力越高钛合金自燃温度越低。钛火一般发生在高压压气机中,因为在高压压气机 3~5 级处流过的空气压力与温度恰好在使钛合金易燃的参数范围内。高压压气机钛合金燃烧 5~10 s 即能将机匣烧穿。

1987 年,F404 发动机因钛火导致 4 架 F/A - 18 战斗机烧毁。起因为折断的高压压气机转子叶片卡在转子和钛合金机匣之间,与钛合金机匣剧烈摩擦而着火,火焰穿出后烧穿钛合金外涵机匣,最终导致飞机着火。后来,F404 发动机改进第 1 级和第 3 级转子叶片设计,并将高压压气机机匣和外涵机匣的材料由钛合金分别改为 M152 合金钢和 PMR 复合材料。

PW4000 发动机是 20 世纪 80 年代研制的大型飞机的新型发动机,在 1986 年进行适航取证的包容试验时,风扇叶片断裂引起高压压气机喘振,造成压气机第 1 级转子叶片叶尖直接将钛合金机匣上的防磨条带磨穿,与钛合金机匣基体直接摩擦而发生钛火,将后面几级转子叶片部分烧熔。在后来的改进设计中,虽然仍然采用钛合金机匣,但是在机匣壳体与风扇叶片对应的防磨条带之间加装了钢制衬套,并将高压压气机中的静子叶片全部采用镍基合金。

对苏联民用发动机钛火事件的统计表明,引起钛火的原因中,钛叶片折断占 43%、轮盘破裂占 20%、轴承损坏占 17%、结构设计不当导致零件变形占 17%、装配不当导致转静子碰磨占 3%。

防止钛火发生,彻底解决钛火问题的方法是: 在有可能产生钛火的区域,不成对地采用钛合金(如转子叶片与机匣、转子叶片与静子叶片、封严篦齿与封严环等),或者一旦成对采用钛合金时要采取有效的隔离措施。

现役英美军用发动机在高压压气机选材中,只要工作温度允许,转子叶片都采用钛合金;静子叶片都采用合金钢或镍基合金;机匣大多采用合金钢。

英国民航适航性要求规定：为防止钛火发生，钛合金静子零件的环境条件为空气压力不超过 200 kPa、空气流速不超过 50 m/s。

苏联统一民航适航行标准中对高压压气机零件使用钛合金有明确规定：温度限制为转子叶片不超过 500℃，静子叶片、机匣及封严环不超过 330℃，篦齿环不超过 300℃。

参考文献

[1]　陈光. 航空发动机结构设计分析[M]. 北京：北京航空航天大学出版社，2006.

[2]　刘长福，邓明. 航空发动机结构分析[M]. 西安：西北工业大学出版社，2006.

[3]　代钰. 浅谈 GEnx 发动机技术特点[J]. 机电信息，2017(24)：70 - 73.

[4]　陈光. EJ200 发动机高压压气机结构设计改进[J]. 航空发动机，2004，30(2)：1 - 4，41.

[5]　钱笃元. 航空发动机设计手册第 8 册[M]. 北京：航空工业出版社，2000.

[6]　郭博智，王敏芹，吴昊. 民用飞机维修性工程[M]. 北京：航空工业出版社，2018.

第9章
气动稳定性分析方法和扩稳技术

风扇压气机等压缩系统的稳定工作范围将决定航空发动机应用的有效性。无论是新出厂的发动机,还是在发动机返厂大修之前,一旦稳定工作裕度不足,将可能导致发动机因失速或喘振而无法正常工作,严重时造成灾难性安全事故。因此,对压缩系统稳定工作边界进行准确可靠的预测,是航空发动机设计过程中不可或缺的环节。以压缩系统稳定性理论出发,在设计过程中对其稳定裕度进行快速准确评估,能够从稳定工作角度帮助人们认识压缩系统的设计结果,避免突破极限负荷能力的设计点盲目选择,有利于确保所设计的部件安全可用,也有利于部件试验调试过程中的失稳判别。

就风扇压气机稳定性工作而言,颤振同样是不允许在稳定工作区域存在的。这一现象虽然产生于气流与叶片的流固耦合作用,但是没有恶化的流场这种耦合难以存在。

9.1 气动稳定性分析方法

9.1.1 稳定性理论在压缩系统中的应用

压缩系统的旋转失速和喘振均属于气动稳定性的研究范畴。稳定性,就是系统对其所受扰动的响应特征:如果所有扰动均随时间而逐渐减弱且最终消失,系统恢复至受扰动之前的初始状态,则系统稳定;如果一个或多个扰动随时间而逐渐加强,导致系统不能恢复至初始状态,则系统不稳定[1]。因此,气动稳定性问题实际上就是建立扰动方程,通过这些偏微分方程的求解得到扰动场的完整演化过程,并判断系统是否稳定[2]。

事实上,扰动方程是复杂的偏微分方程组,其初边值问题的数值方法求解复杂而耗时,难以与压缩系统工程设计相结合。而且,工程上更关心压缩系统的失稳起始点,即压缩系统失速先兆。由于失速先兆类型的多样性,目前尚未有任何统一理论能够解释压缩系统失速瞬态的细节演化过程。然而,各种类型的失速先兆波都是由线性小扰动发展为最终失速。基于此,对其先兆预测可以在线性范畴内基于小扰动进行建模,借鉴 Orr – Sommerfeld 方程的研究模式[1],将压缩系统的气动稳定性问题归结为特征值问题,通过将扰动量进行正则展开,将 N – S 方程线化得到的扰动方程转化为特征值方程,通过求解特征值方程得到系统特征值虚部的正负号来判断扰动随时间增长还是衰减,从而判断当前系统的流动状态是否稳定。

目前,压缩系统气动稳定性预测方法大致可以分为两类:第一类是以 Emmons 模型、Stenning 模型以及 Greitzer 模型和 Moore – Greitzer(M – G 模型)为代表的以解析方法为主的稳定性模型[3-13];第二类是数值计算的方法[14-22]。

解析模型具有物理概念清晰、计算快速的特点,但大量的简化假设使结果远离真实,必须借助试验统计的定量化模型加以建模修正。偏离真实最远的假设是将叶片排简化为激盘或半激盘。该类模型体现了叶片对气流的加功作用及总的机械能损失,因此很难直接利用解析模型对气动设计的具体几何参数进行细化,这也是影响模型预测准确性的一个关键因素。

数值方法包括定常数值模拟和非定常数值模拟。定常数值模拟无论是在计算的时间成本上还是在计算资源的消耗上都要远远小于非定常数值模拟,粗略地可以通过计算收敛性判断流动是否失稳。由于压缩系统失速本身是一个非定常物理过程,数值模拟是否发散并不与气动稳定性从物理上等价。因此,非定常数值模拟在现代大规模高速并行计算平台的支持下,逐步成为气动稳定性分析的一种工具。相对于解析模型,非定常数值模拟可以包含完整的叶片几何边界调节,且可以模拟流动失稳的演化过程,但是鉴于初边条件设置上的困难以及大量的计算资源和时间消耗使它很难真正应用于工程设计。例如,现代高负荷叶轮中因间隙、篦齿泄漏引发的二次流将通过匹配放大严重影响多级压气机的失速特性,这一点即使是三维定常数值模拟都无法正确表达其复杂几何的保真性,更不要说以三维非定常数值模拟进行失稳仿真。

早期的气动稳定性分析一般假设为平行剪切流,流动只存在法向速度分布,而沿展向和流向均匀。而压缩系统中的流动具有强三维特征,即具有三维流动的非均匀性。因此,研究压缩系统气动稳定性问题需要考虑流动的三维非均匀性,也就是需要采取全局稳定性分析方法。另外,Sirovich[23] 严格证明了浸入在流体中的几何边界可以用分布的力源项来代替,这样可以消除三维复杂几何边界对稳定性问题的建模影响。叶轮机气动稳定性通用理论正是在全局稳定性分析和浸入式边界理论的基础上建立的,通过对叶片力建模,将带力源项的 N – S 方程进行线化,并对小扰动量进行正则展开,最终将压缩系统的气动稳定性问题转化为特征值问题,通过系统特征值虚部的正负来判断当前系统是否稳定,从而实现压缩系统的稳定性评估,为压缩系统设计阶段的稳定性设计与分析提供有效的评估工具,形成高效的反馈迭代机制以保证压缩系统的稳定裕度能够满足设计要求。图 9.1 所示为压缩系统设计体系。

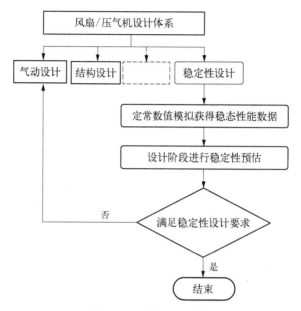

图 9.1   压缩系统设计体系

为适应工程需要,建立快速计算且结果可信的压缩系统失速起始点预测模型,与压缩系统设计相结合,用于形成设计体系中的稳定性预估定量化反馈,从而在设计阶段有效地评估和兼顾压缩系统的稳定裕度,文献[24]~[37]发展了压缩系统气动稳定性通用理论,可以为压缩系统设计过程中的稳定性设计提供有效的评估工具。

9.1.2   基于叶片力的气动稳定性模型

1. 建模思想

将叶片排用分布式力源项来代替,从而压缩系统内部流动的控制方程转化为带力源项的 N-S 方程,即

$$\begin{cases} \dfrac{\partial \rho}{\partial t} + \nabla \cdot (\rho u) = 0 \\[2mm] \dfrac{\partial (\rho u)}{\partial t} + \nabla \cdot (\rho u u) = \nabla \cdot \varPi + \rho F \\[2mm] \dfrac{\partial (\rho e)}{\partial t} + \nabla \cdot (\rho e u) = \nabla \cdot (\varPi \cdot u) + \nabla \cdot (\lambda \nabla T) + \rho W_{\mathrm{F}} \end{cases} \quad (9.1)$$

式中, F 代表叶片对单位质量流体的力; W_{F} 表示叶片力做功。在理想气体假设下,气流满足状态方程 $p = \rho R_{\mathrm{g}} T$,内能 $e = \dfrac{1}{\gamma - 1} \dfrac{p}{\rho} + \dfrac{1}{2} |u|^2$ 。二阶应力张量 $\varPi = \mu [\nabla u + (\nabla u)] - \left(p + \dfrac{2}{3} \mu \nabla \cdot u \right) I$ 。

基于小扰动假设,将非定常流场表示为定常基本流和非定常小扰动的线性叠加,同时,线化叶片力,并减掉基本流所满足的零阶方程,忽略高阶无穷小量,则可得到线化 N-S 方程。由于压缩系统内流动的三维非均匀性,只对小扰动量进行关于时间的正则展开,进一步得到系统特征值方程:

$$L(\omega)\widetilde{\Phi} = 0 \tag{9.2}$$

式中,$\widetilde{\Phi} = (\tilde{\rho}, \tilde{u}, \tilde{v}, \tilde{w}, \tilde{p})^{\mathrm{T}}$,$L(\omega)$ 为关于特征频率 ω 的线性微分算子。式(9.2)中的 $\widetilde{\Phi}$ 有非零解当且仅当

$$\det[L(\omega)] = 0 \tag{9.3}$$

求解式(9.3)可以得到系统的复频率 $\omega = \omega_r + \mathrm{i}\omega_i$,实部 ω_r 表征扰动波的传播频率,虚部 ω_i 表征小扰动的演化趋势。$\omega_i > 0$ 时,扰动随时间增长,系统不稳定;反之,$\omega_i < 0$ 时,扰动随时间衰减,系统稳定。

考虑到全三维全局稳定性分析的巨大计算量,对上述通用理论进行降维处理对于压缩系统设计来说是十分必要的。基于轴对称假设,忽略基本流的周向不均匀性,建立以子午面流场为稳定性分析对象的子午面模型。在压缩系统二维设计阶段,通流计算得到的 S2 流面的流场可以作为分析对象进行稳定性判定;在压缩系统三维设计阶段,定常数值模拟得到的三维定常流场的周向密度加权平均也可以作为分析对象进行压缩系统稳定性的评估。这样,就可以将稳定性分析与压缩系统设计结合起来,在不同设计阶段都能进行稳定性评估以指导设计。

由于压缩系统内流动雷诺数通常很大,黏性对气动稳定性的影响比较有限,因此忽略掉与黏性相关项,从而控制方程退化为线化 Euler 方程:

$$\left(A \frac{\partial}{\partial t} + B \frac{\partial}{\partial r} + C \frac{\partial}{r\partial\theta} + E \frac{\partial}{\partial z} + S\right) \Phi = 0 \tag{9.4}$$

需要说明的是,尽管控制方程中没有显式地包含黏性项,但黏性带来的损失会在叶片力模型中集中考虑,而且用于稳定性分析的定常流场是通过黏性计算得到的。

在轴对称假设下,基本流沿周向均匀,从而小扰动量可以在周向进行正则展开,记周向波数为 m,则

$$\begin{cases} \rho' = \tilde{\rho}(r, z)\mathrm{e}^{\mathrm{i}(-\omega t + m\theta)} \\ u' = \tilde{u}(r, z)\mathrm{e}^{\mathrm{i}(-\omega t + m\theta)} \\ v' = \tilde{v}(r, z)\mathrm{e}^{\mathrm{i}(-\omega t + m\theta)} \\ w' = \tilde{w}(r, z)\mathrm{e}^{\mathrm{i}(-\omega t + m\theta)} \\ p' = \tilde{p}(r, z)\mathrm{e}^{\mathrm{i}(-\omega t + m\theta)} \end{cases} \tag{9.5}$$

将式(9.5)代入式(9.4),可得

$$\left(-\mathrm{i}\omega A + B\frac{\partial}{\partial r} + \frac{\mathrm{i}m}{r}C + E\frac{\partial}{\partial z} + S\right)\widetilde{\varPhi} = 0 \qquad (9.6)$$

式(9.6)即子午面模型的特征方程。为了体现失速先兆波的物理特征,将系统特征频率的实部和虚部分别进行无量纲化得到两个无量纲量,即相对速度(relative speed, RS)和衰减因子(damping factor, DF),分别代表扰动相对压缩系统的周向传播速度和扰动随时间的衰减程度。

$$\begin{cases} \mathrm{RS} = \dfrac{\omega_\mathrm{r}}{2m\pi f} \\[2mm] \mathrm{DF} = \dfrac{r_\mathrm{T}\omega_\mathrm{i}}{mU_0} \end{cases} \qquad (9.7)$$

式中,f 为转子转动频率;r_T 为转子前缘叶尖处半径;m 为周向模态数;U_0 为转子进口远前方轴向来流速度。

为了进一步减小计算量,快速得到气动稳定性评估结果,在子午面模型的基础上进行进一步简化,将研究对象转变为子午面上任意一条假想流线上的基本流,从而建立起对于每条流线的稳定性控制方程进行当前流线位置的稳定性判定,这就是流线模型,如图 9.2 所示。需要指出的是,在压缩系统设计阶段采用流线曲率法可以得到流线的位置,而实际压缩系统流场或者三维 CFD 计算结果中是不存在这样的简单流线的,作为近似处理可以选取等叶高百分比的曲线作为流线。因此,在压缩系统设计的一维、二维和三维设计阶段都可以利用流线模型对不同展向位置的流线进行稳定性判定,从而确定气动稳定性的薄弱环节为压缩系统设计提供反馈指导。

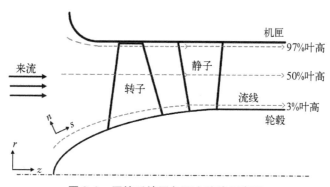

图 9.2　压缩系统子午面上流线示意图

与子午面模型类似,对基本流进行周向平均处理并忽略黏性项,从而控制方程退化为带源项的线性 Euler 方程,在流线坐标系下展开可得

$$\left(-\mathrm{i}\omega A + B\frac{\partial}{\partial s} + \frac{\mathrm{i}m}{r}C + G + F \right)\widetilde{\Phi} = 0 \qquad (9.8)$$

其中,

$$A = \begin{bmatrix} 1 & 0 & 0 & 0 \\ 0 & 1 & 0 & 0 \\ 0 & 0 & 1 & 0 \\ 0 & 0 & 0 & 1 \end{bmatrix}, \quad B = \begin{bmatrix} \bar{u}_s & \bar{\rho} & 0 & 0 \\ 0 & \bar{u}_s & 0 & \dfrac{1}{\bar{\rho}} \\ 0 & 0 & \bar{u}_s & 0 \\ 0 & \gamma\bar{p} & 0 & \bar{u}_s \end{bmatrix}, \quad C = \begin{bmatrix} \bar{v} & 0 & \bar{\rho} & 0 \\ 0 & \bar{v} & 0 & 0 \\ 0 & 0 & \bar{v} & \dfrac{1}{\bar{\rho}} \\ 0 & 0 & \gamma\bar{p} & \dfrac{\bar{v}}{\bar{v}} \end{bmatrix}$$

$$G = \begin{bmatrix} \left(\dfrac{\partial \bar{u}_s}{\partial s} + \dfrac{\bar{u}_s}{r}\dfrac{\partial r}{\partial s} \right) & \left(\dfrac{\partial \bar{\rho}}{\partial s} + \dfrac{\bar{\rho}}{r}\dfrac{\partial r}{\partial s} \right) & 0 & 0 \\ -\dfrac{1}{\bar{\rho}^2}\dfrac{\partial \bar{p}}{\partial s} & \dfrac{\partial \bar{u}_s}{\partial s} & -\dfrac{2\bar{v}}{r}\dfrac{\partial r}{\partial s} & 0 \\ -\dfrac{1}{\bar{\rho}^2}\dfrac{\partial \bar{p}}{r\partial \theta} & \left(\dfrac{\partial \bar{v}}{\partial s} + \dfrac{\bar{v}}{r}\dfrac{\partial r}{\partial s} \right) & \dfrac{\bar{u}_s}{r}\dfrac{\partial r}{\partial s} & 0 \\ 0 & \left(\dfrac{\partial \bar{p}}{\partial s} + \dfrac{\gamma\bar{p}}{r}\dfrac{\partial r}{\partial s} \right) & 0 & \gamma\left(\dfrac{\partial \bar{u}_s}{\partial s} + \dfrac{\bar{u}_s\partial r}{r\partial s} \right) \end{bmatrix}$$

与 Marble[38] 的分析类似,将叶片力分解为两部分,如图 9.3 所示。一部分是迫使气流沿着叶片表面转折的转折力 F_T,另一部分是反映损失效果的损失力 F_L:

$$F = F_T + F_L \qquad (9.9)$$

假设转折力垂直于叶片中弧面,而损失力平行于当地相对速度。因此,只要得到 F_T 或 F_L 的任意一个分量,那么向量 F_T 或 F_L 就可以确定。

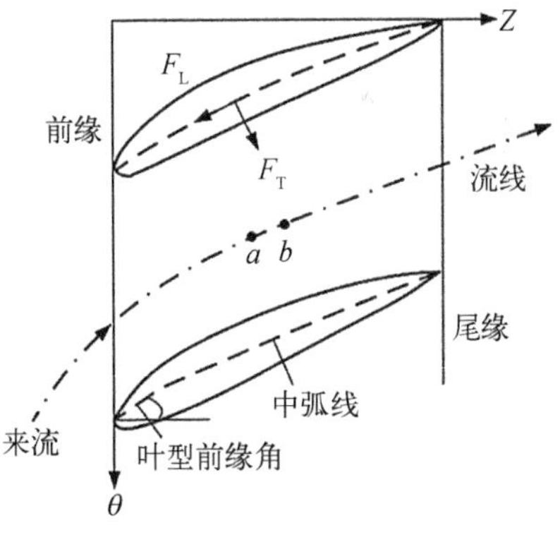

在定常和轴对称基本流假设下,周向动量方程可以改写为

图 9.3　彻体力模型示意图

$$\frac{v_m}{r}\frac{\partial(rv)}{\partial m} = F_\theta \qquad (9.10)$$

式中,$v_m = \sqrt{u^2 + w^2}$ 表示子午速度;F_θ 表示叶片力 F 的周向分量。rv 的乘积代表角动量,因此式(9.10)表征角动量沿流线的变化率与叶片力的周向分量成正比。将子午面基本流代入式(9.10),即可得到周向叶片力。

为了关联损失力与熵增,引入热力学关系式,代入轴对称动量方程消去压力梯度项,合并轴向和径向动量方程,可得

$$Tv_{\mathrm{m}} \frac{\partial s}{\partial m} = - w \cdot F_{\mathrm{L}} \tag{9.11}$$

式中,$w = (u, v - \Omega r, w)$。式(9.11)描述了损失力与静熵沿流线变化率之间的关系。Marble 给出了式(9.11)的具体推导过程。类似地,把基本流的计算结果代入式(9.11),即可求得损失力的分布。

从叶片力周向分量中减掉损失力周向分量即可得到转折力周向分量:

$$F_{\mathrm{T}, \theta} = F_{\theta} - F_{\mathrm{L}, \theta} \tag{9.12}$$

至此,损失力和转折力的各个分量都已求得,后面将用它们来计算彻体力模型中的系数。

参考 Marble 的工作,假设损失力与相对流动的动能成正比:

$$F_{\mathrm{L}} = \alpha \left[u^2 + (v - \Omega r)^2 + w^2 \right] \tag{9.13}$$

式中,α 为当地损失力系数,该系数可由基本流场计算得到。

考虑到转折力的作用效果以及受式(9.10)的启发,假设 $F_{\mathrm{T}, \theta}$ 与当地子午速度 v_{m} 以及相对周向速度 $(v - \Omega r)$ 成比例,则转折力周向分量可以表示为

$$F_{\mathrm{T}, \theta} = \beta v_{\mathrm{m}} (v - \Omega r) \tag{9.14}$$

式中,β 为当地转折力系数,同样可以根据基本流场计算得到。

由周向密度加权平均的 N-S 方程可以看出,只有叶片力的周向分量对做功有贡献,因此有

$$W_{\mathrm{F}} = r\Omega F_{\theta} \tag{9.15}$$

式(9.14)和式(9.15)只描述了叶片力和当地流场的稳态关系,下面采用一阶延迟方程,其中时间常数为 τ,来描述叶片力的扰动和当地流场扰动的瞬态响应:

$$\tau \frac{\mathrm{d}F'}{\mathrm{d}t} + F' = \frac{\partial \overline{F}}{\partial \overline{u}} u' + \frac{\partial \overline{F}}{\partial \overline{v}} v' + \frac{\partial \overline{F}}{\partial \overline{w}} w' \tag{9.16}$$

式中,时间常数 τ 通常与气流通过叶片的时间一个量级。

2. 边界与匹配条件

在机匣和轮毂壁面施加无穿透边界条件,即壁面法向速度扰动为零。同时,假设进口压力扰动为零,出口压力扰动为零。

由于叶片区叶片力源项的存在,叶片区与非叶片区的控制方程不同。因此,在

求解特征方程时需要进行分区,同时在相邻区域的交界面上建立匹配条件以完成信息传递。对于任意小扰动量 q,满足

$$
\begin{cases}
q_+ = q_- \\
\dfrac{\partial q_+}{\partial z} = \dfrac{\partial q_-}{\partial z}
\end{cases}
\tag{9.17}
$$

通过匹配条件,将相邻区域联系在一起,最后联立成一个特征值问题统一求解。

3. 基于奇异值分解方法求解气动稳定性特征值方程

采用谱方法离散系统特征值方程,网格采用 Chebyshev - Gauss - Lobatto 节点[39]。通过 Jacobi 变换,将子午面模型控制方程、匹配边界条件从物理域 (z, r) 变换到计算域 (ξ, η)。

奇异值分解(singular value decomposition,SVD)方法[40]基于这样的线性代数理论:任何 $M \times N$ 矩阵 X 都可以分解为一个 $M \times N$ 的列正交矩阵 U、一个 $N \times N$ 的对角矩阵 W 和一个 $N \times N$ 的正交矩阵 V 的转置矩阵的乘积。实际上,对于气动稳定性问题,通常形成的矩阵为方阵,即 $M = N$。如果一个或多个 ω_i 等于零或者数值上非常小而接近于舍入误差,则矩阵奇异。因此,SVD 方法可以清晰地判断矩阵是否奇异。

矩阵的条件数可以定义为最大值与最小奇异值之比。理论上,条件数越大,矩阵病态越严重,条件数无穷大时,该矩阵奇异。求解系统特征值方程其实就是寻找一个使系数矩阵奇异的特征频率 ω。因此,结合遍历法,在选定的频率范围内逐点计算对应的矩阵条件数,如果某一频率点对应的矩阵条件数远大于其余频率点的对应值,则认为该点即待求的系统特征频率。

4. 轴流压气机失稳点预测

这里研究 NASA Rotor 37 在 100% 设计转速的情况。定常流场计算得到的特性曲线如图 9.4 所示,与实验结果相比趋势一致。

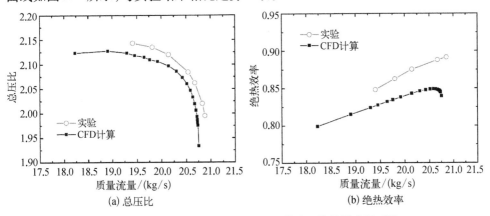

图 9.4 NASA Rotor 37 在 100% 设计转速下的特性曲线对比

采用子午面模型对其稳定性进行评估,求解系统特征值方程得到的特征频率如图 9.5 所示。表 9.1 给出了压气机试验失速点、定常 CFD 数值发散点和稳定性模型预测结果的对比。定常 CFD 结果与试验结果相差较大,而采用定常 CFD 结果作为模型输入计算得到的失稳点与试验相对误差只有 0.16%,是工程上可以接受的。

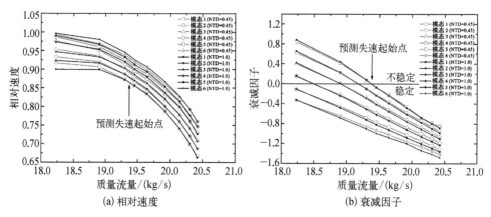

图 9.5　NASA Rotor 37 在 100%设计转速时特征频率计算结果

表 9.1　NASA Rotor 37 在 100%设计转速时失稳点对比

失稳点获取方法	流量/(kg/s)	流量相对误差	失稳频率/转频
试验	19.4	—	—
定常 CFD 数值发散	18.2	-6.19%	—
稳定性模型预测	19.37	-0.16%	86.5%

5. 压缩性对失稳点预测的影响

图 9.6 为 NASA Rotor 37 在 60%设计转速下应用不可压缩模型计算得到的系

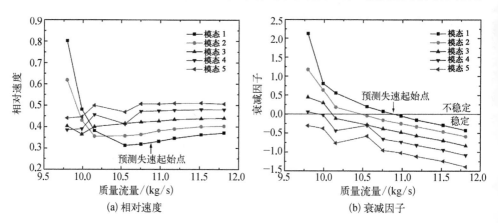

图 9.6　NASA Rotor 37 在 60%设计转速时应用不可压模型的特征频率计算结果

统特征频率。表 9.2 给出了与可压缩模型预测结果的对比。可以看出,扰动的压缩性使该系统趋于稳定,但相比于可压缩性模型而言,流量误差仅增加 1.3%,然而失稳扰动波的传播速度计算结果却低了 21.9%。因此,对于这个高亚声速流动算例,扰动的压缩性对于失稳点流量预测影响不大,而对扰动频率影响较大。

表 9.2　应用可压缩模型和不可压缩模型计算 NASA Rotor 37 在 60%设计转速时失稳点结果对比

失稳点获取方法	流量/(kg/s)	流量相对误差	失稳频率/转频
节流实验	10.567	——	——
不可压稳定性模型	10.89	3.1%	32.5%
可压缩稳定性模型	10.75	1.8%	54.4%

图 9.7 比较了 NASA Rotor 37 在 100%设计转速下应用可压缩模型和不可压模型计算得到的系统特征频率。表 9.3 给出了预测结果对比,其中不可压模型计算失稳点为衰减因子曲线近似延长后的推断结果。可以看出,随着节流过程,可压缩模态在 19.37 kg/s 处出现失稳。然而,不可压模态的衰减因子在整个定常收敛解的流量范围内均未出现由负变正,即模型预测该算例流场一直处于稳定状态,而这显然是错误的。扰动的压缩性使该跨声速流动系统趋于稳定,相比于可压缩性模型而言,失稳点流量误差增加超过 9.1%,失稳扰动波的传播速度计算也降低了近 40%。因此,对于这个跨声速流动算例,扰动的压缩性对于失稳点流量和传播速度计算影响都非常大,失稳点预测出现严重偏差。这也证实了对于跨声速气动稳定性预测,扰动的压缩性影响非常重要。

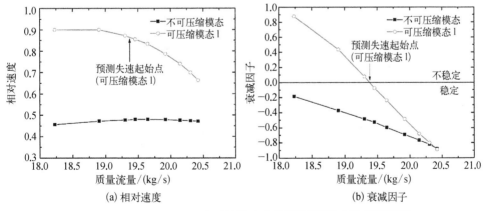

(a) 相对速度　　　　(b) 衰减因子

图 9.7　NASA Rotor 37 在设计转速下可压缩模型与不可压模型的最不稳定特征模态计算结果

**表 9.3   应用可压缩模型和不可压缩模型计算 NASA Rotor 37
在设计转速下失稳点结果对比**

失稳点获取方法	流量/(kg/s)	流量相对误差	扰动波频率/转频
节流实验	19.4	—	—
不可压稳定性模型	17.6	约−9.28%	40%~50%
可压缩稳定性模型	19.37	−0.16%	86.5%

6. 叶尖间隙对稳定裕度的影响

考虑到由于叶尖间隙的存在,叶尖附近区域流动损失增加,叶片的加功能力减弱。Kerner 对靠近叶尖区域的叶片力乘上一个小于 1 的修正系数,从而间接考虑叶尖间隙的影响。通过非定常数值模拟的手段,Kerner 证实了当叶尖间隙增大时,压缩系统的稳定裕度减小。

为了在子午面模型中包含叶尖间隙的影响,借鉴 Kerner 的处理方式,对靠近叶尖区域的叶片力乘上一个小于 1 的修正系数:

$$f_{tc} = \delta f_{tip} \tag{9.18}$$

式中,δ 为修正系数,取值范围为 $[0, 1]$;f_{tip} 为不考虑叶尖间隙时的叶片力;f_{tc} 为考虑叶尖间隙时的叶片力。

研究对象选择设计转速下的 NASA Rotor 37,修正系数 δ 取 0.5。对 Rotor 37 在设计叶尖间隙下进行定常三维可压 RANS 计算,结果记为 CFD_1。两倍设计叶尖间隙下计算的结果记为 CFD_2。定常计算结果如图 9.8 所示。将定常流场数据代入子午面模型进行稳定性评估,结果如图 9.9 所示,可以看出,叶尖间隙的增大会减小失速裕度,同时降低失速先兆波的传播速度。

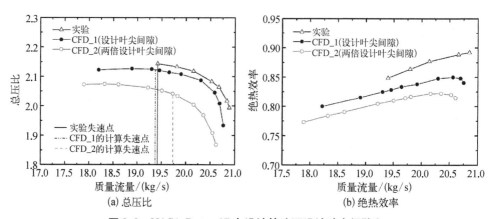

(a) 总压比   (b) 绝热效率

**图 9.8   NASA Rotor 37 在设计转速下设计叶尖间隙和
两倍设计叶尖间隙的特性曲线对比**

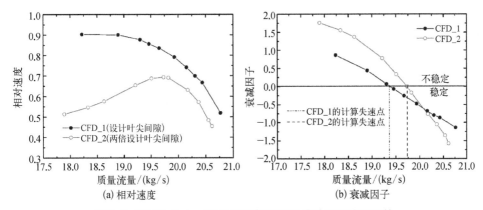

(a) 相对速度　　　　　　　　(b) 衰减因子

**图 9.9　NASA Rotor 37 在设计转速下设计叶尖间隙和两倍
设计叶尖间隙的最不稳定特征模态计算结果对比**

7. 叶片造型对稳定裕度的影响

作为典型的三维设计特征,叶片掠对压缩系统的稳定裕度有显著影响。选择 NASA Rotor 37 作为基准转子,以一定百分比弦长沿弦向移动 100% 叶高的基元,而且只对叶片 90% 叶高以上的部分进行移动,可以得到一系列掠转子。为了方便描述,前掠转子和后掠转子分别标记为 FS_XX 和 BS_XX,其中,XX 代表移动位移占弦长的百分比。

所有转子的定常流场都采用同样的计算设置,包括网格节点分布、边界条件等来求得。图 9.10 给出了前掠转子和 NASA Rotor 37 本身的特性曲线对比,可以看出,在靠近峰值效率点附近,前掠转子的绝热效率略高于 NASA Rotor 37,而在中小流量区域,前掠转子的总体性能则低于 NASA Rotor 37,并且前掠程度越大,总体性能变得越差。图 9.11 比较了后掠转子和 Rotor 37 的特性曲线,可以发现,后掠转子的总体性能在整个流量区间内都略低于 NASA Rotor 37,并且后掠程度越大,其性能下降越显著。总体来说,掠转子与 NASA Rotor 37 总体性能差别不大。

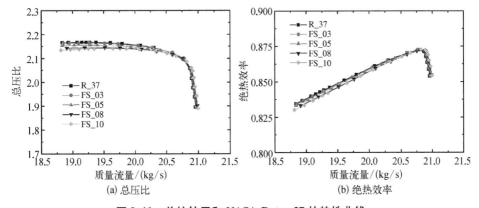

(a) 总压比　　　　　　　　(b) 绝热效率

图 9.10　前掠转子和 NASA Rotor 37 的特性曲线

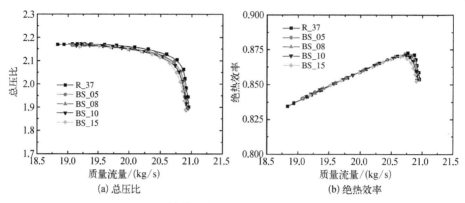

(a) 总压比　　　　　　　　　　　(b) 绝热效率

图 9.11　后掠转子和 NASA Rotor 37 的特性曲线

　　利用子午面模型对各个转子进行稳定性分析。前掠转子的预测结果如图9.12 所示,可以看出,前掠对压缩系统稳定性并没有明显的影响规律,只能通过精细化设计来达到裕度提升。图 9.13 为后掠转子的预测结果,可以发现,后掠会明显恶化压缩系统的稳定裕度,而且后掠程度越大,稳定裕度越小。

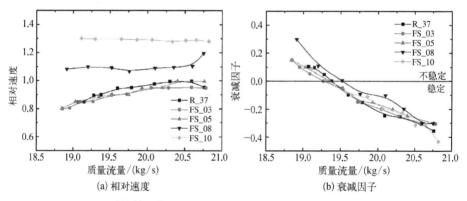

(a) 相对速度　　　　　　　　　　(b) 衰减因子

图 9.12　前掠转子与 NASA Rotor 37 特征值随节流过程的演化对比

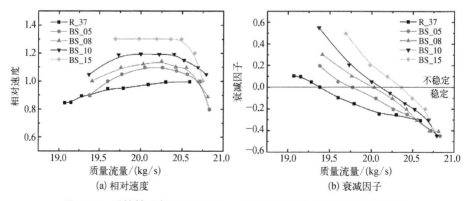

(a) 相对速度　　　　　　　　　　(b) 衰减因子

图 9.13　后掠转子与 NASA Rotor 37 特征值随节流过程的演化对比

　　为了揭示掠对稳定性影响的物理机制,对定常流场从叶片载荷和通道激波位置两个方面进行了深入分析。

　　(1) 叶片载荷方面。图 9.14 对比了后掠转子与 NASA Rotor 37 叶尖位置压力面与吸力面静压差,即叶片载荷分布。可以看出,随着后掠程度增大,叶片靠近前缘载荷也会增大。叶片载荷越大也就意味着来流攻角越大且叶尖泄漏越严重。从这个意义上看,后掠使得叶尖流动对扰动更加敏感,也就使得系统更加不稳定。

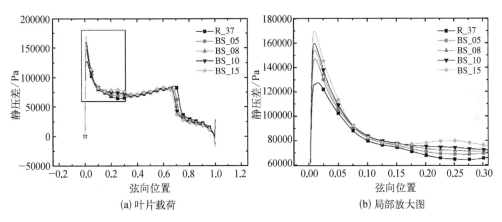

图 9.14　后掠转子与 NASA Rotor 37 叶尖载荷对比

　　(2) 通道激波位置方面。图 9.15 对比了后掠转子与 NASA Rotor 37 吸力面静压分布。可以看出,通道激波与叶片吸力面大约在距前缘 70% 弦长处相交,随着后掠程度的增大,激波位置逐渐往前缘移动。激波位置前移意味着更加靠近前缘而更容易脱体引发失速。从这个角度也可以解释随着后掠程度增大,稳定裕度会减小。

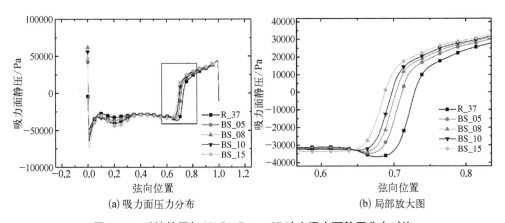

图 9.15　后掠转子与 NASA Rotor 37 叶尖吸力面静压分布对比

9.1.3 基于三维解析模型的气动稳定性模型

1. 建模思想与基本假设

整个压缩系统的稳定性受其自身几何结构和主流流场气动参数共同影响,而压缩系统对流场内外的各种小扰动响应,决定了其是否进入失速状态,所以稳定性模型的研究对象是小扰动。而稳定性问题真正关心的并不是扰动量的大小,而是小扰动的时间特性,即扰动是随时间增长还是随时间衰减的,从而判定压缩系统的稳定与否。因此,所有扰动量都有一个时间项 $\mathrm{e}^{\mathrm{i}(\omega_r+\mathrm{i}\omega_i)t}$,通过解特征方程可以得到满足条件的扰动的特征频率 $\omega_r+\mathrm{i}\omega_i$;可以看出,当频率的虚部 $\omega_i > 0$ 时,扰动随时间发展衰减,则系统是稳定的;反之,$\omega_i < 0$,扰动随时间增长,系统会失稳。

在研究一台多级压缩系统稳定性的工作中,描述扰动量时还应该考虑到以下的实际情况:首先要正确描述反映小扰动变化的各线化扰动量;其次由于在压缩系统中叶片区域与非叶片区域所对应的平均流动差别较大,因此需要划分各个区域分开描述这些扰动量;最后各区域的扰动量之间要通过合适的匹配条件关联起来,还必须使用合适的边界条件和进出口条件来确定扰动量的大小,可以用图9.16来表示。

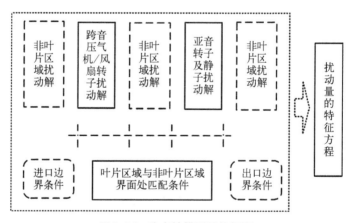

图 9.16 稳定性模型结构框图

建立压缩系统稳定性三维解析模型前需做出如下基本假设。

(1)流动为无黏绝热可压缩流。在压缩系统中雷诺数 Re 很大,因此可以将压缩系统中的流体看作无黏流体;而流动速度大,压力梯度大,气体的压缩性不能忽略。另外,尽管通道中可能存在较大的温度梯度,但是对于高速气流,气流流经壁面和叶片之间时可以近似地看成绝热过程。

(2)线性小扰动假设。如果关注于失速的起始阶段,可以认为稳定性的研究对象是加在平均流场之上的线性扰动,并且该扰动幅值足够小,描述它的方程为线性欧拉方程。这些扰动量在模型中用小写字母表示。

$$\hat{X} = X + x \tag{9.19}$$

（3）径向速度的假设。本模型相对二维模型的一大特点就是包含径向扰动量的影响。理论发现,只要有特定的空间,二维扰动就会发生旋转从而发展成三维扰动,三维扰动假定非常重要。但是,目前本模型还不能考虑平均的径向流动对稳定性的影响。

（4）均匀流和半激盘假设。假设压缩系统主流为均匀流动。模型假定每个无叶片区域内的流动是二维的,并且绝热可逆,但在叶片区中,半激盘模型假定主流流动是一维的,且主流在此通道中也是均匀流动的。

（5）扰动波长远大于叶片间距。扰动波在周向的变化是连续的,在一个叶片通道前,扰动的相位沿周向的变化不会影响叶栅内的相位,或者说模型假设叶栅的稠密度无限大。

根据上述假设,描述无叶片区的流场的控制方程可以采用线化欧拉方程组,得出压力扰动变量所应满足的方程,并设其解的形式为

$$p(x, y, z, t) = \sum_{m=-\infty}^{+\infty} p_m(x) \psi_m(z) e^{i(\beta_m y + \omega t)} \tag{9.20}$$

式中,β_m 是周向波数,按照周期性条件,β_m 的定义为

$$\beta_m = \frac{m}{r_m} \tag{9.21}$$

其中,m 是周向模态数或谐波数。显然,在光壁条件下,壁面边界条件要求 $\psi_m(z)$

应满足 $\dfrac{\partial \psi_m(z)}{\partial z}\bigg|_{z=0, z=h} = 0$,因此 $\psi_m(z) = \cos kz$。 这里,h 是从轮毂到叶尖的展

长。其中,硬壁的特征值为 $k_n = \dfrac{(n-1)\pi}{h}$ ($n = 1, 2, \cdots$);软壁面的边界条件为

$\dfrac{\partial p'}{\partial z} \pm iR_z k_0 \left(1 + M_x \dfrac{\alpha}{k_0}\right)^2 p' \bigg|_{z=0, z=h} = 0$。 这里,$R_z$ 是壁面的声阻抗,α 是轴向波

数,k_0 是自由空间波数,$k_0 = \dfrac{\omega}{a_0}$。

由此得到的径向特征值是在一个指定的周向模态下,只和一个周向波数 β_m 相关联,对一个指定的 β_m,将会有一组特征根 k_{mn} ($n = 1, 2, \cdots$) 对应不同的径向模态,因此,通常将特征函数写成 $\psi_{mn}(z) = \cos k_{mn} z$。

叶片区域使用了半激盘模型,假定是沿着叶片弦向的一维均匀流动。扰动量

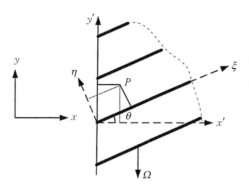

图 9.17 相对坐标系与绝对坐标系

有弦向的扰动和径向的扰动。如图 9.17 所示,线化欧拉方程是建立在相对坐标系下的。其中,Ω 为转子的转频,对于静子,$\Omega = 0$。

叶片区控制方程的建立和解法与无叶片区相似,考虑涡波和熵波的影响,最终得到叶片区域的扰动解。

2. 匹配条件

在周向,扰动量满足周期性条件,而且能量在不同周向模态之间没有交换,因此可以对一个独立的周向模态进行匹配讨论,而径向模态还是通过级数的形式来表达,对于光壁机匣,径向相位也都是相等的。图 9.18 是多级轴流压缩系统示意图。

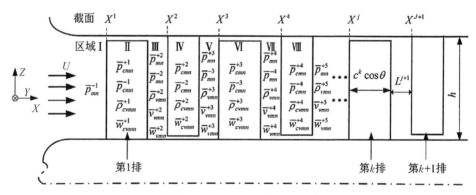

图 9.18 多级轴流压缩系统的示意图

对于亚声速情况,前缘匹配条件包括质量连续、相对总温连续、相对总压连续和径向扰动速度连续。相对总压损失系数 ξ_s^k 和延迟时间 τ_{loss} 是对稳定性影响比较大的两个参数。这里,假定压缩系统各排叶栅的总压损失集中于叶栅前缘,相对总压损失与相对总压成正比。尾缘匹配条件包括压力扰动连续、密度扰动连续、径向扰动速度连续、轴向扰动速度连续、周向扰动速度连续。假设进口来流无熵增、无扰动,出口无反射,径向上采用配点法使方程组封闭,最终得到压缩系统的稳定性方程组:

$$Q_{mn}(\omega)_{(5jN \times 5jN)} \cdot \overline{X}_{mn(5jN)} = 0 \qquad (9.22)$$

跨声速压缩系统与亚声速叶栅的情况基本一致,仅对跨声速叶片排的激波处增加匹配条件。假设为正激波,匹配条件包括质量连续、动量连续、相对总温连续和径向扰动连续。

3. 基于环绕积分法求解气动稳定性特征值方程

将压缩系统稳定性的物理问题转化为求解特征方程特征值的数学问题,该特征方程是一个复变量特征矩阵的行列式,无法用解析表达式的形式表达方程的解及其自变量的导数,这给求解行列式带来了很大的困难。例如,Ludwig 等[7]在建立了三维不可压激盘模型之后,由于缺乏有效的求解方法,而终止了继续工作。

20 世纪 90 年代初,数学家发现环绕积分法能够帮助计算特征值,它不仅可以确定点的分布,更可以通过积分得出零极点的值。Brazier – Smith 等[41]采用环绕积分法求解复数形式的耗散方程的特征根。环绕积分法建立在幅角原理的基础上,由高阶环绕积分的概念衍生出计算特征值的方法。该方法的最大优点在于避开了无法控制方向的迭代过程,在求解复杂问题时,该方法的稳定性却是迭代方法无法比拟的。

选择带有声衬的管道声学问题[42]作为计算实例,可以验证环绕积分法的可靠性和效率。科研人员已经对声波在管道中的传播问题开展过大量的研究。声衬是被广泛应用于管道声学的消声装置,人们想要解决在声衬存在条件下的有限长管道中的声传播问题,如图 9.19 所示。此算例计算局域声衬条件下的径向特征值,通过该算例可以验证本节方法的有效性。

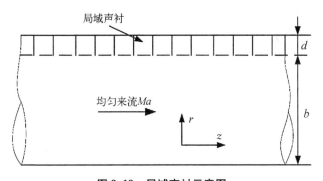

图 9.19　局域声衬示意图

首先进行局域声衬的特征值计算。通过对此算例的线化方程组进行简化,得到小扰动声压 p' 在圆柱坐标系下的均匀流动介质中非齐次波动方程,并假定声压解的形式为 $p(r, \theta, z, t) = p_r(r)p_\theta(\theta)\mathrm{e}^{\mathrm{i}(\omega t - k_z z)}$。最后解得圆形管道解的周向函数 $p_\theta(\theta)$ 和径向函数 $p_r(r)$。

继之,用 Newton – Rapson 积分法验证环绕积分法。令 β_0 为 $(0.5, -0.5)$,马赫数 Ma 为 0.4,周向模态数分别取 0 和 5,得到的解分别如图 9.20 和图 9.21 所示。

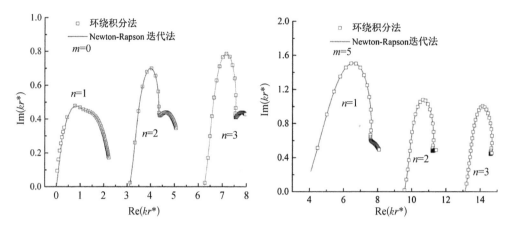

图 9.20 局域声衬径向特征值($m=0$)　　　　图 9.21 局域声衬径向特征值($m=5$)

图 9.20 和图 9.21 中,横坐标表示特征值实部,纵坐标表示特征值虚部。Newton - Rapson 积分法得到的解用实线表示,环绕积分法得到的值用实心点表示,可以看出两者完全重合。就计算效率来看,计算出最低阶的 4 个径向特征值随频率变化关系的所有结果也只需要几秒钟,而精度可以达到 10×10^{-5}。此算例证明环绕积分法可以很好地解决复数超越方程的问题。

4. 亚声速压缩系统失速起始点预测

算例取材于 NASA 单转子 Stage 37 的 70%转速试验数据[43,44],预测其失速起始点。该压缩系统的示意图如图 9.22 所示,该压缩系统试验中得到的压缩系统特性曲线如图 9.23 所示。

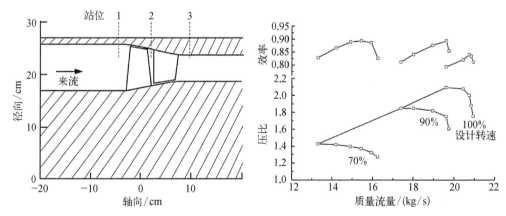

图 9.22　NASA Stage 37 示意图　　　　图 9.23　NASA Stage 37 特性曲线

模型预测结果如图 9.24 所示。

从上述结果中可以看出,低阶的模态(1,1)比二阶和三阶的模态波更先失稳,这与主动控制旋转失速的试验[45,46]结果是一致的。因此,本算例可以验证本节解

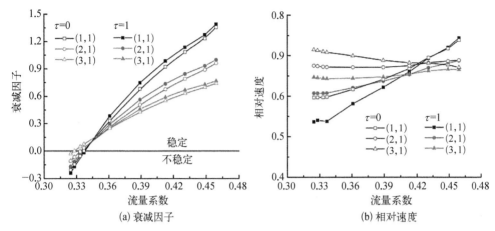

(a) 衰减因子   (b) 相对速度

图 9.24 NASA Stage 37 70%稳定性预测[模态为(1, 1)、(2, 1)、(3, 1),延迟时间为 0、1]

析模型能够对亚声速压气机稳定性做出合理的预测。

5. 跨声速压缩系统失速起始点预测

为了验证跨声速压缩系统稳定性模型,算例选取 Stage 37 转速 100%的设计转速状态。图 9.25 包含三个模态为(1, 1)、(2, 1)和(3, 1),从图 9.25(b)可以看出,这三个模态下相对周向传播速度都在 60%转子转速的附近,这与一般实验中得到的失速频率的变化范围相吻合;通过图 9.25(a)中的箭头 T(theory)点和箭头 E(experiment)点可以看出理论预测与实验的差别很小,相对误差小于 1%,并且三个模态之间的差别也很小。

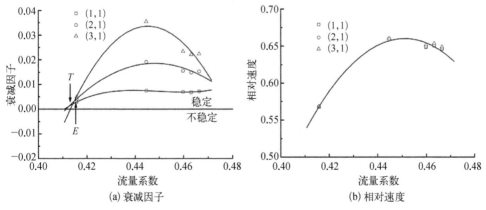

(a) 衰减因子   (b) 相对速度

图 9.25 NASA Stage 37 100%设计转速下的稳定性预测[模态为(1, 1)、(2, 1)、(3, 1),延迟时间为 1]

6. 多级压缩系统失速起始点预测

NASA 两级风扇有充足的实验研究,可以用来评估模型对多级压缩系统稳定性失速先兆点的预测能力。NASA 报告[47]提供了 NASA 两级风扇的几何结构和性能参数,详细的实验数据由 Urasek 等[48]提供。NASA 两级风扇的通道如图 9.26 所示,其特性曲线如图 9.27 所示。

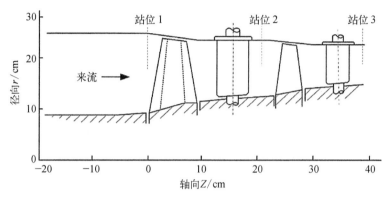

图 9.26　NASA 两级风扇的通道

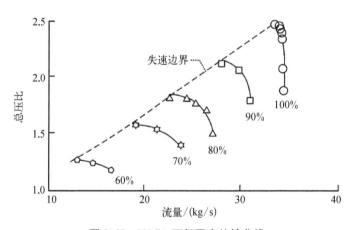

图 9.27　NASA 两级风扇特性曲线

　　文献[27]采用模型对 NASA 两级风扇在 80%和 100%转速时开展了失速起始点的预测工作。图 9.28 显示了模型对 NASA 两级风扇 80%设计转速下的稳定性预测。随着衰减因子不断减小到零以下,压缩系统由稳定状态变为不稳定状态,与横坐标的交点即失速点,通过图可以看出理论预测和实验结果之间的误差约 5%。由于实验数据的限制,图 9.28 显示了理论预测模型的失速点在外推点。

　　图 9.29 显示了半激盘模型对 100%设计转速下的 NASA 两级风扇稳定性预测结果。由图可以看出,当流量节流到 33.9 kg/s 时,衰减因子通过稳定临界值,与实验相比,失速起始点的相对误差为 0.9%,预测精度合理。

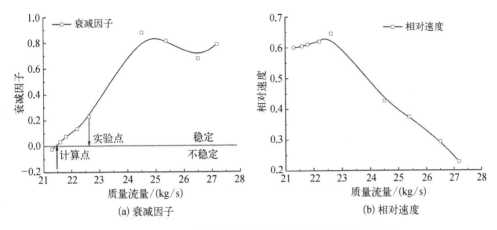

图 9.28　NASA 两级风扇 80%设计转速下的稳定性预测

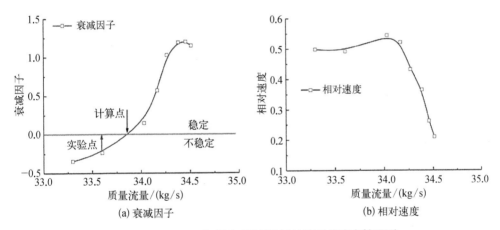

图 9.29　NASA 两级风扇 100%设计转速下的稳定性预测

9.2　进气畸变条件下压缩系统气动稳定性分析方法

　　进气畸变对压缩系统气动稳定性的影响是压缩系统稳定性研究的重要内容之一。进气畸变条件下压缩系统稳定性分析方法的分类与均匀进气的分析方法类似,一般可归纳为稳定性判据、稳定性分析、动态过程预测和 CFD 计算四大类。但由于进气畸变条件下稳定性研究的特殊性,尤其是存在进气畸变时必须基于"场"的概念分析压缩系统的稳定性,并且一般情况下小扰动假设不成立。此外,还必须考虑进气畸变引起的"动态响应"等问题,从而增大了稳定性分析的复杂性和困难,也使得此类方法的发展并不平衡。

9.2.1　进气畸变指数

畸变指数是一组用来定量地描述进气畸变特征的参数,主要用于关联进气畸变对压缩系统或发动机稳定性的影响。由于研制的过程和经验不同,各发动机公司所采用的畸变指数的具体形式各不相同,目前尚没有一个通用的畸变指数,但其内涵基本一致,均包含畸变强度、畸变范围、畸变位置和每转畸变区数目等要素。从形式上看,目前最具代表性的有英美和俄罗斯两大体系。

西方国家通过 SAE S-16 委员会提出了一个较为完整的畸变指数定义,建议在进气道/发动机相容性评定中采用,这就是美国 ARP1420 中所规定的总压畸变指数和 ARD 50015 中建议的温度畸变指数[49,50]。

ARP1420 将压力畸变分为周向压力畸变和径向压力畸变,在各环面上按强度、范围及每转的低压区个数等要素描述,分别通过数值表征压力畸变强度、低压区周向尺寸和周向低压区当量数。温度畸变指数形式上与压力畸变指数相类似,分为周向温度畸变指数和径向温度畸变指数。

俄罗斯采用的进气畸变指数的定义与西方的不一样,其压力畸变指数由三个分量组成:周向总压不均匀度 $\Delta\overline{\sigma}_0$、径向总压不均匀度 $\Delta\overline{\sigma}_p$ 和总压随机脉动的湍流度平均值 ε_{av},总压畸变强度是由周向不均匀度和面平均湍流度相叠加的综合畸变指数 W 来表示,即 $W = \Delta\overline{\sigma}_0 + \varepsilon_{av}$。俄罗斯常用高温区的周向范围 θ^+、温度畸变持续时间 τ_B、面平均温升 ΔT_{Fav}、面平均相对温升 δT_{Fav}、周向不均匀度 $\Delta\overline{T}_2$ 和温升率 $\dot{T}$ 等参数来表示总温畸变。

关于畸变指数,俄罗斯与美英之间的差别有以下几个方面。

(1) 在总压畸变指数中,ARP1420 分别定义了周向畸变指数和径向畸变指数,俄罗斯虽然也列出了径向畸变的定义和计算式,但在实际应用中所采用的综合畸变指数仅考虑了周向畸变指数的影响,忽略了径向畸变指数的影响,认为径向总压不均匀度对各种不同结构形式的发动机的稳定性影响很小,甚至完全没有影响,因此在综合畸变指数中不予以考虑。由于压缩系统流场中通常存在径向压力梯度,畸变的径向分布在通过压缩系统的流动中易于掺混衰减而减弱其影响。在有些情况下,径向的压力畸变甚至有利于压缩系统的稳定性,增加压缩系统的稳定裕度。

(2) 对于每转多个低压区的压力畸变,ARP1420 和 AIR1419 按低压区间隔的大小考虑多区的影响,而俄罗斯标准中则只考虑低压区范围 θ^- 大小的影响,但不考虑多低压区之间的间隔大小问题。低压区间隔大小的影响实质上反映的是周向畸变的动态响应问题,而低压区范围 θ^- 大小的影响反映的是另一个与动态响应有关的临界畸变角的概念。从理论上说,作为一种方法,美国标准定义的畸变指数及其处理方法系统、严谨、合理,而俄罗斯标准相对比较简单。

（3）进发匹配的一个基本原则是进气道和发动机 AIP 界面上的畸变指数要一致。现有研究表明，进气道出口 AIP 界面总压具有动态脉动特性，而且脉动量的大小对发动机的稳定性有影响。显然，美国标准和俄罗斯标准都要考虑也都考虑了这种压力脉动的影响，但两者的处理方法不同。对于压力脉动这种动态畸变的影响，在俄罗斯标准中用面平均湍流度 ε_{av} 来表示，而且用综合畸变指数 W 统一稳态畸变与动态畸变的影响。在 AIR1419 中对于压力脉动影响的处理方法，是用动态测量系统测定进气道出口的最大瞬态畸变指数作为评定发动机稳定性的稳态总压畸变指数。

（4）在温度畸变指数方面，ARD50015 沿用了总压畸变指数中的处理方法，按测环计算每环的温度畸变基元，俄罗斯采用的温度畸变指数不分环，但两者采用的周向温度畸变的定义基本上是相似的，美国标准是环高温区的平均温度与环平均温度之差的相对值，俄罗斯标准是高温区的平均温度与面平均温度之差的相对值。

俄罗斯使用面温升作为温度畸变指数的强度，而在 ARD50015 中未提出应用面温升值，但在分析温度跃升对稳定性影响时，与面平均温升相关联。

（5）关于温升率，ARD50015 中的定义与俄罗斯的定义略有不同，在 ARD50015 中定义为瞬态温升率或最大温升率，而且温升率中的温升值是以面平均温度计算的；而俄罗斯规范中的温升率是以高温区内最大温度的升幅除以温度跃升至最大温度的时间计算的，由于温升率计算中的温升是高温区的最大温度增值而不是面平均温升值，这种差别反映在温升率的数值上有很大的差异。从原理上来看，影响发动机共同工作线走向的是面平均温升率，而不是高温区最大温度的温升率，似乎美国标准更合理一些。

9.2.2 稳定边界压比损失的关联

建立畸变指数压缩系统或发动机与稳定边界压比损失之间的关联式是进行压缩系统稳定性评定的基础，也是定义畸变指数的目的。关联方法的建立依赖于压缩系统的畸变试验，必须通过大量的试验来建立关联方法并确定相关方程中的各项系数。与畸变指数的发展一样，目前，还没有一种通用的关联方法和关联方程，各个国家及其发动机公司均有各自的相关方程。但由于畸变对压缩系统稳定性影响的主要因素是相同的，建立畸变对压缩系统稳定性影响的关联方法和关联方程的基本思想是一致的。美国及西方国家通过 SAE S - 16 委员会针对该关联方法提出了一种通用的关联方程，主要体现在 SEA ARP1420、AIR1419 和 ARD50015 中；而俄罗斯则采用全国通用的"选择和检查航空燃气涡轮发动机气动稳定性储备总技术要求"中规定的关联方法。

对于总压畸变对压缩系统稳定性的影响，ARP1420 采用建立总压畸变指数与压缩系统稳定边界压比损失关联方程的方法，并提出了如下关联方程：

$$\Delta \mathrm{PRS} = \sum_{i=1}^{N} \left[\mathrm{KC}_i \left(\frac{\Delta \mathrm{PC}}{P} \right)_i + \mathrm{KR}_i \left(\frac{\Delta \mathrm{PC}}{P} \right)_i + C_i \right] \times 100 \qquad (9.23)$$

式中，$\Delta \mathrm{PRS}$ 为稳定边界压比损失，为无畸变和有畸变稳定边界压比差与无畸变稳定边界压比比值的百分数；N 为径向环数目或径向测量环数目；KC 为周向总压畸变敏感系数；KR 为径向总压畸变敏感系数；$\dfrac{\Delta \mathrm{PC}}{P}$ 为周向总压畸变强度；$\dfrac{\Delta \mathrm{PR}}{P}$ 为径向总压畸变强度；C 为修正系数；下标 i 表示第 i 个径向环或径向测量环。

式(9.23)中的敏感系数和修正系数与畸变的类型(如低压区范围、每转低压区个数等)、压缩系统设计参数及工作状态有关，一般应由计算或试验数据确定。式(9.23)的应用需要具有足够的精度以关联临界畸变图谱的影响，稳定边界压比的预测误差应在±2%以内。

稳定边界压比损失与等流量稳定裕度损失的关系为

$$\Delta \mathrm{SM} = (\mathrm{PR1}/\mathrm{PR0}) \times \Delta \mathrm{PRS} \qquad (9.24)$$

式中，$\Delta \mathrm{SM}$ 为无畸变和有畸变稳定裕度的差；PR1 和 PR0 分别为无畸变稳定边界压比和工作点压比。

为了提高关联方程(9.23)的普适性和关联精度，一般需要扩展方程中系数的适用范围。在 AIR1419 中给出了一个扩大周向敏感系数适用范围的表达式，将周向敏感系数表示为低压区位置(轮毂、叶中或叶尖)、低压区范围、每转低压区数基元和基准敏感系数的函数。

$$\mathrm{KC}_i = \mathrm{KC} \cdot f(\theta^-) \cdot f(\mathrm{MPR}_i) \cdot \alpha_i \qquad (9.25)$$

式中，KC 是基准敏感系数，为每转一区 180° 型周向畸变图谱在给定换算转速下的敏感系数；$f(\theta^-)$ 是低压区范围函数；$f(\mathrm{MPR}_i)$ 是每转低压区数函数；α_i 是环加权系数。

以上介绍的是 ARP1420 中的畸变指数基元与喘振压比损失的基本关联式。在实际应用中，美英各国发动机公司采用的关联式并不完全相同，但基本思想和方法与上述关联方法是一致的。例如，在 AIR1419 介绍的方法 A 中，引入轮毂径向补偿系数和叶尖径向补偿系数，而且径向畸变引起的喘振压比损失按轮毂区和叶尖区分别进行相关估算，取其喘振压比损失较高者来确定径向畸变所引起的喘振压比损失；在方法 B 中，采用了不同的畸变强度基元，径向畸变的影响采用了叶尖区 ($i = 5$ 测环)与轮毂区 ($i = 1$ 测环)中的较大者作为其径向畸变的喘振压比损失项，而在总的喘振压比损失表达式中引入了叠加因子以综合周向畸变和径向畸变对喘振压比损失的影响；在方法 C 中，引入了周向畸变参数 DPC 和径向畸变参数 DPR，分别估算周向畸变和径向畸变的综合畸变强度，然后用周向畸变敏感系数和径向畸变敏感系数计算其相应的喘振压比损失,最后通过叠加因子将两者叠加而得出总的喘振压比损失。

俄罗斯在"选择和检查航空燃气涡轮发动机气动稳定性储备总技术要求"中规定的稳定裕度损失和畸变指数的关联式如下。

总压畸变关联方程为

$$\Delta SM = \alpha_W \cdot W \qquad (9.26)$$

总温畸变关联方程为

$$\Delta SM = \alpha_T \cdot \delta T \qquad (9.27)$$

压力和温度组合畸变关联方程为

$$\Delta SM = \alpha_W W + \alpha_T \cdot \delta T + \alpha_{WT} \cdot W \cdot \delta T \qquad (9.28)$$

式中,α_W 为压力畸变敏感系数;α_T 为温度畸变敏感系数;α_{WT} 为压力和温度畸变组合影响的敏感系数。各敏感系数通常由计算或试验获得。

美、英的关联方法在概念、理论上的考虑较为完整,认为流场畸变中的峰值畸变指数是引起压缩系统失稳的主要因素,因此在压缩系统稳定裕度损失的关联方程中包含四个主要的关联系数:周向敏感系数、径向敏感系数、轮毂径向补偿系数和轮缘径向补偿系数。畸变指数以环为基础进行计算或整合,并评定高低压压缩系统的稳定性。而俄罗斯则抓住主要影响因素,对次要因素做了简化,仅考虑了周向敏感系数,简化了问题,同时也限制了其方法的普适性和准确性。

美、俄关联方法的差别主要有以下几点。

(1) 美、英将畸变指数与喘振压比损失 ΔPRS 相关联,而俄罗斯则将畸变指数与稳定裕度损失 ΔSM 相关联。

(2) 在 ARP1420 和 ARD50015 中将进口总压畸变和总温畸变分别相关联,以确定其相应的喘振压比损失,一般不考虑总压畸变和总温畸变之间的相互影响问题。而在 AIR1419 的评定方法 C 中,对于高压压缩系统喘振压比损失与高压压缩系统进口的总压、总温组合畸变的关联,列出了叠加和相位函数 $f(\theta)$,以考虑两者之间的相互影响问题。

(3) 在 ARP1420 的相关式中,无论是总压畸变还是总温畸变的关联式,均包含周向畸变和径向畸变项,考虑了周向畸变敏感系数和径向畸变敏感系数以及相应的修正项。而俄罗斯仅考虑周向畸变,认为径向畸变影响很小,予以忽略。

(4) ARP1420 的相关式是按径向环分别相关计算的,对每个径向环采用不同的敏感系数,考虑了不同径向位置的畸变对发动机稳定性的影响的差异。俄罗斯未考虑不同径向位置畸变的影响的问题,而是采用径向平均的周向畸变作为稳定裕度损失的相关依据。

(5) 在 AIR1419 中,对于周向畸变敏感系数的确定,引入了畸变范围和每转多畸变区以及各环的加权因子等影响因素,而俄罗斯将每转多畸变区的影响归诸周向畸变指数 $\Delta\bar{\sigma}_0$ 的确定。

9.2.3 平行压气机模型

1. 平行压气机经典模型

为估算稳态周向总压和总温畸变对压缩系统性能与稳定性的影响,必须计算畸变沿压缩系统的传递。早期的研究着眼于整个压气机作为一个单元的变化,主要是了解压气机进口和出口的气流参数以及对压气机稳定边界的影响,因此提出了平行压气机模型。虽然这个模型并不是最完善的,但它仍然是更复杂、更准确模型的雏形。

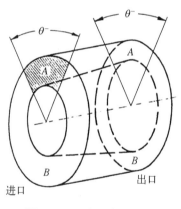

图 9.30   平行压气机模型原理示意图

平行压气机模型就是根据进口周向畸变流场,将压气机分为对应低总压区或高温区的畸变子压气机 A 和对应均匀来流的无畸变子压气机 B,如图9.30 所示。

平行压气机模型采用了以下假设: ① 各子压气机均按未畸变的压气机特性曲线工作;② 各子压气机之间无任何联系,即没有动量、质量和能量的交换;③ 各子压气机出口的静压相同;④ 子气机的流量达到无畸变压气机的稳定边界流量时,认为整台压气机达到稳定边界点。应该指出的是,该模型只适合计算周向进气畸变,因为径向畸变会引起径向流动的重新分布,与第二条假设矛盾。

在图 9.30 中,子压气机 A 是畸变子压气机,压气机 B 是未畸变子压气机。A、B 子压气机分别工作于对应其进口参数的原压气机特性曲线图上的对应工作点。在压气机特性图上,对于进口总压畸变,A、B 子压气机工作在同一条等转速线上;对于进口总温畸变,由于畸变子压气机的进口总温高,畸变子压气机 A 将工作于较低的折合转速的特性线上,而 B 则在较高的折合转速的特性线上。但各自的具体工作点位置由满足两个子压气机出口的静压相等的假设条件确定。对于整个压气机,可按 A、B 两个子压气机的流量与压力的平均值来决定工作点。平行压气机模型是分析和理解进气畸变对压气机性能特性影响的有力工具,进气畸变影响的一些基本性质可以利用平行压气机模型给予清晰的解释。

2. 多子压气机模型

CompDis 是用于分析进气畸变对压气机和发动机整机稳定性影响的专业软件,也是目前发动机研究院所用于分析进气畸变对压气机或发动机稳定性影响的主要程序,其采用的理论模型是一种改进的多子压气机模型。

CompDis 的研究对象为压气机部件,实际的压气机系统一般还包括进气管道、排气管道和节流阀门等。此外,针对这类研究对象的主要研究内容是各类周向畸变对其稳定性和性能的影响。CompDis 通过建立适当的物理模型来研究周向进气总压/总温畸变沿压气机的传递及其对压气机稳定性的影响。

压气机内部真实流动过程是非常复杂的,本质上是三维、黏性、非定常的流动过程。CompDis 的物理模型对真实的压气机内部流动采用了下列简化假设。

(1) 将压气机作为一个整体来研究,以平行压气机经典模型为基础,在边界条件给定方面,摒弃了经典模型给定压气机出口静压周向均匀的假设。另外,通过周向掺混系数的引入,考虑了子压气机之间质量和动量的周向掺混。

(2) 以部件特性代表其气动作用,在控制方程中假设无黏,而黏性作用则通过其实际特性反映。于是,部件特性的获取,既可以通过实验得到,也可以通过计算得到。

(3) 轴向计算站的划定,一般是压气机部件之间的交界面,以充分利用已知部件特性。对于压气机,若级或级组的特性已知,也可以级组甚至级为单位。相邻的轴向站和周向站之间构成一个计算单元。

(4) 计算单元的轴向长度比气流波动的最小波长 $\lambda_{\min}$ 要小,这意味着可以直接利用各部件的准稳态特性,而不需要考虑周向畸变对特性的动态修正。在一般的进气畸变计算模型中,畸变的动态响应是一项非常重要的内容,对于计算结果准确性的影响较大。这一假设条件的引入对于 CompDis 的模型的应用范围有较大的限制,它一般只能用于小 k 值的准稳态情况,对于周向畸变角很小以及动态畸变频率较高的情况 CompDis 都不适用。实际上,CompDis 限制了沿周向划分单元的数目,最多只能划分 8 个单元,已经考虑了该问题。

(5) 计算单元的周向宽度远远超过叶片栅距。该假设意味着在一个计算单元中(包含压气机级或级组的单元)为周向均匀,类似于建立了无穷多叶片假设。

(6) 沿径向气流视作均匀,或可认为是气流沿径向的平均值。

(7) 超声速喷管的扩散部分,流动视为准一维。

(8) 压气机叶片排所在的计算单元中,相邻单元之间的切向作用只发生在轴向间隙中。

CompDis 根据基本假设和部件性质将压气机简化为下列基本单元:① 无损失单元,指流动中无机械能损失的单元,主要用来描述进气管道和排气管道的形状变化影响并连接其他功能单元;② 压气机级组单元,压气机级组单元可以为整个压气机,也可以由一级或多级压气机组成,主要作用是根据给定压气机级组单元特性获得压气机级组单元瞬时工作点参数;③ 损失单元,指流动中存在机械能损失的单元,但忽略机械能损失带来的流体内能的增加,即流动绝热,并通过设置独立的损失单元集中考虑压气机系统中管道流动的气动损失;④ 导向叶片单元,指气流进入该单元后,以给定的速度方向流出,可给定出口气流角变化规律体现可调导向叶片的作用;⑤ 节气门单元,指节放气流的单元,在该单元施加出口边界条件;⑥ 引气单元,对于压气机或其他部件中有引气或注入气体的计算单元,通过引气或注入气体的流量考虑对控制方程的影响。

一个包含相关单元类型的压气机系统如图 9.31 所示,实际应用中根据所研究的对象和对问题的简化程度,可以自由组合各种类型单元。

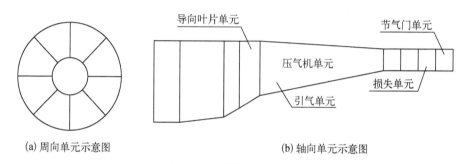

(a) 周向单元示意图　　　　　　　　(b) 轴向单元示意图

图 9.31　计算单元示意图

压气机系统的流动区域具有轴对称的几何特点,因此选用圆柱坐标系建立计算区域和计算网格。该坐标系包括三个坐标方向: θ 为周向,与转子旋转方向一致; x 为轴向,以气流流动方向为正; r 为半径方向,在本模型中,气流参数假定沿半径方向均匀,所以沿径向导数为零。

根据压气机系统的流动特点,利用圆柱坐标系,可以将压气机系统中各部件简化为具有简单几何边界的环形计算单元,系统工作时气流流动的物理过程就发生在这些部件表面所围成的流动区域内。本模型选取的计算区域包括从压气机进气管道进口到节气门喉部截面之间的所有流动区域。在圆柱坐标系下,利用与压气机轴线相垂直的平面将整个计算域分成一系列连续的轴向计算单元,计算区域沿周向分成多个等距的扇形区域,再加上通道的上部和下部固体边界,这样就构成了计算单元的封闭外表面,计算单元就是求解控制方程的计算网格。

模型采用的是积分型的非定常控制方程,忽略参数的径向变化,并将一般形式的控制方程简化为计入外界对气流作用力的轴向分量和切向分量的二维无黏欧拉方程。针对 CompDis 希望实现的功能,必须引入上述简化条件以及对不同单元的功能的定义,才能实现对方程组简化求解,以分析进气畸变对压气机稳定性和性能的影响。

　　进气畸变对压气机稳定性影响问题为上述非定常控制方程的初边值定解问题,控制方程描述了气体流动遵循的基本方程,要获得具体问题的定解,还必须针对具体问题给定初始条件和边界条件。

　　计算开始时的流动条件称为初始条件。对于非定常问题,初始条件一般由所考虑的具体问题确定。模型中,初始条件应由压气机的初始状态确定,就是根据质量连续和部件单元特性计算均匀进气条件下的压气机系统各轴向界面的基本参数。确定初始条件时,应根据初始时刻均匀进气条件下的参数:进口总压、总温、无量纲密流,以及出口反压,计算确定单元轴向界面上包括气流角的各气动参数,以及压气机级组特性参数等。

　　模型进口边界条件给定稳态和动态周向总压、总温畸变。对于二维可压缩流动,亚声速进口边界上给定条件个数应为 3 个,一般为进口总压、进口总温,并假定速度方向为轴向。进口总压条件包含两部分,一部分用于描述稳态(有序的)总压畸变;另一部分用于描述随机的动态总压畸变:

$$P^*(t, \theta) = P_0^*(\theta, t) + P_\varepsilon^*(t) \tag{9.29}$$

式中,第二项 $P_\varepsilon^*(t)$ 为总压的随机脉动项,即综合畸变指数 W 中的压力脉动的湍流度项 ε。根据已知的进气道出口总压脉动的特性,总压脉动的这一随机过程,可以认为是平稳随机过程。为了能够描述总压脉动的这一随机过程,本模型利用随机变量的统计描述方法来描述该随机过程的统计特性。

　　稳态(有序的)周向畸变 $P_0^*(\theta, t)$ 又分为定常周向畸变和随时间线性变化的非定常总压畸变:

$$P_0^*(\theta, t) = P^*(\theta) + \frac{\mathrm{d}P^*}{\mathrm{d}t}(t - t_0), \quad P_{\min}^* \leqslant P_0^* \leqslant P_{\max}^* \tag{9.30}$$

式中, $P^*(\theta)$ 为定常总压畸变部分,通过给定进口截面各个单元的总压值来描述。式中等号右边的第二项为非定常总压畸变项, $\mathrm{d}P^*/\mathrm{d}t$ 为进口截面周向各单元总压随时间变化的速率,用于描述总压变化的快慢, t_0 为初始时刻。

　　进口总温畸变包括定常总温畸变和非定常总温畸变两部分,可表述为

$$T_0^*(\theta, t) = T^*(\theta) + \frac{\mathrm{d}T^*}{\mathrm{d}t}(t - t_0), \quad T_{\min}^* \leqslant T_0^* \leqslant T_{\max}^* \tag{9.31}$$

式中, $T^*(\theta)$ 为定常总温畸变部分,用于描述进口截面的稳态周向总温畸变;等号右边的第二项为非定常总温畸变项, $\mathrm{d}T^*/\mathrm{d}t$ 为进口截面周向各单元总温随时间变化的速率,通常称为温升率, t_0 为非定常总温畸变开始发生的时刻。

　　出口边界位于节气门单元出口界面,即节气门喉部界面。出口边界给定节气门的流量特性,即根据节气门前总压与压气机出口反压的比值计算节气门喉部的

流量函数,具体如下:

$$q^2(\lambda) = 1 - e^{\frac{(1-\pi_b^*)}{0.22}} \tag{9.32}$$

式中,π_b^* 为压气机后节气门喉部总压 P_2^* 与出口反压 P_b 的比值,即 $\pi_b^* = P_2^*/P_b$。

本模型控制方程为二维非定常方程,但这是建立在径向参数均匀和气流与流道之间无能量交换假设基础上的,所以模型的计算网格实际上还是三维空间网格。计算网格划分如图 9.32 所示,图 9.32(a)为轴向网格示意图,图 9.32(b)为周向网格示意图,其中轴向单元数为 N,周向单元数为 M。计算网格中,网格面 $i \pm 1/2$ 为与压气机轴线垂直的平面;非压气机单元,网格面 $j \pm 1/2$ 与压气机轴线共面,而对于压气机单元,网格面 $j \pm 1/2$ 为与压气机轴线成 α^0 角径向辐射面,α^0 为均匀进气下初始状态的压气机单元平均绝对气流角,用于考虑气流经过压气机或压气机级组后周向相位的变化,其定义为

$$\alpha^0 = \text{arccot}\left[\frac{U}{2V_x} + \frac{\cot(\alpha_1) + \cot(\alpha_4) - 2\cot(\beta_2)}{4}\right]_0 \tag{9.33}$$

式中,α_1、α_4 和 β_2 分别为旋转单元内转子进口绝对气流角、静子出口绝对气流角和转子出口相对气流角平均值;U 为单元平均半径处牵连速度;下标 0 表示初始时刻。

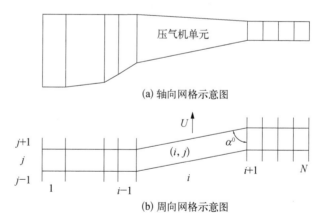

(a) 轴向网格示意图

(b) 周向网格示意图

图 9.32　计算网格示意图

同时,模型中引入了周向掺混系数 C_f,用来考虑周向相邻单元间的切向相互作用,该系数为单元周向界面中存在切向相互作用的区域占整个周向界面的比值。对于压气机单元,周向掺混系数将单元周向边界分为存在切向作用的轴向间隙段和当量的叶栅段。模型的数值方法采用有限体积法。

利用模型对某带进口导向器的高负荷两级风扇进行模拟。该两级风扇的部分设计指标如表 9.4 所示。

表 9.4　某两级风扇的部分设计指标

参 数 名 称	设 计 指 标				
设计转速/(r/min)	10 060				
设计流量/(kg/s)	120				
设计总压比	4.0				
设计效率	0.865				
叶片数	IGV	R1	S1	R2	S2
	23	21	65	39	80

采用标准型压力畸变作为进口边界条件,计算飞行状态 $H = 0\,\mathrm{km}$、$Ma = 0$ 下高负荷风扇五个相对换算转速的压力畸变临界指数。标准型的压力畸变是指:① 低压区扇形角 $\theta^- = 180°$ 的矩形总压畸变,用相对初始压力的偏差给出不均匀度,这样沿周向的平均总压不变;② 沿周向总压脉动均匀,即取 $\varepsilon(\theta) = \mathrm{const}$ 和 $\tau_\mathrm{E}(\theta) = \mathrm{const}$;③ 压力脉动值和周向不均匀度相同,即 $\varepsilon = \Delta\overline{\sigma}_0$;④ 纵向脉动时标 $\tau_\mathrm{E} = 3 \times D/1\,000(\mathrm{ms})$, D 为进口管道直径。

在图 9.33 所示的计算模型中,轴向划分了 18 站,周向计算区域划分为 8 个扇区,轴向计算单元的具体设定如下:计算域 1～6 为通用单元;计算域 7 为导叶损失单元;计算域 8 为两级风扇单元;计算域 9～16 为通用单元;计算域 17 为节气门单元。

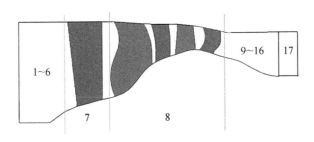

图 9.33　计算网格划分示意图

图 9.34 给出了该风扇的总特性,图 9.35 给出了该风扇临界压力畸变指数的计算结果。从图中可以看出,随着转速的增加,临界压力畸变指数呈现逐渐增加的趋势,在相对换算转速为 100% 时,达到最大值约 14.2;在相对换算转速为 80% 时,临界压力畸变指数最小,为 8.4。

为了评估进口温度畸变对风扇气动稳定性的影响,采用高温区范围、面平均相对温升、温升率等参数描述进口温度畸变。在高温区范围 $\theta^+ = 100° \sim 210°$ 作用下的进口温度畸变对压气机稳定性影响最为严重,故选定风扇进口高温区范围 $\theta^+ = $

180°,分别针对不同温升率($T = 1\,500\,\mathrm{K/s}$、$2\,000\,\mathrm{K/s}$、$2\,500\,\mathrm{K/s}$)计算确定面平均临界相对温升(δT_{cr})和面平均临界温升(ΔT_{cr}),计算结果如图 9.36 所示。

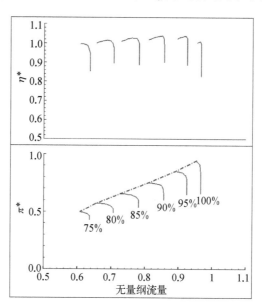

图 9.34   风扇总特性

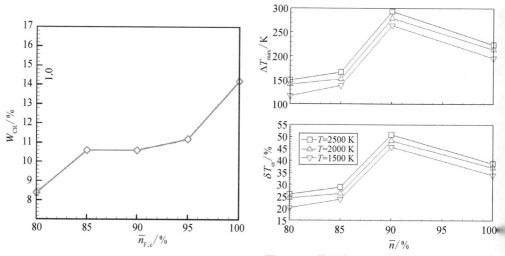

图 9.35   临界压力畸变指数与换算转速的关系

图 9.36   临界相对温升(δT_{cr})、临界温升(ΔT_{cr})与换算转速关系曲线

由图 9.36 可看出,在 $\overline{n}_{\mathrm{F,c}}$ 为 90%~100% 转速下,风扇面平均临界相对温升及面平均临界温升均较大,说明风扇在高转速工作时具有较高的容温度畸变能力;随着转速的提高,面平均临界相对温升和临界温升大致呈先增大再减小的趋势。

组合畸变相位角的定义如图 9.37 所示。在高温区范围 θ^+ 和低压区范围 θ^- 分别为 180°,计算组合相位角分别为 $\varphi_{PT} = 0°$、90° 和 180° 下的组合畸变特性,确定在某一综合畸变指数下的临界温升,计算结果如图 9.38 所示。

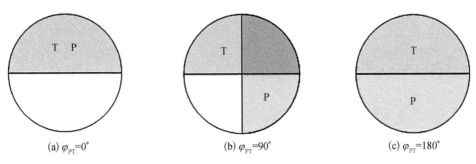

图 9.37　组合畸变相位角定义

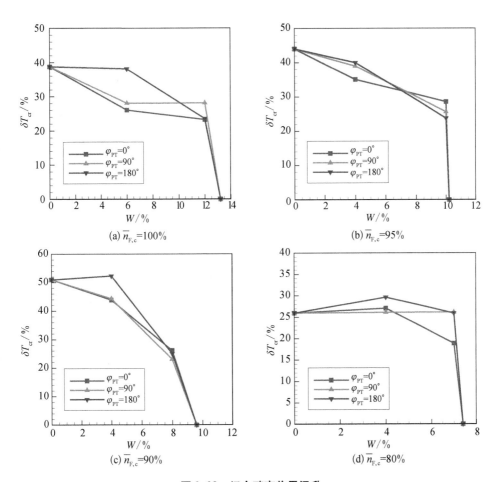

图 9.38　组合畸变临界温升

由图 9.38 可以看出，对于该风扇，组合畸变相位角对风扇稳定性的影响较小。以换算转速 $\overline{n}_{F,c} = 100\%$ 为例，对于组合畸变相位角 $\varphi_{PT} = 180°$，在较低的进口总压畸变强度（$W = 4\% \sim 6\%$）下，其对应的临界温升略高于相位角分别为 $0°$、$90°$ 时的临界温升，表明在此使用条件下，其对风扇稳定性的影响最小。在所研究的四个转速范围内，随着综合畸变指数的提高，面平均临界温升总体上呈下降趋势，但在细节上又有所不同。在较低的进口总压畸变强度（$W = 4\% \sim 6\%$）和组合畸变相位角 $\varphi_{PT} = 180°$ 的条件下，其临界温升反而出现了高于单独温度畸变的临界温升的现象。这种现象在 $\overline{n}_{F,c} = 90\%$ 和 $\overline{n}_{F,c} = 80\%$ 时特别明显，说明通过合理配置组合畸变相位角，能使发动机的稳定性向好的方向转化。

组合畸变敏感系数一方面表示组合畸变对发动机稳定性的影响程度，另一方面表示压力畸变和温度畸变之间的相互影响，当 $\alpha_{W,T} > 0$ 时，表明相互影响加强；当 $\alpha_{W,T} < 0$ 时，表明相互影响减弱。

9.2.4   激盘模型

在研究压缩系统对畸变的响应问题上，除了宏观的进、出口的参数变化以及喘振压比损失，需要进一步深入了解畸变对各级甚至各叶片排气流的影响，以提高压缩系统的抗畸变性能。即使在进口气流均匀的情况下，多级轴流压缩系统的流动问题也已十分复杂，属于三元非定常的黏性流动。在进口有畸变的情况下，问题就变得更加复杂。因此，研究畸变问题时，一般都是以已知压缩系统特性或叶排特性为起点，对于不同类型的进口畸变，针对压缩系统的流动特点来发展预测方法。依据激盘模型发展的相关分析方法是此类方法中的重要内容。激盘模型就是在流场中将一台压缩系统、一个压缩系统的级或者一排叶片处理为一个没有厚度的间断面——激盘，气流流过激盘等效于流过其所取代的压缩系统、级或者叶排。本节重点介绍用于进气畸变影响分析的激盘模型及其分析方法。

利用分析均匀进气压缩系统特性的流线曲率法，可以在压缩系统子午面内计算得到 N 条流线，这 N 条流线绕压缩系统轴的旋转面即沿叶高将压缩系统分割为 $N - 1$ 个子压缩系统，如图 9.39 所示。在一定的进口总压和总温分布下，针对不同叶高分别利用二维模型计算畸变的影响，计算分析这 $N - 1$ 个子压缩系统的气动性

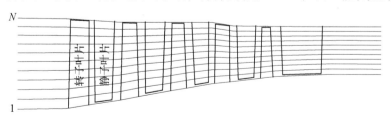

图 9.39   准三维计算模型的子午流道示意图

能和稳定性,即构成本节分析进气畸变对多级轴流压缩系统气动性能和稳定性影响的准三维计算模型。

当由均匀进气计算获得压缩系统子午通道内不同半径处的流线后,分别分析相邻两条流线的回转面之间的子压缩系统内的流动时,可将所需分析的压缩系统简化为图 9.40 所示的 X-Y 平面内的二维系统。此时,在子压缩系统上、下游管道内和各叶排之间的轴向间隙中,若忽略气流黏性的影响,则气流的流动遵循二维、可压缩、非定常的控制方程。

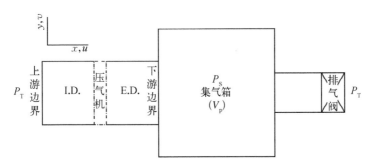

图 9.40　X-Y 平面内压缩系统简化模型

对于半径 R 上的子压缩系统,在其上游进口边界上,需要给定三个物理条件(进口马赫数 $Ma < 1$ 时)。利用这三个物理条件,可以描述人们关心的各类畸变问题,如图 9.41 和图 9.42 所示的上游进口总压畸变和总温畸变。对于目前经常遇到的也是人们最为关心的总压畸变、总温畸变和方向畸变的问题,可以抽象地给定上游进口截面的总温 T_0^*、总压 P_0^* 和进气角 α_0 为周向角 θ 和半径 r 的函数:

$$P_0^* = P_0^*(r, \theta, t); \quad T_0^* = T_0^*(r, \theta, t); \quad \alpha_0 = \alpha_0(r, \theta, t) \qquad (9.34)$$

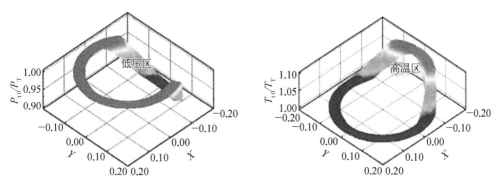

图 9.41　进口总压畸变分布示意图　　　　图 9.42　进口总温畸变分布示意图

对于不同叶高的各子压缩系统的转子叶排进、出口或静子叶排进、出口的内边界,均需要补充给定四个物理条件。针对所研究的问题,分别根据转子叶排和静子叶排的特性,应用动量守恒、质量守恒和能量守恒,给出适用于转子"激盘"和静子"激盘"的补充方程。

在转子和静子叶排"激盘"补充方程中分别利用转子和静子叶排的总静压升特性以及出气角特性。以往的此类分析方法通常需要用户提供压缩系统的此类特性数据,对用户来说这是很困难的,原因在于用户难以提供包含来流马赫数和入气角等参数影响的充足数据,尤其是对于三维计算分析还要提供沿叶高变化的特性。由于这些均为轴对称特性,可以通过计算均匀进气压缩系统特性的方法直接计算获得这些特性,从而提高了此类方法应用的灵活性以及预测结果的精度。

模型仍然使用与均匀进气条件下相同的"有效静压升系数法"判定压缩系统失速边界,这是一种基于级平均静压升系数的判稳准则。需要指出的是,对于周向畸变,除了沿叶高各基元级的静压升系数可能不同,沿周向不同周向角位置的静压升系数也是不同的。此时利用沿径向和周向的面平均静压升系数代表级的工作静压升系数是不合理的,降低了周向畸变的影响;将某个周向角位置的径向平均静压升系数作为判断失稳的级工作静压升系数显然又夸大了周向畸变对压缩系统稳定性的影响。为了解决该问题,这里引用临界畸变角 θ_{cr} 的概念,定义 θ_{cr} 扇形区范围内平均静压升系数的最大值为级的工作静压升系数:

$$(\overline{C_{\mathrm{h}}})_{\mathrm{ef}} = \left[\frac{1}{\theta_{\mathrm{cr}}} \int_{\theta}^{\theta+\theta_{\mathrm{cr}}} \left(\int_{R_{\mathrm{h}}}^{R_{\mathrm{t}}} C_{\mathrm{h}}(r,\theta)\mathrm{d}r \right) \mathrm{d}\theta \right]_{\max} \tag{9.35}$$

并由此值与失速静压升系数 $((C_{\mathrm{h}})_{\mathrm{stall}})$ 进行比较,判定该级或压缩系统是否失速。

以某五级高压压缩系统为例,分析进气畸变对高压压缩系统性能和稳定性的影响。这里暂且分析进口稳态方波总压畸变的影响。为了描述此种畸变,可将上游进口补充条件改写为

$$\begin{cases} P_0^*(r,\theta) = \begin{cases} P_{\mathrm{T}}, & \theta \notin \theta^- \\ P_{0,\min}^*, & \theta \in \theta^- \end{cases} \\ T_0^*(r,\theta) = \mathrm{const} \\ \alpha_0(r,\theta) = \mathrm{const} \end{cases} \tag{9.36}$$

并定义总压畸变度 $\mathrm{DA_P}$ 为

$$\mathrm{DA_P} = \frac{P_{\mathrm{T}} - P_{0,\min}^*}{P_{\mathrm{T}}}$$

为了验证计算模型和计算方法的可靠性,首先计算分析 $\theta^- = 90°$ 而 $\mathrm{DA_P} = 8\%$ 的进气总压畸变对某五级高压压缩系统气动性能和稳定边界的影响。图 9.43 分别给出了该压缩系统的均匀进气的实验结果,以及在该进气总压畸变条件下的实

验结果和计算结果。该压缩系统的子午流道示于图 9.39 中,本算例以 11 条流线将该压缩系统沿叶高分割为 10 个子压缩系统。图 9.43 分别给出了 100%、86.7% 和 70% 三个转速的计算结果和实验结果。计算结果与实验结果的比较表明,该模型能够充分反映进气畸变对多级轴流压缩系统性能和稳定性的影响,计算与实验的稳定边界点流量和压比的最大误差分别为 2.2% 和 4.7%,满足工程计算精度要求;计算和实验得到的畸变对压缩系统压比和效率特性的影响也比较一致。100% 转速时,计算结果的对应点流量偏大,最大相对误差约为 2.5%,而小转速失速点压比相对误差较大。

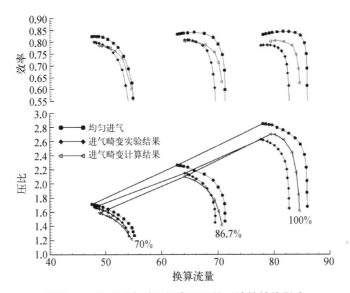

图 9.43 总压畸变对五级高压压缩系统的性能影响

对于周向总温畸变、总压畸变和总温-总压组合畸变的影响计算分析,给定上游进口边界条件为

$$\begin{cases} P_0^*(r, \theta) = \begin{cases} P_T, & \theta_P \leqslant \theta \leqslant \theta_P + \theta^- \\ P_{0,\min}^*, & \theta \in \theta^- \end{cases} \\ T_0^*(r, \theta) = \begin{cases} T_T, & \theta_T \leqslant \theta \leqslant \theta_T + \theta^+ \\ T_{0,\max}^*, & \theta \in \theta^+ \end{cases} \\ \alpha_0(r, \theta) = \text{const} \end{cases} \quad (9.37)$$

并定义总温畸变度 $\mathrm{DA_T}$ 为

$$\mathrm{DA_T} = \frac{T_{0,\max}^* - T_T}{T_T}$$

同时引入 $\Delta\theta = \theta_P - \theta_T$ 表示总温和总压畸变的周向相位差。

该模型采用根据临界畸变角修正的 Koch 最大失速静压升系数作为存在周向畸变时压缩系统失稳的判据。在设计转速和 $M_{red} = 82.59\ \text{kg} \cdot \text{K}^{1/2}/(\text{s} \cdot \text{bar})$ 状态下,$\text{DA}_P = 8\%$、$\bar{\theta}^- = 90°$ 而 $\text{DA}_T = 0$ 时,从叶根到叶尖各子压缩系统第三级周向局部位置的静压升系数分布如图 9.44 所示。显然,由于周向总压畸变的存在,静压升系数的周向分布很不均匀。周向总压畸变区内的静压升系数均较高,而且对于该算例根部子压缩系统的静压升系数最大,叶尖的最小。虽然此时局部区域内的周向局部位置的静压升系数 $C_h(r, \theta)$ 已大于该级的最大失速静压升系数 $(C_h)_s$,但其 90° 扇形区内的平均最大静压升系数 $(\bar{C}_h)_{ef}$ 仍小于 $(C_h)_s$,即此时压缩系统仍处于稳定工作状态,如图 9.45 所示。

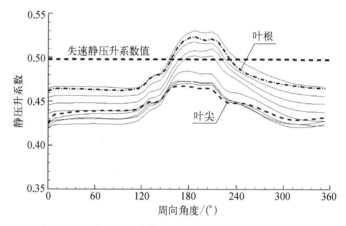

图 9.44　第三级沿叶高子压缩系统的静压升系数分布

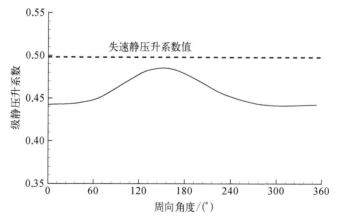

图 9.45　第三级的周向分布

在进气畸变对压缩系统稳定性影响的分析中,畸变敏感系数是一个非常重要

的参数。对于周向总压畸变,定义其喘振压比损失的敏感系数 KC 为

$$KC = \frac{\dfrac{PR_1 - PRDS}{PR_1}}{DA_P}$$

式中,PR_1 和 PRDS 分别为无畸变喘振压比和畸变度为 DA_P 的周向畸变时的喘振压比。在设计转速、$M_{red} = 82.59\ \mathrm{kg \cdot K^{1/2}/(s \cdot bar)}$ 状态下,计算获得该压缩系统的周向总压畸变的临界畸变度 $(DA_{PT})_{cr} = 12.75\%$,其敏感系数 KC 为 0.20。该计算的结果显示,此时的失稳始发级为第三级,而且周向畸变对沿叶高不同子压缩系统静压升系数的影响也不尽相同。图 9.46 给出了均匀进气和在该临界畸变度下,静压升系数沿叶高的分布。在两种进气条件下均为叶根的负荷大,但进气畸变显然使得叶尖的气动负荷增大得相对较多一些。图 9.47 为由进气畸变引起的静压升系数增量沿叶高的分布。这些差异主要与各级参数以及沿叶高各基元级参数的选择有关。失稳始发级前的第一级、第二级参数对于进口总压畸变的衰减以及出口总温畸变的形成有着直接的影响,即直接影响第三级进口的总压分布和总温分布。

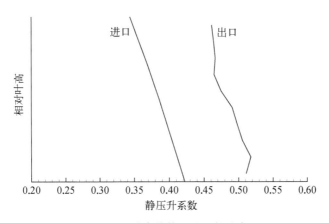

图 9.46　沿叶高的静压升系数分布

　　周向畸变角是描述进气畸变性质和影响压缩系统稳定性的一个重要参数,其对压缩系统稳定性的影响与临界畸变角的概念直接有关。图 9.48 显示了 θ^- 对 KC 影响的本模型计算结果,该结果清晰地反映了临界畸变角的概念,当 $\theta^- > 90°$ 后,θ^- 的增大对周向总压畸变敏感系数 KC 的影响已很小,与已有实验结果和人们的认识是一致的。

　　理论上,该模型的各叶排基元级的稳态性能计算以及判断失稳的静压升系数计算中都考虑了马赫数和雷诺数变化的影响,因此能够反映总温变化对压缩系统

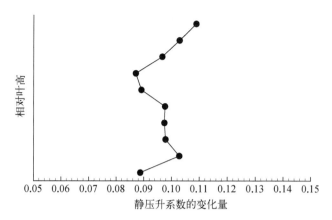

图 9.47   进气畸变对静压升系数影响沿叶高的变化量

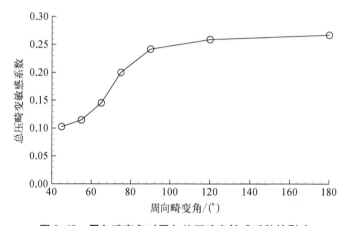

图 9.48   周向畸变角对周向总压畸变敏感系数的影响

气动性能和稳定性的影响,也可用来分析总温畸变的影响。图 9.49 给出了 $DA_T = 30\%$、$\theta^+ = 120°$ 而 $DA_P = 0$ 的计算结果。总温畸变的存在降低了压缩系统的气动性能和稳定性,这与人们关于总温畸变对压缩系统性能和稳定性影响的认识是一致的,也说明了该模型可用于分析总温畸变的影响。

    压缩系统的气动失稳始终与其某个级或某个叶排甚至某个叶排的基元级的攻角过大或气动负荷过大有关。无论是总温畸变还是总压畸变都是由周向的不均匀造成压缩系统某个级或某个叶排的局部攻角或气动负荷相对过大,促使压缩系统提前失速。上述总压畸变和总温畸变的算例都说明了这点。但这种影响是复杂的,除了与设计参数的选择有关,总温分布和总压分布的影响也一定很大。总温分布和总压分布的影响可以用总温分布对压缩系统周向总压畸变敏感系数 KC 的影响来描述。图 9.50 给出了总温和总压畸变同相位 ($\Delta\theta = 0°$) 且 $\theta^- = \theta^+ = 120°$ 时,总温畸变度 DA_T 对压缩系统周向总压畸变敏感系数 KC 的影响。显然,此时总温

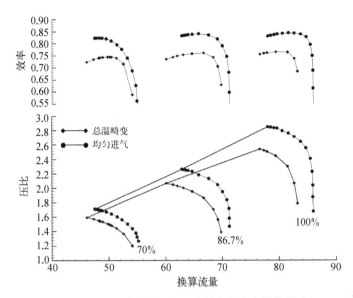

图 9.49　总温畸变对压缩系统性能和稳定性的影响

畸变的存在是有害的。总温畸变的存在提高了压缩系统对周向总压畸变的敏感度,进一步降低了压缩系统的气动稳定性,促使了压缩系统的提前失稳。计算结果还表明,总温畸变度对压缩系统周向总压畸变敏感系数的影响接近线性。

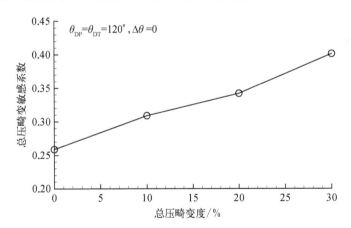

图 9.50　总温畸变度对总压畸变敏感系数的影响

在总温-总压组合畸变对压缩系统气动性能和稳定性影响的研究中,另一个重要的参数就是总温和总压畸变之间相位差的影响。图 9.51 给出了 $DA_T = 10\%$、$\theta^- = \theta^+ = 120°$ 时,总温和总压畸变相位差 $\Delta\theta$ 对周向总压畸变敏感系数 KC 的影响。在该算例中,相位差 $\Delta\theta = 0°$ 表示总压畸变区和总温畸变区完全对应,即低总压区和高总温区完全对应;而 $\Delta\theta = 120°$ 时,总压畸变区和总温畸变区已完全错开。计算结果表明,总温和总压畸变相位差 $\Delta\theta$ 为 $0°\sim90°$ 时,周向总压畸变敏感系数 KC 较大,均大于无总温畸变时的 KC 值,这意味着此时总温畸变的存在加剧了总压畸变对压缩系统稳定性的影响。

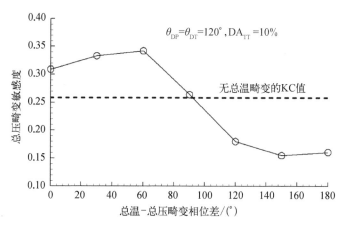

图 9.51　总温-总压畸变相位差对总压畸变敏感系数的影响

9.2.5　彻体力模型

虽然计算机硬件和 CFD 技术有了飞速的发展,若采用目前流行的非定常 RANS 数值模拟方法来研究进气畸变对压缩系统气动稳定性影响问题,所要面临的一个主要困境就是非定常扰动尺度范围过大,压缩系统在畸变条件下各种不同尺度的非定常扰动都会显现出来。一方面,进气气流畸变是以压缩系统直径为特征尺寸的大尺度非定常扰动,求解畸变流场就要求计算压缩系统整个环面所有通道中的非定常流动;另一方面,为了正确估算黏性作用,还需要求解比边界层尺度还小的扰动,对于高雷诺数小尺度扰动的长度可以达到几十个微米的量级,精细网格和全环面多通道计算使得计算网格数量巨大,它对于计算机资源的高要求就不止包含内存,也包含 CPU 计算时间,其计算耗时过长是目前工程设计无法接受的,且仍然面临计算结果的可靠性问题。

根据进气畸变的形式以及 CFD 计算边界条件的设置,一般需要对压缩系统整环进行网格划分,采用雷诺平均 N-S 方程加湍流模型或者采用大涡模拟求解,对整台压缩系统所有通道进行联合计算,由于压缩系统一般为多级结构,因此计算多级轴流压缩系统时,CFD 方法所需的网格量过于庞大,以某型三级风扇为例,转静子叶片排通道总共有 278 个通道,假设每个通道 20 万网格,进出口管道网格各 200 万,则网格量总计 5 960 万。如此大的网格需要大量的内存,所以必须采用机群进行并行计算才有可能,但是纵然采用并行计算,计算速度也比较慢,如果要获得一条等转速线可能需要花费几个月的时间。

鉴于这种情况,目前国内外通常的研究策略分为两种:第一种是采用较粗的网格,大致观察进气畸变对压缩系统内部流动特征及稳定性的影响;第二种是采用较细的网格,但并不采用整环计算。虽然这两种方法可以使得计算可行,但是结果的可靠性和准确性还是值得怀疑的。

为了能够更加合理地、精确地反映进气畸变对压缩系统气动稳定性的影响,需要发展三维非定常计算模型,从目前的技术发展现状来看,三维彻体力模型具有较大的优势,其融合了新近发展的 CFD 计算优势和传统风扇/压缩系统设计理论的沉淀,既能大幅度减少对计算资源的消耗,又尽可能地降低了对经验的依赖,是现阶段"理想"和"可能"完美结合的范例。彻体力模型的基本示意图如图 9.52 所示。

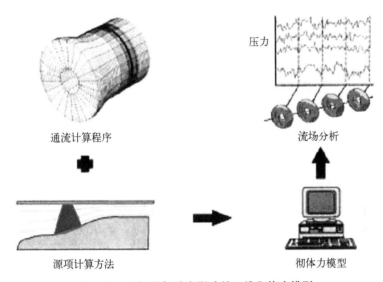

压力

通流计算程序　　　流场分析

源项计算方法　　　彻体力模型

图 9.52　分析进气畸变影响的三维彻体力模型

彻体力模型的基本概念为:通过在粗的计算网格上模拟黏性效应或者叶片效应作为计算源项,并根据相关特点和经验给定它们在叶片通道内的分布形式,发展一种通过叶轮机械的三维非定常流计算模型。某些时候人们所关心的重点并不在受黏性影响很大的壁面附近,因此可通过避免求解黏性细节来加速整体计算过程。显然,作为控制方程中源项的叶片力或者黏性力的正确模拟是提高这种计算准确性的关键。

Hale 等[51-53]提出的计算模型——DYNTECC,将叶片通道内的黏性和叶片与气流间的相互作用处理为源项,并通过激盘/半激盘耦合形式分析了进气畸变对多级压缩系统性能和气动稳定性影响的彻体力计算模型。它根据已有的特性计算源项,着眼于外部扰动对稳定边界和失速特性的影响。该模型求解准一维的带有源项的非线性欧拉方程组,并在单转子压缩系统中得到发展。对于单转子多级压缩系统的计算模型如图9.53所示。

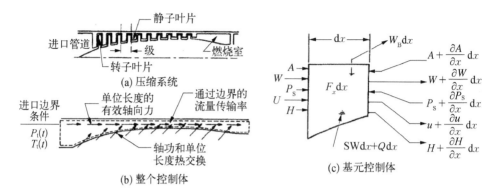

图 9.53　单转子多级压缩系统的模型

作用在控制体上的是轴向力的分布 F_x,它包括压缩系统叶片对气流的作用和通道对气流的作用。输入控制体的能量包括控制体内增加的热量 Q 和作用在流体上的轴功 SW。由控制体边界(非进出口边界)流出的质量用 W_B 表示,即放气量。出口边界给定静压、流量或者马赫数中的任何一个。整个控制体分为一系列的控制体单元,以每一级作为一个控制体单元,同时进出口管道也分为一系列控制体单元,其单元尺度与频率响应要求一致。

DYNTECC 采用流线曲率法程序 CPAC 计算压缩系统的源项,该程序基于轴对称流叶片力和轴功的径向分布发展得到的。叶片区的控制体定义为进出口和相邻的流线包围的区域,如图9.54所示。该模型只是运用动量方程求解作用在控制体上的轴向力的分布 F_x,包括压缩系统叶片对气流的作用和通道对气流的作用,但没有给出源项在叶片区内的分布形式。

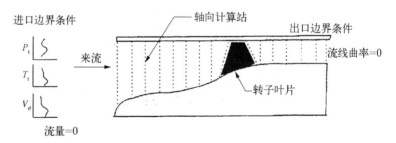

图 9.54　单转子计算站点分布

1994 年,Hale 等[54]应用 Billet 的概念提出了另一种彻体力模型——TEACC,并在 1998 年利用该模型对稳态进气畸变进行了计算和分析。此模型对每个叶排的叶片通道之间的流场进行模拟,发展出了一种新的三维彻体力程序,其控制方程是可压、非定常、三维的欧拉方程组,并且带有代表叶片区作用的源项。

TEACC 的开发目的是研究复杂动态畸变对压缩系统的影响,其中的源项计算方法由流线曲率法得到。在离散的时间间隔内对每个叶排的诸多周向扇区单元分别应用流线曲率法,从而可以不断更新源项。

TEACC 在叶片区内部也划分有计算网格,因此该模型能描述叶片区内分布的流场细节,其基本网格如图 9.55 所示。其中,中心体和包围它的部分都是轴对称的,一些网格线用来区分物理部件(如转子、静子等),并用网格填充(加密)来提高指定区域的计算精度,例如,在转子附近的轴向位置加密网格,径向空间基于均布的要求,只是在叶尖处有网格加密的效果。

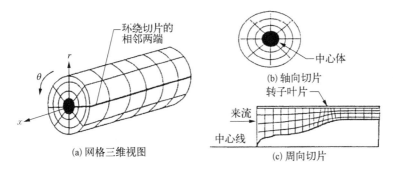

图 9.55　TEACC 网格划分示意图

其中,流线曲率法程序 CPAC 被修改成可在叶片每个流管内计算源项,如图 9.56 所示。这些控制体的进出口表示一个叶片的前缘和尾缘,而顶部和底部则表示由流线曲率法得到的两条流线。对稳态条件而言,叶片力等于压力加上冲力。压力作用在所有面上,而冲力不包括经过流线的面。轴功通过对能量方程应用相同的控制体分析得到,放气量由用户指定。

Hale 运用 TEACC 对跨声速转子 NASA Rotor 1B 进行计算,发现由转子产生的强烈旋转导致转子在沿转动方向通过畸变区时负荷增加,而远离畸变区时周向负荷减小。这些结果也验证了该彻体力模型的正确性,该模型目前得到广泛应用,已被成功地应用于机身-推进系统兼容性模拟研究和飞机进口和与发动机的匹配问题分析研究中。

Gong 等[55]在 1999 年描述了一个基于通道平均彻体力的三维非定常计算模型,其主要功能是能够描述多级轴流式压缩系统中三维有限尺度的扰动,如进气畸变、小尺度扰动失速起始过程、部分叶高失速等。该模型应用到 GE 低速(不可压)研究型压缩系统上,并模拟了模态波和 Spike 波两种失速先兆。Gong 将该模型拓展到可压流,并显示了对 NASA Stage 35 进口畸变的稳态响应,其中,彻体力用两个常值力系数(近似于升力系数和阻力系数)来模拟。但需要给定以下已知条件:

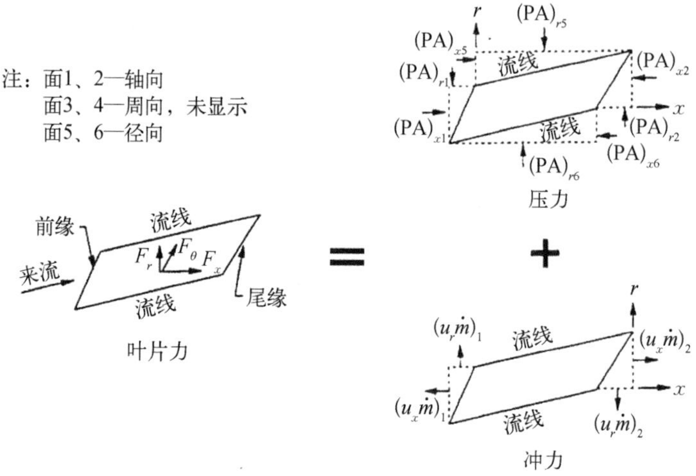

注：面1、2—轴向
面3、4—周向，未显示
面5、6—径向

图 9.56 TEACC 叶片力计算

① 每一叶排的沿径向全流量压升特性 $\Psi(\phi, r)$；② 出口径向相对气流角分布 $\beta_{\text{exit}}(r)$；③ 叶片子午面几何角分布 $\beta_{\text{metal}}(x, r)$。

Gong 分别采用两种方法来建立彻体力源项,对于低速大展弦比压缩系统仍采用通过均匀的轴对称特性来获得彻体力分布,即通过每排叶片各截面的压力升特性等参数换算出彻体力源项,但是源项沿叶片弦向的分布则需要依赖经验来获得。而对于跨声级高速小展弦比的压缩系统选择采用另一种方法,这种方法首先利用 CFD 计算或测试获得压缩系统的三维流场,对流场进行周向流动平均后得到轴对称流场,然后对轴对称流场应用动量方程求出彻体力,经过一系列的不同状态下的 CFD 计算后,总结出彻体力源项与当地动力学参数的函数关系,这种方法的优点是对经验的依赖比前一种方法要少。

近年来,基于通道平均的三维彻体力模型的理论得到不断的发展完善,被广泛应用于压缩系统进气畸变类工程问题。Peters 等[56]针对下一代民用大涵道比涡扇发动机,依托彻体力模型为分析工具,提出了风扇及吊舱一体化设计框架。Akaydin 等[57]为适应未来飞机引擎设计要求,将三维彻体力模型嵌套进 NASA 三维 CFD 程序 OVERFLOW 中形成一套完整的压缩系统流场分析工具,并用于探索新型 D8 概念飞机推进装置由于边界层摄入引起的进口流场畸变对其风扇级性能的影响。

2003 年,Xu[58]提出了黏性彻体力模型,并利用该模型来模拟畸变流场。Xu 的黏性彻体力模型与 Gong 的周向平均彻体力模型不同的是他把叶片放入流场中参与计算,无黏叶片力直接由 CFD 计算得到,而黏性影响作为当地源项在粗网格上进行模拟,被模化的只是叶片槽道中的黏性力作用,因此这种模型相对于黏性力叶片和非黏性叶片力都需要模化的模型对经验的依赖程度要小,而且它有能力求解在叶栅通道内的详细流动,可以解由于叶片扫过而产生的扰动,并可以很精确地给出叶片的非定常力。但是因为方程求解时要计算叶片非黏性力作用,计算耗时要比彻体力模型高一个量级。Xu 发现一般情况下黏性力相对于总的叶片力是很小的,它的非定常扰动则更小,只需要一个很简单的阻力系数模型就可以很好地模拟时均和动态黏性作用,但对于有分离的情况,阻力系数的变化将会变得很大,这时就需要更详细的模拟。Xu 在研究模拟黏性彻体力方法时发现如果直接计算无黏的叶片力,而模拟黏性力将会十分有利,因为无黏非定常力通常对扰动有很强的动力学响应,因此模拟无黏非定常力非常困难。另外,由于无黏叶片力是总的非定常叶片力的主要部分,模拟整体叶片力的任何误差的影响将比单独模拟黏性影响重要得多。换句话说,与周向平均的彻体力模型相比,黏性体力模型的模拟可以承受更大的误差。

　　Xu 等为了解决叶轮机械内部非定常流动数值模拟所面对的非定常尺度跨度大的问题,还提出了一个对各种尺度的非定常流动都适用的通用框架,如图 9.57 所示。框架最上端是低维模型,它对计算机资源的需求最小,但对流动做的简化最多,计算中被忽略的流动结构需要依靠经验来建模,简化模型越多,对经验的依赖也就越大,经验总结的正确性决定了它计算的精度。框架最底端是直接数值模拟,它对计算机资源有极高的要求,所有的流动细节都通过控制守恒方程直接计算,几乎不依赖于经验。框架中间的方法则介于两者之间。这个框架更像是广义大涡模拟,在某一预设的临界值以上尺度的非定常流通过流动的控制守恒方程直接计算,低于临界值的小尺度扰动将通过不同的模型——通常是由经验、数值、解析方法或者这些方法的结合来模拟。当人们要对某一个特殊应用选择一个合适的模型时,就需要在经验和计算机资源之间做一个折中。

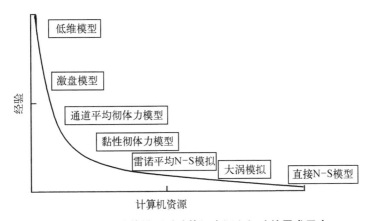

图 9.57　各种计算模型对计算机资源和经验的需求层次

总体而言,目前三维彻体力模型的应用对象大多局限于单转子或单级压缩系统,对多级压缩系统进气畸变问题的应用研究相对较少。众所周知,即便是进口单纯的周向总压畸变在多级压缩系统的传递过程中仍会诱导出总温畸变以及进气方向的不均匀性,这就对彻体力模型中的源项关联方法提出了更高程度的要求。文献[59]~[61]基于时间推进技术及有限体积法,将彻体力模型与基元叶栅法的思想相结合,提出了一个适用于预测大尺度进气畸变对多级轴流压缩系统气动性能及稳定性影响的三维数值计算模型。

在无叶区内即进出口管道和叶排间隙内采用绝对圆柱坐标系下的三维流动方程进行求解。为考虑主流区内因湍流扩散引起的不同流线之间能量及动量交换,基于 Gallimore 等[62,63]的径向掺混模型的主导思想,在 Euler 方程组中引入湍流黏性应力及湍流热传导项以描述该现象。在叶片区域,用彻体力源项代替叶片型面对气流产生作用,并采用叶型堵塞系数 b 反映叶型有限厚度对叶片区域内部流动的影响,模型基本理论构成示意图如图 9.58 所示。叶型堵塞系数示意图见图 9.59。

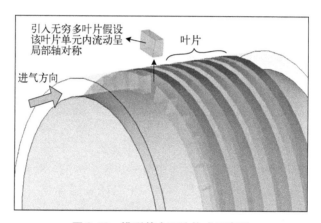

图 9.58 模型基本理论构成示意图

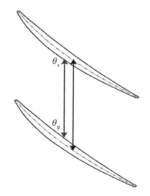

**图 9.59 叶型堵塞系数
示意图**

控制体的选取主要有网格中心型和节点中心型两种方式,相对而言,网格中心型控制体在处理角点、壁面以及交接面时具有一定的优势,因此该模型采用网格中心型控制体。在网格中心型控制体中,物理量(密度、速度、压力等)存储在控制体中心。对方程(9.38)和方程(9.39)采用单元中心型有限体积法进行离散,时间项采用五步 Runge - Kutta 法显式时间推进,对稳态计算采用当地时间步长加速收敛过程。无黏通量采用低耗散的 LDFSS(2)格式求解[64],并采用 Minmod 限制器提高空间项离散精度。黏性通量的椭圆特性使其离散过程相对简单,本模型采用构建辅助单元的方法,利用 Gauss 公式求解相关偏导数。模型所涉及的边界条件有固壁边界条件、周期性边界条件及进出口边界条件。

无叶区和有叶区的流动方程分别如下:

无叶区为

$$\frac{\partial Q}{\partial t} + \frac{\partial (E - E_v)}{\partial z} + \frac{1}{r} \frac{\partial (H - H_v)}{\partial \theta} + \frac{1}{r} \frac{\partial r(G - G_v)}{\partial r} = S \qquad (9.38)$$

有叶区为

$$\left(\frac{\partial}{\partial t} + \Omega \frac{\partial}{\partial \theta} \right) bQ + \frac{\partial b(E - E_v)}{\partial z} + \frac{1}{r} \frac{\partial rb(G - G_v)}{\partial r} = bS + S_b + bS_F \qquad (9.39)$$

式中,

$$Q = \begin{bmatrix} \rho \\ \rho v_z \\ \rho v_\theta \\ \rho v_r \\ \rho e \end{bmatrix}, \quad E = \begin{bmatrix} \rho v_z \\ \rho v_z^2 + p \\ \rho v_\theta v_z \\ \rho v_r v_z \\ v_z (\rho e + p) \end{bmatrix}, \quad H = \begin{bmatrix} \rho v_\theta \\ \rho v_z v_\theta \\ \rho v_\theta^2 + p \\ \rho v_r v_\theta \\ v_\theta (\rho e + p) \end{bmatrix}, \quad G = \begin{bmatrix} \rho v_r \\ \rho v_z v_r \\ \rho v_\theta v_r \\ \rho v_r^2 + p \\ v_r (\rho e + p) \end{bmatrix}$$

$$E_v = \begin{bmatrix} 0 \\ \tau_{zz} \\ \tau_{z\theta} \\ \tau_{zr} \\ \sum_{i=1}^{3} \tau_{zi} v_i - q_z \end{bmatrix}, \quad H_v = \begin{bmatrix} 0 \\ \tau_{\theta z} \\ \tau_{\theta\theta} \\ \tau_{\theta r} \\ \sum_{i=1}^{3} \tau_{\theta i} v_i - q_\theta \end{bmatrix}, \quad G_v = \begin{bmatrix} 0 \\ \tau_{rz} \\ \tau_{r\theta} \\ \tau_{rr} \\ \sum_{i=1}^{3} \tau_{ri} v_i - q_r \end{bmatrix}$$

$$S = \begin{bmatrix} 0 \\ 0 \\ \dfrac{-\rho v_\theta v_r + \tau_{r\theta}}{r} \\ \dfrac{\rho v_\theta^2 + p - \tau_{\theta\theta}}{r} \\ 0 \end{bmatrix}, \quad S_b = \begin{bmatrix} 0 \\ p\dfrac{\partial b}{\partial z} \\ 0 \\ p\dfrac{\partial b}{\partial r} \\ 0 \end{bmatrix}, \quad S_F = \begin{bmatrix} 0 \\ F_z \\ F_\theta \\ F_r \\ F_\theta \Omega r \end{bmatrix}$$

$$\tau_{zz} = \mu_t \left(2 \frac{\partial v_z}{\partial z} - \frac{2}{3} \nabla \cdot v \right), \quad \tau_{\theta\theta} = \mu_t \left(2 \left(\frac{\partial v_\theta}{r\partial\theta} + \frac{v_r}{r} \right) - \frac{2}{3} \nabla \cdot v \right)$$

$$\tau_{rr} = \mu_t \left(2 \frac{\partial v_r}{\partial r} - \frac{2}{3} \nabla \cdot v \right)$$

$$\tau_{z\theta} = \tau_{\theta z} = \mu_t \left(\frac{\partial v_\theta}{\partial z} + \frac{\partial v_z}{r\partial\theta} \right), \quad \tau_{zr} = \tau_{rz} = \mu_t \left(\frac{\partial v_r}{\partial z} + \frac{\partial v_z}{\partial r} \right)$$

$$\tau_{r\theta} = \tau_{\theta r} = \mu_t \left(\frac{\partial v_\theta}{\partial r} + \frac{\partial v_r}{r\partial\theta} - \frac{v_\theta}{r} \right)$$

$$q_z = -k_t \frac{\partial T}{\partial z}, \quad q_\theta = -k_t \frac{\partial T}{r\partial\theta}, \quad q_r = -k_t \left(\frac{\partial rT}{r\partial r} - \frac{T}{r} \right), \quad k_t = \frac{c_p \mu_t}{Pr_t}, \quad p = \rho RT$$

$$e = \frac{p}{\rho(\gamma - 1)} + \frac{1}{2}(v_z^2 + v_\theta^2 + v_r^2)$$

为使方程封闭,必须针对叶片力源项 $F = [F_z \quad F_\theta \quad F_r]^T$ 进行建模求解,本模型采用的彻体力计算方法基于 Marble[38] 的思想,将彻体力分解为两部分,一部分为垂直于相对速度 W 的非耗散力 φ;另一部分为反向平行于相对速度 W 的耗散力 f,具体如下:

$$F = \varphi + f \tag{9.40}$$

$$\varphi_z v_z + \varphi_\theta (v_\theta - \Omega r) + \varphi_r v_r = 0 \tag{9.41}$$

$$[f_z \quad f_\theta \quad f_r]^T = -\frac{f}{W} [v_z \quad v_\theta - \Omega r \quad v_r]^T \tag{9.42}$$

耗散力的大小 f 通过热力学定律,由叶片区域当地熵增沿子午面流线梯度确定。本模型假设叶排进出口熵增沿子午面流线呈线性分布,并通过给定叶排损失系数 $\tilde{\omega}$ 来计算熵增 Δs,如式(9.43)所示:

$$f = \rho T \frac{v_m}{W} \frac{\Delta s}{\Delta m} = \frac{\rho T}{\Delta m} \frac{v_m}{W} \left[-R\ln\left(1 - \frac{\tilde{\omega}\left(1 - \left(1 + \frac{\gamma-1}{2} Ma_{rel1}^2 \right)^{-\frac{\gamma}{\gamma-1}} \right)}{(T_{rel2}^* / T_{rel1}^*)^{\frac{\gamma}{\gamma-1}}} \right) \right]$$

$$\tag{9.43}$$

式中,Δm 表示叶片区进出口子午面流线长度,为方便起见,用子午面网格线长度代替此项;Ma_{rel1} 表示转子叶排进口相对马赫数或静子叶排进口绝对马赫数;T_{rel1}^*、

T^*_{rel2} 分别表示转子叶排进出口相对总温或静子叶排进出口绝对总温。

总周向力 F_θ 由轴对称、稳态周向动量方程首先确定,如式(9.44)所示。叶片区域内绝对周向速度 v_θ 的确定方法主要基于 Taddei 等[65]的思想,其分布示意图如图 9.60 所示。为解决前缘不连续问题,在叶片前缘 20%弦长区域内依据叶片进口周向速度给定线性分布,剩余弦长区域内依据叶片尾缘给定的落后角 δ 在叶片区内给定脱轨角分布,再结合当地叶型角及瞬时子午面速度 v_m 计算获得绝对周向速度 v_θ。本模型采用余弦函数保证脱轨角分布光滑。当叶片区内周向速度 v_θ 确定之后,本模型将方程(9.44)右端利用 Gauss 公式进行积分求解获得,该方程的无黏数值通量的计算仍采用 LDFSS(2)格式求解。此外,如图 9.61 所示,本模型将无黏径向力及无黏周向力与叶型中弧面形状相联系,φ_r 的确定方法如式(9.45)所示:

$$F_\theta = \varphi_\theta + f_\theta = \frac{1}{b}\frac{\partial b(\rho v_z v_\theta - \tau_{z\theta})}{\partial z} + \frac{1}{br}\frac{\partial rb(\rho v_\theta v_r - \tau_{r\theta})}{\partial r} - \left(\frac{-\rho v_\theta v_r}{r} + \frac{\tau_{r\theta}}{r}\right)$$

$$(9.44)$$

式中,n_r 及 n_θ 分别表示叶型中弧面的沿径向及周向的法向量。

$$\varphi_r = \varphi_\theta n_r / n_\theta \qquad (9.45)$$

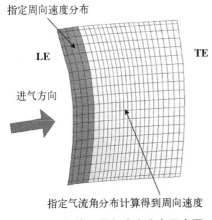

指定周向速度分布

LE   TE

进气方向

指定气流角分布计算得到周向速度

图 9.60 叶片区周向速度分布示意图

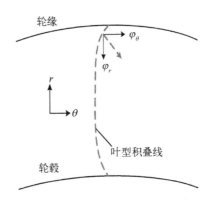

轮缘

φ_θ

φ_r

r

θ

叶型积叠线

轮毂

图 9.61 无黏径向力确定方法示意图

由上述分析可知,只要确定了叶排损失系数 $\tilde{\omega}$ 及落后角 δ,再结合当地瞬时流动参数,就可以联立式(9.40)~式(9.45)确定 S_F。因此,只要将 $\tilde{\omega}$ 及 δ 与叶片基元流道进口流动参数相关联,就可以间接建立彻体力源项与上游流动参数之间的联系。本模型基于文献[66]的工作,采用基元叶栅法中经典的落后角及损失模型,并辅以一定的三维修正[67,68],将基元流道的落后角与损失系数与其进口攻角及进口马赫数相关联。

采用经验关联的判稳方法在压缩系统设计阶段得到广泛应用,其中 Koch[69] 的最大静压升系数法考虑因素最为全面,本模型借鉴该方法进行判稳。另外,如果有效静压升系数在未达到其最大静压升系数之前,计算已经发散,则以发散点作为失速点。关于近失速点本模型发散的物理解释如下:当背压足够高时,压缩系统叶排进口面临大攻角状态,此时会使匹配到的损失系数过高,从而导致耗散力数值迅速上升,而耗散力方向与速度方向相反,对流动起阻碍作用,从而使得计算无法稳定甚至发散。

利用该模型分析一台四级低速轴流压缩系统在 120° 周向总压畸变下的气动特性及进气畸变在其内部的传递过程。该压缩系统是为了模拟高压压缩系统的主要流动特征而设计的,第三级为模拟级,其内部流场特征与高压压缩系统后面级流动存在相似关系,其带有进口导向器,设计转速为 900 r/min,外径为 1.5 m,轮毂比为 0.88,导向器数为 60,转子叶片数和静子叶片数分别为 72、120,相关试验测量结果及测量方法可参考文献[70]。

针对该四级压缩系统,模型沿周向均匀划分 36 个网格单元,沿径向总共划分 20 个网格单元,沿轴向总共划分 352 个网格单元,转、静子每个叶片区域内沿轴向均布置 24 个网格单元,三维计算网格示意图如图 9.62 所示。

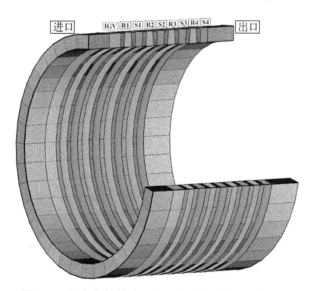

图 9.62　四级低速轴流压缩系统三维计算网格示意图

图 9.63 为进口畸变区总压较未畸变区分别下降 1% 和 3% 时,该四级压缩系统在 100% 设计转速下的总体特性线,图中 ψ_{TT} 为总压升系数,ϕ 为进口流量系数。可以发现,周向总压畸变对压缩系统的气动性能及稳定性均有一定影响,随着畸变强度的增加,压缩系统性能及稳定性均不断恶化。

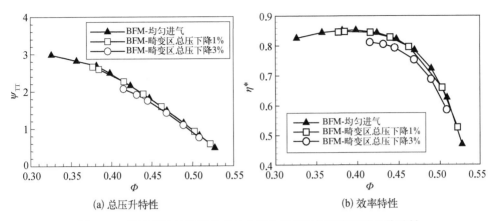

(a) 总压升特性　　　　　　　　　　(b) 效率特性

图 9.63　四级低速轴流压缩系统在周向总压进气畸变下的总体特性

图 9.64 为畸变区总压下降 1% 时,压缩系统近失速点导向器进口截面中径处绝对切向气流角沿周向的分布情况。由图可以发现,由于进口周向低压区两侧存在压差,未畸变气流往畸变区方向形成周向侧流,从而在压缩系统进口畸变区两侧分别形成较大的正预旋及负预旋。

图 9.65 为该四级压缩系统各级出口中径处无量纲总压及总温沿周向分布情况。图中, p^* 及 T^* 分别为各级出口总压和总温, $p^*_{\text{inlet\_clean}}$ 表示计算

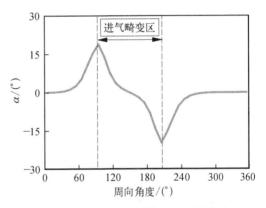

图 9.64　导向器进口截面中径处绝对切向气流角沿周向分布

域进口未畸变区总压, T^*_{inlet} 表示计算域进口总温, Ω 表示转子旋转方向。由图可以

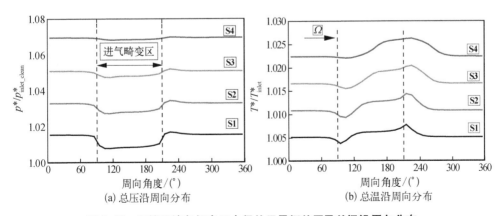

(a) 总压沿周向分布　　　　　　　　(b) 总温沿周向分布

图 9.65　压缩系统各级出口中径处无量纲总压及总温沿周向分布

发现,总温分布的一个明显特征就是在高、低压交界区附近分别达到最大值及最小值,这是由压缩系统转子进口正、负预旋的影响造成的。同时,受转子旋转引起的绝对速度流线沿周向偏移的影响,相比于进口畸变区范围,高温区沿转子旋转方向存在一定的相位移动。

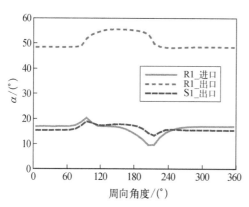

图 9.66 第一级叶片进、出口中径处绝对切向气流角沿周向分布

图 9.66 给出了第一级转子进、出口及静子出口中径处的绝对切向气流角 α 沿周向的分布情况。总压畸变区子午面速度较小,导致转子出口相应周向范围内绝对切向气流角增加,然后通过静子整流作用,绝对切向气流角沿周向的畸变程度下降。

为进一步定量分析多级压缩系统内部流动畸变的传递情况,图 9.67 给出了中径位置处总压及总温畸变强度沿该四级压缩系统整个轴向流程的分布。由图可以发现,进口总压畸变经过

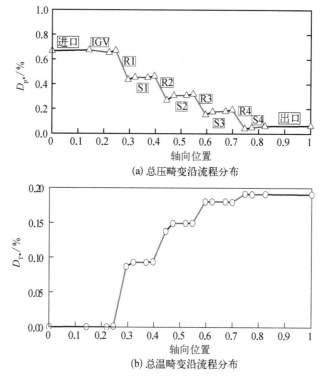

图 9.67 中径处总压及总温畸变强度沿压缩系统轴向流程的分布

各级不断衰减,到达压缩系统出口时畸变强度降为 0.06% 左右。与此同时,由于低压区流速低,转子对气流做功量大,从而诱导出总温畸变,其强度经过各级不断提高,到达压缩系统出口时达到 0.19% 左右。

9.3　扩　稳　技　术

压缩系统气动扩稳技术,是指当压缩系统通道和叶片造型设计完成之后,通过采取专门措施,改善压缩系统各级在设计/非设计状态下的流动环境,进一步提升稳定裕度或者抗扰动能力。按照工作原理不同,除利用双转子或多转子的机械设计进行自适应扩稳外,单个转子上压缩系统气动扩稳设计可以分为如下三大类。

(1) 可调机构控制。通过增加调节机构,压缩系统叶片或者流路的几何形状能够随工作状态而改变,以便适应流动参数的变化,常见措施有中间级放气、可调进口导叶和静子叶片等。

(2) 局部气动设计控制。从压缩系统叶片通道局部气动设计的角度着手,采取专门的措施,提高压缩系统适应不同流动状态的能力,扩大压缩系统的稳定裕度,常见措施有机匣处理、端壁造型和轮毂控制等。

(3) 流动控制。从气动失稳的流动机制和细节入手,通过对压缩系统失稳发作过程中流动扰动的主动抑制,扩大压缩系统的稳定裕度,常见措施有边界层流动控制、微喷气、自循环喷气和等离子流动控制等。

9.3.1　中间级放气

将压缩系统流道的级间空气放到大气或外涵道中,可减小压缩系统级间不匹配程度。在换算转速降低时,打开放气门,增加压缩系统前几级的空气流量,提高前几级轴向速度,减小前几级的攻角,使其接近设计工作状态,这样既可保证前几级稳定工作,又能提高效率,降低叶片的振动应力。放气截面以后的级组,由于放气门打开,这几级的空气流量降低,空气轴向速度减小,工作叶片攻角增加,接近设计值,提高后几级效率及压比。放气虽然能改善低换算转速条件下压缩系统的特性,但从能量观点分析是不利的,因为放气消耗了压缩能量,推力急剧下降,同时燃油消耗量增加。所以,这种方法只在起动状态及慢车加速的过渡过程中使用。放气对压缩系统稳定裕度和性能的影响如图 9.68 所示。

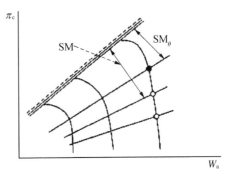

图 9.68　放气对压缩系统稳定裕度和性能的影响

中间级放气,是针对多级压缩系统在偏离设计点工作时,前面几级喘和后面几级堵的特点而采取的措施。通常是在轴流式压缩系统的中间某一级的机匣上,沿圆周开一个排放气孔,采用放气阀来控制放气孔的关闭或打开,其控制机构如图 9.69 所示,可以看出放气措施必须采用较为复杂的机构。在中低转速下,打开放气孔,放出一部分空气,可避免后面级的堵塞,使气流能顺利地向后流出,防止发动机进入喘振。

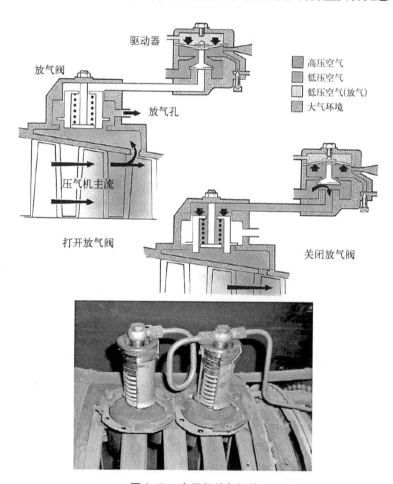

图 9.69　中间级放气机构

苏联的 RD‐93 发动机即采用中间级放气,它装于米格‐19 战斗机上,中国则装在歼 6 飞机上,其改型涡喷 6 甲装在强 5 飞机上,但涡喷 6 甲取消了放气带而改成进口导叶可调。

9.3.2　可调静子叶片

压缩系统的可调节导流叶片(简称导叶或静子叶片)在不同型号的燃气涡轮

发动机上得到广泛的应用。一般被调节的级数根据发动机的类别、用途和压比来确定。常用调节的方案有：只调节压缩系统进口导向器；调节前几级静子叶片（一般为 3~5 级）；调节前几级和最后几级的静叶。只调节压缩系统进口导向器的方案常用于低压压缩系统（风扇）或三转子的中压压缩系统或高压压缩系统；调节前几级静子叶片方案用于单轴发动机的压缩系统或高压比的双涵道双轴发动机的高压压缩系统；调节前几级和最后几级的静叶方案适用于飞行马赫数宽广的超声速燃气涡轮发动机。

可调静叶的转动角度随发动机工作的变化而变化，可用来改善压缩系统和其他部件的流量匹配。为了保证发动机的稳定性，可调导流叶片广泛用于短时增稳系统和消喘复原系统中。

图 9.70 为静子叶片调节对某轴流压缩系统性能及稳定性影响的示意图，静子叶片角度调整随着转速降低而增大，压缩系统中低转速稳定裕度与效率得到大幅提高。

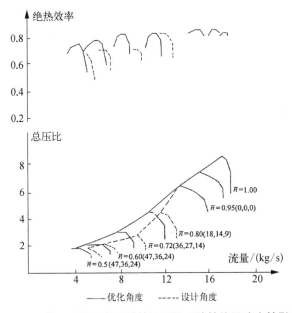

图 9.70　静子叶片调节对某轴流压缩系统性能及稳定性影响

可调静子叶片通过其根部的曲柄围绕叶片的轴线而旋转，许多高增压比涡轮喷气发动机都采用可调静子叶片，最典型的例子是美国的 J79 单转子涡喷发动机，它采用了 17 级轴流压缩系统，其总增压比达到 12.8，压缩系统进口导流叶片和前 6 级的静子叶片全部可调，调节角度随发动机的转速、飞行速度和进口温度的变化而自动调节。该发动机装于两倍声速的 F-4 和 F-104 战斗机上。图 9.71 为可调静子叶片机构示意图，静子叶片的角度通过一个联动环和两个液压作动筒来实施调节。

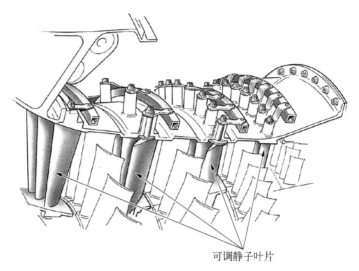

可调静子叶片

图 9.71　可调静子叶片机构示意图

近年来,发动机的压缩系统进口还开始使用"可变弯度"设计,即把进口导流叶片沿弦向设计成两截,例如,从弦长的 2/3 处分开,前面的 2/3 是固定的,后面的 1/3 是可动的,如图 9.72 所示。可变弯度进口导流叶片一般设置于工作轮第一排叶片前,可动部分在压缩系统的全部工作范围内都是可调的,可以在非设计状态下,保证工作轮的进口气流的迎角与叶片的几何角度相匹配。

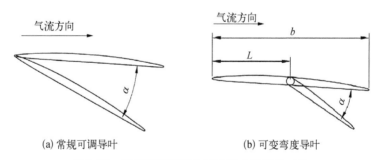

(a) 常规可调导叶　　　　　　　　　(b) 可变弯度导叶

图 9.72　常规可调导叶与可变弯度导叶的对比

9.3.3　机匣处理

机匣处理技术是一项被较早研究和成功运用的一项压缩系统气动扩稳设计技术。它具有结构上易于实现、制造成本低、改型方便、可靠性高、扩稳效果好等优点,成为航空发动机领域应用最为广泛的扩稳技术之一。

机匣处理通过在压缩系统工作叶片的机匣处开孔、槽等特殊结构来提高发动机稳定工作裕度。从 20 世纪 60 年代机匣处理技术被发现后,研究人员围绕机匣处理展开了大量研究,发展出了多孔壁、蜂窝、槽类、缝类、叶片式多种形式的机匣处理技术(图9.73),其基本原理可以归结如下:通过改变转子叶片叶尖区的压力分布,使叶片前缘负荷减轻;改变压缩系统流路,形成叶尖泄漏流的通道,减轻泄漏流对叶片通道的堵塞;叶片通道主流与端壁的径向流动使气流攻角发生变化,改变局部扰动的传播特性,衰减扰动振幅,抑制旋转失速的产生。

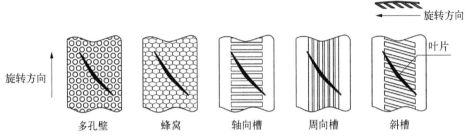

图 9.73　典型机匣处理结构示意图

人们对机匣处理的扩稳认识始于20世纪60年代初,此后美国NASA、法国国家航空航天研究院、英国剑桥大学、日本东京大学等纷纷开展了对机匣处理技术的研究。轴流压缩系统机匣处理技术的发展,大概分为以下几个阶段。

(1) 20世纪60~70年代是机匣处理技术的早期探索阶段,人们对多种机匣结构进行了研究,如多孔壁机匣、蜂窝状机匣、周向槽机匣和缝类机匣等。其中,较为深入的研究集中于槽类机匣和缝类机匣。槽类机匣指沿周向开槽数条的机匣结构。缝类机匣指缝的长度远大于其宽度的机匣结构,这时缝中的气流被限制而沿缝长方向流动,缝类机匣又可分为轴向缝、轴向倾斜缝和角向缝几类。这一时期,人们对槽类机匣和缝类机匣的研究也相当广阔,包括处理背腔的谐振效应、机匣处理的轴向位置、缝类机匣缝的倾斜方向、多级压缩系统中机匣处理级的位置、不同雷诺数下机匣扩稳的效果,以及转子间隙对机匣扩稳效果的影响等。这一阶段对周向槽类机匣扩稳得出的主要结论是:周向槽类机匣可获得约6%的失速裕度的改进量,且效率损失不大。对缝类机匣扩稳得出的主要结论是:缝类机匣可获得多达20%的失速裕度的改进量,但同时伴有较大的效率损失,且发现缝类机匣对叶尖间隙的变化不敏感。80年代,人们把机匣处理运用到涡轮上,以减小叶尖损失,扩大了机匣处理的应用范围。

(2) 20世纪80年代后期至21世纪初,科研人员开始探索多种能够兼顾裕度和效率的新型机匣结构,以突破机匣处理技术在带来裕度改进的同时必伴有效率损失这一限制。研究的结构有凹槽叶片式机匣、折线斜缝式机匣、圆弧槽式机匣、前置凸台式机匣,以及周向槽类机匣的改进形式、实壁/圆弧斜槽组合式处理机匣等。以上各种结构在效率提高和扩稳能力上都取得了较好的效果,其中凹槽叶片式机匣引起了较多的关注。人们对凹槽叶片式机匣的认识是,其失速裕度的改进量比普通机匣大得多,对最佳结构来说效率没有损失。但由于其结构复杂,在使用上受到限制。

（3）20 世纪 90 年代末至今,人们对处理机匣的研究呈现出两大新的趋势。① 随着 CFD 的快速发展和计算机技术的不断更新,国内外学者更多地采用数值模拟方法来进一步揭示机匣处理对压缩系统流场的影响,这方面的工作带给人们对机匣处理机理许多前所未有的认识;② 随着数值模拟手段的不断强大,以及制造加工业各种精密制造技术(如 EDM、Etching 等)的发展,人们开始设计各种结构新颖复杂的机匣结构,如刷式机匣、自循环机匣和指尖密封机匣等,以达到提高效率和对叶轮机械内流场精密组织的目的。图 9.74 为自循环处理机匣结构示意图。

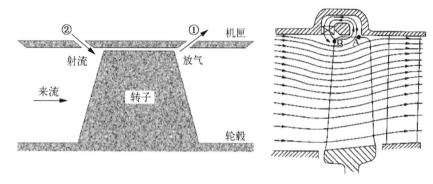

图 9.74　自循环处理机匣结构示意图

图 9.75 为在发动机中应用较为广泛的两种典型的机匣处理结构形式。不同的机匣处理形式效果不尽相同,这与对象压缩系统本身的流动特性及设计经验有关,工程上就发现在低速压缩系统上证明能够明显提升失速裕度的机匣处理方案在高速压缩系统上不适用。大量的实验表明,经过详细设计的机匣处理可以不同程度地提高失速裕度,但是机匣处理效果还需要综合考虑流量亏损、效率降低、结

(a) 轴向缝处理机匣

(b) 周向槽处理机匣

图 9.75　典型槽缝式机匣处理实物图

构复杂性、工艺实现性等。表 9.5 给出了国内外已服役典型发动机使用处理机匣扩稳的基本情况。

表 9.5　国内外已服役典型发动机中处理机匣扩稳方式的应用

发 动 机	国家及地区	处理机匣形式	扩 稳 效 果
TP400	欧洲	自循环凹槽叶片式处理机匣	提高中压压缩系统裕度
EJ200	欧洲	周向槽处理机匣	提高风扇裕度
AL31F	俄罗斯	角向斜槽处理机匣	提高风扇裕度
RD33	俄罗斯	角向斜槽处理机匣	提高风扇裕度
WPX 改进系列	中国	角向斜槽处理机匣	提高低压压缩系统裕度
WPXX	中国	角向斜槽处理机匣	提高高压压缩系统裕度

9.3.4　叶片边界层流动控制

叶片边界层流动控制基本原理是重新组织气流内部能量或者利用外部能量，使得叶片边界层内低能流推迟分离甚至不分离。在航空发动机压缩系统气动扩稳设计中，探索的扩稳设计技术包括边界层吹气、边界层抽吸、湍流发生器、开缝叶片、串列叶栅等，目前主要在压缩系统静叶上进行运用，在流动控制领域，边界层吹吸气一般被归类为附面层主动控制技术，改变表面粗糙度的如湍流发生器、开缝叶片等被归类为附面层被动控制技术。

叶片边界层吹气是一种需要从叶片槽道外部获取能量的流动控制方式。对于多级轴流压气机，吹气气流理论上可来自任何高压源，如多级压气机后面级或者外部压缩源，通过一定方式引入叶片内腔，经叶背线缝隙沿着一定角度吹出。吹气位置、吹气角度、吹气频率、流速的大小等参数应经过详细设计及验证，保证叶片槽道内部流动情况得到改善。部分技术研究表明，脉冲射流的产生射流涡与分离涡的相互作用，造成附面层流动时空特性改变对流动分离的抑制效果更为明显。

边界层抽吸与吹气类似，通过叶片表面缝隙或者孔从叶片边界层中吸出一定量的气体。对于静叶，压差可以由叶片内腔与压气机进口段连通建立；对于动叶，可通过自身转动离心力使叶片内腔抽吸真空来达到。边界层抽吸的位置、分布及抽吸量都是影响抽吸效果的主要因素。研究表明，抽吸量一定时，抽吸位置位于分离起始点与严重分离区之间时，叶片附面层分离能够得到明显抑制。

图 9.76 为轴流压气机中叶片表面边界层

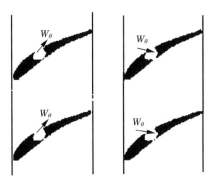

图 9.76　轴流压气机中叶片表面边界层吹气和抽吸的方案示意图

吹气和抽吸的方案示意图。

在不引入外部能量的条件下,要增强边界层抗分离能力的一种方法就是通过物理结构强化边界层内部以及边界层和主流之间的能量交换,具体措施就是在叶片上安装湍流发生器,如图 9.77 所示。湍流器的结构形式多样,一般为叶片表面的凸台结构,湍流器高度大于边界层厚度可以强化气流核心区和边界层之间的能量交换,湍流器高度小于边界层厚度,可以改变边界层内部的流动特性。

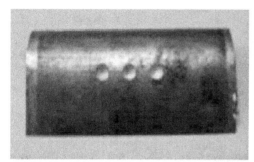

图 9.77　湍流发生器

另一种依靠调整气流本身的能量来推迟边界层分离的方案就是采用开缝叶片,如图 9.78 所示。叶片槽道内压力面部分气体穿过主叶片缝隙与相邻主流混合,这部分混合气流与缝隙处的主叶片吸力面边界层中的气流相比,速度显著提高,可以起到吹除附面层低能流的作用,进一步保证了大攻角工况下的流动稳定性。

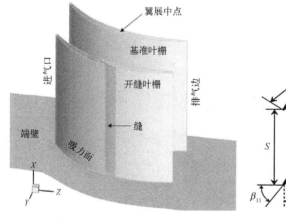

图 9.78　开缝叶片

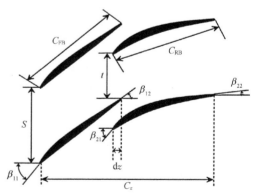

图 9.79　串列叶栅示意图

串列叶栅的作用除了和开缝叶片一样改善边界层内的流动,还把原来由单个叶栅负担的气流转折角和增压分给这两个叶片排,这样就可能具有较小的损失。如果叶片之间的相互位置安排得当,就可以使总的流动损失比单排时的损失小。

串列叶栅示意图如图 9.79 所示。法国透默Ⅲ–C 涡轴发动机压气机出口和美国 J85–B 压气机出口都采用了串列叶栅。

9.3.5　微射流主动控制技术

20 世纪 90 年代末,Epstein 等提出压气机失速喘振主动控制的概念,其主要思想是在压气机设计时可以选择较小的失速裕度,而在压气机工作过程中即将进入不稳定工作状态或已经进入不稳定工作状态时采用一定的技术措施使压气机重新恢复到稳定工作状态。在这之后,许多研究者在探索主动控制作动器的实现问题,1997 年前后,Neise 首先发现叶尖间隙射流可以很好地抑制风扇的失速,能大大提高风扇的稳定边界,在此之后,许多研究者开始探索应用"微射流"(包括定常射流、脉冲射流等)进行压气机气动扩稳设计的方法。图 9.80 与图 9.81 给出了采用"微射流"进行压气机失稳主动控制研究思路,压力传感器用于捕获失速先兆信号,在确认压气机即将失稳后,触发执行机构开启射流装置进行扰动的抑制。

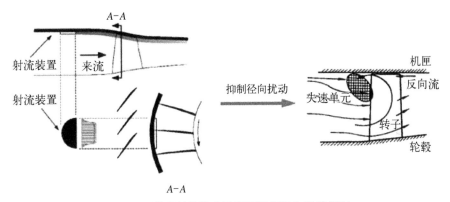

图 9.80　基于射流技术风扇压气机径向扰动抑制

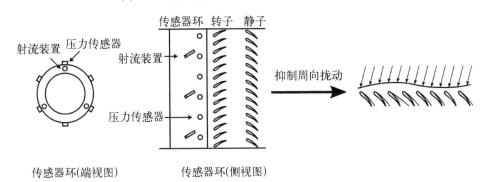

图 9.81　基于射流技术风扇压气机周向扰动抑制

等离子体流动控制是一种基于等离子体气动激励的新概念流动控制技术。等离子体气动激励是以等离子体为载体,对流场施加的可控扰动。等离子体气动激励是电激励,没有运动部件,所以具有响应迅速、作用频带宽、便于实时控制等优点。

早期,等离子体流动控制的研究主要集中在对外流(如飞机机翼)的控制上,随着等离子体流动控制的研究深入,许多学者将等离子体流动控制以主动控制形式运用于叶轮机械中,影响等离子体激励效果的主要影响因素有激励强度、位置及压气机流动状态等。研究表明,当激励器布置于转子叶片前缘靠近叶顶间隙时,能够有效抑制失速,达到压气机扩稳的目的,随着压气机转速的提高,所需的激励强度也相应增加。目前压气机的等离子流动控制还处于实验室研究阶段,距离工程应用还有较多的难题需要解决。

9.4 颤 振

颤振是一种流固耦合自激振动,属于流固耦合系统的不稳定现象。对于风扇压气机,引发颤振的非定常气动力来源于叶片本身的振动,非定常气动力和振动形成正反馈机制:非定常气动力对叶片做功,叶片振动加剧,从而进一步增强非定常气动力。在没有机械阻尼或者阻尼不够的情况下,颤振很容易导致叶片发生大变形而失效。在阻尼足够的情况下,颤振以极限环形式振动体现,其破坏性的大小取决于振动幅值的大小。

航空发动机叶片颤振通常见于风扇叶片、低压压气机叶片和高压压气机前面级叶片,主要原因在于这些叶片展弦比相对较大。风扇压气机设计点附近流动状况较好,发生颤振的风险低;而非设计工况流动状况较差,发生颤振的风险较大。图 9.82 标注了风扇压气机流量-压比特性图上可能存在的颤振区域。根据颤振区

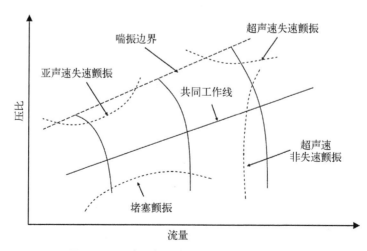

图 9.82 风扇压气机潜在颤振区域及颤振分类

域在压气机特性图上的位置,以及该位置的流动特征,可以把颤振分为四类:亚声速失速颤振、超声速失速颤振、超声速非失速颤振和堵塞颤振。其中,失速型颤振是最常见的一种颤振类型,它发生于压气机共同工作线上方的高气动负荷区域。通常认为,失速型颤振的发生与流动分离紧密相关,但并不意味着失速型颤振发生时已出现气动失速现象。

在过去,风扇压气机颤振设计的规范是将叶片的颤振边界设计到喘振边界以外,即颤振边界不能小于喘振边界,不能因为颤振而损失风扇压气机的工作范围,从而实现"喘振保护"。随着气动设计技术的提升,现代风扇压气机具有较高的喘振裕度,很难或不可能实现"喘振保护",于是颤振设计规范相应地调整为具有足够的颤振裕度,即在所需要的工作区域内不会发生颤振。

在叶片颤振机理尚未被掌握的早期,工业界基于大量的试验数据,总结出若干经验性参数,建立了颤振预测的经验曲线。最常用的经验参数包括折合频率、攻角、马赫数、压力/密度和振动模态。最早的单参数法依据叶片典型叶高截面的折合频率对颤振进行预估,折合频率定义如下:

$$k = \frac{\omega c}{V} \tag{9.46}$$

式中,V 是 75% 叶高截面的进口相对速度(m/s); ω 为叶片的振动频率(rad/s); c 为 75% 叶高截面叶型的弦长(m)。

折合频率可以写成不同形式来进行解读,例如,其可以写成两个空间尺度之比:

$$k = 2\pi \frac{c}{TV} \tag{9.47}$$

式中,TV 是流场微团在叶片振动一个周期内传输的距离。

此时折合频率可以解读为叶片弦长和流体微团在一个叶片振动周期内传输的距离之比乘以 2π,其可以写成两个时间尺度之比:

$$k = 2\pi \frac{c/V}{T} \tag{9.48}$$

式中,c/V 可以看作流体微团从叶片前缘输运到后缘所需要的时间。此时,折合频率可以解读为流体微团从前缘输运到后缘所需时间和叶片振动周期之比乘以 2π。

为了实现无颤振设计,基于折合频率的设计准则为:对于一阶弯曲振型,折合频率应不小于 0.2;对于一阶扭转振型,折合频率应不小于 0.6。单参数法表明,通过增加叶片弦长,或者提高其刚度(即其固有频率),都可增强其气弹稳定性。

基于折合频率的设计准则无法解释图 9.82 中的失速颤振。在等转速线上,随着压比的升高,流量下降,速度会越来越小,折合频率会越来越大,颤振稳定性似乎越来越强,主要原因在于基于折合频率的颤振设计准则没有考虑攻角的影响。也就是说,基于折合频率的颤振设计准则只适合于设计攻角。为此,后续发展的双参数法从气动的角度出发,考虑攻角对颤振稳定性的影响。如图 9.83 所示,双参数法的曲线表明,通过减小叶片的攻角、降低叶片的气动负荷,也可改善其气弹稳定性;反之,增大叶片的攻角,或是增加叶片的气动负荷,就会降低其气弹稳定性。

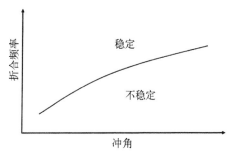
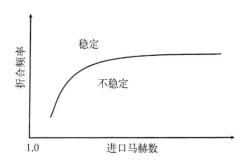

图 9.83　基于折合频率和攻角的双参数法　　图 9.84　进口马赫数对临界折合频率的影响

马赫数对颤振的影响主要表现在超声速流动状态。如图 9.84 所示,随着流速从声速增加,临界折合频率有较大幅度的下降,然后趋于稳定。

进口压力或者密度对叶片颤振的影响体现在风扇压气机在不同海拔或者不同气候时。通常叶片和非定常流之间的能量交换随着进口密度或者压力的增大而增大。当叶片是稳定时,增大进口压力或者密度将进一步增强其稳定性;当叶片是不稳定时,增大进口压力或者密度将进一步加剧叶片的颤振。这也表明,叶片的颤振特性不具备和气动性能一致的模化特征。也就是说,风扇压气机叶片颤振的评估需要在其实际运行工况下进行。需要在实际运行工况评估叶片颤振特性的另一个原因在于叶片振动的频率和物理转速而不是换算转速密切相关。

最后一个经验性参数是叶片的振型。随着振动模态中扭转分量的增加,叶片发生失速型颤振的风险也更加突出。为量化振动模态中的扭转分量,可定义如下参数:

$$\alpha = \frac{X_{\text{LE}} - X_{\text{TE}}}{0.5(X_{\text{LE}} + X_{\text{TE}})} \tag{9.49}$$

式中,X_{LE} 和 X_{TE} 分别是叶尖前缘与尾缘的位移。

在风扇压气机初步设计阶段,使用经验方法评估颤振风险,可保证设计参数选取在合理区间,减少出现颤振的风险。目前的风扇压气机常采用新材料和新构型,使得基于以往试验数据的经验预测方法的可信度不高。另外,随着气动负荷的增加,风扇压气机叶片变薄,再加上轻质复合材料的应用,叶片相邻振型的固有频率越来越靠近。为了避免叶片发生耦合模态颤振,需要保证叶片相邻振型的固有频率存在一定的分离度。为量化相邻两阶振型的频率差异,可定义频率分离度:

$$\delta = \frac{f_{\mathrm{h}} - f_{\mathrm{l}}}{f_{\mathrm{h}}} \tag{9.50}$$

式中,f_{h} 为较高的频率;f_{l} 为较低的频率。工程设计中应保证相邻振型的频率分离度大于 10%,避免发生耦合颤振。

　　基于折合频率,攻角和马赫数的颤振评估方法都是基于特定的叶型设计总结出来的经验方法。基于这些经验参数的设计准则具有很大的局限性。首先基于这些经验参数的设计准则只适合于特定的叶型,其次它们只适用于数据库覆盖的范围。即使如此,这些设计准则也是趋于保守的。现代高性能风扇压气机叶片的负荷越来越高,叶型设计也是趋于定制化,超出原有的叶型设计数据的范围。基于这些经验参数的设计准则的适用性也越来越差,为此需要更为通用的颤振评估方法。

　　叶片气弹特性数值评估最为通用、直接和高保真度的方法是基于计算流体力学和计算固体力学的流固耦合时域数值分析方法。由于流体和固体的差别,再加上计算流体力学和计算固体力学的长期独立发展,对应的数值计算方法差别很大,各自成熟的商业软件在数据格式和存储上都有很大的差别。因此,流固耦合数值仿真通常采用不同的方法或者软件进行,在流固计算域的交界面需要进行求解信息的交换来实现求解的耦合。这种数值计算方法对于风扇压气机流体域而言需要采用多通道甚至整周计算域,计算量大,需要消耗庞大的内存资源,并且计算非常耗时,难以用于日常设计,很有必要发展更为高效的数值计算方法。

　　在介绍高效的数值计算方法之前,先介绍一下风扇压气机流固耦合一个非常重要的特点。描述流固耦合程度的一个重要参数为质量比率(图 9.85)。对于风扇压气机叶片,质量比率定义如下:

$$r_{\mathrm{m}} = \frac{m}{\rho \pi (C/2)^2} \tag{9.51}$$

式中,m 为单位叶高叶片的质量;C 为叶片的弦长;ρ 为叶片绕流的密度。用文字描述,质量比率就是单位高度叶片的质量和以叶片弦长为直径的单位高度圆柱内工质质量之比。

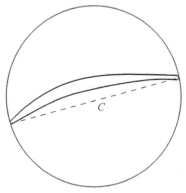

图 9.85　质量比率定义示意图

风扇压气机实心叶片质量比率的量级在 100 左右,这意味着流固耦合对叶片振动模态和频率的影响可以忽略不计。也就是说,叶片在流固耦合时的振型/频率和其固有振型/频率(其在真空中振动的频率和振型)的差别可以忽略不计。基于这样一个前提,可以采用解耦的方法来进行强迫振动计算。

解耦的方法为顺序求解结构动力学控制方程和空气动力学方程。首先求解结构动力学控制方程。通过基于有限元方法的模态分析,可以获得叶片振动的固有振型和频率。接下来求解空气动力学控制方程。对于可压缩流动,通常求解法雷夫平均 N-S(FANS)方程。为了考虑流固耦合作用对流固耦合系统振动频率的影响,也可以耦合降阶结构动力学方程和空气动力学方程进行气弹数值分析。

下面简单推导基于降阶结构动力学方程的气动弹性力学控制方程。气动弹性力学控制方程为

$$M\ddot{x} + C\dot{x} + Kx = f \tag{9.52}$$

式中, M 、 C 和 K 分别为弹性体的质量矩阵、摩擦矩阵和刚性矩阵; x 是位移向量; $\dot{x}$ 是位移向量对时间的一阶导数,也是速度向量; $\ddot{x}$ 是位移向量对时间的二阶导数,也是加速度向量; f 是气动力,其获得需要求解气体动力学控制方程(在风扇压气机日常设计中,通常为 FANS)。上述方程等式左边第一项为惯性力,左边第二项为摩擦力,左边第三项为弹性力。

假设叶片振动第 i 阶振型的模态向量为 ϕ_i , $i=1,2,\cdots,N$,其中 N 为模态向量的个数。在理论上,结构系统有多少个自由度,就有多少个模态向量。但是,在实际应用中,只有少数几个模态向量起主导作用,于是 N 的取值远远低于系统的自由度个数。

模态向量通常具有正交性,即

$$\phi_i^{\mathrm{H}}\phi_j = 0, \quad i \neq j \tag{9.53}$$

所有的模态向量可以组成一个向量基。位移向量 x 可以表示为模态向量的线性组合,即

$$
\begin{aligned}
x &= \sum_{i=1}^{N} q_i\phi_i = [\phi_1, \phi_2, \cdots, \phi_N][q_1, q_2, \cdots, q_N]^{\mathrm{T}} \\
&= \Phi Q
\end{aligned}
\tag{9.54}
$$

式中, $\Phi = [\phi_1, \phi_2, \cdots, \phi_N]$ 是模态向量矩阵; $Q = [q_1, q_2, \cdots, q_N]^{\mathrm{T}}$ 是模态位移向量。

由于模态向量矩阵不随时间变化,而模态位移是时间的函数,于是有

$$\dot{x} = \Phi \dot{Q} \tag{9.55}$$

$$\ddot{x} = \Phi \ddot{Q} \tag{9.56}$$

将式(9.55)和式(9.56)代入式(9.52)可得

$$M\Phi\ddot{Q} + C\Phi\dot{Q} + K\Phi Q = f \tag{9.57}$$

将式(9.57)两边乘以模态矩阵的共轭矩阵,可得

$$\Phi^{\mathrm{H}}(M\Phi\ddot{Q} + C\Phi\dot{Q} + K\Phi Q) = \Phi^{\mathrm{H}}f \tag{9.58}$$

式(9.58)可以进一步写成如下形式:

$$m\ddot{Q} + c\dot{Q} + kQ = \Phi^{\mathrm{H}}f \tag{9.59}$$

其中,

$$m = \begin{bmatrix} m_1 & & & & \\ & m_2 & & & \\ & & \ddots & & \\ & & & m_{N-1} & \\ & & & & m_N \end{bmatrix}$$
是一个对角阵, m_i 是对应于第 i 阶振型的模态质量;

$$k = \begin{bmatrix} k_1 & & & & \\ & k_2 & & & \\ & & \ddots & & \\ & & & k_{N-1} & \\ & & & & k_N \end{bmatrix}$$
也是一个对角阵,其中 k_i 是第 i 阶振型的模态刚度。

如果阻尼是比例阻尼,那么有

$$c = \begin{bmatrix} c_1 & & & & \\ & c_2 & & & \\ & & \ddots & & \\ & & & c_{N-1} & \\ & & & & c_N \end{bmatrix}$$
也是一个对角阵,其中 c_i 对应于第 i 阶振型的模态比例阻尼。

由此可见,式(9.52)解耦为 N 个标量方程:

$$m_i\ddot{q}_i + c_i\dot{q}_i + k_iq_i = \phi_i^{\mathrm{H}}f \tag{9.60}$$

在基于有限元的结构动力学分析中,可以选择质量归一化或者最大模态位移

归一化。如果模态向量是基于模态质量归一化，那么 $m_i = 1$，$k_i = \omega_i^2$，上述方程可进一步简化为

$$\ddot{q}_i + 2\xi_i\omega_i\dot{q}_i + \omega_i^2 q_i = \phi_i^H f \qquad (9.61)$$

需要指出的是，上述基于降阶结构动力学方程的气动弹性力学控制方程不仅仅局限于颤振数值分析，也可用于强迫振动数值分析。下面分别阐述基于上述气动弹性力学控制方程的耦合和解耦颤振分析。

1. 基于降阶结构动力学方程的流固耦合时域数值分析

采用这种方法进行颤振分析时，首先需要获得所关心的结构振型频率和模态。每一个振型对应一个方程。对于颤振，最多关注前四阶模态，也就有四个降阶的气弹方程。由于流体计算和结构动力学数值分析网格的差异，获得了模态之后，需要将有限元计算网格上的模态插值到流体分析的网格上。此时，需要把所有需要关注的模态都插值到流体分析的网格上。每个振型模态对叶片振动位移的贡献通过模态位移来体现（q_i），模态位移需要通过求解相应的降阶气弹方程来确定。

降阶气弹方程的求解可以采用类似于流体时域计算的双时间步长方法，也可以采用 Newmark 方法。求解降阶气弹方程之前需要计算模态气动力 $\phi_i^H f$。通常模态气动力计算只考虑压力的贡献，主要是因为黏性力的贡献非常小，而其计算却更为复杂。获得每个模态的模态位移（q_i）后，将其和对应的模态向量进行乘积，然后相加得到总位移。将总位移叠加到叶片振动平衡位置将获得变形后的形状。叶片的变形通常需要传递到流体计算域内部网格上，以避免或者减少叶片变形带来的叶片表面附近区域网格的畸变，提高网格质量。流体分析的网格变形之后，需要重新计算流体控制方程，获得新的流场，然后更新模态气动力。如此重复下去，可以获得叶片振动模态位移随时间的序列。根据叶片振动模态位移的时间序列可以判断叶片在某振型下是否发现颤振：如果叶片振动的模态位移幅值随时间增长，那么叶片将发生颤振，否则叶片不会发生颤振。这种耦合的颤振分析可以同时考虑所有需要关注的振型，并且计算量基本由流体计算所决定，气弹方程求解的计算量基本可以忽略不计。

图 9.86 给出了某叶片颤振计算中前三阶振型的模态位移随时间的演化情况。计算中只采用了单通道计算域，也就是只考虑了叶间相位角为 0 的情形。计算中同时考虑了三个振型，在计算开始给定初始振动位移。可见，第一阶振型的振动衰减速度最慢，而第三阶振型的振动衰减最快。从振动衰减快慢可以判断第一阶振型对应的气动阻尼最小，而第三阶振型对应的气动阻尼最大。

2. 流固解耦数值分析

颤振分析也可以采用完全解耦的方法进行，也就是在进行流场分析时可以不耦合降阶的结构动力学方程。采用解耦的方法时，每次流场计算只能考虑一个振

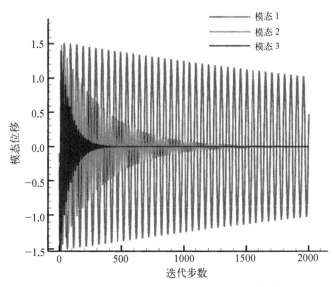

图 9.86 某叶片颤振计算中前三阶振型模态
位移随时间的演化图

型。在流场计算中，叶片按照给定的振型和频率做给定的小幅值简谐振动。流场计算的目的就是算出叶片按照给定方式振动所诱发的叶片表面的非定常压力。接下来需要计算叶片表面的非定常压力在叶片振动的一个周期内对叶片所做的功，称为积累功，记作 W。积累功计算如下：

$$W = \int_0^T \int_S p'v \cdot n \mathrm{d}s\mathrm{d}t \tag{9.62}$$

式中，p' 为脉动压力；v' 为叶片上某一点的速度矢量；n 为叶片表面某一点外法向向量；S 为叶片表面；$\mathrm{d}s$ 为叶片表面面积微分；T 为叶片振动周期；$\mathrm{d}t$ 为时间微分。如果这个积累功为正，那么叶片具有颤振倾向，否则叶片将是颤振稳定的。这种依据积累功正负来判断颤振稳定性的方法称为能量法。

积累功是有量纲的参数，其大小和叶片振动模态以及幅值有关。因此，该参数不适合用于比较不同叶片颤振稳定性。为了比较不同叶片间或者不同模态间颤振的稳定性，人们通常采用无量纲参数对数衰减率或者气动阻尼系数。

对数衰减率和积累功的关系如下：

$$\delta = \frac{-W}{mq^2\omega^2} \tag{9.63}$$

气动阻尼系数和积累功的关系如下：

$$\xi = \frac{-W}{2\pi mq^2\omega^2} \tag{9.64}$$

式中，m 是模态质量，如果模态是质量归一化，其值为 1；q 是模态缩放因子，其大小决定数值分析中叶片振幅的大小。模态缩放因子的选取要确保叶片中最大位移不能过大，否则一方面将引起网格质量恶化，求解收敛困难；另一方面将引起不必要的非线性效应。

采用解耦方法和能量法对叶片颤振进行评估时，每次计算除了只能考虑一个振型，并且还只能考虑一种叶间相位角的情况。理论上，叶片颤振的评估则需要考虑所有可能的叶间相位角，获得气动阻尼或者积累功和叶间相位角的曲线，如图 9.87 所示。图 9.87 对应的叶排叶片数为 36，获得该曲线需要至少 36 次不同的非定常流数值分析。

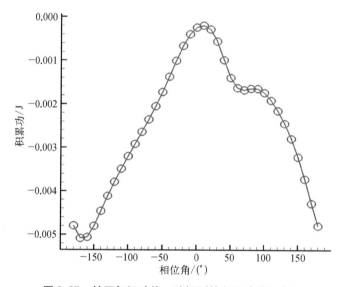

图 9.87　某压气机叶片一阶振型的积累功特征曲线

非定常流场的求解有一系列的方法，既有时域的方法，也有频域的方法，还有时频域混合的方法。下面对这些方法做一个简单的综述，对其优缺点进行讨论，为方法的选择提供参考。

3. 时域计算方法

时域计算方法通常基于双时间步方法。即使是时域的方法，也有不同的变种，有时域多通道方法和时域单通道方法。时域多通道方法，顾名思义，在计算中需要采用多通道，然后在计算域的周向边界上采用周期边界条件。在多通道计算中，除了给出每个叶片振动的模态、频率和幅值，还需要给定相邻叶片之间的振动相位差（叶间相位角）。计算域中通道数目和叶间相位角密切相关，由如下公式给出：

$$n_p = \frac{360n}{\sigma} \tag{9.65}$$

式中, n_p 为计算域中的通道数; σ 为叶间相位角(°); n 为非零整数。为了采用尽可能少的通道数, n 则为满足式(9.65)的最小整数。可见,采用这种时域多通道方法,对每个可能的叶间相位角,需要单独进行一次计算。如果叶排有 N_b 个叶片,那么需要进行 N_b 个不同计算。

这种时域多通道计算方法不仅耗费大量内存资源,特别是在 20 世纪 70 年代,内存资源极为稀缺。为了减少内存消耗,Erdos 提出了直接存储方法。该方法只需要采用单通道计算域,在周向几何周期边界条件采用移相边界条件。为了实现移相边界条件,顾名思义,直接存储方法需要在几何周期边界存储一个周期的非定常解。

尽管如此,在 20 世纪 70 年代,内存是稀缺资源,直接存储方法对内存的消耗仍然非常可观。于是,Li 提出形状修正方法,在几何周期边界采用截断傅里叶系数对非定常流进行近似,然后仅存储几个有限傅里叶系数,从而实现内存需求的大大降低。需要指出的是,形状修正方法只有在流场的频率组分比较少时才能显示出优势。此外,形状修正方法可以应对多基频的情形,而直接存储方法则难以用于多基频组分的情形。

需要指出的是,在 Li 之前,Mike Giles 提出时间倾斜方法,可以实现在任意叶间相位角情形下都可以在周向几何周期边界采用周期边界条件。该方法的数学原理在于采用坐标变换,在周向不同坐标处求解不同时刻的流场。与直接存储方法和形状修正方法相比,时间倾斜方法具有更快的收敛速度。但是,时间倾斜方法和直接存储方法一样,不能用于多基频的情形。

4. 频域计算方法

与同计算域的定常计算相比,不管采用上述哪一种计算方法,时域计算耗时通常会高至少一个量级。为了进一步降低计算耗时,研究人员提出了好几种频域计算方法,如线性谐波方法、非线性谐波方法和经典谐波平衡方法。下面分别对这三种方法进行简单介绍。

(1)线性谐波方法是最早提出的频域计算方法。它基于小扰动假设,即假设非定常流组分的幅值远小于对应时均或者定常流场,将定常流动控制方程进行时间线化,获得时间线化的控制方程。在此基础上,采用有限的傅里叶级数对非定常扰动进行逼近,将时间线化的方程转化为线性谐波方程,实现方程从时域到频域的转化。线性谐波方程是针对时间傅里叶系数的方程。每一个非定常流组分(以频率和叶间相位角区分)都有一组对应的控制方程。线性谐波方程的求解需要基于定常方程的求解,即先求解定场方程,再求解对应的线性谐波方程。

(2)在风扇压气机应用中,线性谐波方程的小扰动假设有时并不成立。为了突破小扰动的限制,在方程求解中考虑非定常流和时均流场之间的相互作用,Li 和 Wei 提出非线性谐波方法。与线性谐波类似的是,它也采用有限的傅里叶系数逼近非定常流组分,也需要求解线性谐波方程。与线性谐波方法不同的是,线性谐波方程需要和时均方程是耦合的,线性谐波方程通过确定性应力影响时均方程,因此需要联立求解。

(3) 几乎是同时代,Hall 提出经典的谐波平衡方法,即采用有限傅里叶级数对流场和方程都进行逼近,然后根据谐波平衡的原理获得不同频率组分的控制方程。该方法在理论上和非线性谐波方法一致,其缺点是数值分析中计算量随着谐波数增加而急剧增加,因此其应用相对其他两种频率方法较少。

5. 时频域混合方法

上面三种频域方法有一个共同缺点:需要开发专门的求解器求解非定常流组分控制方程。这些求解器和定常方程求解器有相同的地方,但是也有很多不同的地方,其开发难易程度和工作量不亚于对应的定常方程求解器。为了进一步减少非定常流方程求解的复杂性和困难,Hall 提出了时域谐波平衡方法,McCullen 等几乎同时提出非线性频域方法。这两种方法属于时频域混合方法。

与经典谐波平衡方法不同的是,时域谐波平衡方法在计算之前选定一些时刻点,然后在这些时刻点上直接求解非定常流控制方程。这些选定时刻点的非定常解则可以用来进行离散傅里叶变换,获得时间傅里叶系数。依据这些时间傅里叶系数则可以计算出所选定时刻点的时间导数。不同时刻点的控制方程通过时间导数耦合起来,因此时域谐波平衡方法可以相对较容易地对一个定常求解器进行扩展而实现。时域谐波平衡方法也称为时间谱形式的谐波平衡方法和时间谱方法,甚至简称为谐波平衡方法。

与时域谐波平衡方法一致,非线性频域方法也是在求解之前选定一些时刻点,然后在这些时刻点上计算非定常流控制方程的残差。与时域谐波平衡方法不同的是,非线性频域方法对时域残差进行离散傅里叶变换,获得对应的时间傅里叶系数,和流场解的时间傅里叶系数进行组合,获得基于时间傅里叶系数的控制方程,在频域时间推进求解控制方程。获得了基于时间傅里叶系数的解的增量之后,再将其转换到时域,更新时域流场。与经典谐波平衡方法不同的是,所有时间傅里叶系数项都是通过其对应时域值进行离散傅里叶变换而获得。研究表明,非线性频域方法的稳定性不如时域谐波平衡方法,并且其耗时更大。

6. 影响系数方法

采用解耦的数值计算方法时,不管是采用时域方法还是频域方法,都需要针对每个叶间相位角单独进行数值分析,其计算量和叶排叶片数成正比。在叶片数很多时,该方法的计算量非常可观。为了进一步降低计算量,可以采用结合影响系数,采用 3~7 个通道计算域,只需要进行一次计算,然后重构任意叶间相位角的流场。

影响系数方法基于线性叠加原理,假设所有叶片振动时所产生的非定常流等同于每个叶片单独振动所产生的非定常流之和。该方法也假设一个叶片振动所产生的非定常流沿周向迅速衰减,也就是叶片振动只对邻近几个叶片表面的非定常压力有影响,这样在数值分析中只需要采用较少的叶片数。采用影响系数方法时,通常要求计算域中的叶片数为奇数,最中间的叶片按照给定的模态、频率和幅值做简谐振动。

7. 风扇压气机防颤振措施

早期的风扇压气机常采用大展弦比的窄弦叶片设计,颤振问题非常突出,被迫增加凸肩结构以解决细长叶片的振动问题。后来发现降低展弦比可以提高失速裕度,且增加弦长可抑制振动,因此现代压气机越来越多地采用小展弦比宽弦叶片设计。此外,现代风扇叶片叶尖采用前掠设计特征以增加失速裕度,但过度的前掠设计也会增加叶片颤振的风险。

影响风扇压气机叶片颤振的因素较多,包括前面介绍的折合频率、攻角、进口马赫数、进口压力/密度和振动模态。目前仍有较多影响因素尚未被完全掌握,如多级压机前后排叶片、短舱导致的反射压力波的影响、风扇叶片在阵风、横风以及外物撞击下的气弹稳定性、气动与结构的失谐对颤振稳定性的影响。由于颤振涉及气体动力学和结构动力学,其影响因素复杂,因此目前没有非常的简单方法来预防颤振或者进行无颤振设计。

参考文献

[1] Drazin P G, Reid W H. Hydrodynamic Stability [M] . Cambridge：Cambridge University Press, 2004.

[2] 尹协远,孙德军. 旋涡流动的稳定性[M].北京：国防工业出版社,2003.

[3] Emmons H W, Pearson C E, Grant H P. Compressor surge and stall propagation [J] . Transactions of the ASME, 1955, 77(4)：455 − 469.

[4] Stenning A K A M S. Stall propagation in axial compressors[R]. NACA − TN3580, 1955.

[5] Sears W R. Rotating stall in axial compressors[J]. Zeitschrift für angewandte Mathematik und Physik, 1955, 6(6)：429 − 455.

[6] Nenni J, Ludwig G. A theory to predict the inception of rotating stall in axial flow compressors [C]. Palo Alto：Fluid and Plasmadynamics Conference, 1974.

[7] Ludwig G R, Nenni J P. Basic studies of rotating stall in axial flow compressors [R]. AFAPL − TR − 79. 1 − 2083, 1979.

[8] Greitzer E M. Surge and rotating stall in axial flow compressors — Part I：Theoretical compression system model[J]. Journal of Engineering for Gas Turbines & Power, 1976, 98 (2)：190 − 198.

[9] Greitzer E M. Surge and rotating stall in axial flow compressors — Part II：Experimental results and comparison with theory[J]. Journal of Engineering for Gas Turbines & Power, 1976, 98(2)：199 − 217.

[10] Moore F K. A theory of post-stall transients in axial compression systems：Part I —

Development of equations[J]. Journal of Engineering for Gas Turbines & Power, 1986, 108 (1): 68 - 76.

[11] Greitzer E M, Moore F K. A theory of post-stall transients in axial compression systems: Part II — Application[J]. Journal of Engineering for Gas Turbines & Power, 1986, 108(2): 231 - 239.

[12] Gordon K A. Three-dimensional rotating stall inception and effects of rotating tip clearance asymmetry in axial compressors[D]. Cambridge: Massachusetts Institute of Technology, 1999.

[13] Sun X. On the relation between the inception of rotating stall and casing treatment[C]. The 32th AIAA/ASME/SAE/ASEE Joint Propulsion Conference, AIAA - 96 - 2579, 1996.

[14] He L. Computational study of rotating-stall inception in axial compressors[J]. Journal of Propulsion & Power, 2012, 13(1): 31 - 38.

[15] Gong Y F. A computational model for rotating stall and inlet distortions in multistage compressors[D]. Cambridge: Massachusetts Institute of Technology, 1999.

[16] Chima R V. A three-dimensional unsteady cfd model of compressor stability[C]. ASME Turbo Expo 2006: Power for Land, Sea, and Air, 2006.

[17] Hoying D A, Tan C S, Vo H D, et al. Role of blade passage flow structurs in axial compressor rotating stall inception[J]. Journal of Turbomachinery, 1998, 121(4): 735 - 742.

[18] Vo H D, Tan C S, Greitzer E M. Criteria for spike initiated rotating stall[J]. Journal of Turbomachinery, 2008, 130(1): 155 - 165.

[19] Davis R L, Yao J. Computational approach for predicting stall inception in multistage axial compressors[J]. Journal of Propulsion and Power, 2007, 23: 257 - 265.

[20] Adamczyk J J, Celestina M L, Greitzer E M. The role of tip clearance in high-speed fan stall [J]. Journal of Turbomachinery, 1993, 115(1): 28 - 39.

[21] Chen J P, Johnson B P, Hathaway M D, et al. Flow characteristics of tip injection on compressor rotating spike via time-accurate simulation[J]. Journal of Propulsion and Power, 2009, 25(3): 678 - 687.

[22] Chen J P, Hathaway M D, Herrick G P. Prestall behavior of a transonic axial compressor stage via time-accurate numerical simulation[J]. Journal of Turbomachinery, 2008, 130(4): 353 - 368.

[23] Sirovich L. Initial and boundary value problems in dissipative gas dynamics[J]. Physics of Fluids, 1967, 10(1): 24 - 34.

[24] 孙晓峰,孙大坤.高速叶轮机气动稳定性[M].北京:国防工业出版社,2018.

[25] 于巍巍.跨音风扇/压缩系统稳定性预测与扩稳机理研究[D].北京:北京航空航天大学,2006.

[26] Cheng F J, Sun D K, Dong X, et al. Prediction of stall inception in multi-stage compressors based on an eigenvalue theory[J]. Science China Technological Sciences, 2017, 60(4): 1132 - 1143.

[27] Sun X F, Sun D K, Yu W W. A model to predict stall inception of transonic axial flow fan/ compressors[J]. Chinese Journal of Aeronautics, 2011, 24(6): 687 - 700.

[28] Sun X F, Sun D K, Liu X H, et al. A theory of compressor stability enhancement using novel casing treatment, Part I: Methodology[J]. Journal of Propulsion and Power, 2014, 30(5):

1224 - 1235.

[29] Sun D K, Liu X H, Jin D H, et al. A theory of compressor stability enhancement using novel casing treatment, Part II: Experiment[J]. Journal of Propulsion and Power, 2014, 30(5): 1236 - 1247.

[30] Sun X F, Liu X H, Hou R, et al. A general theory of flow-instability inception in turbomachinery[J]. AIAA Journal, 2013, 51(7): 1675 - 1687.

[31] Sun X F, Ma Y F, Liu X H, et al. Flow Stability model of centrifugal compressors based on eigenvalue approach[J]. AIAA Journal, 2016, 53(4): 1 - 16.

[32] Liu X H, Zhou Y, Sun X F, et al. Calculation of flow instability inception in high speed axial compressors based on an eigenvalue theory [J]. Journal of Turbomachinery, 2015, 137 (6): 61007.

[33] Liu X H, Sun D K, Sun X F. Basic studies of flow-instability inception in axial compressors using eigenvalue method[J]. Journal of Fluids Engineering, 2014, 136(3): 31102.

[34] 侯睿伟. 风扇/压缩系统气动稳定性模型及扩稳方法研究[D]. 北京: 北京航空航天大学,2010.

[35] 刘小华. 叶轮机气动稳定性通用理论与非定常机匣处理扩稳研究[D]. 北京: 北京航空航天大学,2013.

[36] He C, Sun D K, Sun X F. Stall inception analysis of transonic compressors with chordwise and axial sweep[J]. ASME Journal of Turbomachinery, 2018, 140(4): 041009. 1 - 041009. 11.

[37] He C, Ma Y F, Liu X H, et al. Aerodynamic instabilities of swept airfoil design in transonic axial-flow compressors[J]. AIAA Journal, 2018, 56(5): 1878 - 1893.

[38] Marble F E. Three-dimensional flow in turbomachines[J]. High Speed Aerodynamics & Jet Propulsion, 1964, 10(10): 83 - 166.

[39] Don W S, Solomonoff A. Accuracy and speed in computing the chebyshev collocation derivative [J]. SIAM Journal on Scientific Computing, 1995, 16(6): 1253 - 1268.

[40] Woodley B M, Peake N. Resonant acoustic frequencies of a tandem cascade. Part 1. Zero relative motion[J]. Journal of Fluid Mechanics, 1999, 393(393): 215 - 240.

[41] Brazier-Smith P R, Scott J F. On the determination of the dispersion equations by use of winding number integrals[J]. Journal of Sound and Vibration, 1991, 141: 503 - 510.

[42] Ivasson S, Karasalo I. Computation of modal wavenumbers using an adaptive winding-number integral method with error control[J]. Journal of Sound and Vibration, 1993, 161: 173 - 180.

[43] 杜林. 有限长流管非局域声衬声学性能的研究[D]. 北京: 北京航空航天大学,2004.

[44] Moore R D, Reid L. Performance of single-stage axial-flow transonic compressor with rotor and stator aspect ratio of 1. 19 and 1. 26, respectively, and with design pressure ratio of 2. 05[R]. NASA TP - 1659, 1980.

[45] Tryfonidis M, Etchevers O, Paduano J D, et al. Prestall behavior of several high-speed compressors[J]. ASME Journal of Turbomachinery, 1995, 117(1): 62 - 80.

[46] Paduano J D, Greitzer E M, Epstein A H. Compression system stability and activie control [J]. Annual Review of Fluid Mechanics, 2001, 33(1): 491 - 517.

[47] Howard I I I, Joseph S. Improved methods for modeling dynamic stage characteristics[D]. Blacksburg: MS Thesis of Virginia Polytechnic Institute and State University, 1999.

[48] Urasek D C, Gorrell W T, Cunnan W S. Performance of two-stage fan having low-aspect-ratio first-stage rotor blading[R]. NASA TP-1399, 1979.

[49] Society of Automotive Engineers. 燃气涡轮发动机进口流场畸变指南[S]. SAE ARP 1420, 1978.

[50] SAE International. 进气道/发动机进口温度畸变的现代评定方法[S]. SAE ARD 50015, 1991.

[51] Hale A, Davis M. DYNamic turbine engine compressor code DYNTECC - Theory and capabilities[R]. AIAA-92-3190, 1992.

[52] Hale A, O'Brien W. A three-dimensional turbine engine analysis compressor code (TEACC) for steady-state inlet distortion[J]. Transactions of the ASME, Journal of Turbomachinery, 1998, 120: 422-430.

[53] Hale A, Davis M, Sirbaugh J. A numerical simulation capability for analysis of aircraft inlet — engine compatibility[J]. ASME Paper, GT2004-53473, 2004.

[54] Hale A, Davis M, Kneile K R. Turbine engine analysis compressor code: TEACC Part I: Technical approach and steady results[R]. AIAA-94-0148, 1994: 127-137.

[55] Gong Y, Tan C S, Gordon G S, et al. A computational model for short wavelength stall inception and development in multistage compressors[J]. ASME Journal of Turbomachinery, 1999, 121(4): 726-734.

[56] Peters A, Spakovszky Z S, Lord W K, et al. Ultrashort nacelles for low fan pressure ratio propulsors[J]. ASME Journal of Turbomachinery, 2015, 137(2): 021001.

[57] Akaydin H D, Pandya S A. Implementation of a body force model into OVERFLOW for propulsor simulations[R]. AIAA-2017-3572, 2017.

[58] Xu L. Assessing viscous body forces for unsteady calculations[J]. Transactions of the ASME, Journal of Turbomachinery, 2003, 125(3): 425-432.

[59] 郭晋,胡骏,屠宝锋. 多级轴流压缩系统彻体力模型——理论方法及简化应用[J]. 航空动力学报,2018,33(8): 1954-1963.

[60] 郭晋,胡骏,屠宝锋. 多级轴流压缩系统彻体力模型——三维应用[J]. 航空动力学报,2018,33(9): 2161-2169.

[61] 郭晋,胡骏,屠宝锋,等. 大涵道比风扇/增压级进气畸变数值模拟研究[J]. 推进技术,2019,40(11): 2498-2504.

[62] Gallimore S J, Cumpsty N A. Spanwise mixing in multistage axial flow compressors: Part I, Experimental Investigation[J]. ASME Paper No. 86-GT-20, 1986: 2-9.

[63] Gallimore S J. Spanwise mixing in multistage axial flow compressors: Part II, Throughflow calculations including mixing[J]. ASME Paper No. 86-GT-21, 1986: 10-16.

[64] Edwards J R. A Low-diffusion flux-splitting scheme for navier-stokes calculations[J]. Computers & Fluids, 1997, 26(6): 635-659.

[65] Taddei S R, Larocca F. CFD-Based analysis of multistage throughflow surfaces with incidence[J]. Mechanics Research Communications, 2013, 47: 6-10.

[66] 赵勇. 风扇/压缩系统非设计点性能计算和进气畸变影响预测方法研究[D]. 南京: 南京航空航天大学,2008.

[67] Roberts W B, Serovy G K, Sandercock D M. Design point variation of three-dimensional loss

and deviation for axial compressor middle stages[J]. Journal of Turbomachinery, 1988, 110 (4): 426-433.

[68] Lakshminarayana B. Methods of predicting the tip clearance effects in axial flow turbomachinery [J]. Journal of Basic Engineering, 1970, 92(3): 467-482.

[69] Koch C C. Stalling pressure rise capability of axial flow compressor stages[J]. Journal of Engineering for Power, 1981, 103: 645-656.

[70] 张晨凯. 多级轴流压缩系统内复杂流动结构的实验和数值研究[D]. 南京: 南京航空航天大学, 2015.

第 10 章
风扇压气机试验验证

随着 CFD 技术日趋成熟,可以为压气机内部流动情况的计算分析提供一种便捷的手段,提升压气机的设计能力,但是由于 CFD 求解严重依赖于湍流模型精度,同时压气机设计及研究体现了技术需求的进步,内部流动极其复杂,试验验证仍然是理论研究和产品设计工作的重要技术手段。为了研究压气机内部复杂的流动及性能,主要的验证形式可以分为叶栅试验、低速大尺寸压气机试验、全台压气机试验和强度试验等。本章分别对上述四种主要试验展开介绍。

10.1 叶栅试验验证和实验研究

叶栅试验包括压气机叶栅试验和涡轮叶栅试验,都是通过获取基元叶栅的气动性能为压气机、涡轮叶型设计和参数选取提供参考依据,本节只介绍压气机叶栅试验,简称叶栅试验。叶栅试验可分为平面叶栅试验和环形叶栅试验两大类。平面叶栅试验是研究叶轮机械叶片排截面流动过程的基础试验,在叶轮机械发展的初始阶段起过很大的作用,而环形叶栅试验可以部分模拟实际无限叶栅的三维影响效应[1],对研究实际叶片槽道中复杂三维流动和端壁效应有重要作用。

10.1.1 叶栅实验简介

叶栅吹风实验主要录取叶栅总压损失系数、落后角、进出口静压比、出口马赫数及叶片表面等熵马赫数分布等气动性能和流场参数;研究叶片型面、叶片间距、叶片安装角、进口气流角、进口马赫数和轴向速度密度比对叶栅气动性能的影响,为压气机设计提供参考[2]。

进行叶栅实验时,最基本的条件就是有叶栅风洞。叶栅风洞是用来组织气流、安装叶栅实验件,并在所要求的工况下进行实验测量的设备,其主要构成包括气源、稳压段、收敛段、实验段、端壁边界层抽吸装置、测量系统和调控系统。

按照供气方式分类,叶栅风洞可分为连续式供气和暂冲式供气两类。连续式供气实验时间长,气流较为稳定,有利于满足实验中测试的需求,但由于压头不高,流量有限,多用于亚声速风洞;暂冲式叶栅风洞可在短时间内提供较高的进口压力和较大的流量,适用于超跨声速风洞,但气流状态保持的时间有限,有效的测试时间较短。

按照叶栅流道特点,可将叶栅风洞分为实验段为平面流道的平面叶栅风洞和实验段为环形流道的环形叶栅风洞两大类,这两类风洞实验装置的工作原理基本相似,主要区别在于前者主要模拟二维叶栅流动,而环形叶栅实验可以部分模拟三维叶栅的流动过程。

按照叶栅实验段来流马赫数分类,叶栅风洞可分为亚声速、跨声速和超声速三种。

亚声速风洞一般是指实验段马赫数小于 0.8 的风洞。实验段马赫数小于 0.3 或 0.4 时,又可称为低速风洞;当马赫数大于 0.3 或 0.4 时,必须考虑压缩性的影响,称为高速风洞。

跨声速风洞一般是指实验段马赫数能达到 0.8~1.4 的风洞。一般情况下,当风洞实验段的马赫数比较高,达到 0.8 或 0.85 左右时,在叶片表面会形成局部超声速区,同时产生激波。对于常规的亚声速风洞,若马赫数继续提高,超声速区扩大,将导致叶栅与风洞壁面之间形成声速截面,此时,无论怎样提高风洞的功率,也不可能再提高实验段的来流马赫数。这种现象称为风洞的“壅塞”,这是跨声速叶栅风洞需要解决的问题之一。另外,在实验段进口处,需要产生均匀的低超声速流动,并减小或消除实验段的洞壁干扰以及激波反射的影响。为了解决这些问题,需要在跨声速叶栅风洞实验段的壁面开孔或开槽,形成通气壁板,具体可以参考风洞设计相关的资料。跨声速叶栅风洞的实验段所能达到的马赫数下限至少是 0.8~0.85,因为这个马赫数是亚声速风洞的工作马赫数的上限。实际上,跨声速叶栅风洞的马赫数下限常常会比 0.8 低得多,可以涵盖高亚声速叶栅风洞实验。

超声速风洞一般是指实验段的马赫数大于 1.4 的风洞。对于超声速叶栅风洞,实验段进口马赫数在 1.4 以上,此时实验段内气流已经全部变为超声速流动,没有叶栅的堵塞或激波反射等问题,实验段可以采用普通的实壁。对于高亚声速或超跨声速的回流式叶栅风洞,巨大的输入功率最终将全部转化为热,并使得洞身的温度在较高的温度下达到平衡,而过高的平衡温度对气动实验和洞身会产生一系列不良的影响。因此,高亚声速或超跨声速的回流式叶栅风洞必须要有比较完善的冷却装置。

按风洞内气流是否循环使用,可分为直流式和回流式两种叶栅风洞两种。

直流式叶栅风洞也称开路式叶栅风洞。气流经过实验段后直接排出风洞,没有专门的管路导回。一般的大型直流式叶栅风洞都是直接从大气中吸进空气,经过实验段后又排入大气。有的直流式叶栅风洞建在密封的大容腔内,可以调整容腔内的压力,从而可以独立调整实验段的马赫数和雷诺数,称为变雷诺数叶栅风洞。

回流式叶栅风洞也称回路式叶栅风洞。在回流式叶栅风洞内,实验段的进出口通过专门的管道连接,构成一个完整的回路,工作介质在内部可以实现循环使用。另外,通过真空泵抽取回路内的气流,可以改变回路内部的压力,实现雷诺数的单独控制。

为了实现某些特殊的研究内容,又有变雷诺数叶栅风洞(变密度叶栅风洞)和模拟上游尾迹的叶栅风洞两种。

变雷诺数叶栅风洞可以实现雷诺数的单独调节。根据雷诺数的计算公式,雷诺数的变化可以通过改变叶栅特征长度、流体的速度、动力黏性系数和密度四种方式来实现。叶栅特征长度的变化,可以通过对叶栅进行等比例的放大或者缩小来实现,在低速不可压情况下,配合流体流速的变化,可以实现雷诺数较大范围的调节,这种方式一般用于直流式叶栅风洞。动力黏性系数的改变一般是通过改变工作介质来实现,用于回流式叶栅风洞内雷诺数的变化。而通过密度的变化来实现雷诺数改变在前面内容中已经提到,对于回流式叶栅风洞,使用真空泵气体,可以实现内部气体密度的变化;对于直流式叶栅风洞,一般是将实验台安装在密闭的房间内部,改变房间内部的压力,来实现工作介质密度的变化。

模拟上游尾迹的叶栅风洞可用于研究压气机内部转静干涉的影响。在叶栅前面安装运动的圆柱体,用圆柱体产生的尾迹来模拟转子的尾迹。

下面以环形叶栅风洞和平面叶栅风洞的简单介绍构成。

图 10.1 为一亚声速平面叶栅风洞示意图。风洞由上游处的气源供气,气流沿图中箭头所示方向流入风洞的收缩段。在亚声速流情况下,气流经收缩段而加速,气流在顺压梯度的流动条件下,风洞壁面上的边界层将变薄,流场将更加均匀。所实验的叶栅安装在风洞收缩段的下游。为了足够精确地用有限个叶片的叶栅来模

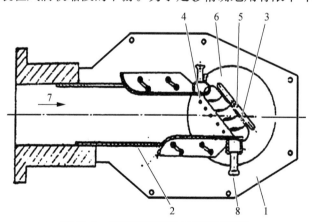

图 10.1　亚声速平面叶栅风洞示意图

1-风洞本体;2-可移动的风洞侧壁;3-所实验的叶栅;4-叶栅前静压测量孔;5-测量叶栅后静压、总压和方向的可移动测量装置;6-改变气流攻角的可转动圆盘;7-气流进入叶栅的方向;8-抽吸侧壁边界层的抽气装置

拟无限叶栅,在风洞中安装的叶片数目应不少于 7 片。为了减少风洞壁面上的边界层影响,一般叶片相对高度 h/b 应 ≥2.0。为了进一步减少风洞 4 个壁面上的边界层影响,还采用了抽吸边界层的装置。此外,为了减少外界大气对栅后气流的影响,还可采用栅后导流板,以及使连接叶片的端板向后面延伸。测量数据应该在中间的一两个叶片通道处进行,以减少风洞侧壁的影响。同时,应在中间叶片的中间截面上测量气流参数,以避免上下壁面边界层的影响[3]。

在进行平面叶栅实验前,将叶片按照所要求的稠度 τ 和安装角 β_y 固定在圆盘上,转动叶栅圆盘可以改变来流和叶栅的相对位置,从而改变攻角,控制气源压气机的出口总压可以控制来流马赫数的变化。

环形叶栅风洞是一种实验段为环形流道的叶栅实验模拟器。对于涡轮静子叶片工况模拟更接近真实情况。图 10.2 为一低速的环形叶栅风洞示意图,该叶栅风洞可以对静止的环形叶栅进行实验,也可以用电机带动叶片旋转,对旋转叶片进行实验。风洞由三部分组成:进口段,由电机带动风扇供气;环形通道段,包括实验段;出口段,安装有排气风扇,由一台电机驱动,还有另一台电机,可驱动实验叶片旋转。进口风扇将气体抽入风洞后,经过扩散段减速,进入平直段,平直段安装有蜂窝与纱网,可对气体进行整流;随后流入实验段,并经出口风扇排入大气。为了保证实验段的进口流场品质,在环形通道进口装有喇叭口和整流罩。

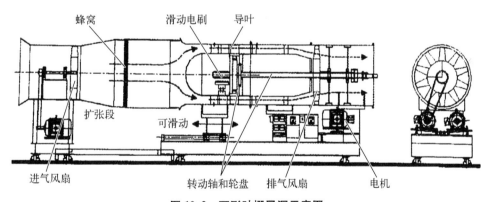

图 10.2　环形叶栅风洞示意图

叶栅风洞的布局必须满足气流能够通过若干以直叶栅形式排列的叶片被吸入或吹出(图 10.3)。在位于叶栅上、下游一个叶片弦长截面处,安排了位移机构测量压力和气流角。叶栅高度和长度一般做成可供给气流流量允许的最大值,目的是尽可能消除风洞壁面引起的干扰影响。此外,实验时经常采用边界层吸附措施来消除边界层对流量的影响[4]。

叶栅安装在一个可转动平台上,这样它相对于进气管道的相对角度,可被设置成任意想要的值。这个装置使得叶栅实验能够在一系列的进气攻角范围内进行。

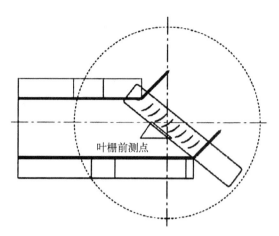

图 10.3 简单叶栅风洞示意图

在其他更为复杂的风洞中,还提供了叶栅排几何结构变化的功能,例如,可以在不将叶栅从风洞中移出的情况下,改变栅距和安装角。一台典型的叶栅风洞测量系统的构成及常规测量技术如图 10.4 所示。

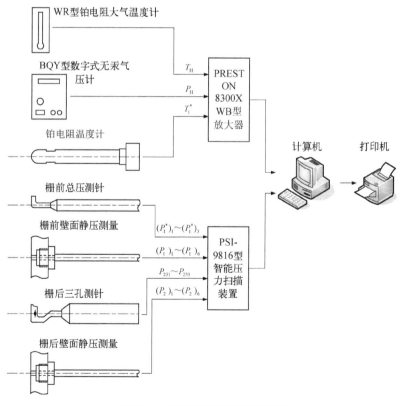

图 10.4 叶栅风洞测量系统布局

10.1.2 叶栅实验主要内容和测试要求

1. 叶栅性能特性的主要测试参数

图 10.5 给出了一个典型叶栅中选取三个叶片截面组成的局部叶栅。在实验中主要应测取的气动参数包括大气温度、大气压力、栅前总温、栅前总压、栅前壁面静压、栅后总压、栅后静压、出气角、栅后壁面静压和叶片表面静压分布。

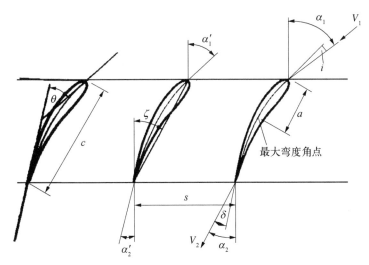

图 10.5 典型叶栅参数示意图

θ -叶片弯角；c -弦长；s -栅距；α_1', α_2' -叶片进、出口角；ξ -安装角；i -攻角

大气温度、大气压力和栅前总温 3 个测试量，经放大器调理后，输至计算机存储、打印。栅前总压、栅前壁面静压、栅后壁面静压和栅后三孔测针的测试物理量，经智能压力扫描装置，将其转换成压力单位的数字量。栅前总压、栅前壁面静压和栅后壁面静压的压力单位数字量，直接输入计算机存储、打印。而栅后三孔测针的压力单位数字量，经计算机处理后，得出栅后总压、栅后静压和出气角。

图 10.6 给出了沿一个栅距覆盖两个叶片中心的总压损失和气动转折角 $\varepsilon = \alpha_1 - \alpha_2$ 沿栅距的分布，总压(滞点压力)损失系数与来流马赫数大小有关，因此通常以除以进口动压头(不可压流动)的无量纲形式来表示：

$$损失 = \frac{P_{01} - P_{02}}{\frac{1}{2}\rho v^2} = \frac{\omega}{\frac{1}{2}\rho v^2} \qquad (10.1)$$

该表达方式方便于进行不同速度 V_1 或不同马赫数 Ma_1 条件下实验结果的对比分析。

同样地，可以根据不同进气攻角条件下测得的实验结果进行整理后，得到图 10.7 所示的叶栅额定特性表示曲线，其中，纵坐标为平均总压损失 $\bar{\omega}$ 和平均气流

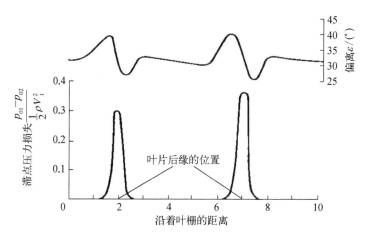

图 10.6　来流马赫数和攻角固定时叶栅总压损失与转折角关系曲线

转折角 ε，横坐标为固定几何形状叶栅实验的不同进气攻角。这些曲线表明，平均总压损失在很大的攻角范围内保持相对恒定，当攻角达到某正临界值或负临界值时，损失会迅速上升。在这些极限攻角情况下，叶片表面的气流会产生失速分离，而平均气流转折角随着攻角的不断增大而增大，在正失速攻角区域内达到最大值，一般认为 2 倍最小损失是可用攻角边界，叶栅额定特性是评价叶栅气动性能的重要参考依据，也可为压气机设计时选择合适的造型方法提供参考。

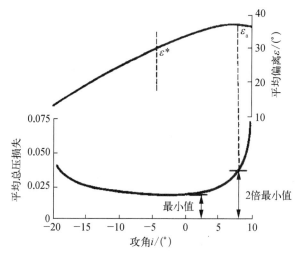

图 10.7　固定几何结构叶栅的平均偏离和平均滞点压力损失

2. 叶栅流场的主要测试方法和技术

研究人员在叶栅风洞内部复杂流动测量技术的研究过程中，逐步发展了总压和总温探针、纹影法、油流法、热线风速仪、高频动态压力探针和叶栅端壁动态压力测量等一系列测试技术,在叶栅风洞实验中获取较高精度的测量数据和图像方面有长足进步。

纹影法利用光线通过不同流体折射程度的差别来测量流动中的密度分布,在叶栅风洞中已成功地用来观测和获取各种激波现象,这种方法常用于二维叶栅风洞中,如图 10.8 所示。

图 10.8　超声速叶栅激波纹影图像

油流法是利用表面油流显示技术,进行叶栅内叶片表面、端壁、流道流动的显示和测量,它主要反映物面附近的流动图画,通过对表面油流谱的分析可以了解流体在表面上的哪些地方发生分离;它们的分离方式和特点又是什么;表面旋涡又是如何形成的,等等。

表面油流技术所使用的涂层是一种由油剂与粒度非常细小的粉末颜料混合组成的。油剂是一种载体,而粉末颜料是一种示踪粒子。为了使示踪粒子与油剂混合得更均匀以及使示踪粒子与模型表面有更好的浸合力,有时在油流中再添加极少量其他油剂,如油酸。

在叶栅风洞进行油流实验时,通常将带有细微示踪粒子的油剂薄薄地涂在叶片表面上,其油膜厚度小于边界层厚度。因此,当在风洞中进行吹风时油膜在边界应满足无滑移条件,油膜上边界与气流相接,在界面上油流和气流的速度以及它们的剪应力相等,通过油流在叶片表面留下的显示痕迹来清晰展示流动状态,并结合油流谱分析、旋涡分离流及拓扑学等相关理论来进行判断,如图 10.9 所示。

传统流场测量通常采用植入传感器或阵列传感器的方式,进行流场速度分布测量研究,存在安装困难、测量范围有限、损害流面连续性等问题,另外引入传感器后都会对流场造成或多或少的干扰影响,从而影响实验测量结果的精度。非接触粒子图像测速技术和压力敏感涂料技术对于研究涡流、湍流等复杂流动现象具有重要意义,在航空航天、叶轮机械和汽车制造等领域具有极广的应用前景[5]。

随着激光技术、微电子技术和计算机技术上突飞猛进的发展,出现了以数字式

418 航空发动机风扇压气机设计

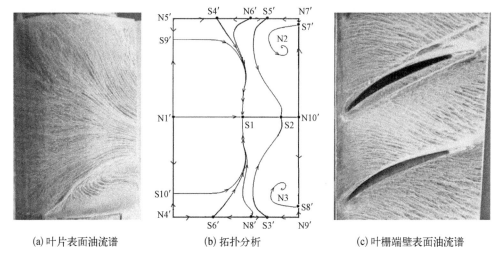

(a)叶片表面油流谱　　　　(b)拓扑分析　　　　(c)叶栅端壁表面油流谱

图 10.9　叶栅风洞油流显示及拓扑分析图像

PIV(particle image velocimetry)为代表的新一代流动瞬态场测量技术。PIV 技术突破了空间单点测量技术的局限性,具有可以深入研究非定常、分辨率高、获取信息量大、测量速度快、不干扰被测流场和可连续测量等非常实用的优点。它也在叶栅风洞实验中获得了很好的应用。

　　PIV 技术的基本原理是: 在流场中散播示踪粒子,以粒子速度代表其所在流场内相应位置处流体的运动速度,然后应用强光(激光片光)照射流场中的一个测试平面,用成像的方法(如 CCD 者胶片)记录下两次或者多次曝光的粒子位置,用图像分析技术(如杨氏条纹法、自相关、互相关)得到各点粒子的位移,由位移和曝光的时间间隔便可得到流场中各点的流速矢量,进而计算出其他运动量(包括流场速度矢量图、速度分量图、流线图、涡量图等)。

　　PIV 系统组成如图 10.10 所示,主要由 5 个部分构成,包括光源、摄像头、同步控制系统、图像采集和矢量计算。各个部件间连接关系如图 10.11 所示。

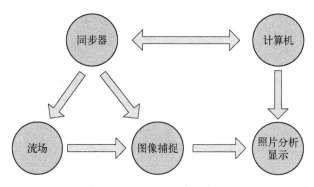

图 10.10　PIV 系统组成图

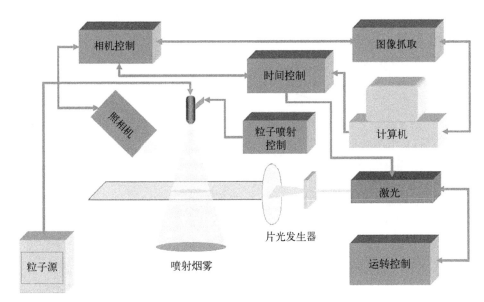

图 10.11　PIV 部件间连接关系图

为了能够定量地得到流场各点的速度值大小,实验前必须进行二维或三维标定,标定需要依靠与之配套的标定板。

图 10.12 和图 10.13 分别给出了标定板和叶栅风洞实验段标定示意图,标定板是一个带有网格的平板,这些网格的间距为 10 mm;中间的网格点为十字形,作为其他网点的基准点。使用时,标定板应与光片平行放置。在标定板的一侧装有反射镜槽校准部件,用于将片光所在面与标定板的中心面或外侧面重合。当偏光打到镜槽里,会有反射光,而反射光与片光重合,即为标定板调正了,否则要继续挪动标定板的位置进行调整。

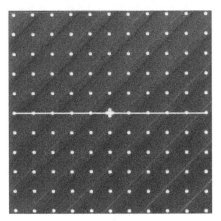

图 10.12　标定板示意图

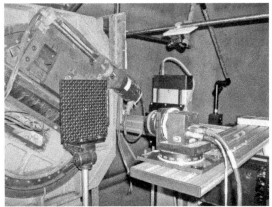

图 10.13　叶栅风洞实验段标定装置

反射镜槽部件上有两个镜槽,当两 CCD 处在片光的两侧时,是选择中间的槽道校准;而当两 CCD 处在片光的一两侧时,选择边缘的槽道校准。图 10.14 是片光与标定板的相对位置图。

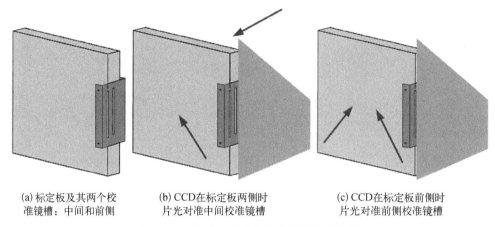

(a) 标定板及其两个校准镜槽:中间和前侧   (b) CCD在标定板两侧时片光对准中间校准镜槽   (c) CCD在标定板前侧时片光对准前侧校准镜槽

图 10.14　标定时片光与标定板的相对位置

叶栅速度场数值模拟计算与 PIV 测试结果对比如图 10.15 所示。可以看出,PIV 测量获取的流场速度场测量有较好的精度,也能捕捉到叶片表面附近由速度倒流导致流场分离的细节。

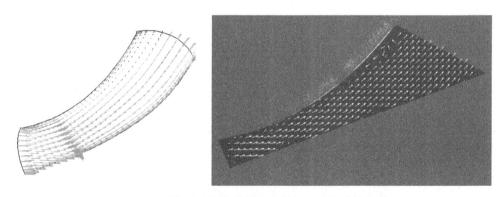

图 10.15　叶栅速度场数值模拟计算与 PIV 测试结果对比

始于 20 世纪 80 年代的光学压敏涂料(pressure sensitive paint,PSP)测量技术,将高分子化学和光学等最新研究结果相结合,利用某种高分子化合物在特定波长光的照射下发生量子能量越阶的"光致发光"效应和返回基态的"氧猝灭"现象,通过建立发光强度和流场压力的对应关系,与计算机技术相结合,从而实现固体表面压力场的无接触式定量测量,其具有操作便利、成本较低、对流场无干扰和检测范围广等优点,是与现代计算机相结合的新一代流动显示技术,并在各种低速、跨声速、超声速和激波风洞以及旋转机械测量中得到了广泛应用。图 10.16 按照亨利定律,在 PSP 聚合物内的氧浓度正比于几何无表面气体的氧分压。对于空气,其压力正比于氧分压,所以空气压力越高,PSP 层中氧分子越多,发光分子被猝灭的也越多。因此,发光强度是随空气压力递减的函数。

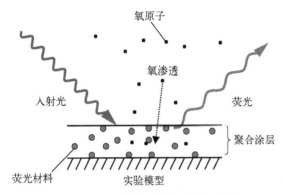

图 10.16　光致发光现象和氧猝灭现象

发光强度和氧浓度之间的关系可用 Stern – Volmer 关系来描述。对实验空气动力学而言,发光强度 I 和空气压力 P 之间一个简便的 Stern – Volmer 关系式(式(10.2))为

$$\frac{I_{\text{ref}}}{I} = A(T) + B(T)\frac{P}{P_{\text{ref}}} + C(T)\left(\frac{P}{P_{\text{ref}}}\right)^2 + \cdots \qquad (10.2)$$

式(10.2)中,P_{ref} 和 I_{ref} 分别代表参考压力和参考压力下的光强,可以发现,其参数都是与温度有关的,分析其原因主要在于当探针分子达到受激发态时,通过辐射过程和无辐射过程返回基态,若发光分子周围温度增加,失活速率增加,从而降低了激发态分子的辐射过程,影响发光强度。另外,无辐射速率常数和猝灭过程速率常数有温度依赖性,随着温度上升,猝灭的速率常数增加,猝灭过程加快,激发分子数目减少,从而通过影响辐射过程,降低发光强度,如图 10.17 所示。

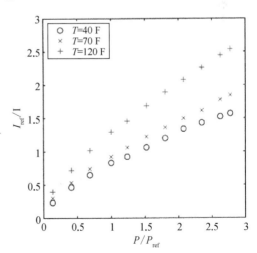

图 10.17　温度效应对 PSP 的影响

周强[6]对 PSP 展开了一系列研究,首先进行了叶栅风洞中孤立叶片的压力测量和

高速气流对直叶片的喷射实验。以大弯度叶片吸力面为测量对象,覆盖以涂料,并以西北工业大学翼型、叶栅空气动力学国防科技重点实验室的高亚声速平面叶栅风洞为实验平台,应用基于光强的光学压力敏感涂料测量技术进行了叶片吸力面压力分布的实验测量尝试,并以传统的表面静压扫描测量作为对比依据,在国内第一次完成了光学压力敏感涂料测量技术在叶栅内流场的压力分布测量,如图 10.18 和图 10.19 所示。

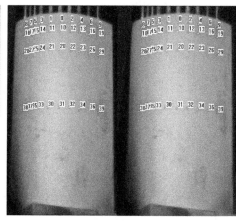

图 10.18 大弯度叶片吸力面 PSP 测量结果

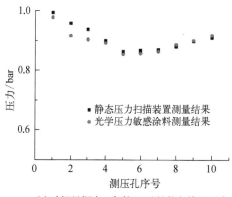
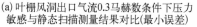
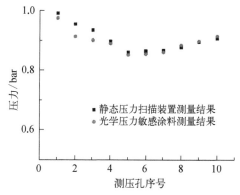

(a) 叶栅风洞出口气流0.3马赫数条件下压力敏感与静态扫描测量结果对比(最小误差)

(b) 叶栅风洞出口气流0.4马赫数条件下压力敏感与静态扫描测量结果对比(最小误差)

图 10.19 大弯度叶片吸力面 PSP 测量结果与常规测量结果对比

从测量结果对比可以发现,光学压力敏感涂料测量结果与电子静压扫描装置测量结果的差值均在 5%以内,已经达到工程应用的水平。

10.1.3 叶栅试验测量结果分析及评判

1. 叶栅试验要求

为了试验结果的准确与可靠,在进行风洞气动设计时,必须采用组织和调整气流的措施,是流场特性,满足试验要求。为保证进口流场品质,需进行试验状态调整,如攻角、马赫数的调整。高精度叶栅试验还需要按试验大纲要求调节叶栅轴向速度密度比,以保证叶栅试验的轴向密流比与压气机设计一致。在进行气冷涡轮平面叶栅试验时,按试验大纲要求调节冷气流量比;在进行涡轮叶片表面传热特性试验时,按试验大纲要求调节落压比、冷气温比和吹风比。

评价超声速叶栅流场周期性主要有以下两种方法:一是借助纹影仪观看试验流程对应波系是否互相平行,压气机叶栅试验主要看试验件进口波系,涡轮叶栅试验主要看试验件出口波系;二是通过计算绘图,观察栅前或栅后的壁面静压是否呈周期性变化,周期栅距内进出口马赫数对应点差值在 ±0.03 范围内。

评价亚声速叶栅流场周期性主要有以下两种方法:一是观看栅前或栅后的壁面静压分布是否均匀,气流马赫数的波动应在 ±0.03 范围内;二是在尾迹的测量中,出口气流的周期性主要看栅后总压恢复系数,出口气流角和出口马赫数沿两个或三个栅距的分布,以此判别栅后流场周期性。

定义叶展中部位置的叶片,进口密流比(AVDR)为叶栅的气流收缩系数:

$$\mathrm{AVDR} = \int_0^s (\rho_2 \omega_{x2})_{\mathrm{MS}} \mathrm{d}y \Big/ \int_0^s (\rho_1 \omega_{x1})_{\mathrm{MS}} \mathrm{d}y \geqslant 0.9 \qquad (10.3)$$

式中,MS 表示叶展中部, ω_x 为轴向速度分量; y 为栅距方向。当流动为不可压时,AVDR 可变为 AVR:

$$\mathrm{AVR} = \int_0^s (\omega_{x2})_{\mathrm{MS}} \mathrm{d}y \Big/ \int_0^s (\omega_{x1})_{\mathrm{MS}} \mathrm{d}y \qquad (10.4)$$

当叶栅风洞试验段洞壁没有采用边界层抽吸时,靠近洞壁的边界层会逐渐增厚,尤其是靠近洞壁与叶片吸力面的角区,常常会因边界层堆积而发生角区分离,并导致流动发生堵塞,使得主流区的流道收缩,在实际压气机中,前面几级的流道一般也是收缩的,前面已经介绍,这种主流区流道收缩程度,可以用叶片中部位置的 AVDR 来表示。

图 10.20(a)为平面叶栅中得到的密流比对叶片出口气流角的影响,随着密流比增大,出口气流落后角 δ 减小。对应出口气流角 β_2 减小,当密流比变化不大时,可以看到,出口气流角随密流比的变化近似成线性变化,定义系数 K:

$$K = (\delta_{2\mathrm{D}} - \delta)/(\mathrm{AVDR} - 1) \qquad (10.5)$$

式中,K 为理想二维流动时的落后角。

图 10.20(b)给出了典型的压气机转子叶栅和静子叶栅的 K 值随攻角的变化

曲线,当攻角增大到某一临界值时,继续增大攻角,K 值迅速增大。K 增大,表示落后角受密流比的影响更加敏感。

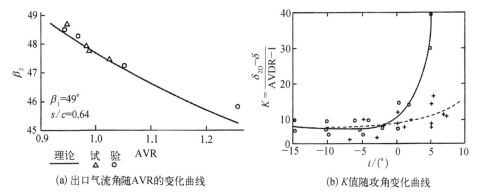

(a) 出口气流角随AVR的变化曲线　　　　(b) K值随攻角变化曲线

图 10.20　典型压气机叶栅密流比及 K 值的变化及影响

2. 叶栅试验测量数据的处理

数据采集系统所采集的试验原始数据经计算处理后可整理成不同性能曲线,根据需要可选择其中若干种曲线对试验叶栅的性能进行分析,必要时对试验结果进行评定。

对平面叶栅来说,对收集的数据做如下参数曲线整理:

(1) 叶片表面等熵马赫数分布或压力系数分布;

(2) 出口气流角在两个栅距内的分布;

(3) 总压恢复系数在两个栅距内的分布;

(4) 不同进口马赫数(涡轮叶栅为出口马赫数)时的总压损失系数;

(5) 不同进口气流角时的总压损失系数;

(6) 不同进口马赫数时的能量损失系数(涡轮叶栅);

(7) 不同进(出)口马赫数时的出口气流角;

(8) 不同进口气流角时的出口气流角;

(9) 不同进(出)口马赫数时的气流转折角;

(10) 不同进(出)口马赫数时的出(进)口马赫数;

(11) 不同进(出)口马赫数时的轴向速度密流比;

(12) 不同进口马赫数时的扩散因子;

(13) 不同进口马赫数时的叶栅负荷系数。

3. 叶栅试验结果分析

在叶栅出口,由于尾迹等因素的存在,气流参数沿栅距方向有分布,这就需要在叶栅出口沿栅距方向测量多点的总压、气流角等,再对其进行合适的平均(一般为流量平均)得到出口的平均总压和气流角,结合叶栅进口的气流参数和本身几何参数,可以计算得到对应的总压损失系数和落后角。测量叶栅在不同来流攻角时的总压损失系数和落后角,就可以得到攻角-损失特性和攻角-落后角特性,图10.21 给出了典型低速叶栅的攻角-损失特性和攻角-落后角特性曲线。

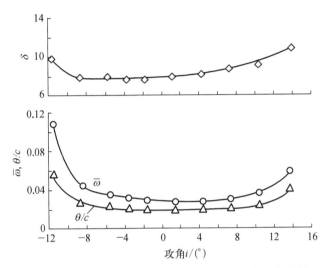

图 10.21 低速叶栅的攻角-损失特性和攻角-落后角特性

4. 叶栅试验数据在压气机设计中的适用性分析

叶栅实验数据的主要作用是有助于压气机设计。将现有的叶栅数据以适用于压气机设计的参数形式来表示,不仅利于普通压气机的设计,而且也使叶栅数据与先进的高速压气机所得到的数据有可能进行迅速对比[7]。由于大部分有用的叶栅数据是在二维流动情况下得到的,对压气机三维流动效应是否适用的问题仍然很重要,必须确定哪些流动参数可以引用、可直接应用到什么程度、哪些不能直接应用、AVDR 的影响如何修正等都是今后需要解决的问题。

10.2 低速模拟试验验证和实验研究

10.2.1 低速模拟设计和实验简介

自 20 世纪 70 年代,GE 率先将多级低速大尺寸压气机实验技术成功用于高压压气机基础研究和关键技术验证,为 GE 高压压气机的发展做出了重要贡献,并逐渐成为其压气机工程研发的重要一环。PW、RR 和 MTU 等公司也相继建设了各种单多级低速大尺寸压气机实验台,并将低速模拟技术广泛应用于发动机压气机相关研究中。如今,低速模拟技术在我国压气机基础研究和工程应用中也得到了广泛的应用。

1. 低速模拟设计的基本原则

严格意义上讲,流动相似需要保证几何相似、相似准数相等,低速模拟虽然打破了流动相似最重要的一个准则——马赫数相等的条件,但是通过巧妙地利用几何不相似来弥补马赫数不相等的影响,从而实现了高低速流场之间的相似。

Wisler 从流动的物理机理出发,提出高压压气机低速模拟相似的核心是雷诺数大于自模化条件和保持边界层流动状态相似,但是一直没有给出系统的低速模拟设计准则。通过不断实践,北京航空航天大学总结了一套低速模拟设计的准则及方法。

在一维特性层面,低速模拟设计的核心是保证相同高低速压气机具有相同加功增压能力及特性,即其流量系数-负荷系数、流量系数-效率特性曲线相似。保证一维特性相似最重要的相似准则是压气机进口预旋、流量系数和进出口速度比。

在二维叶型层面,低速模拟设计的核心是保证叶型具有基本一致的扩压程度和相似的边界层流动状态,保证二维叶型特性相似最重要的准则是雷诺数达到自模化条件、稠度基本相等、D 因子一致、叶型表面无量纲速度分布相等(不是叶型压升系数相等),以及恰当的攻角选择使压气机叶型从设计点到失速点特性相似(堵塞状态难以模拟高速由于局部激波出现导致的提前堵塞)。叶型表面无量纲速度分布相等实际上隐含约束了高低速叶型最大厚度、前尾缘厚度和中弧线之间的变换。

在 S2 流场层面,低速模拟设计的核心是要保证各排叶片各个截面速度三角形沿叶高与高速原型相似。由于轮毂比等的变化,在径向平衡和展向匹配的影响下,将各个截面叶型单独进行低速模拟设计之后积叠起来,并不能保证 S2 流场相似。因此,在实际设计中,要通过调整攻角和落后角等参数,来保证 S2 流场相似。

在上述一维特性、二维叶型和 S2 流场相似的基础上,低速模拟设计中再保证叶片转静子径向相对间隙相等、叶片展弦比相近和三维造型形式一致,就可以做到高低速压气机在三维流场层面的相似。

高压压气机后面亚声级流道变化平缓,压气机各排叶片内部速度/压力梯度的变化主要是由于叶片通道面积的变化,但是过渡段速度/压力梯度的变化则不同,主要来源于流道曲率的剧烈变化。北京航空航天大学近年来初步提出了过渡段的低速模拟设计准则及方法。

过渡段低速模拟的基本参数是雷诺数和进出口速度比(DeHaller 数)。雷诺数要达到自模化条件,并尽可能高一些;进出口速度比要一致,从而确定了过渡段的进出口面积的修正量。过渡段壁面型线的低速模拟的根本准则是其速度分布要与高速原型的一致。在具体设计中,半径落差与轴向长度的比值 $\Delta R/L$ 以及流道面积沿轴向的分布规律是低速模拟设计时重点调整的两个参数。调整面积分布规律是为了弥补高低速情况下气流压缩性不同导致的平均速度的变化;调整 $\Delta R/L$ 主要是弥补高低速情况下相同流道曲率对边界层发展影响的不同。在具体设计过程中,必须同时兼顾两者才能使低速情况下边界层的发展与高速相似,进而保证其内部三维流场的相似。

显然压气机低速模拟设计是存在适用范围的,它只能模拟高压压气机后面亚声级,而且难以模拟高速原型堵塞特性。此外,高速原型越接近重复级流动,低速模拟越容易保证转静子同时相似。

2. 低速模拟实验的作用

全尺寸多级高压压气机加工和试验成本较高、周期长,测量难度大,特别是后面级通道狭窄,在高速设备上开展多级压气机后面级内部复杂流动机理、先进设计理论与方法的研究,以及要实现压气机气动设计的优化,其费用和周期都是无法承受的。国外在发展高压压气机过程中,走出了一条能够解决多级压气机中后面级研究的经济、高效、可靠的道路,就是发展了多级低速大尺寸压气机模拟实验技术(多级压气机前面级由于存在激波,不能用低速模拟的方法进行研究,必须进行高速实验研究)。

低速模拟试验验证和实验研究的作用包括以下四个方面。

1) 设计方案的快速验证与优化

低速模拟由于采用树脂叶片打印或者铸造技术,其加工和实验成本只有全尺寸高速试验件的几十分之一;此外,其加工、装配和实验也都非常灵活方便,加工和实验周期仅有 3~6 个月,所以低速模拟实验的第一个作用就是可以快速验证设计技术并进行改进优化。

由于多级高压压气机后面级内部流动趋于重复级流动状态,通过对其典型级进行低速模拟设计,利用四级低速大尺寸压气机实验台,就能快速获得其级性能,从而验证设计方案的可行性。此外,基于低速大尺寸各排叶片进出口详细流场的测量结果,可以较为准确地判断设计缺陷及不足之处,从而可以进行快速地改进优化设计,并再次进行试验验证。

2) 关键设计参数及先进设计技术研究

由于低速模拟实验研究成本低周期短,可以开展大量的对比实验研究,因此低速模拟实验的第二方面作用就是可以系统地开展高压压气机亚声级各种先进设计理论和方法的实验研究。美国 GE 公司基于四级低速大尺寸压气机台开展了一系列这方面的研究,包括 Hub – strong 设计、End – bend Twist 设计、高反力度等速度三角形设计参数研究,以及叶片特征几何参数和表面粗糙度、流道特性的相关研究,从而奠定了 GE 高压压气机亚声级设计的坚实技术基础。

3) 复杂流动现象及机理的研究

由于低速模拟叶片尺寸大(叶高一般在 100 mm 左右),转速低,可以利用各种先进流动测量技术水平,如表面热膜、五孔针、热线、LDV 和 PIV/SPIV 等,开展详细三维流场的测量,如边界层转捩、叶片的强迫相应、进气畸变影响、径向掺混、叶尖泄漏流,以及静子叶片通道角区分离与失速等。

4）设计程序及其关键模型的深入校验

基于低速大尺寸实验台及其基本完备的压气机内部三维流场先进测控技术，不但能够获得准确的压气机性能曲线、各排叶片级间详细流场信息，而且能够获得丰富的压气机内部三维流场数据，这是在各种高速压气机实验台上难以获得的实验数据，因此基于这样的实验数据库可以对压气机一维、二维和三维各种设计计算程序及其关键模型开展深入的校验分析，对于这些程序的使用和改进均具有重要价值。

3. 低速模拟实验设施

低速大尺寸压气机实验台也可分为单级实验台和多级重复级实验台。由于研究的对象针对的都是高压压气机后面的亚声级，因此即便是单级实验台一般也需要在进气段安装格栅和导叶，以模拟高压环境下的典型来流条件，同时实验件的设计也要满足重复级条件。

典型的单级实验台如图 10.22 所示，该实验台设计转速为 1 200 r/min，外径为 1.0 m，轮毂比为 0.6，最近修改为 0.75。该实验台由驱动电机、进口整流罩、试验段（含进口导叶及转、静子叶片）、排气风扇、排气段以及排气节气门组成。驱动电机主要为压气机转子提供动力，其功率一般为几十千瓦。也可以将其安装在压气机轮毂内，以减小对进口来流的影响；进口整流罩包括与机匣相连的喇叭口以及与轮毂相连的进气锥，其主要功能是为试验段提供平行于轴线的来流；试验段是实验台最重要的部分，几乎所有的测量都在这部分进行，其中进口导叶为转子提供来流预旋，实验测量多集中在转、静子通道内部以及叶排前后；排气风扇由独立的电机带动，为试验段提供抽气功能，可以使实验件实现低背压工况；排气段用于将气流沿周向均匀地排至排气间；节流阀用于控制排气面积，调节压气机的工作状态。

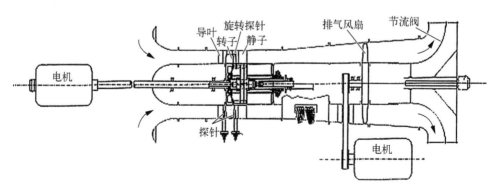

图 10.22　北京航空航天大学单级低速大尺寸压气机实验台结构示意图

典型的多级实验台如图 10.23 所示，北航近年新建的四级低速大尺寸压气机实验台结构图，其设计转速为 1 100 r/min，外径为 1.2 m，轮毂比为 0.85。实验台由进气段、试验段、排气段三大部分组成，试验段机匣和轮毂均采用多环结构，长螺栓拉紧;转子采用一对球轴承简单支撑;直流电机通过增速箱、扭矩仪和传动轴驱动压气机转子;通过可轴向移动的排气筒改变排气面积,控制压气机工况。

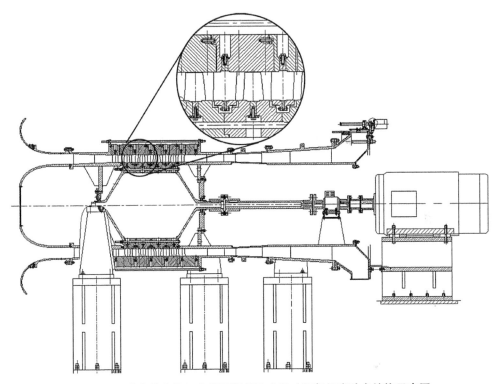

图 10.23　北京航空航天大学四级低速大尺寸压气机实验台结构示意图

试验段机匣和轮毂均采用整环结构,能够保证转子叶尖间隙和静子篦齿封严间隙的周向均匀性,不仅可方便地调整叶片安装角、轴向间隙,还可方便地更换不同设计的叶片,以及各种处理机匣和静子封严结构等。此外,实验台研发过程中突破了玻璃纤维增强树脂叶片铸造加工技术,叶片制造成本低周期短。该实验台虽然是卧式结构,但是具有与国外立式结构完全相同的功能。

10.2.2　低速模拟实验主要内容和测试要求

1. 低速实验的主要测试内容

低速大尺寸压气机实验测试包括两方面的主要内容:压气机特性测量,以及压气机级间参数和转静子内部流场测量。

1)特性测量

压气机特性测量主要包括流量系数-压升特性和流量系数-扭矩效率两个部分。

（1）压气机流量系数测量。

低速压气机实验台进口帽罩和整流锥的形状是受到严格控制的，以保证进口平直段速度沿周向和径向都是均匀的，从而可以通过测量平直段均匀布置的四个机匣壁面静压获得压气机进口静压 $P_{s,in}$，利用振筒气压计和高精度温度传感器测量的压气机进口的大气压强 $P_{t,in}$ 和温度 $T_{t,in}$，然后利用式（10.6）即可计算压气机的流量系数，其中切线速度 U 可以选择转子叶中的，也可以选择转子叶尖的。

$$\varphi = \sqrt{2(P_{t,in} - P_{s,in})/\rho}/U \qquad (10.6)$$

（2）压气机压升特性测量。

低速模拟压气机进出口流动都处于不可压流范围内，因此在出口流场均匀的条件下，压气机总压差与静压差一致，这样可以利用简单的壁面静压测量既可以获得压气机压升特性，因此低速压气机实验台往往采用静压升系数-流量系数来表示其压升特性。

大量的实验测量结果表明压气机出口流场是不均匀的，在近失速情况下常常存在角区失速现象，因此总压升系数显然是更为准确的测量结果。出口总压测量普遍采用的是总压耙，一般可以在出口沿径向均匀布置 8 个总压耙，每个耙子上有 10 个左右的测点（保证覆盖一个栅距）。最终通过面积加权平均得到压气机出口总压 $P_{t,ave}$，从而可以利用下面的式（10.7）求得压气机的总压升系数。

$$Pt_f = 2(P_{t,ave} - P_{t,in})/\rho U_{mid}^2 \qquad (10.7)$$

（3）压气机效率测量。

即便是四级低速台，其压气机进出口总的温升也不会超过 10℃，因此用温升法测量低速台压气机的效率误差过大，只能采用扭矩仪直接测量压气机的效率，计算式（10.8）如下：

$$\eta = 9.549 \frac{k}{k-1} R \frac{M_{in} T_{t,in}(\pi^{\frac{k-1}{k}} - 1)}{\mathrm{Torque} \cdot n} \qquad (10.8)$$

式中，π 为压气机压比，$T_{t,in}$ 为压气机进口总温；M_{in} 为压气机进口物理流量；Torque 为扭矩测量修正值（扣除了机械损失的压气机真实扭矩）。压气机的机械损失一般是利用小量程扭矩仪，通过直接测量没有安装转子叶片的压气机实验件的扭矩获得。

2）级间参数测量

压气机级间参数对于设计方案的验证和设计工具的校验均具有关键作用，低速大尺寸压气机内部流动速度低，尺寸空间较大，方便开展级间流场测量。

（1）进口总压分布测量。压气机进口总压测量的难点在于近机匣和轮毂壁面处的测量。

（2）静子出口场测量。获取静子出口完整地 S3 面的压力、速度和角度等信息。

（3）转子出口速度场测量。获取转子出口径向压力、速度和角度等信息。

3）叶表压力测量

由于低速台叶片尺寸较大，因此可以较为方便地实现叶片表面压力分布测量。

4）通道内部流动测量

低速台叶片尺寸相对大，转速低，内部流动速度低，为各种先进测量手段的应用创造了良好的条件，从而能够获得转静子通道内部的三维流场测量结果。

5）流动显示

由于低速台可以长时间稳定在一个工况点上，而且运行成本很低，所以可以在低速台上对静子内部流场进行流动显示研究，从而可以获得近壁面的流动结构。

2. 低速实验的主要测试方法和技术

压气机级间参数对于设计方案的验证和设计工具的校验均具有关键作用，低速大尺寸压气机内部流动速度低，尺寸空间较大，因此气动探针、热线、LDV 和 PIV/SPIV 等各种测量手段均可以方便地用于低速台压气机级间参数的测量。

1）气动探针测量技术

一般情况下，气动探针是最常用的手段，它既可以获得速度场，又可以获得压力场。

（1）总压探针。压气机进口总压测量的难点在于近机匣和轮毂壁面处的测量，因此需要利用如图 10.24 所示的一组总压探针，结合径向位移机构进行测量。总压探针的气流不敏感角度一般都在±15°以上，完全可以适应压气机进口来流方向，低速台对于压力测量的精度要求比较高，测量时需要选用高精度压力传感器。

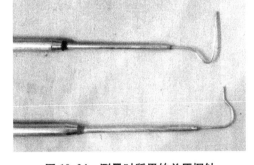

图 10.24　测量时所用的总压探针

（2）五孔探针。五孔探针是低速台最常用的测量手段，主要用于获取级间的压力、速度和角度信息，这里以静子出口流场的测量进行介绍。虽然低速台尺寸较大，但是由于内部流场梯度依然很大，需要选用小尺寸的五孔针。常用的五孔探针头部有球形和锥形两种，球形头部的探针测量角度范围更宽，而锥形头部的探针对雷诺数的不敏感性更好，图 10.25 为一种典型的锥形头部探针。

静子后流场的测量需要配合二维位移机构进行，测量点网格如图 10.26 所示，其中阴影标示区域为静子一个通道。考虑到探针的安全性，以及自身位移机构的

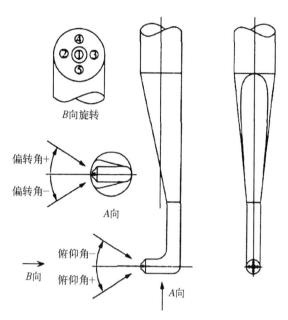

图 10.25 小尺寸五孔气动探针

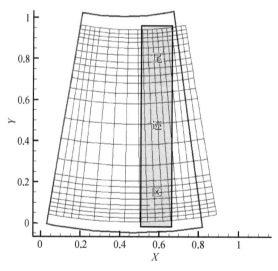

图 10.26 静子后五孔针测量点网格

限制,径向的测量范围为 4%~97.5%叶高。为了验证测量结果的重复性,以及视窗尺寸的限制,周向的测量范围为 110%通道。此外,由于静子后存在明显的尾迹区域,在其对应的范围以及角区分离可能出现的范围内测量点进行了加密。五孔针一般的角度测量范围在 30°以内,但是在测量近失速状态下的级间流场时,常常会遇到气流角超出标定范围的情况,因此需要采用分区标定的方法,扩展测量角度测量范围,可大大改善近失速测量结果。五孔针的测量精度在主流区较高,尾迹区、分离区后、近端壁区测量由于速度/压力梯度、近壁效应等的影响,精度会有所降低;转子后的测量精度更低,因为还有非定常效应的影响。

2) 热线测量技术

转子出口流场即便采用高频响动态探针,由于感头尺寸、测量方法和动态传感器测量精度等原因,难以获得满意的测量结果,相比之下热线则能够很好地用于转子出口流场的测量。这里介绍一种单斜丝测量方法,热线探头选用单斜丝,热丝直径为 5 μm,长度为 1 mm,测量中结合径向提拉+旋转的二维位移机构,通过锁相测量即可完成转子出口速度场的测量。图 10.27 给出了一组典型的转子后流场的测量结果,测量沿展向选取了 36 个径向站,在端壁区适当进行了加密;测量采用锁相平均技术,在每个径向站的每个偏转角下锁相测量 200 次,测量的采样频率为 32 K,由于折合转速是 1 100 r/min,每次触发采集的样本数为 1 000 个,这样保证了每个转子通道沿周向有 100 个数据点。这样一个转子通道的测量网格节点为 100×36 个,具有非常高的空间分辨率。

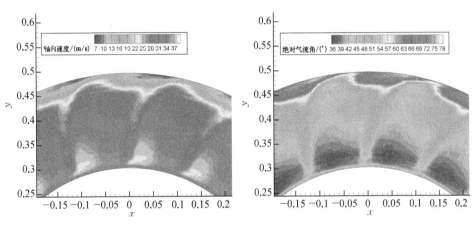

图 10.27　典型的转子后流场的测量结果

3) 叶表高精度压力测量

虽然压敏漆等新技术可以用于物体表面压力测量,但是由于低速台压力范围变化很小,其测量精度难以保证。目前最常用的依然是利用测压孔-引压管来实现叶片表面高空间分辨率、高精度的压力测量。静子叶片表面压力测量相对简单,转子叶片表面压力测量还需要将传感器放大器安置在转子内部,并通过滑环引电器或者更为先进的无线传输系统将压力信号传输到计算机采集系统上。转子叶片表面压力测量,还需要解决旋转条件下压力传感器的标定问题。

图 10.28 给出了开有叶片表面测压孔的静子叶片及其开孔分布。该叶片采用 3D 打印技术加工,这样可以方便地打印其叶表测压孔;由于打印出来的材质气密性不够,为了防止相邻孔之间压力泄漏,每个测压孔的引压通道里都插入了细不锈钢管,从而确保了密封通道。该叶片的测量结果如图 10.29 所示。

4) 非接触式的 PIV 和 LDV 等激光测量技术

低速台叶片尺寸相对大,转速低,内部流动速度低,为各种先进测量手段的应用创造了良好的条件,从而能够获得转静子通道内部的三维流场测量结果。气动探针和热线技术虽然能够用于叶片通道内部分区域流场的测量,但是始终受到很

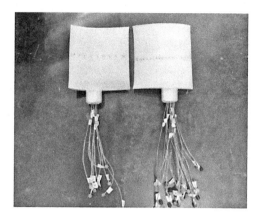

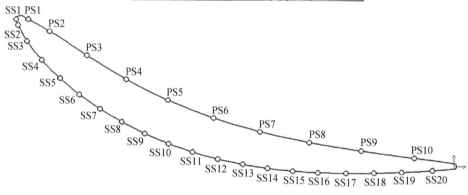

图 10.28　开有表面压力测量孔的静子叶片和表面测压孔分布

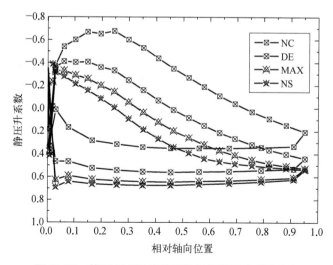

图 10.29　静子 50% 叶高位置的叶表静压升系数分布

多制约；相比之下非接触式的 PIV 和 LDV 等激光测量技术具有很大的优势。LDV 由于是单点测量技术，而且需要穿过弧形的机匣视窗进行测量，获得好的测量结果依然比较费时费力，而且为了更好地适应压气机内部狭窄空间的测量，需要发展双焦点 LDV 等特殊技术。

常规的 PIV/SPIV 测量方案是从压气机进口或者出口射入激光片光，如图 10.29 所示，即便用于单级台也存在严重的叶片遮挡问题，以及导光筒对流场的干扰等问题，为此北京航空航天大学提出了一种新的测量方案，该测量方案实现了真正意义上的非接触式、能够最大限度地测量转子或者静子通道内流场，而且可以适用于多级压气机的测量。

图 10.38 给出了该测量方案测量单级压气机转子和静子通道内流场时的测量截面布置，测量转子叶片槽道内部流场时采用了叶片触发的锁相技术，而且还可以实现不同的转静相对位置条件下的锁相测量（图 10.39）。

图 10.40 给出了转子设计状态和近失速状态下的典型测量结果，由于测量的空间分辨率达到了 1 mm，所以转子泄漏涡和角区旋涡等结构非常清晰。图 10.41 给出了设计状态和近失速状态下静子通道内的典型测量结果，同样由于测量实现了高空间分辨率，获得了静子通道内部上游转子尾迹、近机匣吸力面角区和近轮毂吸力面角区的分离区，以及近机匣端壁角区的一对反向旋转的流向涡等流动细节结构。

5）油流显示

由于低速台可以长时间稳定在一个工况点上，而且运行成本很低，所以可以在低速台上对静子内部流场进行油流显示研究，从而可以获得近壁面的流动结构。静子内部流动结构复杂，油流的稠度需要综合考虑流场中低速和高速流动区域的流动状况，在不同的区域可能要配置不同稠度的油流，或者采用不同的涂刷方式。在实际测量过程中，往往需要先涂抹一遍稠度适中的油剂，再吹一段时间后，一些无法吹动的区域可以再涂抹一些稠度较低的油剂，而在较为容易吹动的区域涂抹一些稠度较大的油剂，如此反复测试才能够得到较为全面的结果，如图 10.43 所示。

10.2.3　低速模拟试验测量结果分析及评判

压气机低速模拟实验，不但能够获得准确性能曲线，而且可以获得详细的级间参数，以及转静子通道内的三维详细流场。利用低速模拟获得的这些宝贵数据，可以进行压气机特性规律、设计计算与实验测量结果对比分析、CFD 计算结果及湍流模型校验等各方面的研究，下面分三个层次进行简要介绍。

1. 压气机特性对比分析

由于低速台可以进行大量的对比实验研究，因此可以利用其结果对影响压气机特性的关键参数及其影响规律进行研究,下面举两个例子。

1) 典型压气机特性对比分析

流量系数、负荷系数和反力度是影响压气机特性最重要的三个基本参数,在设计技术水平,参数选取合理的条件下,压气机特性直接反应了这三个基本设计参数的影响规律。表10.1 给出北京航空航天大学四个典型单级低速大尺寸压气机的设计和实验结果对比,其对应的压气机特性如图10.30 所示,其中 StageA 和 StageB 为小轮毂比压气机,5BR1 和 5BR2 为中等轮毂比压气机,它们各自转子叶尖相对间隙也标注在了图标上。

表 10.1   四个单级低速大尺寸压气机设计及实验结果对比

	轮毂比	设计流量系数 (叶中切线速度)	实验负荷系数 (叶尖切线速度)	实验压升系数	实验效率	流量裕度	综合裕度
StageA‐1.5%	0.6	0.725	0.29	0.725	82.4%	53.5%	66.8%
StageB‐1.75%	0.6	0.580	0.34	0.913	88.8%	18.8%	18.0%
5BR1‐2.0%	0.75	0.620	0.30	0.685	89.2%	33.0%	53.6%
5BR2‐1.3%	0.75	0.550	0.46	1.064	89.5%	14.5%	19.8%

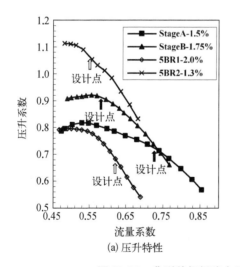 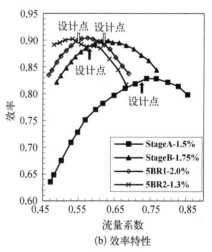

(a) 压升特性   (b) 效率特性

图 10.30   典型单级低速大尺寸压气机实验特性对比

StageA 和 5BR1 基于叶尖的负荷水平基本一致,但是两个设计流量系数差别很大,轮毂比也有一定差别,这些导致两个压气机流量‐压升特性规律明显不同,设计点大流量系数的压气机具有更平缓的压升特性;两者效率水平差别较大,这主要是由于 StageA 设计年代较早导致的。总体上 5BR1 压气机代表了高压压气机后面级一个典型技术水平。

StageB、5BR1 和 5BR2 总体上处于同一个设计技术水平,其设计点负荷系数分别为 0.30、0.34 和 0.46,设计点流量系数也逐渐降低,符合高压压气机后面级的参数变化趋势。对比这三组结果,可以明显发现,随着设计负荷水平的提高,压气机的流量裕度会受到明显影响,此外通过精心的设计和先进叶型的采用,高负荷压气机设计点的效率水平是基本能够有所保证的,更大的难点在于裕度方面。

2) 转子叶尖间隙的影响分析

转子叶尖间隙对于压气机的性能影响非常显著,图 10.31 给出了一组高负荷压气机(基于叶尖切线速度的负荷系数达到了 0.34)不同叶尖间隙下压气机特性

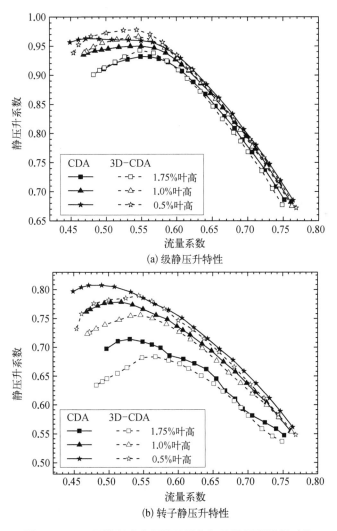

(a) 级静压升特性

(b) 转子静压升特性

图 10.31　不同转子叶尖间隙下压气机特性测量结果对比

的对比实验结果。其中,实线为常规叶片造型的结果,虚线为采用适当程度三维造型叶片的对比结果。

从图 10.31 可以看出,随着转子叶尖间隙的增大,无论是级静压升特性还是转子静压升特性都表现出了明显降低,裕度下降明显,综合裕度下降了 16% 以上。此外,对比常规叶片造型和三维造型的结果,间隙的影响是复杂的,跟具体的三维造型也有密切关系。总体上叶片采用三维造型之后,有效抑制了静子通道内的轮毂及吸力面角区的分离与失速,从而使得其级静压升特性有了显著的改善;转子三维造型在较大间隙下拓宽的流量裕度,但是近失速转子压升反而有所降低,这是其没有获得更好性能的根本原因,从而验证了静子三维造型方式合理,转子三维造型方式不理想。

2. 级间参数对比分析

各排叶片速度三角形的确定是压气机 S2 设计的核心,对于压气机设计方案实现与否的验证,最直接的就是对比各排叶片设计的速度三角形与实验测量结果是否相似。低速大尺寸台能够方便地获得详细级间气流参数,从而确定各排叶片的速度三角形,下面举个例子加以简要说明。

四级低速大尺寸压气机实验台一般都是重复级的设计,根本原因是要模拟高压压气机后面的典型级,所以其流动要实现重复级的状态;此外,重复级设计给铸造加工带来极大的便利,成本和周期都能够得到有效控制。

1) 高低速设计计算结果对比

按照前面介绍的压气机低速模拟设计方法和准则,对某高压压气机后面典型级进行的低速模拟设计,图 10.32 给出了低速模拟设计结果与高速原型典型参数的对比,从中可以看出低速模拟实现了与高速原型的气动相似。

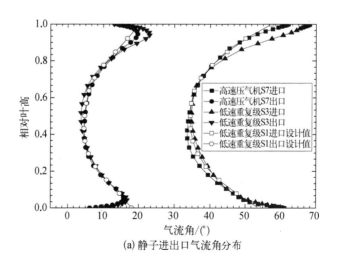

(a) 静子进出口气流角分布

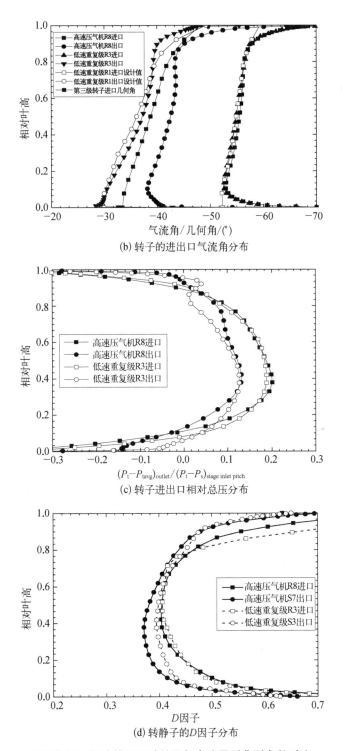

(b) 转子的进出口气流角分布

(c) 转子进出口相对总压分布

(d) 转静子的D因子分布

图 10.32　低速模拟设计结果与高速原型典型参数对比

2）低速模拟实验重复级特性分析

四级低速大尺寸压气机实验结果首先要确保其第3级进入重复级的流动状态，判断的方法是分析其2、3和4级流动和参数分布的吻合程度。四级低速模拟压气机各级重复性越好，压气机实验结果越理想，其总性能与级性能之间的差别就越小。

利用小尺寸五孔针可以方便地测量各级静子出口流场，图10.33给出了上述低速模拟压气机设计状态各级静子出口的流场云图，从中可以看出除第四级静子叶根间隙泄漏所形成流动堵塞（前三级静子带篦齿封严，第四级静子是悬臂安装的），各级静子出口流场结构清晰可辨且结构比较一致，特别是后面3级，从而可以初步判断第3级进入了重复级的流动状态。这种重复级流动状态不但要在设计点保持，在堵塞和近失速流动状态都要保持，这里就不再赘述。

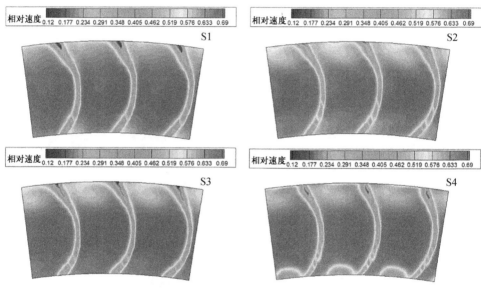

图10.33　低速模拟压气机设计状态各级静子出口的流场云图

更为准确地判断第3级是否进入重复级流动状态的方法，是分析各排叶片典型气动参数的分布。图10.34给出了该低速模拟压气机设计点各级流量系数、转子和静子D因子的实验结果对比。从图中可以清楚地看到，后三级转静子叶片气动参数具有很好的一致性（S4根部D因子是因为悬臂安装导致的）。堵塞状态和近失速状态的实验结果与之类似，因此可以判断四级低速模拟压气机第3级进入了重复级的流动状态。

3）低速模拟设计与实验结果对比

低速模拟实验结果可以深入地判断压气机设计方案的可行性，这种对比不但是总性能层面的更是深入到各排叶片S2设计层面的。如果总性能和级间参数的实验结果与设计计算结果一致性很好，不但证明低速模拟设计、制造和实验是成功

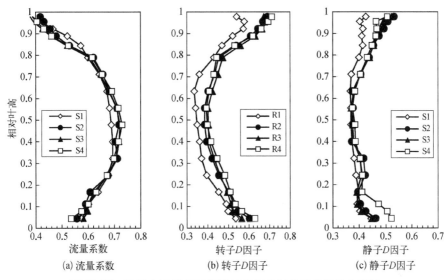

图 10.34　设计点四级低速模拟压气机各级典型参数分布对比

的,而且压气机设计方案本身也是成功的;如果实验的总性能较好,但是其计算参数实验测量结果与设计方案差别较大,说明设计方案本身依然存在问题,需要根据实验暴露出来的问题进行修改设计。

图 10.35 给出了上述低速模拟压气机设计状态下典型参数低速模拟实验结果与设计计算结果的对比。从中可以看出,各排叶片典型参数的实验结果与设计计算结果高度吻合,从而证明了该压气机设计方案是合理可行的。

3. 三维流场对比分析

利用先进的激光测量技术等,在低速大尺寸压气机实验台上可以获得转静子叶片通道内部的三维详细流场参数,利用这些宝贵的实验数据不但可以开展压气机内部复杂三维流动机理的实验研究,而且可以深入地校验 CFD 软件及其模型算

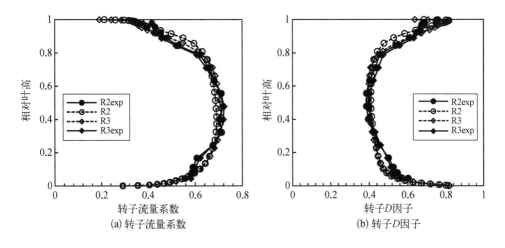

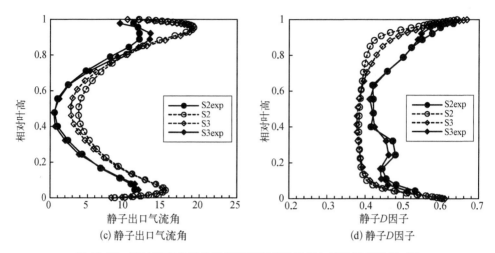

(c) 静子出口气流角   (d) 静子D因子

图 10.35 设计状态典型参数低速模拟实验结果与设计计算结果对比

法等。这里给出一个利用单级低速大尺寸压气机 SPIV 测量结果校验 CFD 软件湍流模型的例子加以说明。

利用 SPIV 测量得到的转子通道内的三维流场结果,对 6 种常用湍流模型进行了校验,旨在揭示这几种湍流模型对转子通道内主要流动结构的预测能力。计算软件选用了 FLUENT,采用定常数值模拟方法,6 种湍流模型分别为混合长度模型(ML)、Spalart - Allmaras 模型(SA)、标准 $k - \varepsilon$ 模型(SKE)、SST $k - \omega$ 模型(SST)、$\overline{v^2} - f$ 模型(V2F)和雷诺应力模型(RSM)。

图 10.36~图 10.48 给出了典型模型计算结果及其与实验测量结果的对比,图 10.36~图 10.43 给出了典型的热线、PIV、五孔探针和油流测试方案和结果,图 10.44~图 10.48 为近失速点和 70%测量截面雷诺切应力分布对比。从实验和各

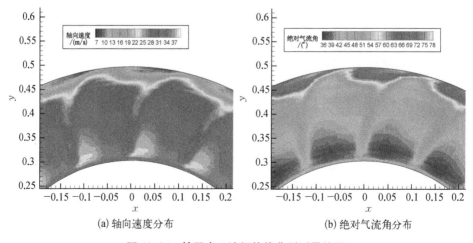

(a) 轴向速度分布   (b) 绝对气流角分布

图 10.36 转子出口流场热线典型测量结果

典型湍流模型计算结果的对比可以看出，当前的 CFD 软件在三维流动细节上计算结果存在很多不足之处，而且也没有哪一个湍流模型对叶尖泄漏涡和角区旋涡的预测性能全面优于其他模型。

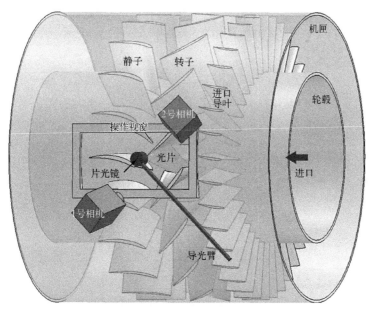

(a) 北京航空航天大学测量方案

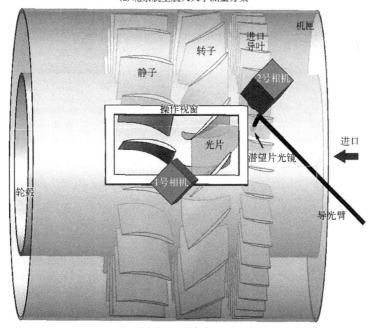

(b) 常规测量方案

图 10.37　常规测量方案与北京航空航天大学测量方案

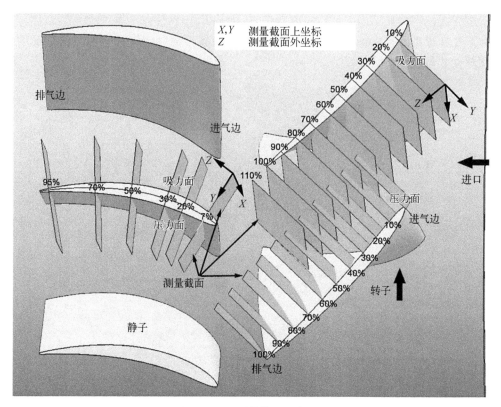

图 10.38 测量截面示意图

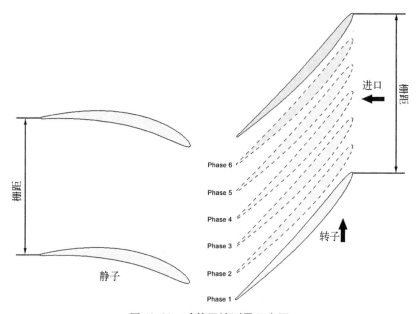

图 10.39 动静干涉测量示意图

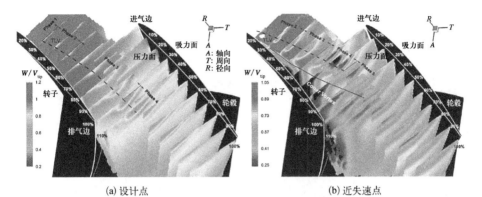

(a) 设计点　　　　　　　　　　　　　　(b) 近失速点

图 10.40　转子通道流向速度分布组合图

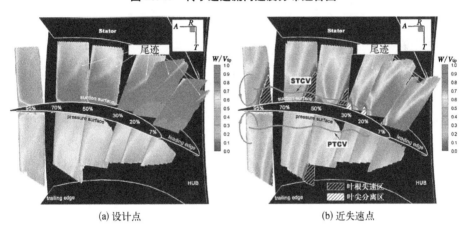

(a) 设计点　　　　　　　　　　　　　　(b) 近失速点

图 10.41　静子通道流向速度分布组合图

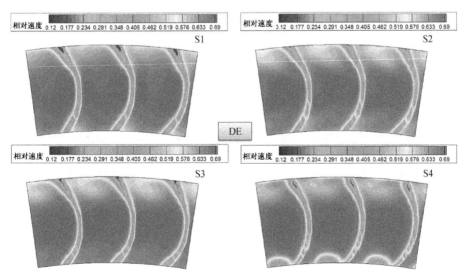

图 10.42　设计状态下各级静子后流场云图

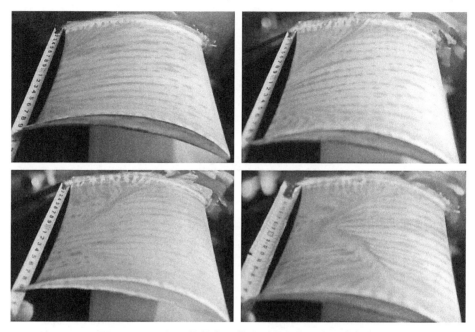

图 10.43 不同工作状态下静子吸力面的油流显示结果

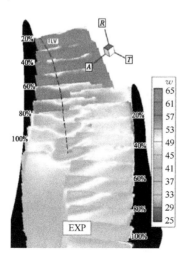

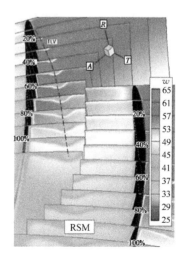

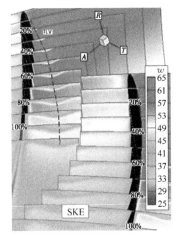
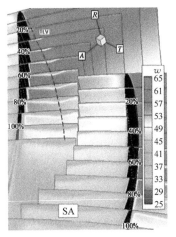

图 10.44　设计状态的校验结果对比

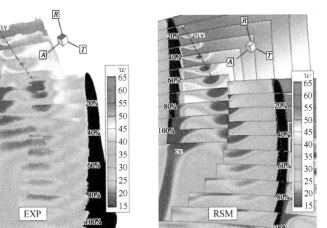

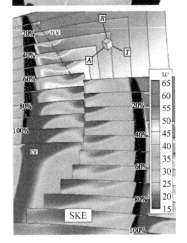
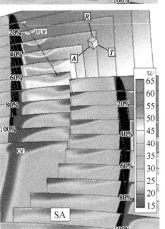

图 10.45　近失速状态的校验结果对比

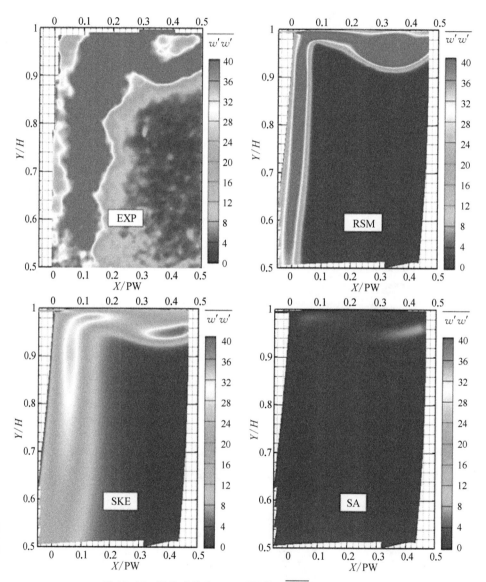

图 10.46　近失速状态 70% 测量截面 $\overline{w'w'}$ 校验结果对比

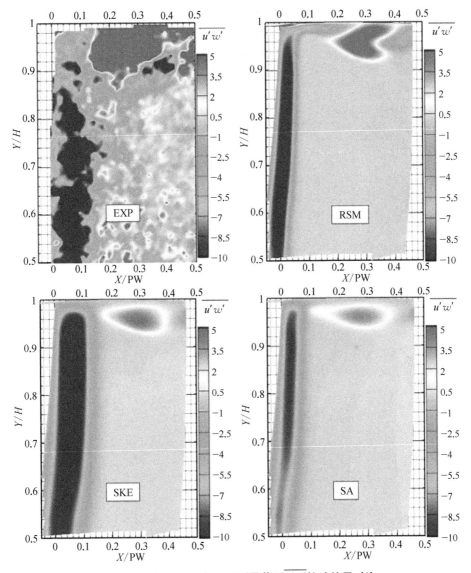

图 10.47　近失速状态 70%测量截面$\overline{u'w'}$校验结果对比

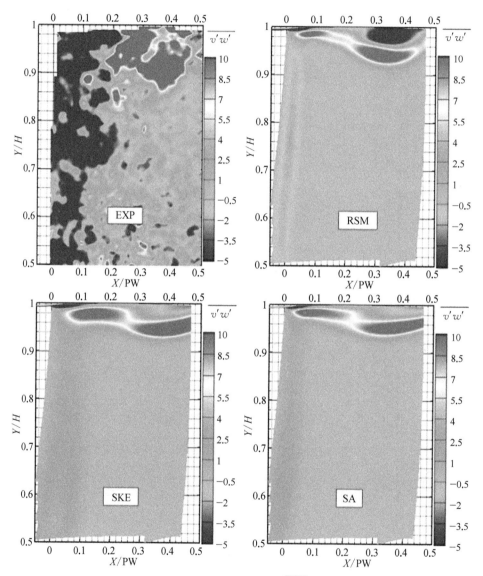

图 10.48 近失速状态 70% 测量截面 $\overline{v'w'}$ 校验结果对比

10.3　风扇压气机部件试验验证

10.3.1　风扇压气机部件试验简介

1. 风扇压气机部件试验作用

风扇压气机部件试验的主要目的一方面是获取风扇压气机部件真实特性,为整机调试和验证提供技术支持;另一方面通过试验验证,校核工具软件,形成经验修正数据库,为风扇压气机部件改进、改型提供依据,从而促进压缩部件设计能力水平的不断提高,是压缩部件研制不可或缺的一个重要环节。

2. 风扇压气机部件试验分类

根据试验时部件进口进气条件,可分为进口均匀场进气和进口畸变场进气。这是因为当压气机装在压气机试验台上进行试验时,试验台的进气装置保证了压气机进口流场的均匀性,当发动机在地面试车台上试车时,气流经过工艺进气道而流入发动机的压气机部件,这时压气机的进口流场也是相当均匀的。但是,当把发动机装到飞机上时,在飞行过程中,就不能保证在各种状态下风扇或压气机的进口流场都是均匀的。例如,当飞机爬升时,进气道前缘处于大攻角之下,就会引起分离而导致进气道出口流场不均匀,因此,压气机进口流场也很不均匀。此外,当飞机在大的偏航角下飞行时或者来自大自然的侧风都会造成类似后果。上面列举这些原因就会引起压气机进口处的总压、总温、速度和流向不均,从而引起压气机性能的恶化。

除此之外,根据试验件尺寸,可分为全尺寸试验以及缩尺模型试验件。根据气动相似准则,模型试验件气动性能与全尺一致,但缩尺后试验验证所需的功率大大减少,一方面为满足试验台设备的需求,另一方面可节省研制经费,适用于研究的目的。需要说明的是,根据相似准则,气动性能相似,但结构强度以及声学特性是不相似的,严格地说,考虑到叶片变形、叶尖间隙、雷诺数水平等方面的差异,模型试验件的气动特性与全尺寸也是有差异的,根据情况有时甚至需要修正,并且对缩尺或放大比例也要加以控制。

3. 风扇压气机部件试验的基本测量系统

测试布局对性能参数的获得有着重要影响,在进行试验验证之前,试验部门与试验件气动、结构设计部门需进行充分的沟通,以合理进行测试仪表的布置,并由试验部门发测量系统图,如图 10.49 所示。

10.3.2　风扇压气机部件试验主要内容和测试要求

1. 风扇压气机部件试验项目

根据试验分类,风扇压气机试验项目可分为均匀场试验和畸变场试验。

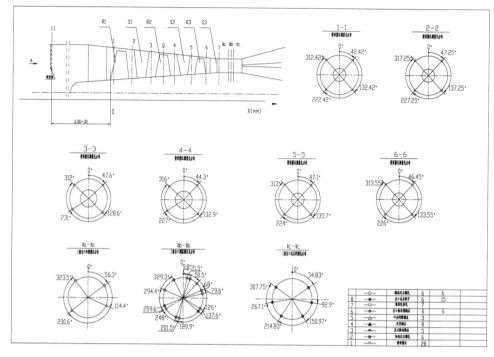

图 10.49 某风扇试验件测量系统图

1）均匀场试验

均匀场试验项目包括如下：

（1）录取风扇压气机的总性能；

（2）风扇压气机性能优化调试；

（3）压气机引气影响性能试验；

（4）测定风扇压气机出口压力场、温度场、气流速度场、气流方向场；

（5）测定风扇压气机转子叶尖处的激波结构；

（6）测定风扇压气机转子叶尖径向间隙；

（7）测定各级转子出口总压、总温，以获取风扇压气机级间性能；

（8）测定风扇压气机各叶片排进、出口外壁静压；

（9）对风扇压气机各级外壁面的压力脉动进行监测。

2）畸变场试验

畸变场试验项目包括如下：

（1）录取准均匀场（即带有托架，但尚未安装挡板等畸变装置）的压气机总性能；

（2）录取压气机进口总压畸变指数及图谱；

（3）录取压气机畸变条件下总性能；

（4）测定进气畸变在压气机中的传递，进气畸变造成的压气机出口压力和温度畸变。

2. 风扇压气机部件试验测试项目

为得到风扇压气机总特性、级间特性、基元特性等关键性能曲线，所需布置的基本测量参数通常如下。

（1）进口总压/静压测量。在周向均匀流场下，可以用 1 支多点总压探针测量进口总压；在周向非均匀流场下，如进口总压畸变条件下，总压探针的布置则应满足径向不少于 5 点，周向不少于 6 个周向位置，也可采用多点总静压复合探针测量进口的总压和静压。

（2）出口总压测量。出口总压测量应考虑叶片尾迹的影响，可用 1 支沿径向移动的耙形总压探针测量出口总压，也可以采用多支固定耙形探针，装于径向高度，该总压耙周向测量范围应至少包含一个叶片栅距（通常为 1.2 倍栅距），以涵盖叶片尾迹的影响。

另外，也可用多支多点梳状总压探针测量出口总压，多支多点总压探针沿周向布置应考虑栅距方向的总压不均匀因素。进出口总压之比可计算得到特性图中的压比。

（3）进口总温测量。进口总温可以用电阻温度计，也可用热电偶。测点应设置在试验设备进气系统中气流速度最低的部位。

（4）出口总温测量。用 1 支沿径向移动的耙形总温探针，测取径向 3~5 个位置的温度；也可用 6~8 支多点梳状总温探针测量出口总温。多点总温探针的周向布置应考虑周向和栅距的温度不均匀性，并避免堵塞通道，可把 6~8 支均匀分布在一个栅距中，然后再将 6~8 支探针放在周向不同的叶栅的相应位置。

（5）流量测量。流量的测量根据流量计算公式：

$$G_m = \frac{K p^* A q(\lambda)}{\sqrt{T^*}} \tag{10.9}$$

在试验器进口的流量管处，测量气体的总压、静压及总温，就能计算出流量。图 10.50 给出了典型的流量管的剖面图，它是由一个减缩的型面段和直径为 D 的直管段组成的。型面段的型线常采用能使进口流场均匀、稳定、流动损失小的双扭线，所以也称为双扭线流量管。测量静压的壁面静压孔应置于双扭线型面出口 0.25D 处，周向至少布置四点；另外，在同一轴向位置处，周向均布几支梳状总压管，以测量总压在该截面的分布。梳状总压管的测点沿径向一般按等环面布置，这样总压的算术平均就相当于面积平均。把壁面静压和总压平均后的值当作流量管的总压和静压,总温一般取进气间的大气温度,在利用该截面的面积,就可以计算得到进口流量。为了考虑流量管截面的边界层的影响,引入流量修正系数进行修正。

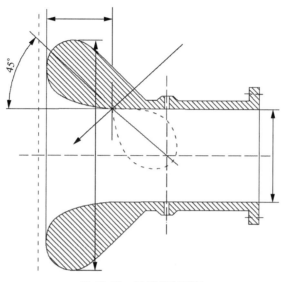

图 10.50 流量管剖面图

(6) 转速测量。转速传感器分别设置在动力装置输出轴和试验压气机的传动轴上。动力装置的转速测量系统按其各自的特点选取。试验压气机传动轴的转速可以用转矩转速测量仪测量,也可以用音轮、磁电式传感器和频率计组成的系统测量,还可同时使用两套转速测量系统测取转速,以相互校验。

(7) 扭矩测量。对于低压比、小温升压气机试验件,温升效率的测量误差较大,为此常常辅以扭矩效率进行校核。试验设备上的扭矩通过测扭器测量,同时要考虑传动轴系的机械效率等因素对扭矩测量值的影响。在无试验压气机或试验压气机不装叶片,如鼓筒上有榫槽时必须填平的情况下进行扭轴动校准,以修正机械效率等影响因素。

(8) 级间参数测量。在风扇压气机部件试验中,尤其是高压压气机试验件,由于级间轴向间隙较小,一般的测量探针难以深入流道内部,并且探针造成的堵塞会影响压气机内部的流场,因此压气机的级间测量不容易实现,更难测准。而压气机的级间参数测量又尤为重要,通过级间测量,可以了解压气机内的复杂流动与各级之间的匹配情况,从而改进压气机的设计并提高设计水平。

对于出口气流角,可采用不同形式的气动探针(三孔、五孔等)测量气流方向,探针或位移机构需要有定位基准。

对于总温、总压的测量,可用在静子叶片前缘敷设总压和总温测点的稳态测量方法,或者用径向移动的五孔复合探针测量转子叶片后的参数;也可用高频响压力探针和高速采集器组成的动态系统测量转子叶片后的参数。分析这些测量参数时,要考虑用稳态仪表测量动态参数所产生的影响。

(9) 壁面静压测量。在风扇压气机各叶片排之间的机匣壁面,沿周向开设数个壁面静压孔,测量得到的静压平均后就可得到叶片排之间的壁面静压。壁面静压孔的孔径一般为 0.5~1.0 mm,孔深大于 3 倍孔径,孔的中心线垂直于气流方向,孔口应保持锐边无毛刺。通过测量得到外壁静压,可以在一定程度上反映叶片排自身的工作状况和级间匹配情况。

(10) 压气机喘振(失速)状态的监测。监测喘振(失速)现象均使用由动态压力传感器及其相应的仪器组成的动态测试系统来监测压气机进、出口脉动压力。当所测压力突变或发生大幅度脉动时,即视为不稳定工作状态的出现。

3. 风扇压气机部件试验要求

1) 特性试验

录取全转速范围(如 $\bar{n} = 0.1 \sim 1.05$)风扇压气机总性能参数,绘制风扇压气机(流量-压比;流量-效率)特性线。每条等转速线应不小于 7 个试验点,包括最大流量点、工作点、最高效率点、喘点(或失速点),典型的风扇压气机试验特性线如图 10.51 所示,图中流量和压比做了无量纲处理。

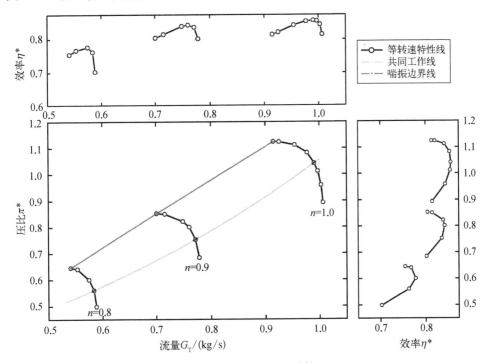

图 10.51　某压气机试验特性图

需要说明的是,要得到压气机的总特性,就需要测量压气机的转速、流量、进出口的总压和总温分布。考虑等熵效率的测量需要用到压气机进出口的温度,而温度的测量一般误差较大,尤其对于温升不大的压气机,有时通过测量压气机的扭矩,计算得出扭矩效率来代替温升效率。进口畸变、级间引气等条件下性能试验要求一致。

2) 基元特性试验

录取设计转速风扇压气机基元特性(即基元叶片性能参数沿径向的分布)。一般取 3~4 种流动状态:最大流量点、设计点、最高效率点、近喘(失速)点。沿径向测 3~9 个位置,通常按等环面分点,尽可能包括叶片根、中、尖全叶高高度。

3) 性能优化试验

根据性能优化目标(最高效率、最大喘振裕度……)进行风扇压气机性能优化的调试。对于风扇试验件,通常调节进口可变弯度导流叶片角度和静子叶片安装角;对于多级高压压气机,由于多排静子叶片可调,还需确定多排静子调节的最佳规律。

10.3.3   风扇压气机部件试验测量结果分析及评判

1. 全转速范围总特性分析

风扇压气机部件试验数据获取后,首先关注的是全转速范围共同工作线上流量、压比、效率以及全转速范围风扇/压气机部件的喘振裕度是否达到总体下达的设计指标,因为这是衡量部件设计成功与否的主要标志之一,即部件能否满足整机的要求;另外,通过对试验特性与三维 CFD 软件特性预估的对比分析,评判全转速范围性能指标的实现对设计者积累设计经验、校核设计软件的使用精度具有重要的意义。对风扇压气机部件总特性分析应包含以下几个方面。

1) 角度优化特性分析

现代高压比风扇/压气机通常采用进口可调导叶和可调静子,以防止喘振、改善起动和非设计工况运行时的效率。初始的可调导叶和静子角度通常由气动设计者采用数值仿真的方法给出,但该角度值能否实现流场的最佳匹配,获得最优的部件特性,依赖于数值仿真的精度,而数值仿真精度的提高通常是由大量试验数据库做支持的,因此一个全新的风扇/压气机试验件除了需要录取设计角度下的总特性,往往还要进行角度优化的试验研究,最佳的部件特性往往是经过角度调节后的部件特性,图 10.52 给出了某风扇可调静子角度优化前后特性对比。可以看出,在 $\bar{n}$ = 1.0 设计转速,喘振裕度有明显的改善。

2) 叶尖间隙影响分析

转子叶尖间隙对压缩部件尤其是高压压气机的性能和稳定裕度有着重要影响,这是因为高压压气机叶片高度小,相同的物理间隙下相对间隙大,间隙对高压

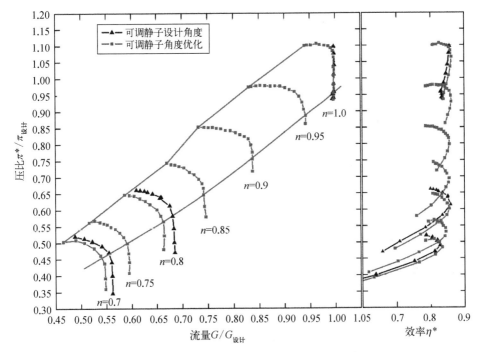

图 10.52　某风扇可调静子角度优化前后性能对比

压气机性能影响高于低压部件。对高压压气机来说,不同叶尖间隙往往对应着不同特性,因此,在给出高压压气机部件特性时往往要明确试验件的间隙状态。与之相关的,核心机作为发动机的关键部件,对整机的特性有着重要影响。英国罗·罗公司对现代燃气涡轮发动机研究表明,如果将叶尖间隙每增加叶片长度的 1%,效率会降低 1.5%[8]。从发动机的使用寿命角度来分析,叶尖间隙是逐步形成并扩大的,在发动机使用初期,叶片和机匣带无腐蚀发生,但在初始运转时有预定的摩擦形成槽沟;在发动机使用中期,叶片和机匣前后壁面开始出现腐蚀现象;在使用后期,由于进一步腐蚀,叶片变短,如图 10.53 所示。图 10.54 给出了国外 JT9D 发动机间隙变化对压气机性能的影响[9],因此试验研究叶尖间隙对高压压气机性能的影响,从而为整机在全寿命周期内性能变化影响研究提供技术支持是十分重要的。

3) 引气影响

在航空发动机内,空气系统由压气机中引气,将具有适合的压力和温度的空气用于飞机环境控制、发动机进口防冰和发动机热端部件冷却等方面,对航空燃气涡轮发动机的安全和有效工作起着非常重要的作用。随着飞机功能和外部环境的复杂多样以及发动机涡轮进口温度的提高,空气系统的气流量随之不断增大。空气系统从压气机中引气,改变了压气机内部的流动,特殊的引气位置和不断增大的引气量使得空气系统中间级引气对压气机气动性能的影响逐渐增大。因此,针对发

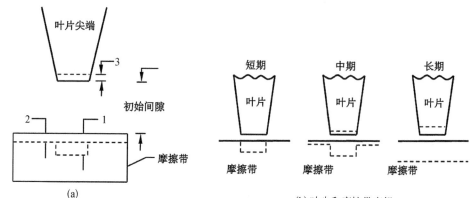

图 10.53　叶尖间隙磨损示意图

1-摩擦带上的槽沟;2-摩擦带腐蚀;3-叶片变短

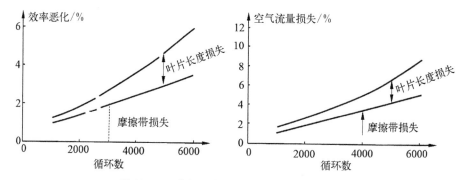

图 10.54　叶尖间隙变化引起压气机性能变化

动机持续引气的需求和引气位置的特殊性,使用试验的方法,在真实的压气机环境中研究级间引气对压气机总性能和内部流动的影响是十分必要的。

沈阳发动机研究所陈业辉等[10]以某多级轴流压气机试验件为对象,试验研究了级间引气对压气机总性能、内部流场和级间匹配特性影响,图 10.55 给出了引气前后性能对比。研究结果表明,压气机中间级引气后,压气机工作点流量、压比、效率增加,且随着转速的提升增幅减小,1.0 换算转速工作点流量增加 1.2%,压比增大 2.7%,效率提升 0.3%,0.8~1.0 换算转速喘振裕度均减小 6% 左右,级间引气对压气机性能影响较大。

2. 级间特性结果分析

虽然获取压缩部件的总特性具有重要的意义,但是仅关注试验的总特性是不够的,还需要关注风扇/压气机级与级之间的特性,尤其对于多级压气机来说更为重要。通过获取级间试验特性并与设计参数进行对比,就可以判断试验件流场是否

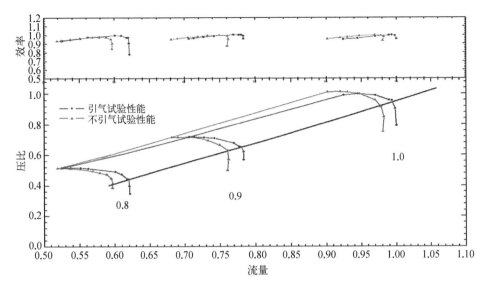

图 10.55　某压气机引气及不引气总性能对比图

实现了设计者的意图,是否实现了级与级之间的最佳匹配,若试验件不能达到预期指标,还可通过分析级间特性找到问题所在位置,为下一步改进优化设计提供依据。

以某三级风扇为例,图 10.56 给出了分级特性的分析。从图中可以看出,$\bar{n} = 1.0$ 转速第一级和第三级压比从工作点到喘点压比都低于设计压比,而第二级高于设计压比。为改善上述现象,调整一级和二级静子叶片安装角,将一级静子关 6°,二级静子关 3°,调整后的分级特性如图 10.57 所示。从图 10.57 中可以看出,一级工作压比大幅度提高,而二级和三级工作压比较低,有利于实现较高的喘振裕度。总之,级间试验特性的录取为设计者优化部件特性提供了依据,是部件试验重要的试验内容之一。

在风扇压气机级间测量中,除了采用静子前缘埋探针的方法获得级间特性(图 10.57),最常用也是最简单的测量手段是沿着机匣壁面开设静压孔,获得壁面静压沿各叶片排的分布。图 10.58 给出了某多级压气机在 $\bar{n} = 1.0$ 转速叶片排外壁面静压升的变化曲线。从图中各排叶片在不同压气机状态时静压升变化,大致可以看出各排的工作状况。

3. 基元特性结果分析

图 10.59 给出了某风扇出口压比沿径向的分布。从图中可以看出,尖部压比计算与试验吻合较好,但叶根位置计算的压比偏差较大,随着反压的提高,试验的压比偏低,表明风扇根部有可能首先发生了分离,当然该分析是否准确还需要配合出口气流角、表征负荷水平大小(扩散因子)等参数的分析,但无疑的是,对风扇/压气机部件基元特性的分析有助于判断整个叶高性能参数沿径向的分布情况,是重要的试验测试内容之一。

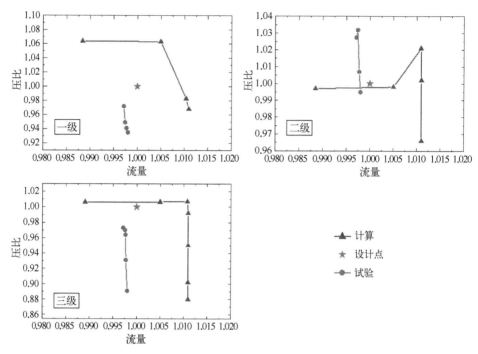

图 10.56　某三级风扇 $n=1.0$ 转速分级特性

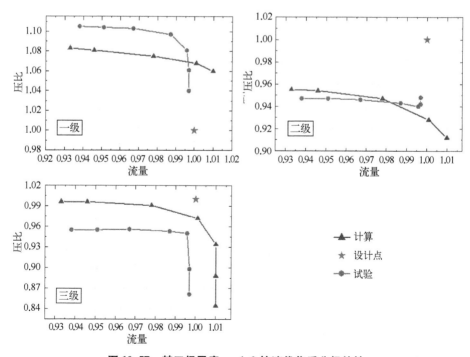

图 10.57　某三级风扇 $n=1.0$ 转速优化后分级特性

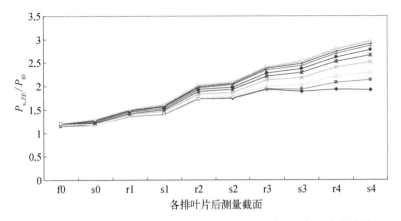

图 10.58　某多级压气机在 1.0 转速时各叶排叶片壁面静压变化曲线

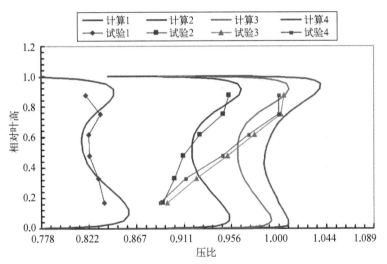

图 10.59　$\overline{n}=1.0$ 转速某风扇出口压比沿径向分布

4. 试验件安全性分析

1）脉动压力

在风扇/压气机的部件试验中,脉动压力是一个重要的参数,因为该参数是判别试验件喘振或失速,进而采取退喘措施保证试验件安全的参数。图 10.60 给出了某风扇试验件在 1.0 转速发生喘振时 4 排转子进、出口的脉动压力,其中绿色线为 2 级转子前脉动测点,粉色线为 3 级转子前测点,淡蓝色为 2 级转子后测点由于故障测点参数无效。从图中可以判断,喘振首发于 2 级转子和 3 级转子之间的位置,应是二级转子后测点首先压力下掉进入喘振,因此首发进喘级为二级转子。

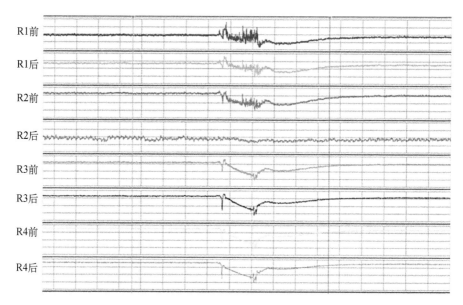

图 10.60　某风扇试验件 1.0 转速喘点脉动压力

2）叶片光纤振动

叶片进行光纤监测主要是定量监测转子叶片振幅的大小,从而判断是否有颤振发生的可能。颤振现象在风扇/压气机部件试验中不常见,但是一旦发生,短时间内就可能发生叶片折断,打伤试验件导致整个试验件报废的严重后果,因此颤振的发生在压缩部件的试验中是极力避免的。目前在风扇/压气机部件试验中,监测颤振的发生通常有两种方法：一种是在转子叶片表面贴应变片,通过监测叶片的应力水平,判断叶片的强度储备发生折断的风险。但该方法由于需要在转子叶片表面贴应变片,试验过程中常常会发生应变片被吹飞的现象,从而不受青睐采纳；另一种是采用遥控技术监测转子叶片振幅,即光纤振动监测。通常在试验前由强度设计专家给出不同转速试验件光纤振幅的限制值,当试验件运转录取试验特性时,要密切监测转子叶片光纤振幅,以确保试验件安全,图 10.61 给出了某风扇试验件转子叶片(22 片)光纤监测振动棒状图。

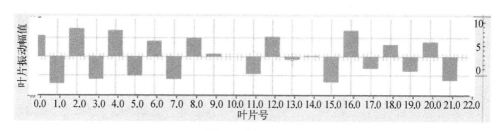

图 10.61　某风扇试验件光纤监测棒状图

5. 畸变场性能分析

影响风扇/压气机部件进口流场品质产生畸变的因素较多,如第9章中的介绍总压畸变、总温畸变、组合畸变、旋流畸变等等,但在工程部门,对压缩部件开展最多的是进口总压畸变,尤其是风扇部件,因此本书主要针对进口总压畸变条件下的试验验证进行简介,且采用俄罗斯的评价体系。

需要说明的是,在录取风扇/压气机部件畸变场特性之前,首先要进行准均匀场特性的录取,并以此为比较基准(非均匀场)进行畸变特性分析。所谓准均匀场特性,就是在装有辅助托架,但尚未安装挡板等畸变装置,且采用畸变场测试方案条件下录取的部件特性,这样做的目的主要是为单纯衡量由于畸变装置产生的总压畸变,抛去其他因素的影响,因而最真实客观地反映了部件的畸变特性。

分析风扇/压气机部件的畸变特性主要包含以下几个方面。

1) 综合畸变指数 W

综合畸变指数 W 是由周向不均匀度 $\Delta\overline{\sigma}_0$(也称稳态周向总压畸变指数)和面平均紊流度 ε_{av}(动态畸变指数)相加而得,即

$$W = \Delta\overline{\sigma}_0 + \varepsilon_{av} \tag{10.10}$$

式中,未包括畸变流场中的径向总压不均匀度 $\Delta\overline{\sigma}_P$,这主要是因为俄罗斯发动机研制单位通过专门的研究和大量的统计数据分析后认为径向总压不均匀度对各种不同结构形式发动机稳定性的影响很小,甚至完全没有影响,可以不予考虑。在进行风扇压气机部件畸变试验,该数值通常由试验部门根据综合畸变指数 W 的定义实时给出。

按照俄罗斯对总压畸变的评定方法,影响压缩部件稳定性的是综合畸变指数的大小,而对其中的稳、动态分量的比例没有严格的限制,但理论和试验研究表明,在同一个综合畸变指数下,不同比例的稳、动态量分量对压缩部件性能的影响是不同的,因此在选用畸变发生装置时,需仔细考虑所需模拟的畸变场是否能真实反映飞机进气道的畸变场,设计人员在分析部件畸变特性时,需对综合畸变指数中稳、动态指数比例给予一定关注。

以弦月型畸变挡板为例,低压压气机畸变试验结果表明:不同压气机进口面积堵塞比下稳态和动态畸变指数比例不同,15%堵塞比时,稳态和动态畸变指数比例为1:1左右,随畸变挡板堵塞面积增加,稳态畸变指数所占比重逐渐增加,当堵塞比增加到25%时,各转速下低压进口的稳态和动态畸变指数比例一般为1.3~1.7,随转速的提高和流量系数的增大,该比例呈增大趋势,如图10.62所示。

2) 总压畸变敏感系数

总压畸变敏感系数 α_W 按式(10.11)计算:

$$\alpha_W = \Delta SM / W \tag{10.11}$$

式中,W 为工作点附近综合畸变指数;ΔSM 为喘振裕度损失。

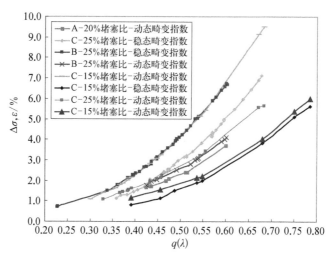

图 10.62 综合畸变指数稳、动态分量

在工程部门,喘振裕度损失 $\Delta \mathrm{SM}$ 有两种处理方法,不同的处理方法,导致得到的畸变敏感系数数值也会有所不同,因此在衡量畸变敏感系数大小时,要明确该值的定义,使其具有可比性。这两种处理方法称为相对喘振裕度损失和绝对喘振裕度损失。其中,相对喘振裕度损失按式(10.12)计算:

$$\Delta \mathrm{SM} = \frac{(\pi_c / W_c)_{\text{准均匀喘点}} - (\pi_c / W_c)_{\text{畸变喘点}}}{(\pi_c / W_c)_{\text{准均匀喘点}}} \tag{10.12}$$

绝对喘振裕度损失按式(10.13)计算:

$$\Delta \mathrm{SM} = \frac{(\pi_c / W_c)_{\text{准均匀喘点}} - (\pi_c / W_c)_{\text{畸变喘点}}}{(\pi_c / W_c)_{\text{准均匀工作点}}} \tag{10.13}$$

两公式区别在于分母存在差异:一个是准均匀流场喘点性能,一个是准均匀流场工作点性能,实质在于是否考虑畸变对工作点的影响。通常来说,用绝对喘振裕度损失处理的畸变敏感系数偏大,因此对压缩部件的要求更严格苛刻。

总压畸变敏感系数是衡量风扇/压气机抗畸变能力的一个重要参数,该数值越大,表明在同一综合畸变指数下,喘振裕度的损失越大,对压力畸变越敏感,但需要注意的是该值大并不代表该压缩部件不能满足稳定性的要求,压缩部件能否满足稳定性的要求,关键是要看剩余的喘振裕度,如果该压缩部件喘振裕度水平高,即使压力敏感系数大,喘振裕度损失大,但剩余的喘振裕度应可满足发动机的使用要求,就没有必要担心。

3) 畸变衰减

关注畸变的衰减主要是为了衡量当飞机进气道产生压力畸变,经过低压压缩部件后到达高压进口畸变的程度,也是部件畸变试验中重点关注的参数。

　　统计数据表明,见表 10.2、表 10.3 和图 10.63,在进气压力畸变条件下,低压压气机出口畸变衰减很大,一般为 70% ~ 85%,随转速不同略有变化,设计转速稳态、动态畸变指数分别衰减 66.5% 和 82.8%。

表 10.2　某风扇进、出口稳态/动态畸变指数比较(阻塞比 25%)

$\overline{n}$	0.75	0.80	0.85
进口 $\Delta\sigma_0$ /%	3.34	4.88	7.18
出口 $\Delta\sigma_0$ /%	0.57	0.73	1.66
$\Delta\sigma_0$ 衰减率/%	0.829	0.850	0.769
进口 ε /%	2.57	3.26	4.37
出口 ε /%	0.84	0.85	1.11
ε 衰减率/%	0.673	0.739	0.746

　　注:① $\Delta\sigma_0$ 为稳态畸变指数;
　　　　② ε 为动态畸变指数;
　　　　③ 衰减率=(进口参数值-出口参数值)/进口参数值。

表 10.3　某风扇进、出口稳态/动态畸变指数比较(阻塞比 15%)

$\overline{n}$	0.90	0.95	1.00
进口 $\Delta\sigma_0$ /%	4.01	5.53	6.42
出口 $\Delta\sigma_0$ /%	1.67	1.70	2.15
$\Delta\sigma_0$ 衰减率/%	0.584	0.693	0.665
进口 ε /%	4.25	5.18	6.09
出口 ε /%	0.91	1.05	1.05
ε 衰减率/%	0.786	0.797	0.828

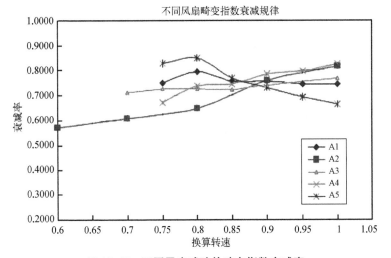

图 10.63　不同风扇试验件畸变指数衰减率

4）畸变特性曲线

以某高压压气机试验件为例,图10.64给出了全转速范围准均匀流场和畸变流场下特性曲线。从图中可以看出,在总压畸变进口条件下,高压压气机的性能发生了较大变化,尤其是喘振裕度显著降低,表明高压压气机对进口压力畸变较为敏感。

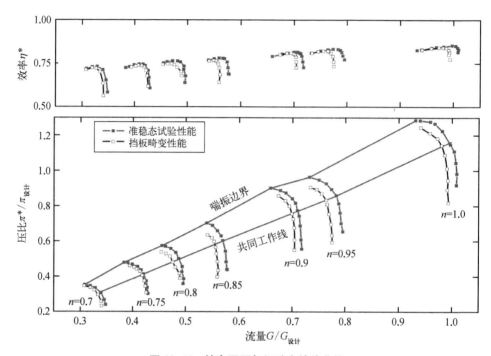

图10.64　某高压压气机畸变性能曲线

10.4　风扇压气机部件强度试验验证

10.4.1　风扇压气机强度试验简介

1. 主要失效模式简介

构件的失效模式与其结构以及工作载荷特点相关,风扇压气机构件失效主要包括叶片、轮盘和机匣失效。

1）风扇压气机叶片失效模式

叶片是发动机中易出故障的零件,特别是转子叶片,风扇转子叶片结构一般具有薄、扭、弯、掠的特点,叶型最大相对厚度较小,最大扭角可达40°~50°,工作状态下转子叶片主要承受离心及气动负荷,受激励载荷和叶片结构的影响,叶片的振动问题十分突出。据统计,风扇/压气机叶片主要失效模式有:高循环疲劳、低循环疲劳失效、榫连接结构微动疲劳、表面氧化和腐蚀、外物损伤、钛火等。国内、外发动机叶片故障数据统计表明,高周疲劳失效是叶片的主要失效模式之一,如图10.65 所示。

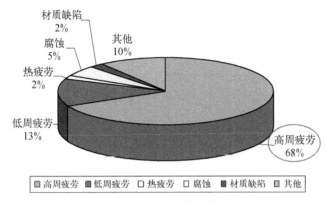

图 10.65　叶片故障模式

2) 风扇压气机轮盘失效模式

轮盘最主要的失效模式是破裂,低循环疲劳、静强度储备不足、加工缺陷等是轮盘破裂的主要原因。对于航空发动机轮盘,尤其是整体叶盘结构轮盘辐板往往较薄,其还可能发生盘片耦合振动,从而导致轮盘产生高循环疲劳损伤。轮盘破裂的后果严重,往往可能引发飞行事故。国内外航空发动机在研制及服役过程中发生过多起轮盘破裂故障,在统计到的轮盘断裂故障中,破裂原因分别包括低循环疲劳和静强度不足、振动因素及制造工艺和生产质量问题等。从破坏位置来看,轮盘破坏模式主要包括子午面破裂,圆柱面环向破裂,以及从通气孔、槽底、过渡圆角等

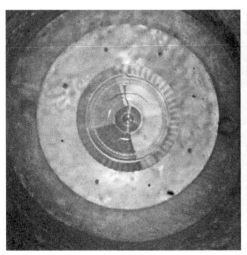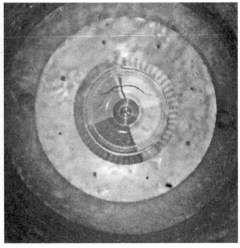

图 10.66　轮盘典型破裂模式

应力集中部位开裂等。

3）风扇压气机机匣失效模式

机匣除了需满足强度、刚度和寿命设计要求外,还需要进行结构的包容性设计,保证叶片意外断裂飞出后,不击穿机匣,不使发动机发生灾难性的事故。风扇压气机机匣的主要失效/损伤模式包括:静力破坏、低循环疲劳破坏以及振动原因导致的高循环疲劳破坏,机匣振动的主要激振源来自气流脉动、转子不平衡等,发动机工作过程中机匣振动是难以避免的,但不允许出现有害的共振或破坏性的振动。机匣易出现损伤、裂纹的部位大多在结构转接部位、孔边和焊接区等位置。

图 10.67　机匣转接部位裂纹

2. 强度试验验证概述

为验证风扇压气机部件是否满足发动机型号规范、适航以及结构完整性相关条款的要求,可通过强度仿真分析、零部件试验和发动机整机试验的方法来验证,强度试验验证是其中的重点环节,试验内容与构件的失效模式相关,可分为静强度、振动、耐久、损伤容限和包容等试验。

1）静强度试验

静强度试验主要验证部件是否具备足够的静强度储备。在工作载荷作用下,发动机静强度储备应满足规范要求;承受极限载荷作用下(如超转、超温等),发动机不应出现灾难性破坏。风扇压气机部件静强度试验包括转子超转、轮盘破裂试验,承力机匣静力试验,叶片静强度试验等,其中叶片静强度试验可结合仿真分析及整机试验验证进行,一般不予单独开展。

2）振动试验

振动试验主要验证部件在机械或气体激励载荷作用下的振动应力水平。在飞行和地面包线范围内、所有转速和推力状态下(包括稳态和瞬态),发动机应无破坏性振动。此外,在发动机工作及包线范围内叶片不应发生自激振动,如颤振。振动试验对象包括转子叶片、静子叶片、轮盘、鼓筒等,其中叶片的振动问题最为突出,是振动试验最为关注的部件。

3) 耐久性试验

耐久性试验主要验证在规定的时间周期内,发动机抗裂纹生成、腐蚀、恶化、热退化、剥落、磨损以及抗外物和内物损伤的能力,风扇压气机部件耐久性试验主要包括轮盘、叶片、机匣的低循环疲劳试验和叶片的外物损伤试验,对于高压压气机的后几级叶片,由于工作温度高,还可能需要进行持久试验验证,其中叶片低循环疲劳试验可结合仿真分析及整机试验验证进行,一般不予单独开展。

4) 损伤容限试验

损伤容限试验主要验证发动机在规定的修理周期内,抵抗由于结构存在缺陷、裂纹或其他损伤引起的破坏能力。损伤容限需求一般适用于断裂关键件,其破坏后未被包容而可能引起飞机失事;或者是由于构件自身破坏或由它引起的其他更多构件的破坏,而导致功率损失不能继续飞行或不能完成预定任务的构件;损伤容限需求对耐久性关键件无强制要求。风扇压气机部件损伤容限试验主要为轮盘损伤容限试验。

5) 包容试验

包容试验主要验证在单片叶片断裂条件下,机匣是否具备足够的包容能力。试验按照强度分析结果选定风扇压气机最危险级叶片,并在预定转速下断裂,如全部破坏的零件均被包容,则认为试验满意地完成。

10.4.2　风扇压气机强度试验主要内容和测试要求

1. 强度试验的主要内容

1) 叶片强度试验内容

风扇压气机叶片强度试验内容主要包括振动特性试验、振动疲劳试验、叶片振动应力测量试验、外物损伤试验等。其中振动应力测量是叶片试验的主要内容和关键环节,对于风扇/压气机转子叶片,尤其是第 1 级风扇转子叶片还需开展外物损伤试验,验证其抗外物损伤能力。

(1) 振动测量试验。高循环疲劳是叶片的主要失效模式,因此叶片振动应力测量是叶片强度试验验证的主要内容,以验证所有转速和推力状态下(包括稳态和瞬态),叶片不会发生有害性的振动。振动应力测量的目的是确定部件工作时的振动特性和振动应力响应特性,获得叶片在工作转速及包线范围内的主要激励因素、振型、振动类型以及振动应力响应。

为验证转速及包线范围内叶片不出现有害的振动,振动应力测量的状态应包括进气畸变、可变几何行程极限(可调静子叶片角度),以及大压气机引气和功率分出、最大进气压力和最高温度、飞行状态、加减速试车状态等。对于带有凸肩的风扇叶片,测试状态还应包括凸肩紧度因素,以验证凸肩紧度配合情况对叶片振动的影响。

(2)外物损伤试验。外物损伤试验主要验证叶片的抗外物损伤能力,叶片受到外物撞击损伤后,在叶片前、尾缘等部位产生损伤缺口,为了保证安全,在外物撞击造成一定损伤缺口后,发动机叶片应能够继续工作一段时间,保证飞机继续安全的飞行,直到在地面外场检查或定检时被发现。外物损伤试验包含损伤缺口的预置、加工,缺口加工方法包括机械加工、外物撞击损伤加工等,损伤缺口应力集中系数 $K_t \geq 3.0$,损伤位置应考虑最高转速、出现最高振动应力的最危险位置。验证时,可通过获得带损伤叶片的振动疲劳试验,结合叶片振动应力测量结果、静强度分析及载荷统计等综合评估,也可通过整机试验验证。

2)轮盘强度试验内容

风扇压气机轮盘强度试验内容包括超转、破裂试验、低循环疲劳试验和裂纹扩展试验。

(1)超转和破裂试验。超转和破裂试验主要验证考核轮盘的静强度储备。特殊情况下,如发动机控制系统异常、轴断裂等,转子转速可能超出发动机限制的工作转速,此时轮盘可能由于转速过高而破裂,轮盘一旦破裂,由于其质量大、转速高,往往不能被机匣包容,可能产生灾难性后果,因此必须通过充分的分析及试验验证,保证轮盘具有足够的承载能力。国军标及适航文件中,规定超转试验可在整机状态或试验器上完成;破裂试验(适航文件中无破裂试验要求)出于安全性考虑,一般在试验器上完成。

(2)低循环疲劳试验。低循环疲劳试验主要验证轮盘的低循环疲劳寿命是否满足设计要求。试验方案制订时,需考虑考核部位的选取、基准循环的确定、试验温度、试验转速修正等内容。

(3)裂纹扩展试验。裂纹扩展试验主要验证轮盘的损伤容限能力,防止轮盘由于结构缺陷、裂纹或其他损伤在规定的修理周期内失效。裂纹预置方法包括采用机械加工、电火花加工、点焊表面等。

3)机匣强度试验内容

(1)静力试验。机匣静力试验主要针对承力框架进行,要保证在限制载荷作用下不产生有害变形、极限载荷作用下不破坏。试验载荷需考虑机动、推力及气动载荷,若要满足适航要求,还需要考虑叶片飞失等极限工况载荷。试验过程中进行必要的位移和应变测量。

(2)低循环疲劳试验。低循环疲劳试验主要针对承力框架进行,主要验证承力框架的低循环疲劳寿命是否满足设计要求。试验方案制定时,需考虑考核部位的选取、基准循环的确定、试验温度、试验载荷修正等内容。

(3)包容试验。包容试验按照国军标及适航要求,需要在整机条件下进行,但为降低整机试验风险,可在部件试验上进行初步验证。试验的关键技术是要确保叶片在预定转速下断裂,需采用高速摄像记录包容试验全过程,便于分析高能碎片飞行轨迹。

2. 主要试验设备及方法

1）叶片振动测量试验

叶片振动应力测量试验的基本方法有电测法和光测法等。前者为常用的直接接触测量法,振动应力传感器是电阻应变片,根据电阻丝的不同可分为丝式应变片和箔式应变片,如图 10.68 所示,它必须直接粘贴到叶片上并通过引线与引电转换装置(水银引电器、刷环引电器和遥测发报机等)把信号传输出来,整个动应力测试系统由应变片、信号放大器、磁带记录仪以及频谱分析系统组成;而后者为间接的非接触测量法,传感器与叶片无直接接触,安装在叶片叶尖对应的机匣上,通过光电信号转换将转子叶片扫过传感器头部所产生的反射光信号转换为脉冲式电信号,脉冲序列经过相应算法处理后得到转子叶片的叶尖振幅,如图 10.69 所示。

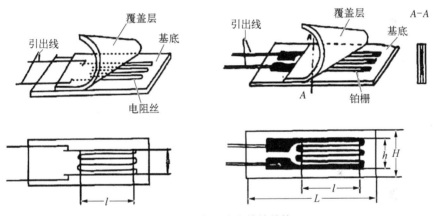

图 10.68　电阻应变片的结构

风扇压气机叶片振动应力测量可采用电测法和光测法相结合的方法进行,也可根据试验件具体情况采用其中一种。电测法由于应变计与叶片直接接触,同时可以在多个叶片、多个部位同时粘贴应变计,具有测量精度高、振动应力及振型获取准确的优点,但也具有改装较大,信号拾取系统(应变计)与传输系统(遥测系统)寿命较短的缺点;光测法一般只需在机匣上开孔安装光纤,改动量相对较小,且不需对转子部件进行改装,对试验件破坏较小,且具有传感器寿命高,可以测量每级所有叶片的

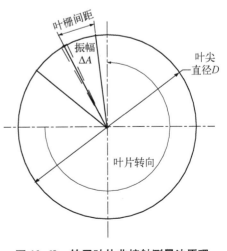

图 10.69　转子叶片非接触测量法原理

叶尖振幅,测量对象覆盖面更广的优点,但在频率获取、振型识别方面难度相对较大,近年来多光纤测量方法逐渐应用,在频率获取方法有了较大改进,但对叶片高阶振型识别、振动应力测量方面仍存在一些不足,且光测法不适用于带冠叶片。

2) 叶片外物损伤试验

由于外物或内物,如冰、鸟、砂石,或螺钉、螺帽或其他松动的固定机构,进入气流通道,发动机的风扇叶片和其他叶片经常受到损伤,因此当检测出有在允许值以内的损伤,为避免发动机立即分解,受损叶片需具备持续工作一定时间的能力。外物损伤试验主要考核带损伤叶片的抗高周疲劳能力,被考核叶片的缺口应力集中系数应满足标准规范要求,一般不小于 3.0。试验方法包括带外物损伤叶片整机挂片试车或带外物损伤叶片振动疲劳试验。带外物损伤叶片整机挂片试车考核最全面,但试验资源需求大、试验成本高、周期长、试验风险巨大,可能出现带损伤叶片断裂打伤整台发动机的风险;带外物损伤叶片振动疲劳试验方法简单,试验成本低、周期短、风险小,可验证叶片被外物打伤后在整机最苛刻应力和循环数下共振是否会出现裂纹,但试验参数确定过程复杂,需要进行等效折算。

航空发动机在飞机飞行过程中可能会吸入鸟体,造成发动机结构被打伤,引起叶片变形、掉块和断裂,危害飞行安全。因此,军用发动机标准和民用发动机标准都对航空发动机吞咽鸟的能力进行了详细的规定,以保证在发生吞咽鸟时飞行的安全性,在发动机设计定型和适航认证时,必须验证风扇叶片的抗鸟撞能力。鸟撞试验可分为静止试验器,旋转试验器和整机试验三种情况。

(1) 静止试验器试验。在叶片安装在夹具上的静止状态下,按计算分析确定的鸟体撞击载荷要求,包括模拟鸟体材料、体积、撞击部位和撞击速度等,进行模拟鸟撞试验。

(2) 旋转试验器试验。在最大转速的旋转状态下,按计算分析确定的鸟体撞击载荷要求,包括模拟鸟体材料、体积、撞击部位和投鸟速度等,进行模拟鸟撞试验。

(3) 整机试验。需在发动机上,在发动机台架最大转速条件下,按计算分析确定的鸟体撞击载荷要求,包括模拟鸟体材料、体积、撞击部位和投鸟速度等,进行鸟撞试验。如果在静止试验器、旋转试验器上开展的两项试验已经取得满意的试验结果,且已具有同类叶片实际使用经验,可研究确定不进行该项试验。

静止状态鸟撞试验设备要求相对简单,主要为空气炮发射装置,发射的鸟体为模拟鸟,质量依据国军标和适航确定,风扇转子叶片固定在试验台上,要求夹具能够周向转动,以获得恰当的鸟撞击位置。典型的静止状态下鸟撞试验设备如图10.70 所示。

旋转状态零部件冲击试验设备要求相对复杂,除鸟体发射装置,还需要旋转试验台、试验安全防护设施,并且在发射装置和旋转台有复杂的关联控制系统,保证

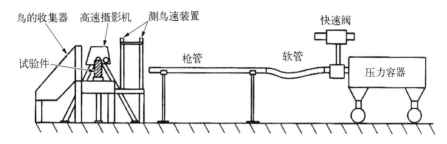

图 10.70　静止状态零部件鸟撞试验装置示意图

鸟体能够撞击到旋转状态下的单个或几个叶片。

　　部件级鸟撞试验成本高、风险大、周期长,一般在发动机详细设计阶段和最终设计定型验证阶段开展,主要目的是获得鸟撞击风扇转子损伤,评估风扇转子的抗鸟撞击能力,研究试验参数影响规律,确保整机吞鸟试验安全性,为整体吞鸟验证试验提供支持,甚至某些条件下代替整机吞鸟试验。

　　3）轮盘强度主要试验

　　国军标及适航文件中,规定超转试验可在整机状态或试验器上完成;破裂试验(适航文件中无破裂试验要求)出于安全性可能,一般在试验器上完成。风扇压气机轮子超转、破裂、低循环疲劳和裂纹扩展试验的试验设备相同,均为旋转试验器,根据安装方式的不同可分为立式旋转试验器和卧式旋转试验器两种,典型试验器结构如图 10.71所示。

　　轮盘试验参数主要包括以下几个方面。

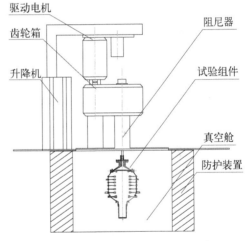

图 10.71　典型转子试验器结构示意图

　　(1)基础转速。超转、破裂试验基础转速一般选取发动机允许最高转速;低循环疲劳试验、裂纹扩展试验基础转速一般选取标准循环峰值转速作为基础转速。

　　(2)温度场。轮盘试验可在加温条件下进行,也可在室温条件下进行,对于风扇压气机轮盘,一般可在室温条件下进行试验,但试验参数制定过程中需考虑温度差异的影响。

　　超转试验温度为最高允许燃气温度状态,破裂试验温度为轮盘材料承受最大温度梯度和最高工作温度状态,试验时内孔或盘心材料应达到最高设计温度;适航文件中,规定超转试验温度为最大工作温度。

　　(3)材质修正。破裂试验参数制定时需考虑最差材料性能。

（4）上、下限转速。超转、破裂试验上限转速的确定方法如下式所示，下限转速一般根据试验器能力确定：

$$n = n_0 \cdot k_0 \cdot k_1 \cdot k_2 \qquad (10.14)$$

式中，n_0 为发动机最高允许稳态转速；k_0 为国军标、适航文件或者发动机型号规范中规定的超转、破裂转速要求；K_1 为温度修正系数；K_2 为材质修正系数。

（5）试验器系数。对于风扇压气机轮盘，低循环疲劳试验参数制定时定义试验器试验系数，具体计算公式如下：

$$\text{试验器试验系数} = \frac{\text{试验状态关键部位的应力}}{\text{工作状态对应关键部位的应力}} \times \frac{\text{盘工作温度时的最小极限拉伸强度}}{\text{盘试验温度时的最小极限拉伸强度}}$$

$$(10.15)$$

试验器系数不应过大或过小，应力较大和较小时构件失效机理不同，一般认为高应力下疲劳破坏与材料内部的开裂或棘轮效应有关；而低应力与微观下材料内部金属夹杂物有关。试验器系数过大，试验时轮盘产生较大的塑性变形，试验器系数过小，试验循环数大幅升高，增加试验成本和周期。

裂纹扩展试验参数一般可与低循环疲劳试验相同，裂纹可由低循环疲劳试验时自然形成，也可在考核部位预置裂纹，裂纹预置方法包括电火花加工、点焊表面、采用刀片或其他尖锐的工具在零件表面刻划、刻饰等，并通过预循环或振动使其成为尖锐裂纹，以保证裂纹的扩展。预置裂纹的初始长度一般根据损伤检测方法确定，一般为该方法下最小可检测的裂纹长度，常用的损伤检测方法包括荧光渗透检查、电涡流检查、超声波检查、射线照相检查、磁粉检查等。

4）机匣主要试验

（1）静力和疲劳试验。框架承力机匣一般要进行静力试验和疲劳试验，框架承力机匣一般内部要接支点，外部要接安装节，前后要接装静力叶片的机匣，因此承受的载荷很复杂，这些载荷从性质上来说是两类，一类是由发动机状态引起的载荷，如推力、气体轴向力、温度载荷等；另一类是由飞机做各种飞行动作引起的机动载荷，包括三向力、三向角速度和三向角加速度。机动载荷与气动载荷的匹配是一个复杂的问题，要根据发动机使用情况确定。试验时要合理设计转接段以模拟实际发动机刚度，载荷加载多以作动筒加载方式为主。典型机匣试验装置示意图如图 10.72 所示。

（2）包容试验。风扇压气机机匣一般要进行包容试验，包容试验的要点是试验断裂转速的精确控制，常采用预埋炸药或预置缺口的方法进行，部件包容试验器一般在轮盘试验器上进行。

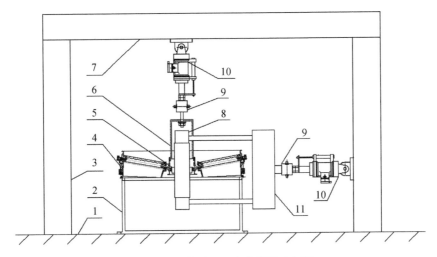

图 10.72　典型机匣试验装置示意图

1-基础平台;2-模拟风扇机匣;3-立柱;4-机匣;5-模拟轴承;6-轴向加载筒;7-承力框架;
8-径向加载杆;9-力传感器;10-作动器;11-加载座

10.4.3　风扇压气机强度试验结果分析与评判

1. 叶片振动测量试验分析

1）振动特征识别

叶片主要振动类型如图 10.73 所示,主要包括强迫振动和自激振动。强迫振动主要是指相邻叶片叶栅气动力的相互作用在叶片周围形成的非定常压力场,导致产生随时间变化的周期性激振力,当该激振力频率与叶片振动频率相近或相等时可激起叶片振动,共振是强迫振动的一种特殊

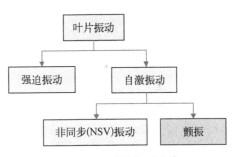

图 10.73　叶片振动分类

形式。通常情况下,强迫振动时激振力频率是转速基频的整数倍。叶片在振动时,结构阻尼与气动阻尼均为正值,叶片表现为一种稳定的振动状态。

叶片颤振属于流体诱发振动现象,是弹性体叶片在气体力作用下形成的气弹耦合自激振动现象。主要是指叶片振动时虽然存在气动阻尼和机械阻尼,但当气动阻尼为负值时,在叶片振动的一个周期内气流对叶片做的功为正,导致叶片不断从气体中吸收能量且与叶片存在较强的气弹耦合作用,叶片出现振幅快速增加的不稳定振动。

非同步振动的起因被认为是连续的有序的流动失稳,许多流动现象都能潜在地诱发非同步振动,如激波运动、动态边界层分离、叶尖涡、轮毂涡、旋转失速以及燃烧失稳等。非同步振动可在远离失速区发生,与强迫响应不同的是激振频率与转子转速无关。虽然非同步振动的表现类似颤振,但其发生的区域却远离经典的颤振区,振动一般也不会发散。

强迫振动与颤振是风扇压气机叶片常遇到的振动类型,两者在振动特征方面存在明显差异,主要表现在以下几个方面。

(1)振动频率。强迫振动激振因素、振动频率是转速基频的整数倍;颤振振动频率是转速基频的非整数倍,典型瀑布图如图 10.74 所示。

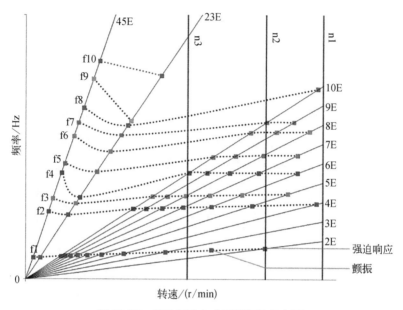

图 10.74 强迫振动与典型颤振坎贝尔图

(2)转速相关性。强迫共振发生的状态与物理转速相关;颤振属于气弹稳定性问题,颤振发生的状态与换算转速相关。

(3)振动叶片数量。风扇压气机叶片频率一般情况下均存在一定的失谐,固定转速下仅单个或几个叶片频率与激振因素相同,因此共振时单个或几个叶片振动迹象明显;颤振时整机叶片频率会被调至叶片频率附近的一个相同频率,通常是一弯、一扭或者二弯中的某一阶频率,整圈叶片均会以较大幅值振动,且沿圆周方向出现明显的分区现象,如图 10.75、图 10.76 所示。

(4)振动发散性。强迫振动过程中,由于结构、材料阻尼的存在,阻尼可以始终保证为正,因此叶片振动不会发散;颤振过程中,气动阻尼为负,叶片在振动过程中累积能量,振动应力快速增加,某典型颤振过程中叶片振动应力从 5 MPa 增加到约 190 MPa 的时间仅 3 s,发作时间极短;非同步振动过程中,气动阻尼很小但一般为正,叶片振动过程中幅值相对稳定。

(5)脉动压力特征。颤振时,叶片附近机匣壁面上压力脉动特征在幅值、频率、周向波数等方面存在明显的关联特征。

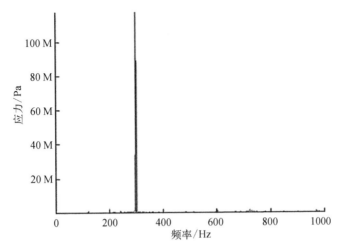

图 10.75 叶片锁频示意图

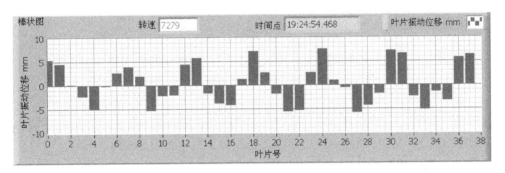

图 10.76 叶片振动位移图谱

2）激振因素识别及共振转速分析

风扇压气机叶片工作状态下,不允许叶片出现自激振动,但由于激振因素多,叶片频率成分丰富,叶片发生强迫振动却是不可避免的,因此需针对振动应力测量结果,开展激振因素识别、共振转速分析以及振动应力分析工作。

叶片典型实测坎贝尔图如图 10.77 所示,图中激振线上红点表示在该激振因素作用下叶片发生了强迫振动,从中可以识别叶片工作条件下的激振因素及共振转速。针对发动机停留转速附近及主要工作区间内的有害振动,可以通过控制激振力、将振动模态调出工作转速范围,或提供足够的阻尼的方法来降低振动响应。

3）振动应力分析

根据在一台或若干台名义上试验条件相同的发动机上,在每级 Z 片叶片上的振动应力测量结果,可以确定统计意义上的最大振动应力,进行应变测量的最少叶片数 Z 不应小于 3,在统计分析时,允许舍弃振动应力特别小的子样。

满足以下特征的振动应力测量结果可以归结为同类子样:

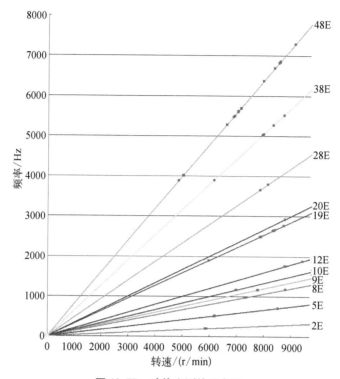

图 10.77 叶片实测坎贝尔图

（1）试验条件相同；

（2）振动振型相同；

（3）激振因素相同。

根据测试、分析获得的叶片振动应力值,结合叶片在该点的静应力以及疲劳极限,可通过图 10.78 所示的古德曼图获得该点的振动应力许用值及动强度储备,评估安全性。

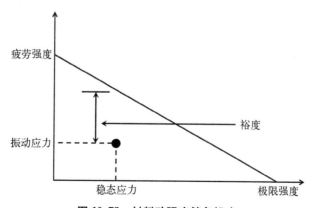

图 10.78 材料动强度储备裕度

2. 叶片损伤试验分析

1）外物损伤试验

在风扇和压气机最关键级（如风扇第 1 级转子叶片）3 个以上叶片上施加模拟的外物损伤，模拟损伤施加的位置为叶片对外物损伤/内物损伤最敏感的部位，在模拟设计工作循环条件下，发动机工作相当于 2 个外场检查期的时间，如果试验周期内没有叶片飞出，则认为试验圆满完成。

2）缺口叶片疲劳试验

在被考核的叶片上施加模拟缺口（应力集中系数不低于 3.0），缺口施加位置一般位于叶片一阶弯曲振型前缘最大振动应力位置，在相当于整机工作条件下最苛刻的应力载荷及目标循环数（2 倍检查周期）下，叶片没有萌生裂纹，则认为试验通过。

3. 轮盘试验结果分析

1）超转破裂试验

超转、破裂试验后，一般对轮盘进行尺寸检查和无损检查。对于超转试验，一般以轮盘轮缘变形情况、是否萌生裂纹作为试验是否通过的标准；对于破裂试验，仅要求轮盘不发生破坏或出现破坏的迹象，对变形不做要求。

2）低循环疲劳试验

分散度大是构件低循环疲劳寿命的特点，为了给出安全寿命，需要对试验结果进行统计处理。毫无疑问，试验结果的数量越多（或者说子样越大），统计处理结果的误差就越小，置信度也越高。然而真实构件低循环疲劳试验的成本很高，可以完成的试验件数量可能受到限制。因此发展了各种工程定寿方法，通过少数几个子样的试验结果给定轮盘的使用寿命，轮盘的低循环疲劳寿命可以是威布尔分布，也可以是对数正态分布，通过试验子样数、寿命预分布模型统计分析给出轮盘的安全寿命，评估其是否满足寿命设计要求。

3）裂纹扩展试验

裂纹扩展试验主要验证轮盘在高应力部位（如边缘、圆角、螺钉孔和叶片榫槽）或体积大的部位（如轮盘的轮缘、幅板和盘心）存在初始缺陷或不可检的初始裂纹后的损伤容限能力，获得裂纹的扩展速率以及裂纹长度扩展到临界尺寸或构件失效时的循环数，分析循环数对应的使用时间是否能满足两倍检查间隔的要求，为轮盘安全性评估提供依据。

4. 机匣试验结果分析

1）静力试验

框架承力机匣完成限制载荷作用下的静力试验后，要对机匣进行尺寸测量和无损检查，无有害变形且没有裂纹；完成极限载荷作用下的极限试验后，保证试验件不失效，未失去承载能力。

2）低循环疲劳试验

框架承力机匣低循环疲劳试验完成指定的循环数要求后，允许局部出现变形或裂纹，但不允许机匣失去承载能力。

3）包容试验

试验从强度分析结果中选定风扇压气机最危险级叶片，并在预定转速下断裂，只要全部破坏的零件均被包容，则认为试验满意地完成。

参考文献

［1］桂幸民,滕金芳,刘宝杰,等.航空压气机气动热力学理论与应用［M］.上海：上海交通大学出版社,2014.

［2］钱笃元.航空发动机设计手册第八册［M］.北京：航空工业出版社,2000.

［3］楚武利.航空叶片机原理［M］.西安：西北工业大学出版社,2009.

［4］萨拉瓦纳穆图,罗杰斯,科恩,等.燃气涡轮原理［M］.6版.黄维娜,等译.北京：航空工业出版社,2015.

［5］侯为民.针对内流速度场结构的PIV测试方法与技术研究［D］.西安：西北工业大学,2011.

［6］周强.光学压力敏感涂料测量压力技术及其在内流场应用的研究［D］.西安：西北工业大学,2008.

［7］NASA. Aerodynamic design of axial-flow compressors［M］.秦鹏,译.北京：国防工业出版社,1975.

［8］黄春峰,侯敏杰,石小江.航空发动机叶尖间隙测量技术研究［J］.国际航空杂志,2009,9：77－79.

［9］刘大响,叶培梁,胡骏,等.航空燃气涡轮发动机稳定性设计与评定技术［M］.北京：航空工业出版社,2004.

［10］陈业辉,张志博,高丽敏,等.某多级轴流压气机级间引气对性能影响的试验研究［C］.岳阳：第十五届推进系统气动热力学专业学术交流会,2001.